国家出版基金项目
NATIONAL PUBLICATION FOUNDATION

"十二五"国家重点出版规划项目

高性能纤维技术丛书

高强高模聚乙烯醇纤维

姜猛进 王华全 刘鹏清 陈宁 编著

国防工業出版社
·北京·

内容简介

本书从原料合成、纺丝制备、纤维结构性质及应用等方面介绍了高强高模聚乙烯醇纤维领域的基础研究以及产业发展的情况。详细介绍了高聚合度及规整度聚乙烯醇原料的合成方法；对湿法加硼凝胶纺丝、冻胶纺丝、熔融纺丝的工艺设备和所得高强高模聚乙烯醇纤维的结构特点以及性质进行了较为全面的分析论述；对高强高模聚乙烯醇纤维的相关市场应用进行了介绍。

本书可作为维纶专业研发人员、生产人员及相关应用人员的参考用书。

图书在版编目(CIP)数据

高强高模聚乙烯醇纤维/姜猛进等编著. —北京：国防工业出版社,2017.6

(高性能纤维技术丛书)

ISBN 978-7-118-11362-4

Ⅰ.①高… Ⅱ.①姜… Ⅲ.①聚乙烯醇纤维 Ⅳ.①TQ342

中国版本图书馆 CIP 数据核字(2017)第 153100 号

※

国防工業出版社 出版发行

(北京市海淀区紫竹院南路 23 号 邮政编码 100048)

国防工业出版社印刷厂印刷

新华书店经售

*

开本 710×1000 1/16 **印张** 18¼ **字数** 347 千字

2017 年 6 月第 1 版第 1 次印刷 **印数** 1—2000 册 **定价** 86.00 元

国防书店：(010)88540777 发行邮购：(010)88540776

发行传真：(010)88540755 发行业务：(010)88540717

高性能纤维技术丛书

编审委员会

指导委员会

名誉主任　师昌绪

副 主 任　杜善义　季国标

委　　员　孙晋良　郁铭芳　蒋士成

　　　　　姚　穆　俞建勇

编辑委员会

主　　任　俞建勇

副 主 任　徐　坚　岳清瑞　端小平　王玉萍

委　　员　（按姓氏笔画排序）

　　　　　马千里　冯志海　李书乡　杨永岗

　　　　　肖永栋　周　宏（执行委员）　徐樑华

　　　　　谈昆仑　蒋志君　谢富原　廖寄乔

秘　　书　黄献聪　李常胜

序

Foreword

从2000年起，我开始关注和推动碳纤维国产化研究工作。究其原因是，高性能碳纤维对于国防和经济建设必不可缺，且其基础研究、工程建设、工艺控制和质量管理等过程所涉及的科学技术、工程研究与应用开发难度非常大。当时，我国高性能碳纤维久攻不破，令人担忧，碳纤维国产化研究工作迫在眉睫。作为材料工作者，我认为我有责任来抓一下。

国家从20世纪70年代中期就开始支持碳纤维国产化技术研发，投入了大量的资源，但效果并不明显，以至于科技界对能否实现碳纤维国产化形成了一些悲观情绪。我意识到，要发展好中国的碳纤维技术，必须首先克服这些悲观情绪。于是，我请老三委（原国家科学技术委员会、原国家计划委员会、原国家国防科学技术工业委员会）的同志们共同研讨碳纤维国产化工作的经验教训和发展设想，并以此为基础，请中国科学院化学所徐坚副所长、北京化工大学徐樑华教授和国家新材料产业战略咨询委员会李克建副秘书长等同志，提出了重启碳纤维国产化技术研究的具体设想。2000年，我向当时的国家领导人建议要加强碳纤维国产化工作，中央前后两任总书记均对此予以高度重视。由此，开启了碳纤维国产化技术研究的一个新阶段。

此后，国家发改委、科技部、国防科工局和解放军总装备部等相关部门相继立项支持国产碳纤维研发。伴随着改革开放后我国经济腾飞带来的科技实力的积累，到"十一五"初期，我国碳纤维技术和产业取得突破性进展。一批有情怀、有闯劲儿的企业家加入到这支队伍中来，他们不断投入巨资开展碳纤维工程技术的产业化研究，成为国产碳纤维产业建设的主力军；来自大专院校、科研院所的众多科研人员，不仅在实验室中专心研究相关基础科学问题，更乐于将所获得的研究成果转化为工程技术应用。正是在国家、企业和科技人员的共同努力下，历经近十五年的奋斗，碳纤维国产化技术研究取得了令人瞩目的成就。其标志：一是我国先进武器用T300碳纤维已经实现了国产化；二是我国碳纤维技术研究已经向最高端产品技术方向迈进并取得关键性突破；三是国产碳纤维的产业化制备与应用基础已初具规模；四是形成了多个知识基础坚实、视野开阔、分工协作、拼搏进取的"产学研用"一体化科研团队。因此，可以说，我国的碳纤维工程技术和产业化建设已经取得了决定性的突破！

同一时期，由于有着与碳纤维国产化取得突破相同的背景与缘由，芳纶、芳杂环纤维、高强高模聚乙烯纤维、聚酰亚胺纤维和聚对苯撑苯并二噁唑（PBO）纤维等高性能纤维的国产化工程技术研究和产业化建设均取得了突破，不仅满足了国防军工急需，而且在民用市场上开始占有一席之地，令人十分欣慰。

在国产高性能纤维基础科学研究、工程技术开发、产业化建设和推广应用等实践活动取得阶段性成就的时候，学者专家们总结他们所积累的研究成果、著书立说、共享知识、教诲后人，这是对我国高性能纤维国产化工作做出的又一项贡献，对此，我非常支持！

感谢国防工业出版社的领导和本套丛书的编辑，正是他们对国产高性能纤维技术的高度关心和对总结我国该领域发展历程中经验教训的执着热忱，才使得丛书的编著能够得到国内本领域最知名学者专家们的支持，才使得他们能从百忙之中静下心来总结著述，才使得全体参与人员和出版社有信心去争取国家出版基金的资助。

最后，我期望我国高性能纤维领域的全体同志们，能够更加努力地去攻克科学技术、工程建设和实际应用中的一个个难关，不断地总结经验、汲取教训，不断地取得突破、积累知识，不断地提高性能、扩大应用，使国产高性能纤维达到世界先进水平。我坚信中国的高性能纤维技术一定能在世界强手的行列中占有一席之地。

2014 年 6 月 8 日于北京

师昌绪先生因病于 2014 年 11 月 10 日逝世。师先生生前对本丛书的立项给予了极大支持，并欣然做此序。时隔三年，丛书的陆续出版也是对先生的最好纪念和感谢。——编者注

前言

Preface

高强高模聚乙烯醇纤维是一种典型的柔性链高性能纤维。聚乙烯醇分子结构中含有大量的羟基，造成分子链之间强烈的氢键作用，使得高强高模聚乙烯醇纤维具有优异的耐蠕变和耐温性能。同时，高强高模聚乙烯醇纤维的结构特点也使得它与其他树脂和黏结剂之间具有良好的亲和力，十分适于制备复合材料。我国聚乙烯醇纤维具有良好的产业基础，但缺乏市场急需的高性能纤维品种，目前仅有采用湿法加硼纺丝制备的高强高模聚乙烯醇纤维产业化生产，而对于采用冻胶纺丝制备具有更高强度和模量的聚乙烯醇纤维和采用熔融纺丝高效制备高强高模聚乙烯醇纤维，从原料合成到纺丝技术等尚处于空白状态。针对这一问题，本书对目前高性能聚乙烯醇纤维的研发前沿、生产技术、结构特性、应用领域等进行了详细系统的介绍。书中许多内容是作者所在的研究团队长期研究所取得的成果，并首次进行系统编撰成书，具有较高的学术价值和参考价值。特别是本书中系统介绍了聚乙烯醇纤维的冻胶纺丝技术和熔融纺丝技术，并且对高分子量及高立构规整度的聚乙烯醇进行了详细介绍，可为相关研发和生产人员提供借鉴和参考。

本书是由四川大学高分子科学与工程学院、中国石化集团四川维尼纶厂和四川大学高分子研究所联合编撰的，编写人员均长期从事高性能聚乙烯醇纤维研究开发和生产，具有扎实的研究背景和丰富的生产经验。本书第 1、4、6 章由姜猛进撰写，第 3、7 章由王华全撰写，第 2 章由刘鹏清撰写，第 5 章由陈宁撰写。同时，四川大学高分子科学与工程学院化学纤维研究所贾二鹏、周万立、宋永娇、陈婉璐、苏玲、李昭、喻慈航、沈亚平、赵祥森、张圣昌等参与了大量的文献查阅和文字编辑工作，在此一并感谢。由于本书编撰时间较为仓促，不免存在疏漏之处，希望读者不吝指正。

作者

2016 年 10 月

目录

Contents

第1章 绪论

1.1 聚乙烯醇纤维发展历史

1.1.1 国外聚乙烯醇纤维发展历史

聚乙烯醇(PVA)是一种以乙烯醇(—CH_2—CHOH—)为结构单元的高聚物。而实际上乙烯醇结构是无法稳定地以高浓度形式存在的,其是乙醛的一种极为不稳定的同分异构体。因此聚乙烯醇无法直接由乙烯醇进行聚合得到。

1912年,德国Chemische Fabrik Griesheim Elektron公司的Klatte在采用乙炔和液态乙酸Ac生产乙烯二乙酯的副产物中首次发现了乙酸乙烯酯,也就是乙烯醇的乙酸酯[1]。1927年,德国Consortium fur Elecktrochemische Industrie股份有限公司的E. Baum、H. Deutsch以及W. O. Herrmann发现了采用乙炔与乙酸进行气相反应制备乙酸乙烯酯的方法[1,2]。这种方法制备乙酸乙烯酯不会有乙烯二乙酯的生成,可以获得高纯度的乙酸乙烯酯,因此在产业界一直沿用至今[1]。

1924年,W. O. Herrmann和H. Haehnel向聚乙酸乙烯酯的醇溶液中加入碱,以期像皂化单体乙酸乙烯酯那样皂化聚乙酸乙烯酯,结果得到了一种树脂状的产物,这就是人类首次合成出的聚乙烯醇。除此之外,H. Staudinger也独立地研究了聚乙烯醇,在1926年Gesellschaft Deutscher Naturforscher und Rzte的一次讲座中,Staudinger发现了聚乙烯醇和聚乙酸乙烯酯间通过酯化或皂化的相互转化,这也是他大分子学说强有力的证明。关于聚乙烯醇的研究论文在经由两个研究团队协商后于1927年发表在*Berichte Deutsche Chemische Gesellschaft*的同一卷上[3]。

早期,聚乙烯醇和聚乙酸乙烯酯并不只在德国生产,美国、法国、英国等国家也有生产。聚乙烯醇的第一个实际应用是作为人造丝的上浆材料。它也用作悬浮聚合的分散剂、乳液聚合的乳化剂、稳定剂以及增稠剂等,这类应用近年来仍在不断扩展。

1931年,W. O. Herrmann和他的合作团队申请了第一个关于聚乙烯醇纤维的制备专利[4]。他们称聚乙烯醇可通过普通的湿法和干法纺丝制备纤维材料,而纤维的耐水性可以通过物理和化学的后处理过程得以提升,从而获得理想的性能可供纺织加工使用。但他们对聚乙烯醇纤维的兴趣主要集中在其水溶性上,希望利用其水溶性代替肠线、丝绸等医用缝合纤维。他们与B. Braun肠线公司合作开发了一种干法纺丝聚乙烯醇长丝Synthofil用于手术缝合线。而实际上他们并未对聚乙烯醇纤维进行进一步的后处理改性以提升其耐水性。

除了德国,同时期聚乙烯醇纤维的研究开发在英国、法国、美国等也不断展开。日本于1938年开始进行聚乙烯醇纤维的研发。东京大学的樱田一郎[5]及其团队于次年采用聚乙烯醇水溶液通过硫酸钠(芒硝)湿法纺丝制成了聚乙烯醇纤维,并通过缩甲醛化步骤使纤维获得了耐水性。继而,他们通过对纤维进行干热处理进一步提升了纤维的耐热水性。通过热处理和缩醛化的合理配合,他们制得了甚至在沸水中都能保持形状和性能稳定的聚乙烯醇缩甲醛纤维。与此同时,日本钟纺的M. Yazawa及其团队独立研发了采用硫酸铵作为凝固浴的聚乙烯醇纤维湿法纺丝工艺,并结合湿热拉伸工艺和缩甲醛化制得了耐沸水的维纶。这一技术的出现引起了人们对聚乙烯醇纤维工业化的兴趣。1942年,在钟纺设立的半政府组织(日本合成纤维研究基金)的资助下,东京大学内建立起了第一个聚乙烯醇纤维的实验工厂。然而,受第二次世界大战爆发的影响,研发工作进行得并不顺利。但东京大学的实验工厂还是在1945年前生产了大约1t的聚乙烯醇纤维。这些试生产为聚乙烯醇纤维的大生产提供了宝贵经验,同时为了衡量这种缩甲醛化聚乙烯醇纤维的性能,试制的纤维也被制成了几种纺织品。第二次世界大战后,日本可乐丽公司[6]开始对聚乙烯醇及其纤维进行广泛的研究工作,它们成功地建立了聚乙烯醇合成与纺丝装置及流程,并于1950年开始了聚乙烯醇缩甲醛纤维的工业化生产。这种聚乙烯醇缩甲醛纤维在日本被定名为Vinylon,美国为Vinal,中国则称为“维纶”或“维尼纶”。1957年,日本首先实现了聚乙烯醇干法长丝的工业化,同时也开发出各种高性能和功能性的聚乙烯醇纤维品种,成为聚乙烯醇纤维技术最为领先的国家。到1971年,日本聚乙烯醇纤维产量达到7.5万t的历史最高点。之后,聚乙烯醇纤维由于染色性、耐水性不佳逐渐退出服用纤维领域,日本的聚乙烯醇纤维产量逐年下降,至1987年年产量只有2.6万t,但日本的聚乙烯醇纤维技术仍然保持领先,且品种趋于多样化,产品主要集中在产业用纤维领域。

朝鲜在20世纪50年代初即开始进行聚乙烯醇及纤维的研究开发工作,并建立起了聚乙烯醇的实验工厂。1961年,曾于日本京都大学研究聚乙烯醇及纤维的朝鲜学者李升基[7]在咸兴主持并建立了朝鲜的第一个聚乙烯醇合成及纺丝的咸兴“二·八”维尼纶厂。该厂产能为1万t/年,采用电石乙炔作为原料进行生产,产品主要是湿法维纶短纤。咸兴“二·八”维尼纶厂经多次扩建,产能在20世纪80年代增至维纶短纤5万t/年。1986年,朝鲜又在顺川兴建了10万t/年的维纶生产装置。1994年,由于设备老化、原料和电力不足等原因,咸兴“二·八”维尼纶厂停产,后经过技术改造于2010年重新投产。因无统计资料,近年来朝鲜聚乙烯醇纤维产量预计在15万t左右,主要品种为维纶短纤、长丝束和牵切纱等。朝鲜由于缺乏石油资源,因而其他合成纤维的发展受到限制,其国内的聚乙烯醇纤维主要用于服装领域,维纶面料占其国内面料的近50%[7]。

1.1.2 国内聚乙烯醇纤维发展历史

我国聚乙烯醇纤维的研发起步于20世纪50年代,一些科研院所开始从事乙酸乙烯和聚乙烯醇的研发工作。1957年,吉林省地方工业技术研究所开始对电石乙炔—乙酸乙烯—聚乙酸乙烯—聚乙烯醇—湿法纺丝等一系列聚乙烯醇纤维生产技术进行研究[8]。1958年3月,化工部将天津有机化工实验厂作为研究维纶的实验厂,于1960年建成了60t/年的乙酸乙烯中试装置,对以电石乙炔为原料合成乙酸乙烯的工艺进行系统研究。1959年11月,化工部在天津举办的“全国维纶会议”确定吉林省地方工业技术研究所为全国维纶研究中心。该所年产15t的PVA中试车间于1961年建成,维纶短纤湿法纺丝车间于1962年建成试车。1960年,上海高桥化工厂建立了乙炔气相法合成乙酸乙烯固定床装置,1963年,重庆天然气化工研究所也建立了乙酸乙烯沸腾床中试装置[9]。

1962年,在完全依靠我国自主力量的基础上,参考吉林省地方工业技术研究所装置设计的年产1000t聚乙烯醇装置和聚乙烯醇纺丝装置在吉林省四平联合化工厂开建,在1965年4月建成投产。为了加快我国聚乙烯醇产业的发展,1963年8月,我国从日本仓敷人造丝(现可乐丽)公司引进了1万t/年的聚乙烯醇缩甲醛纤维成套生产装置,其中聚乙烯醇部分建在北京有机化工厂,纤维部分建在北京维尼纶厂。该装置的聚乙烯醇生产工艺路线为电石乙炔沸腾床气相合成乙酸乙烯和高碱醇解聚乙酸乙烯得到PVA。纤维采用湿法纺丝工艺,产品为维纶短纤和牵切纱。该装置的引进及成功投产,使我国聚乙烯醇纤维产业的发展进入了一个新的时期。此后在引进吸收此装置的基础上,我国先后于1975—1980年在河北、山西、安徽、江西、福建、湖南、广西、甘肃和云南建立了九个维尼纶厂。

同时,为了加快维纶产业的发展,我国又于20世纪70年代初从国外引进了天然气和石油为原料的天然气乙炔路线和石油乙烯路线用于制备乙酸乙烯酯。1973年,上海石油化工总厂化工二厂引进可乐丽公司的石油乙烯法乙酸乙烯和低碱醇解法聚乙烯醇装置,聚乙烯醇设计生产能力 3.3 万 t/年,并配套了上海石油化工总厂维纶厂,此二厂均于 1976 年投产。1974 年,四川维尼纶厂从法国罗纳-普朗克(Rhone-Poulenc)公司引进年产 9 万 t 的天然气乙炔法合成乙酸乙烯装置,并从日本可乐丽公司引进年产 4.5 万 t 低碱醇解法制聚乙烯醇装置。1979 年,四川维尼纶厂的聚乙烯醇装置和维纶纺丝装置建成投产,直到目前该厂仍是世界上最大的以天然气为原料生产聚乙烯醇的厂家。

经过 30 多年的发展,中国已成为世界上最大的聚乙烯醇生产国。据统计,2013 年我国聚乙烯醇的主要生产情况如表 1-1 所列,其中:采用天然气乙炔法的生产能力约为 16 万 t/年,国内主要是中国石化集团(中石化)四川维尼纶厂在采用这种方法进行生产;用石油乙烯法的生产能力合计为 12.1 万 t/年;采用电石乙炔法的生产能力合计为 73.1 万 t/年。

20 世纪 90 年代至 21 世纪初,由于厂家之间的竞争加剧,聚乙烯醇的生产成本逐渐降低,同时由于聚乙烯醇纤维逐渐退出纺织服装领域,我国聚乙烯醇及其纤维的产业经历了一次较大产业重组过程,一些生产成本高、产品单一、技术优势不大的企业相继破产,聚乙烯醇的生产转向高产能、低成本的企业,而聚乙烯醇纤维则向着高性能化、功能化、差别化的方向发展,涌现了一批新兴的聚乙烯醇及纤维生产企业。我国聚乙烯醇及其纤维的主要生产状况见表 1-1 及表1-2。

表 1-1　我国聚乙烯醇生产情况(统计于 2013 年)

生产工艺	生产厂家	年产能/万 t
天然气乙炔法	中石化四川维尼纶厂	16
石油乙烯法	中石化上海石化股份有限公司	4.6
	中石化北京东方石油化工有限公司	3.5
	长春化工(江苏)有限公司	4
电石乙炔法	安徽皖维高新材料股份有限公司	25
	山西三维集团股份有限公司	10
	云南云维股份有限公司	2.8
	湖南省湘维有限公司	4.5
	福建福维股份有限公司	6
	江西江维高科股份有限公司	4
	贵州水晶有机化工(集团)有限公司	3
	石家庄化工化纤公司	1.8
	内蒙古双欣环保材料股份有限公司	11 万 t 已投产,11 万 t 在建
	宁夏大地化工有限公司	5 万 t 已投产,28 万 t 在建

表1-2 我国聚乙烯醇纤维生产情况(统计于2013年)

生产厂家	主要品种	年产能/万 t
中石化四川维尼纶厂	低温水溶纤维、高强高模纤维、高强耐磨服饰维纶	4
安徽皖维高新材料股份有限公司	高强高模纤维	3.4
湖南省湘维有限公司	维纶短纤、水溶短纤、高强耐磨服饰维纶	—
福建福维股份有限公司	维纶长丝束、水溶短纤	1.6
内蒙古双欣环保材料股份有限公司	高强高模纤维	—
宁夏大地化工有限公司	高强高模纤维	5.6(在建)
宝华林实业发展有限公司	高强高模纤维、水溶短纤	—
全宇生物科技(遂平)有限公司	维纶短纤、高强耐磨服饰维纶	0.5

1.1.3 高强高模聚乙烯醇纤维的发展

早期维纶主要用于纺织服装领域,主要有维纶短纤、维纶长丝、维纶牵切纱等品种,但由于维纶染色性及耐热水性不佳等原因的限制以及涤纶等服装用纤维迅猛发展的竞争,维纶逐渐退出服用纤维领域。而聚乙烯醇纤维强度高,耐磨性、耐候性、耐腐蚀性佳等特点,使其在产业用纤维领域内得到了广泛的发展。

制备高强高模聚乙烯醇纤维一般从三方面入手:①制备超高分子量的聚乙烯醇原料,减少链端缺陷的影响;②制备高立构规整性的聚乙烯醇原料,增强其结晶能力;③采用新型纺丝技术制备高性能的聚乙烯醇纤维[10]。

一般而言,大多数产业化聚乙烯醇纤维的原料都由溶液聚合制得,由于采用链转移常数较高的甲醇作为溶剂,因此聚合过程中易发生链转移,制得的聚乙烯醇支化度较高,分子量较低,一般聚合度很难稳定达到2500以上。目前,采用乳液聚合是制备高分子量聚乙烯醇的主要方法,美国、日本、韩国等一些研究学者在乳液聚合制备超高分子量聚乙烯醇方面做了大量工作,总体说来采用低温、辐射引发技术可以制备聚合度在10^5数量级的聚乙烯醇。本体和悬浮聚合也可制备高分子量聚乙烯醇,但聚合度一般低于乳液聚合。高间规度的聚乙烯醇一般通过具有空间位阻作用的乙烯酯单体进行聚合得到,如新戊酸乙烯酯(VPi)、三氟乙酸乙烯酯[11]等。虽然高分子量和高间规度的聚乙烯醇原料在实验室研究较多,但由于制备过程一般比较复杂苛刻,产品往往含有乳化剂、分散剂等,且原料成本较高,综合效益较低。因此大部分此类研究仍然停留在实验室阶段,未得以推广应用。而采用一些特殊的纺丝方法可以在使用普通聚乙烯醇原料的基础上使制备所得的聚乙烯醇纤维性能大幅度提升。因此聚乙烯醇纤维特种纺丝方法成为人们应用和研究的热点所在。

目前,生产高强高模聚乙烯醇纤维的主要方法有湿法加硼凝胶纺丝、湿法冻胶纺丝、干湿法冻胶纺丝以及增塑熔融纺丝。其中开发最早、使用最广的是湿法加硼凝胶纺丝法，该方法早在20世纪60年代末，就由日本仓敷人造丝公司开发，技术最初面临脱碱时水洗时间长的缺点，1970年左右才确立了用含酸溶液洗涤的省时的工业化方法，获得了强度为13.3cN/dtex，能耐120℃水温的纤维。80年代该纺丝方法便实现了工业化，产品名为FWB纤维。现在国内采用湿法加硼凝胶纺丝小批量生产，纤维强度可以达到15～18cN/dtex，模量可以达到400～500cN/dtex[12]，工业生产也可以实现纤维的强度达到9～11cN/dtex，模量达到300～400cN/dtex。福建纺织化纤集团有限公司、安徽皖维高新材料股份有限公司（皖维）、湖南省湘维有限公司（湘维）、中国石化集团四川维尼纶厂（川维）等均推出了采用湿法加硼凝胶纺丝制备的高性能PVA纤维。我国各公司纤维产量和纤维主要用途如表1-3所列。

表1-3　我国各公司纤维产量和纤维主要用途

公司	用途	产量/（万t/年）
福建纺织化纤集团有限公司	代替石棉水泥增强、造纸	1.6
安徽皖维高新材料股份有限公司	水泥增强	4
湖南省湘维有限公司	水泥增强、造纸	—
中石化四川维尼纶厂	水泥增强，服装用纤维	0.3

在湿法加硼凝胶纺丝聚乙烯醇（FWB）纤维问世之后，人们从超高强度聚乙烯（UHMWPE）采用冻胶纺丝和超拉伸技术而制得高强高模聚乙烯（PE）纤维的成功中得到启发，将冻胶纺丝法用于聚乙烯醇纤维的纺制。1980年，荷兰的Srmith和Lemstra将超高分子量聚乙烯以冻胶状挤出，脱溶剂后进行高倍拉伸，制得高强高模的纤维[13]。美国的Allied公司[14]于1984年率先申请了湿法冻胶纺丝制备聚乙烯醇高强高模纤维最初的专利，将分子量为1.5×10^4的聚乙烯醇，在甘油中进行冻胶纺丝，经甲醇萃取和干燥后进行多级拉伸制得强度和模量分别为16cN/dtex和400cN/dtex的纤维。1985年，日本东丽公司以聚合度为4500的PVA原料在二甲基亚砜/水（DMSO/H_2O）中溶解，制得了强度为17.6cN/dtex、模量为423cN/dtex的纤维。在科研领域，我国也对高性能聚乙烯醇纤维的冻胶纺丝进行了大量研究，并取得了很多成果。杨屏玉等[15]以乙二醇为溶剂，配制了聚乙烯醇浓度为13%～15%的纺丝原液，以白油为凝固浴，制得了聚乙烯醇冻胶丝，其最大拉伸倍数可达60倍，纤维强度和模量也分别达到11.3cN/dtex和323cN/dtex；戴礼兴[13]以DMSO/甲醇为凝固浴，也得到了强度为11.5cN/dtex的PVA纤维。东华大学与上海石油化工股份有限公司合作进行的高强高模聚乙烯醇凝胶纺丝工艺取得了一定的进展，目前还在试验阶段。

1995年开始出现干湿法冻胶纺丝，此法避免了喷丝头直接接触温度较低的纺丝凝固浴造成的原液过早冷却而导致的堵塞喷丝孔的问题，并且干喷湿纺过程中纺丝原液在空气层流动中易于部分取向，因此其制得的纤维强度和模量指标得以大大提升。聚乙烯醇的干湿法冻胶纺丝一般是以 DMSO 或 DMSO/H_2O 混合物为溶剂，纺丝原液经挤出后进入空气层再进入甲醇凝固浴，形成的冻胶丝，经过萃取、拉伸，强度可以达到2.34GPa，模量则达到了55.67GPa。日本尤尼吉卡公司采用聚合度为 7105 的聚乙烯醇通过干湿法纺丝制得强度和模量分别为26.2cN/dtex 和542.1cN/dtex 的聚乙烯醇纤维[16]。日本可乐丽公司采用聚合度为6.6×10^3的聚乙烯醇，凝胶干湿法纺丝制得了强度和模量分别为20.2cN/dtex 和505.9cN/dtex 的聚乙烯醇纤维[17]。

1.2 聚乙烯醇纤维的结构与性质

1.2.1 聚乙烯醇纤维分子结构

聚乙烯醇原料的聚合度及分子量分布、醇解度、立体结构、连接方式、支化度、末端基等，对其纤维的性能影响极大。因此，可根据生产纤维的性能要求，选择相应的聚乙烯醇原料规格。

1.2.1.1 聚合度

聚乙烯醇平均聚合度与其纤维的力学性能密切相关[18]。大量实践证明，在一定范围内，聚乙烯醇聚合度越高，其纤维强度越高。因此在制备聚乙烯醇高强高模纤维时，一般要求采用高聚合度聚乙烯醇作原料。国内外对高聚合度聚乙烯醇原料纺丝做了大量工作，特别是日本，在聚乙烯醇高强高模纤维方面积累了大量专利和文献。基本结论是，采用同一纺丝方法，聚乙烯醇聚合度高，纤维强度和模量也高。当然，纺丝方法不同，其纤维强度和模量也不相同。聚乙烯醇聚合度与纤维强度和模量的关系见表1-4。

表1-4 聚乙烯醇聚合度与纤维强度和模量的关系

专利	纺丝方法	聚合度	强度/(cN/dtex)	弹性模量/(cN/dtex)
特开昭61-215711	干湿法	3100	15.9	366.2
特开昭62-289606	干湿法	4900	18.5	344.6
特开昭62-162010	干湿法	6600	22.9	440.0
特开平1-124611	干湿法	7000	24.3	552.3
国内工业装置生产	常规湿法	1700~2000	7.5	150
国内工业装置生产	FWB 纤维	1700~2000	11.0	260

1.2.1.2 分子量分布

与其他成纤聚合物一样，乙酸乙烯聚合时，常常会发生链转移，使其醇解后形成分子量不等的聚乙烯醇。聚乙烯醇分子量分布将影响纤维的力学性能[19]。聚乙烯醇分子量分布与纤维强度的关系如图 1－1 和图 1－2 所示。

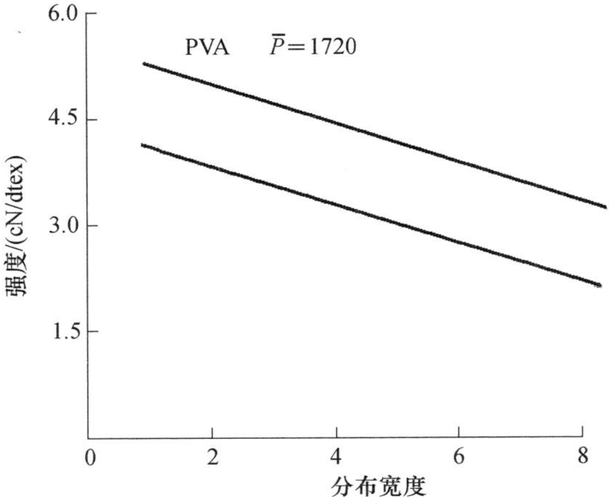

图 1－1 聚乙烯醇分子量分布宽度与纤维强度的关系

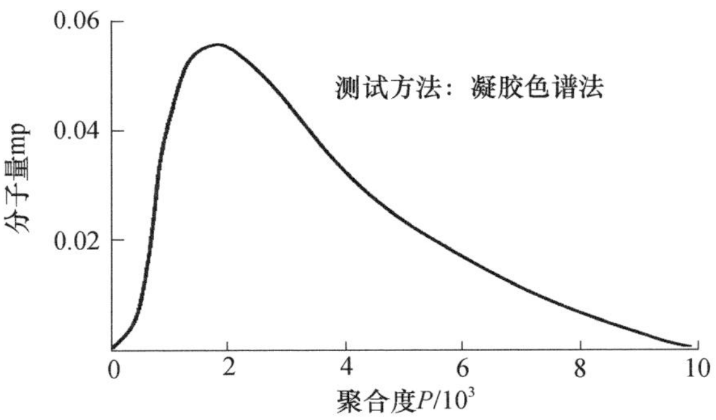

图 1－2 纤维级聚乙烯醇分子量的分布

1.2.1.3 醇解度

聚乙烯醇的醇解度对原液可纺性、纤维强度和水溶温度影响极大[20]。因为大分子上存在着体积较大的乙酸基，不但阻碍纤维中大分子的取向和结晶，而且降低了分子间的作用力，纤维强度降低，水溶温度降低。工业上生产高强高模纤维和耐水性要求较高的纤维时，应尽量选用高醇解度聚乙烯醇作为原料。生产聚乙烯醇水溶纤维时，根据不同的水溶温度选择不同醇解度的聚乙烯醇作原料。聚乙烯醇乙酸基含量对纤维强度和水中软化点和纤维的影响如图1－3和图1－4所示。

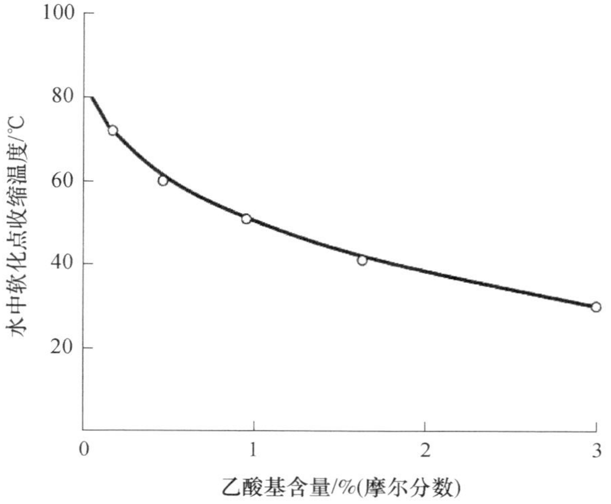

图1－3 聚乙烯醇乙酸基含量对纤维水中软化点的影响

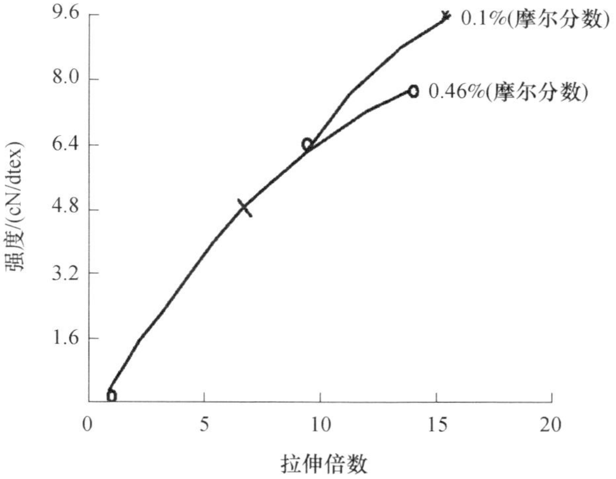

图1－4 聚乙烯醇乙酸基含量对纤维强度的影响

1.2.1.4 立体结构

聚乙烯醇羟基在大分子上的位置不同，可分为等规立构（i－PVA）、间规立构（s－PVA）和无规立构（a－PVA）三种立体结构。在这三种结构中，s－PVA的规整性最好，i－PVA次之，a－PVA最差[21]。完全醇解的聚乙烯醇的立体结构构象如图1－5所示。

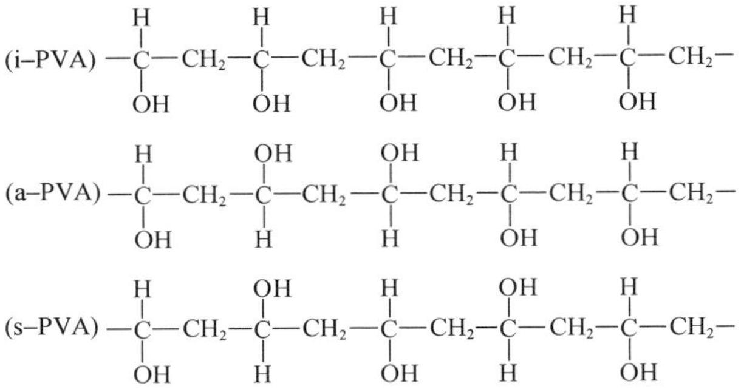

图 1 –5　完全醇解的聚乙烯醇的立体结构构象

聚乙烯醇全同立构和间同立构红外光谱如图 1 –6 所示。

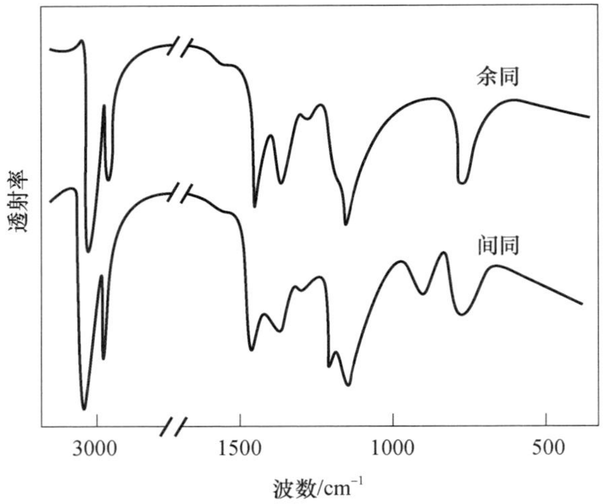

图 1 –6　聚乙烯醇全同立构和间同立构红外光谱

聚乙烯醇的立体规整性越好，分子间靠得越紧密，通过拉伸后的纤维结晶度越高，纤维的力学性能和耐热水性能越好。如 s – PVA 大分子之间最容易形成氢键，在 150 ~220℃结晶速率最快，所制成的纤维通过合理的条件进行后处理可耐 150℃的热水。

1.2.1.5　连接方式

乙酸乙烯单体在聚合过程中，因聚合条件不同连接方式也不相同，经醇解后就会得到“头 – 尾”相连、“头 – 头”相连或“尾 – 尾”相连，或混合结构的聚乙烯醇。“头 – 尾”结构的聚乙烯醇，羟基的排列规整，有利于大分子的取向和结晶，纤维的力学性能和耐热水性能好。而“头 – 头”结构或“尾 – 尾”结构，由于羟基的立体障碍，规整性较差，纤维的结晶性受到影响，耐热水性较差。“头－头”结构含量对热处理纤维在沸水中收缩率的影响见表1－5。

表1－5 “头－头”结构对聚乙烯醇纤维在沸水中收缩率的影响

“头－头”结构含量/%（摩尔分数）		0.50		0.80		1.60	
热拉伸倍数	热收缩/%	热收缩/%	纤维形状	热收缩/%	纤维形状	热收缩/%	纤维形状
4	0	6.4	很好	6.0	很好	10.7	良好
	10	4.4	很好	5.4	很好	6.6	很好
3	0	12.1	良好	31.8	稍差	44.3	不好
	10	5.3	良好	9.6	良好	33.0	稍差
2	0	—	不好	—	不好	—	不好
	10	—	良好	—	不好	—	不好
注：商品聚乙烯醇中，“头－头”结构的含量一般为1.6%～1.8%（摩尔分数）							

1.2.1.6 支化度

聚乙烯醇大分子上连接少量支链是不可避免的，支链的长短和多少由聚合条件决定。含有支链的聚乙烯醇结构不但会影响原液的可纺性，还会影响聚乙烯醇纤维在拉伸过程中的结晶、纤维的强度和耐热水性能。因此，纺制高强高模纤维时应尽量选用低支化度的聚乙烯醇作原料。

1.2.1.7 羰基和羟基

羰基在聚乙烯醇主链上极少，主要在大分子的末端。聚乙烯醇羰基含量通常为0.01%～0.03%（摩尔分数），但羰基带有较强的负电性，在高温下脱水形成共轭双键，会使纤维发黄，在聚乙烯醇大分子末端除了含少量羰基，还含一定量的羟基，羟基有吸收盐基染料、遇碱生成钠盐（—COONa）的特性。该钠盐在高温下使聚乙烯醇氧化脱水，同样使纤维发黄。因此应选择精制的乙酸乙烯生产聚乙烯醇作纤维原料，在纺丝过程中合理控制纺丝工艺条件，避免纤维发黄。

1.2.1.8 聚乙烯醇缩甲醛纤维分子结构

聚乙烯醇及维纶的化学结构式如下：

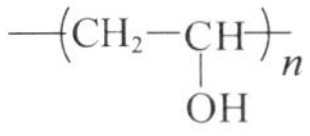

（聚乙烯醇）

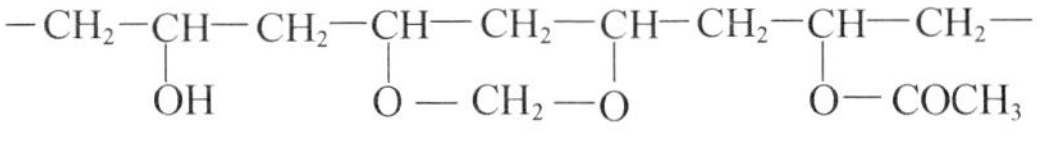

（聚乙烯醇缩甲醛）

在聚乙烯醇大分子上，每个基本链节上都含有一个羟基，羟基是一个强烈的亲水性基团，因此聚乙烯醇易溶于水，一般未经缩醛化的聚乙烯醇纤维都是水溶性的。在经过纺丝、拉伸、热处理等加工工序后，聚乙烯醇纤维产生一定的结晶度，一部分大分子上的羟基被纳入晶格，成为被束缚的羟基，从而使纤维的耐热水性有所提高，就其力学性能而言，已能符合应用的需要，特别是对那些不与水相接触的制品，已是完全可用。但是就纤维的耐热水性而言，尚不能满足使用要求。在接近沸点的水中，其收缩率过大，在沸水中，不仅会发生溶胀，还将发生溶解。这是由于在位于结构比较疏松的非晶区还含有一部分未被束缚的自由羟基，它们仍赋予纤维以较好的亲水性，因此在有的用途方面，不能满足使用需要，必须进行后处理，使这一部分羟基被封闭掉，进一步提高纤维的耐热水性。聚乙烯醇纤维缩醛化后处理是基于有机化学中的醇醛缩合，在酸性介质的催化作用下发生反应，醇和醛的分子间脱去了一个分子的水而连接起来。缩醛化反应的实质就是使甲醛与未被束缚的羟基发生反应，构成分子内缩合，从而使纤维的耐热水性和玻璃化温度都能有所提高。经过缩醛化后，维纶的吸湿性仍是合成纤维中最大的，可达4.5%～5.5%。

维纶大分子主链是碳链结构，因此它的内旋转容易，大分子链的柔顺性较好，易产生结晶，结晶度可达60%～75%。聚乙烯醇大分子缩醛化只在无定形区发生，缩醛化程度对纤维性质有很大的影响。缩醛化的程度以醛化度（AD）来表示，是指聚乙烯醇中参与缩醛化反应的羟基数与大分子原来所含全部羟基数之比，或用缩醛化反应中进入大分子的甲醛摩尔数对聚乙烯醇基本链节的摩尔数之比来表征。缩醛化的目的主要是提高纤维的耐热水性，在结晶条件相同的情况下，醛化度越高，成品纤维的耐热水性越好，醛化度越低，纤维的耐热水性越差。但醛化度也不能太高，太高时：一方面使化学处理条件激烈；另一方面破坏了纤维的结晶部分，会导致纤维强度下降。醛化度一般控制在25%～35%范围内。缩醛化，使纤维大分子结构中自由羟基部分被封闭。因此，它的吸湿性不如棉和黏胶纤维，且染色性能差，不易染得鲜艳。

1.2.2 聚乙烯醇纤维的聚集态结构

1.2.2.1 聚乙烯醇纤维的结晶结构及结晶度

聚乙烯醇纤维超分子结构是指纤维中的结晶、取向及非晶区结构，这些结构直接决定纤维的性能和应用范围。

1. 结晶结构与结晶度

X射线衍射（XRD）分析表明，聚乙烯醇结晶属于单斜晶系，晶胞由两个结构单元组成，其晶格大小因测定方法和测定者不同而有差异[22]。聚乙烯醇纤维单元晶胞结构如图1－7所示。

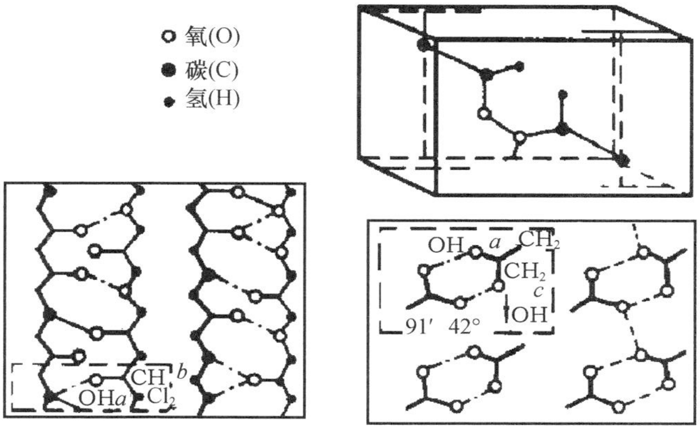

图1－7 聚乙烯醇纤维单元晶胞结构示意图

聚乙烯醇的单元晶格尺寸见表1－6。

表1－6 聚乙烯醇的单元晶格尺寸

方法	a/nm	b/nm	c/nm	β
X射线衍射法	0.781	0.252	0.551	90°42′
	0.782	0.252	0.560	90°
	0.783	0.252	0.553	87°
	0.781	0.252	0.551	91°42′
	0.785 ±0.001	0.253 ±0.0001	0.5495 ±0.0007	90°10′ ±20′

聚乙烯醇单元晶格长度为2.52nm，单元晶格长度方向的链节数为1，大分子链的横截面积为$2.15nm^2$，$1cm^2$截面上的分子链为4.65×10^{13}。

聚乙烯醇纤维中大分子纤维结晶度可以用X射线衍射法、密度法和热分析法等多种方法测定。纤维中晶区密度为$1.345g/cm^3$，非晶区为$1.269g/cm^3$。结晶度为65%～75%的聚乙烯醇纤维的密度为$1.30\sim1.32g/cm^3$。随着结晶度的增大，断裂强度和初始模量随之增加，稳定性相应提高。

图1－8为不同聚合度聚乙烯醇纤维的X射线衍射曲线，根据曲线上的数据，利用布拉格公式$2d\sin\theta=\lambda$，谢乐方程$D_c=0.89\lambda/(\beta\cos\theta)$，可以分别算出晶粒尺寸和晶面间距。不同聚合度聚乙烯醇纤维的晶面(1 0 1)间距如表1－7所列。

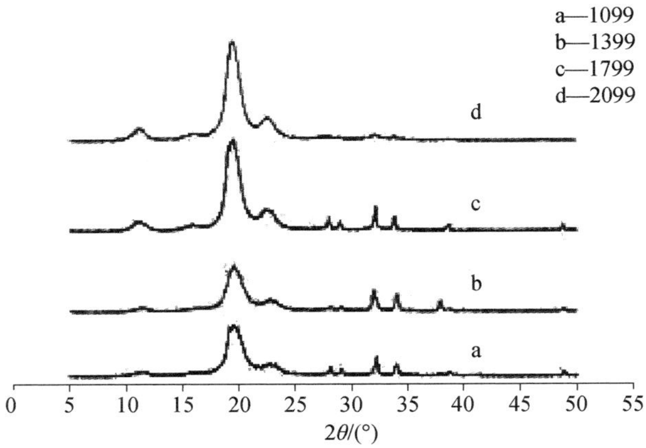

图 1 - 8　不同聚合度聚乙烯醇纤维的 X 射线衍射曲线

表 1 - 7　不同聚合度聚乙烯醇纤维(1 0 1)晶面的晶面间距

纤维型号	晶面间距/Å
1099	3.91
1399	3.93
1799	3.97
2099	3.97

从表 1 - 7 中数据可以看出,随着聚合度的增加,晶面间距逐渐增加,晶面间距表示了结晶的完善性,其值越小,表示结晶越完善。当聚合度低时,由于分子链短、缺陷少,并且运动能力强,所以结晶完善;随着聚合度的增加,分子链变长,缺陷增加,且运动能力下降,导致结晶完善性下降。

2. 非晶态结构

聚乙烯醇纤维在纺丝过程中,通过热拉伸和热处理,部分大分子进入晶格,形成结晶,但仍有部分处于非晶态,因此纤维密度介于晶区和非晶区密度之间。非晶态结构对纤维的强度、模量、伸长率和耐水性影响极大,因为纤维的力学破坏主要发生在非晶区的薄弱环节。在生产高强高模纤维时,应尽量减少纤维中的薄弱环节,提高缚结分子数。对于生产纺织用纤维,应保持适当的非晶区结构,为吸湿和染色提供所需的羟基。

1.2.2.2　取向及取向度

聚乙烯醇纤维中大分子的取向度是指大分子或结晶沿纤维轴取向的程度。纤维取向度的测定有 X 射线衍射法、双折射法和声速法等方法。聚乙烯醇纤维在低温下拉伸时,一般只发生链段取向,而在玻璃化温度以上,特别是在 200 ~ 225℃进行拉伸时,大分子链才有可能获得取向。晶区的取向较非晶区复杂,这是因为大分子链在应力作用下的取向,使原有结晶单元破坏和新的结晶单元形成,某些大分子链贯穿于几个晶区或几个非晶区。纤维拉伸后大分子及其晶区的取向度越高,纤维强度越高,同时纤维中大分子取向有利于结晶结构的形成。

有几种不同的方法测定纤维的取向度,由于各种方法对晶区和无定形区取向的灵敏度不同,因此反映的是不同结构区域的取向。X 射线衍射法是以纤维中晶区或准晶区的晶面反射为基础,所测得的取向因数反映的是纤维中晶区或准晶区的取向度。双折射法测得的取向度是晶区和非晶区两种取向的总效果。声速法测得的是晶区和非晶区的平均取向度,反映整个分子链的取向,结果能更好地说明高聚物的结构与力学性能的关系。

1.2.3 聚乙烯醇纤维的形态结构

1.2.3.1 常规湿法纺丝纤维的形态结构

由常规湿法纺丝工艺获得的聚乙烯醇纤维,由于纤维在凝固过程中双渗透剧烈而形成了肾形横截面,见图1-9。初生纤维成形过程越激烈,横截面形状越不规整。借助于光学显微镜进行观察时,可以发现其横截面具有明显的皮芯层结构。这种横截面形状的纤维有明显的缺陷,芯层存在着微孔和微纤维,结构较为疏松,当纤维进行热处理拉伸时,易产生应力不均而使纤维断裂;而皮层结构致密,取向度较高,所以成品纤维的皮层越厚,纤维的性能就越好。如果纤维成形和热处理工艺好,则微孔少,纤维的力学性能好;反之,则力学性能差,纤维的透明度差,易泛白以致染色后纤维色泽呆滞、不鲜艳。皮芯层差异越大,纤维的染色均匀性也越差。

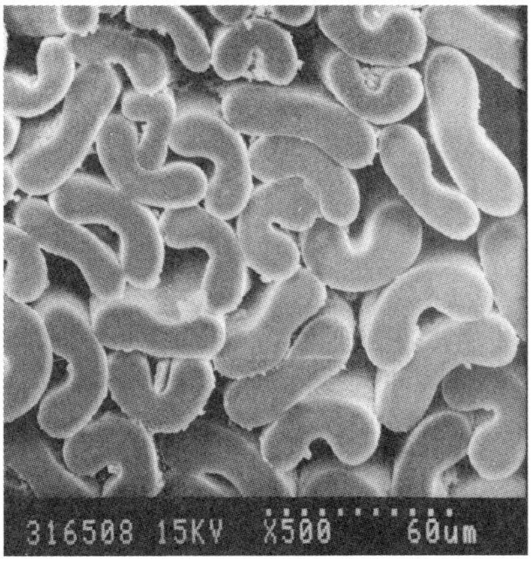

(a)

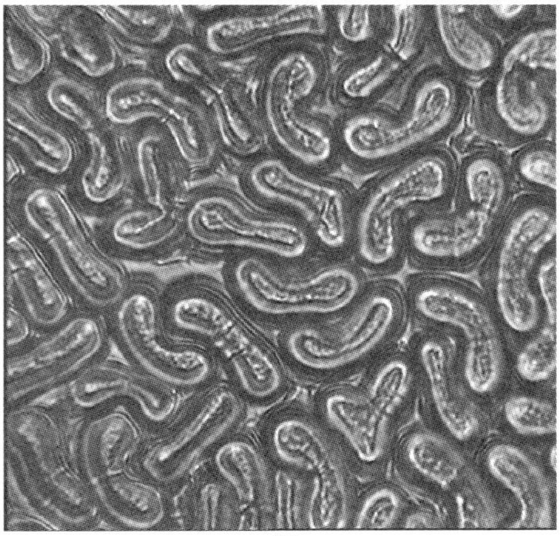

(b)

图1-9 常规湿法纺聚乙烯醇纤维横截面

(a)扫描电镜;(b)光学显微镜。

1.2.3.2 加硼凝胶湿法纺丝纤维的形态结构

纺丝原液进入凝固浴后,在碱性条件下,添加的硼交联剂促使纤维分子间迅速产生交联，形成网状分子结构，从而减弱了凝固剂对纤维的渗透作用，所以采用硼交联湿法纺丝工艺制成的纤维凝固成形时脱水并不十分强烈，因而纤维横截面形状基本呈椭圆形甚至圆形，见图 1－10，皮芯层不明显，且纤维中心部位的结构比较致密，没有明显的缺陷。横截面越接近圆形，结构越均匀致密，越有利于提高拉伸倍数。

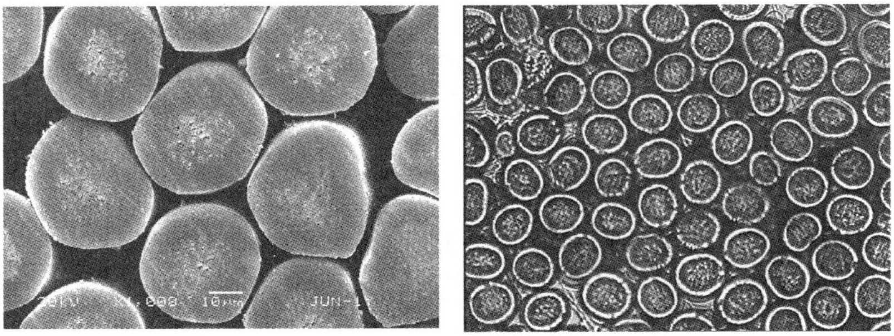

(a) (b)

图 1－10　加硼凝胶湿法纺聚乙烯醇纤维横截面

(a)扫描电镜；(b)光学显微镜。

1.2.3.3　干法纺丝纤维的形态结构

与湿法纺丝相比，干法纺丝时由于成形条件缓和，纤维的横截面结构比较均匀致密，无皮芯层结构，多为豆形或接近圆形，见图 1－11。纤维表面光滑，力学性能较好，尺寸稳定性好，染色鲜艳。

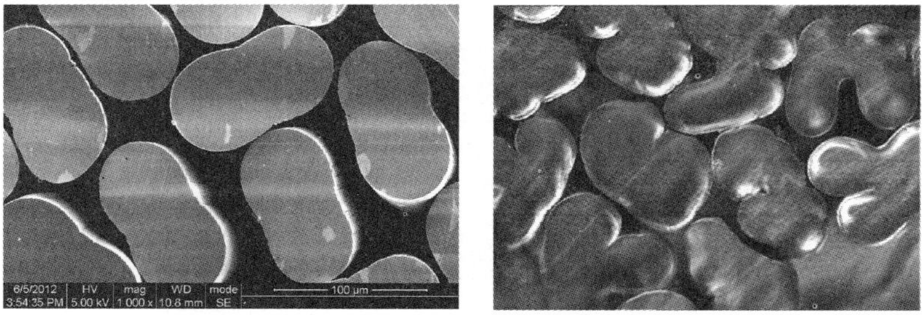

(a) (b)

图 1－11　干法纺聚乙烯醇纤维横截面

(a)扫描电镜；(b)光学显微镜。

1.2.3.4　增塑熔融纺丝纤维的形态结构

与湿纺的双向传质过程相比，聚乙烯醇熔融纺丝主要涉及聚合物熔体细流与冷却介质间的传热过程，纺丝体系组成变化不大，熔纺纤维成形时收缩小，因此，初生纤维具有圆形横截面且结构均匀性高，见图 1－12。对其施以高倍拉伸，可以提高纤维性能，获得高强高模聚乙烯醇纤维。

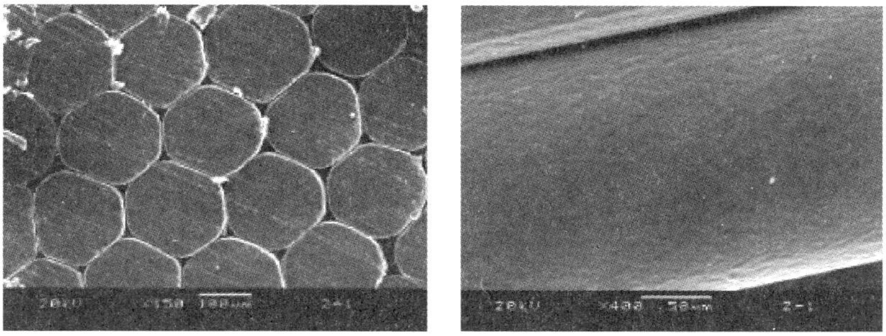

(a) (b)

图 1－12 增塑熔融纺丝纺聚乙烯醇纤维

(a)横截面;(b)纵面。

1.2.3.5 湿法冻胶和干湿法冻胶纺丝纤维的形态结构

冻胶纺丝凝固缓慢,使初生纤维的结构比较均匀,横截面呈圆形,无皮芯层结构,见图 1－13,而且结晶度、取向度都较低。经高倍热拉伸后,结晶度和取向度都有很大的提高,并能形成部分大分子链伸直的结晶结构,从而使成品纤维的强度和模量大大提高。

(a) (b) (c) (d)

图 1－13 干湿法冻胶法纺聚乙烯醇纤维

(a)横截面(扫描电镜);(b)横截面(光学显微镜);

(c)纵面(扫描电镜);(d)纵面(光学显微镜)。

1.2.4 聚乙烯醇纤维的化学性质

聚乙烯醇纤维含有大量羟基，具有某些低分子量多元醇物质的化学反应性质，如与酸发生酯化反应，与醛发生缩醛化，与部分多价金属离子形成络合结构等，这些化学反应是聚乙烯醇纤维改性的基础。

1.2.4.1 缩醛化反应

聚乙烯醇最重要的化学性质就是能够进行缩醛化反应。聚乙烯醇纤维在酸性催化剂存在下能与一元醛和二元醛反应生成缩醛化的纤维。

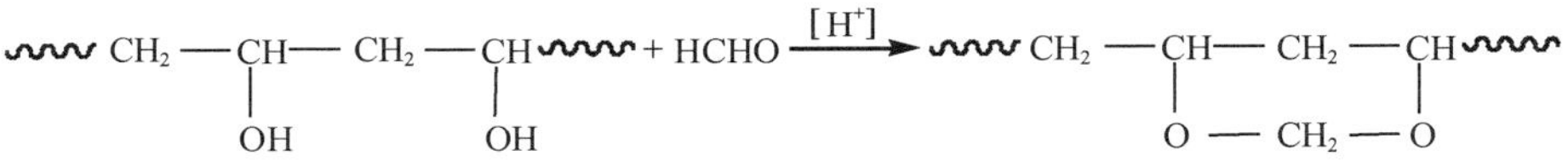

当然，也可能在两个大分子之间发生分子间缩合：

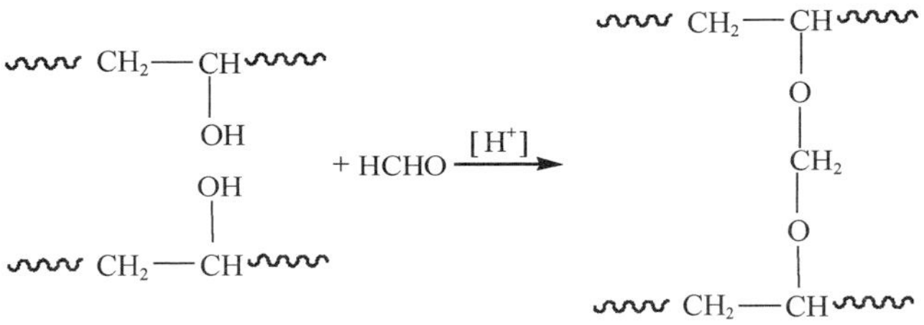

但是，一般情况下采用一元醛进行缩醛化主要是在聚乙烯醇分子内相邻的两个羟基之间缩合，在分子间发生缩合的可能性较小。如果是采用二元醛进行缩醛化，则可以发生分子间的缩合，形成交联的体型结构的缩醛化物：

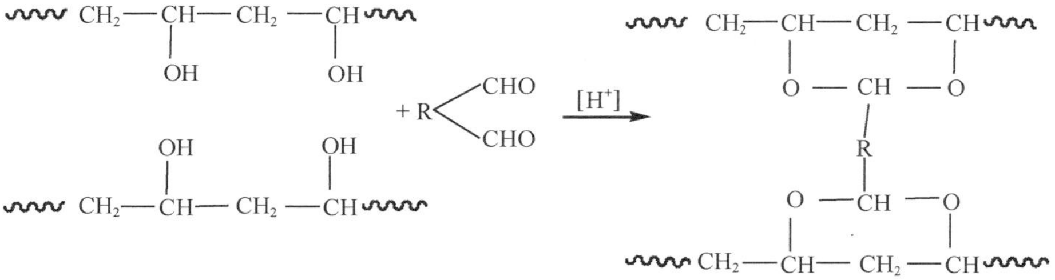

如上所述，当采用甲醛使聚乙烯醇纤维缩醛化时，主要发生的反应为分子内缩合，使大分子上相邻的两个羟基相连接，构成一个带亚甲基的含氧六元环。由此可知，孤立的羟基将不能被缩醛化。Flory 从这一认识出发，按统计力学理论进行计算，得出聚乙烯醇长链分子上的最大缩醛化度为 86.47%。也就是说，在缩醛化过程中将有 13.53% 的羟基成为孤立的自由羟基而不能被缩醛化：

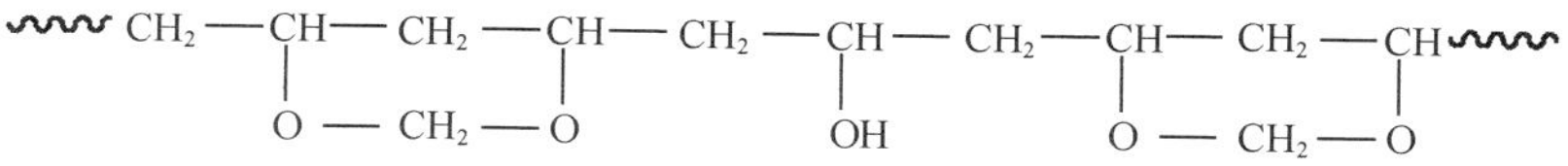

1.2.4.2 酯化反应

聚乙烯醇纤维能与有机酸或无机酸作用,反应生成相应的聚乙烯醇酯。但聚乙烯醇的羟基活性比简单的低级醇要低,因此对聚乙烯醇纤维进行酯化的条件需要强于普通低级醇的酯化条件。比较常见的酯化反应有聚乙烯醇的乙酯化、磷酸酯化等,经酯化后的纤维分子链规整性下降,导致纤维耐水性降低,易在水中溶胀或溶解。酯化后的聚乙烯醇酯一般不稳定,在碱性条件下,酯键往往会水解还原成羟基。

1.2.4.3 醚化反应

聚乙烯醇纤维醚化方法与低级醇醚化方法基本相同,如在碱性条件下聚乙烯醇纤维与硫酸酯、卤代烃等的反应。聚乙烯醇纤维的醚化度主要取决于醚化剂的摩尔比、消耗于主反应与副反应的量和聚乙烯醇大分子的每个羟基受到醚化作用的程度等三个因素。聚乙烯醇醚化物的性质由醚基的特性、醚化度的大小及分布等决定。

经醚化后的聚乙烯醇纤维,分子间的作用力有所削弱,从而其强度、密度及软化点等都有所下降,纤维的亲水性也随之下降,且醚化取代基的分子量越大,这种影响也越明显。

一般而言,聚乙烯醇纤维的醚化反应较酯化反应容易进行。取代基的化学稳定性也较酯化产物好。所以有人建议通过醚化引入某种亲染料基团,以改善聚乙烯醇纤维的染色性能。

1.2.4.4 与金属化合物的作用

聚乙烯醇水溶液中加入 NaOH 时,溶液黏度急剧上升,甚至形成凝胶。采用一般能洗去吸附碱的方法处理尚不能除去,说明聚乙烯醇大分子羟基与 NaOH 结合得相当牢固,类似于金属钠与醇类作用发生的反应。除此之外,聚乙烯醇能与铜、钛、锆、铬作用生成络合物。通常的做法是将聚乙烯醇纤维浸渍在上述金属化合物酸性水溶液中一段时间后,取出榨干再放入 NaOH 水溶液中中和,即生成聚乙烯醇金属螯合纤维。利用聚乙烯醇纤维与硫酸钛作用代替缩甲醛化,可使纤维的水中软化点由 90℃ 提高到 114℃。

聚乙烯醇水溶液(pH 值为 3 ~4)中加入硫酸铜,在 Na_2SO_4/NaOH/水溶液中纺丝形成的初生纤维为凝胶态纤维,经湿拉伸、洗涤、干热拉伸后可形成中空纤维。

1.2.4.5 与硼化物反应

聚乙烯醇水溶液中加入少量硼酸,溶液黏度就会显著上升(表 1 -8),甚至生成凝胶,这是因为聚乙烯醇与硼酸在分子内或分子间已发生反应,形成分子化合物。硼酸与聚乙烯醇生成的单二醇络合物和双二醇络合物的化学结构如下:

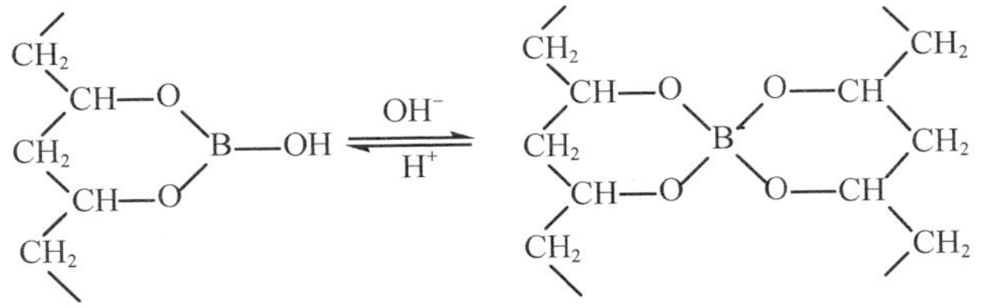

单二醇络合物　　　　双二醇络合物

表 1－8　不同硼酸含量对聚乙烯醇水溶液黏度的影响

硼酸含量/%(对聚乙烯醇)	0	0.5	1	2	3	5
溶液浓度/%	14.85	14.85	14.65	14.76	14.90	14.91
落球黏度/s(30℃)	47.7	62.4	85.5	89.8	127.8	183.3
落球黏度/s(60℃)	16.0	18.6	24.4	24.7	53.4	63.4

另外,溶液的 pH 值对含有硼酸的聚乙烯醇水溶液黏度有很大的影响。例如,溶液 pH 值为 2 时的落球黏度为 89.8s,相应溶液的 pH 值为 8 时,其落球黏度竟达 768s。若用硼砂取代硼酸,效果相似,但对溶液黏度的影响更大。

以硼酸作用于聚乙烯醇时,在介质 pH 值较小的情况下,只是在分子内发生反应。聚乙烯醇水溶液的黏度随硼酸加入量的增多而增大,但是它仍不失为一种均匀的溶液。当反应介质的 pH 值偏于碱性时,硼酸与聚乙烯醇发生分子间反应,从而使溶液的黏度陡然上升,以致形成凝胶。如果以硼砂取代硼酸,因为硼砂本身即呈碱性,故而在不控制介质 pH 值的情况下,两者间将直接发生分子间反应。

人们成功地利用聚乙烯醇与硼化物的反应生产出了 FWB 纤维,获得高强高模纤维(10～15cN/dtex),广泛用于增强水泥及混凝土。

1.2.4.6　与碘化物反应

在聚乙烯醇水溶液中加入碘或碘化钾溶液后,聚乙烯醇将与之反应形成特征显著的深蓝色的弹性凝胶状络合物,该反应与碘和直链淀粉的显色反应相似。该凝胶可以在丙酮中析出,用 X 射线衍射法测定,其衍射图与纯聚乙烯醇完全不同,这可能是碘与聚乙烯醇形成的分子化合物。聚乙烯醇纤维在水溶液中与碘反应获得的纤维具有灭菌效果。

1.2.5　聚乙烯醇纤维的其他性质

维纶是一种性能优良、用途广泛的合成纤维,具有很高的理论强度和模量,良好的耐碱性、耐腐蚀性、耐候性、耐辐照、耐磨性、与水泥基材的黏接性,符合新材料的特性，又具有优良的环保性能，广泛用于非织造布、棉纺、毛纺、麻纺、造纸、军工、海水养殖、水泥强化、塑料强化、复合材料、绳索、产业用特殊管道、防护材料、工业用布类、特殊纺织品等，符合国家产业发展方向，受到国家政策的鼓励和支持。

1.2.5.1 有机溶剂的溶解性

聚乙烯醇除了可以在水中溶解，一些有机溶剂，如二甲基亚砜、二甲基乙酰胺、乙二醇、丙三醇等均可作为聚乙烯醇的溶剂。利用聚乙烯醇溶解于有机溶剂中的溶液性能，可以进行冻胶湿法纺丝，得到高性能聚乙烯醇纤维。选择不同规格的聚乙烯醇原料，可以制备特种低温水溶纤维和强度更高的高强高模纤维。

1.2.5.2 耐油、耐有机药品性能

聚乙烯醇纤维耐动植物油类、石油烃类、脂肪族烃类、芳香族烃类、醚类、酯类、酮类等多种有机药品的性能极好。在这些油类和有机药品中不溶胀，不减轻重量，不收缩。聚乙烯醇纤维及维纶耐化学药品的性能见表1－9。

表1－9 聚乙烯醇纤维及维纶耐化学药品的性能

试剂	浓度/%	温度/℃	时间/h	强度/(cN/dtex)	
				聚乙烯醇长丝	维纶短纤纱
空白	—	—	—	6.32	3.41
硫酸	1	20	1000	6.31	3.45
	10	20	1000	6.11	3.56
	70	20	0.1	溶解	发脆
盐酸	1	20	1000	6.27	3.66
	10	20	1000	6.38	2.83
	37	20	0.1	溶解	发脆
	1	70	100	6.23	3.47
	10	70	10	5.87	2.75
硝酸	1	20	10	6.27	3.62
	10	20	10	5.92	3.53
	70	20	0.1	溶解	溶解
氢氟酸	10	20	10	6.27	3.40
磷酸	10	20	10	6.27	3.50
甲酸	40	20	10	6.20	2.74
乙酸	5	100	10	5.90	2.87
	10	20	10	6.36	3.24
氢氧化钠	1	20	10	6.26	3.66
	10	20	10	6.29	3.40
	40	20	10	6.26	3.62
	10	100	10	6.41	3.59

（续）

试剂		浓度/%	温度/℃	时间/h	强度/（cN/dtex）	
					聚乙烯醇长丝	维纶短纤纱
过氧化氢	pH＝7	0. 4	20	10	6. 12	3. 53
		0. 4	70	10	2. 98	3. 47
	pH＝11	0. 2	70	10	6. 36	3. 40
	pH＝10	3	70	10	6. 30	3. 21
次氯酸钠	pH＝10	0. 01	20	10	6. 27	3. 59
	pH＝11	0. 04	20	10	4. 72	3. 25
过硼酸钠		1	20	1	6. 27	3. 34
氯化钠	pH＝4	0. 07	100	10	5. 98	2. 93
	pH＝4	0. 7	20	10	6. 15	3. 53
过乙酸	pH＝5	2	100	10	3. 62	2. 74
	pH＝4	2	20	10	6. 01	3. 47
次硫酸钠		1	70	10	6. 28	3. 28
杜邦还原剂 Sulfoxite S	pH＝4	1	100	10	6. 19	3. 34
亚硫酸氢钠	pH＝4	1	100	10	6. 40	3. 43
		5	100	10	6. 24	3. 43
肥皂		1	100	10	6. 14	3. 28
碳酸钠		1	100	10	5. 90	3. 31
氯化钠		3	100	10	6. 01	3. 41
硫酸铜		3	100	10	6. 02	3. 45
氯化锌		3	100	10	5. 89	3. 51
丙酮		100	20	1000	6. 29	3. 03
戊醇		100	20	1000	6. 20	3. 39
苯		100	20	1000	6. 38	3. 35
二硫化碳		100	20	1000	6. 33	3. 66
四氯化碳		100	20	1000	6. 18	3. 41
氯仿		100	20	1000	6. 38	3. 51
乙醚		100	20	1000	6. 30	3. 24
乙醇		100	20	1000	6. 23	3. 47

（续）

试剂	浓度/%	温度/℃	时间/h	强度/(cN/dtex)	
				聚乙烯醇长丝	维纶短纤纱
乙酸乙烯	100	20	100	6.31	3.24
甲醇	100	20	100	6.31	3.24
四氯乙烷	100	20	1000	6.23	3.43
斯陶大溶剂	100	70	10	6.39	3.37
过氧乙烯	100	100	10	6.28	3.47
甲醛	10	20	1000	5.83	3.41
棉籽油	100	20	1000	6.11	3.69
猪油	100	20	1000	6.20	3.47
氨水	28	20	1000	6.15	3.19
苯酚	5 100 100	20 100 100	10 0.1 100	5.83 6.24 6.24	2.08 发脆 发脆
矿物油	100	100	10	6.09	3.59

1.2.5.3 吸湿与膨胀

聚乙烯醇纤维含有大量羟基，与水的亲和力强，吸水性好，但随着纤维热处理结晶度和缩甲醛化度的增加，吸水性逐渐降低。聚乙烯醇纤维及其缩甲醛化的维纶吸湿和脱湿等温曲线如图1-14所示。

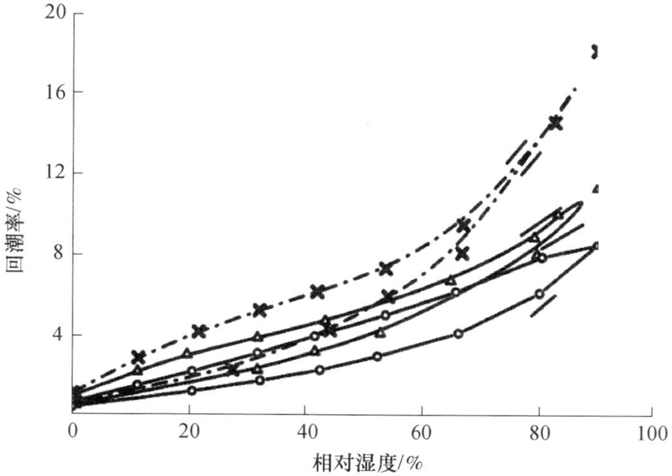

图1-14 聚乙烯醇纤维及其缩甲醛化纤维吸湿和脱湿等温曲线

×—没有热处理和醛化；△—在220℃下进行5min热处理，没有醛化；

○—醛化度为36.4%（摩尔分数）。

聚乙烯醇纤维吸湿后还会发生体积膨胀，但经热拉伸、热处理和缩甲醛化后体积膨胀减小，纤维的吸湿膨胀见表 1－10。

表 1－10　聚乙烯醇纤维和维纶的吸湿膨胀

纤维	在 20℃下的横截面改变/%	在 100℃下的横截面改变/%	在 100℃下的长度变化/%
干法聚乙烯醇纤维	6.3	12.3	1.15
湿法聚乙烯醇纤维	3.1	8.9	0.85
聚乙烯醇缩甲醛纤维	1.7	7.4	0.47

1.2.5.4　耐磨性

耐磨性表示纤维的内在质量和用途方向，采用特殊的交联，通过凝固纺丝工艺所形成的“较致密的皮芯层”纤维断面结构和高倍拉伸处理工艺，显著增强了纤维的强度和耐磨性能。据文献介绍，聚乙烯醇纤维的耐磨性有随着其原料（聚乙烯醇）的聚合度增加而增加的趋势。而纤维的湿态耐磨强度与纤维的醛化度有直接的关系，一般醛化度越高，湿态耐磨性越好。经不同浓度的甲醛缩醛化后的聚乙烯醇纤维的湿耐磨性如图 1－15 所示，醛化条件如下：硫酸为 190g/L，硫酸钠为 190g/L，温度为 60℃，浴比为 100 ∶ 1（2.5g/L 的甲醛为 1000 ∶ 1），醛化时间为 10～2880min。

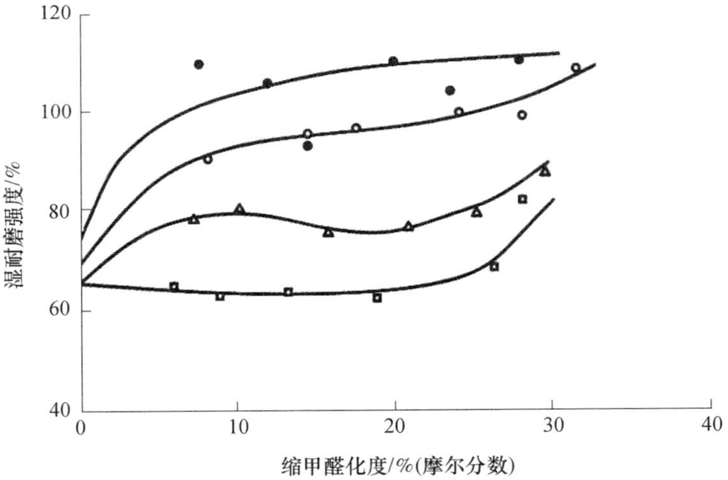

图 1－15　聚乙烯醇纤维湿耐磨性

●—甲醛浓度 120g/L；○—甲醛浓度 60g/L；△—甲醛浓度 15g/L；□—甲醛浓度 2.5g/L。

1.2.5.5　热降解

随着温度的升高，聚乙烯醇聚合度降低，在大多数情况下同时发生氧化和脱水。温度越高，时间越长，热降解进行得越剧烈。聚乙烯醇纤维热处理时，温度在 230℃ 以上，热降解进行得非常剧烈，聚合度下降，纤维强度势必下降。聚乙烯醇纤维热降解和不同温度下的降解速度如图 1 – 16 和图 1 – 17 所示。

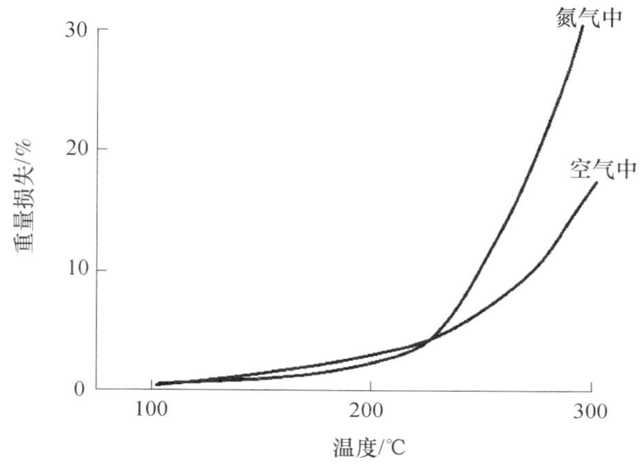

图 1 – 16　聚乙烯醇纤维热降解温度与重量损失的关系

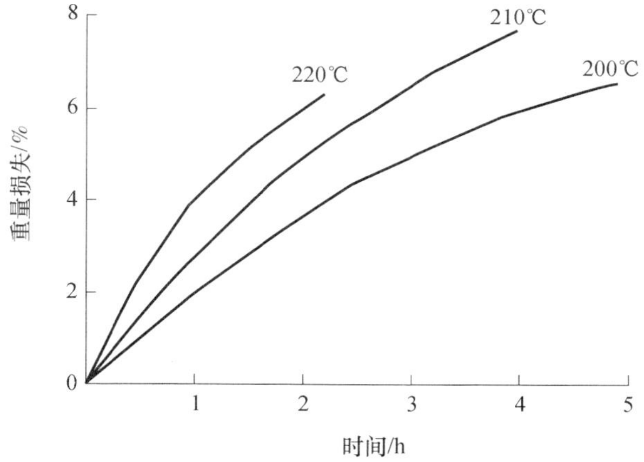

图 1 – 17　聚乙烯醇纤维热失重速度曲线

聚乙烯醇热降解的产物，第一阶段在 240℃ 下加热 4h，总失重 47.9%。第二阶段在 450℃ 下加热 4h，总失重 27.7%，留存物只剩下 24.4%。聚乙烯醇热降解产物见表 1 – 11。聚乙烯醇纤维热降解的研究为聚乙烯醇纤维及其产品的生产和应用提供了依据。

表 1－11　聚乙烯醇热降解产物

第一阶段(240℃,4h)			第二阶段(450℃,4h)	
挥发部分 47.9%	水层	水 33.4%	挥发部分 27.7%	水层 0.60%
		有机化合物 1.56%		
	油层	有机化合物 1.19%		油层 22.30%
		未分析物 4.99%		
	气体 0.92%			气体 2.46%
	损失 5.81%			损失 2.34%

聚乙烯醇及其缩甲醛纤维的极限氧指数(LOI)均为 20 左右,属于易燃纤维。但聚乙烯醇纤维燃烧过程中无熔滴现象,因此其十分适合添加阻燃剂后制备阻燃改性聚乙烯醇纤维。

1.2.5.6　染色性

聚乙烯醇纤维含有大量羟基,即使是缩甲醛化度为 36%(摩尔分数)的维纶,仍有相当多的羟基可供染色使用。但实际上维纶的染色性并不理想,染色时间长、色泽浅、不鲜艳,普遍认为这可能与聚乙烯醇生产过程中形成的皮芯层结构有关。

聚乙烯醇纤维由于纺丝方法不同,纤维的给色量有很大差异。干纺纤维较湿纺纤维给色量大,吸色后颜色较深,纤维染着量和给色量的关系如图 1－18 所示。聚乙烯醇纤维的染着量随着时间的增加而增加,在相同时间内干纺纤维高于湿纺纤维。由于湿纺维纶吸收染料速度较慢,染色要在 32h 才达到平衡。聚

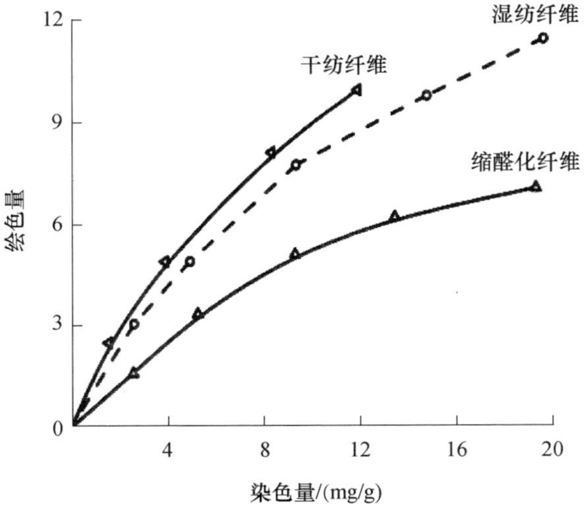

图 1－18　聚乙烯醇纤维染着量与给色量的关系

乙烯醇纤维缩甲醛化度对给色量的影响如图1-19所示。缩甲醛化度越高,给色量越低,其原因是纤维中与染料分子结合的羟基减少。由湿纺获得的维纶较干纺获得的维纶染料吸收少、给色量低,在相同条件下湿纺纤维色泽较干纺浅1/4,色泽的鲜艳度较干纺低300%,这与湿纺纤维具有皮芯层结构和芯层粒状结构有关。皮层结构限制了染料的进入速度,芯层粒状结构产生漫反射的结果,使纤维的色泽鲜艳度不好。

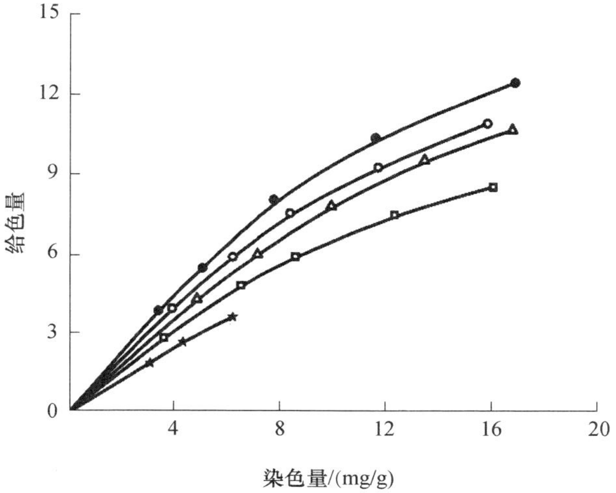

图1-19 聚乙烯醇纤维缩甲醛化度对给色量的影响

●—未缩甲醛化;○—缩甲醛化度13.2%(摩尔分数);△—缩甲醛化度21.1%(摩尔分数);□—缩甲醛化度28.0%(摩尔分数);×—缩甲醛化度34.9%(摩尔分数)。

1.2.5.7 回弹性

聚乙烯醇纤维经拉伸热处理后具有较高的弹性回复率,但缩甲醛化后有所下降,特别是高伸长率下弹性回复率下降得更为显著,见表1-12。纤维采用$H_2SO_4$250g/L、$Na_2SO_4$300g/L的水溶液处理后,其弹性度比热处理纤维高。

表1-12 采用各种方法处理聚乙烯醇纤维后的弹性度变化

试样名称	伸长率/%					
	1	2	3	5	7	10
紧张热处理纤维	76	75	71	71	70	68
紧张缩甲醛化纤维	74	70	62	50	48	45
硫酸、硫酸钠浴中处理的纤维	88	86	86	83	80	78

为了提高回弹性,在无张力状态下用除甲醛以外的其他醛缩醛化处理,如用氯乙醛(维纶C)、苯甲醛(维纶B)、壬基苯缩醛(维纶N)缩醛化,用乙酰烯丙基

硫化物(维纶S)处理,实验表明维纶N回弹性最好,维纶S次之,维纶C最差,见图1-20。

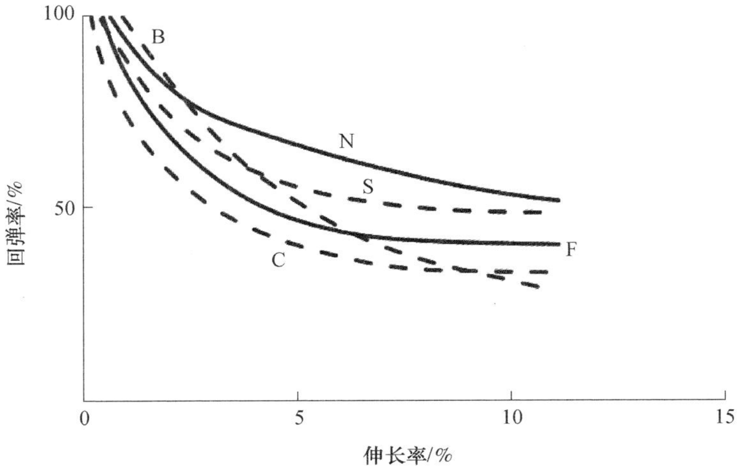

图1-20 不同醛缩醛化聚乙烯醇纤维的回弹率

C—缩氯乙醛;B—缩苯甲醛;N—缩壬基苯缩醛;
S—乙酰烯丙基硫化物处理;F—缩甲醛。

聚乙烯醇纤维的回弹性主要取决于大分子及超分子结构,未缩醛化聚乙烯醇纤维非晶区羟基多,容易形成氢键,分子间力强,回弹性较好。但当纤维伸长率较大时,氢键发生破坏,甚至在新的位置形成氢键,无法回到原位置,这是导致高伸长率下纤维回弹性较差的原因。因此缩醛化后纤维中非晶区羟基减少,分子间力减弱,回弹性降低是可以理解的。采用不同的醛进行缩醛化处理,由于各种醛形成的侧基位阻不同,因此回弹性不同。用二醛交联能显著提高聚乙烯醇纤维的回弹性。

1.2.5.8 生物安全性

许多研究表明,纯聚乙烯醇是无毒的,与皮肤接触完全无害。杜邦公司用牌号为Elvanol的聚乙烯醇进行的动物试验表明,聚乙烯醇是安全无毒的物质,经口毒性很低。但由于所有Elvanol聚乙烯醇都是工业品,因此不推荐它用于任何食物或制备内服药。日本的《医药成分规范》中介绍了聚乙烯醇在口腔、皮肤和眼药水中的应用。日本有关单位测定了聚乙烯醇水溶液的生物耗氧量(BOD)数据,见表1-13,由表中数据可知,聚乙烯醇的BOD比淀粉还小。美国空气产品公司将Aivol聚乙烯醇生物降解5天后测得的BOD量低于最初BOD总量的1%。经微生物试验表明,聚乙烯醇既无毒,也不会阻止微生物的生长繁殖,对废水处理和环境卫生没有影响。

表 1-13 0.1%聚乙烯醇水溶液的 BOD

试料		测定值	
		日本环境卫生中心	大阪卫生试验中心
聚乙烯醇	NH-18	4.48	50
	GH-17	5.48	130
	C-500	4.02	167
玉米糊粉		286.4	640
测定法:JIS KO102—1964 工厂排水试验法			

日本环保法规中将排水中的化学需氧量(COD)作为排放标准。通过微生物分解试验发现,聚乙烯醇几乎能完全分解,使 COD 值降得很低,见表 1-14。

表 1-14 0.1%聚乙烯醇水溶液的 COD

试料		$KMnO_4$	$K_2Cr_2O_7$法			
		酸性高温法 JIS	碱性高温法(下水试验法)	酸性低温法(JIS)	JIS 法	HS APHA 法
PVA	NH-18	755(903)	620	202	3.216(1.686)	3.615
	CH-17	686	540	229	3.212(1.690)	3.245
	G-50	735	613	607	3.28(-)	3.205
玉米糊		270(672)	148	17	1.378(1.040)	1.118
注:按 JIS KO102—1964 进行测定						

由此可见,使用聚乙烯醇水溶纤维后其废水不会对环境卫生产生影响,而且聚乙烯醇缩甲醛化制得的共聚物的生物活性副作用也非常微弱。用维纶织物包装粮食是安全的,但同样不能进入消化系统中,因为它会积存在肝脏内,使机体受到损害。

1.2.5.9 电性能

聚乙烯醇纤维和聚乙烯醇缩甲醛化纤维均具有较高的吸湿性,平衡吸湿率为4%~7%,因此不容易因摩擦产生静电,静电压仅1V左右。表1-15和表1-16分别为含水的完全醇解聚乙烯醇的电性能和绝干聚乙烯醇膜的介电常数、介质损耗因数。

表 1-15 完全醇解聚乙烯醇的电性质

膜含水率/%	0.5	1	2	4	8	16	32
固有电阻率(20℃)/(Ω·cm)	10^{11}	10^{10}	3×10^9	10^9	3×10^8	10^8	2×10^7
介电常数(20℃)/10^3Hz	3.5	4.5	6.5	13	>13	>13	>13
表面电阻(20℃)/Ω	10^{10}	10^{10}	10^{10}	3×10^7	3×10^7	8×10^8	2×10^8

表 1－16　绝干聚乙烯醇膜的介电常数、介质损耗因数

频率/Hz	温度/℃	介电常数	介质损耗因数(10^{-4})
10^2	18	1.74	9.4
10^3	18	1.745	14.0
10^4	18	1.75	29.0
10^5	18	1.76	42.0
10^6	18	1.79	47.0

1.2.5.10　耐辐射性和耐候性

聚乙烯醇纤维经总量为107rd的γ射线辐照后，其强度损失小于10%。聚乙烯醇纤维缩甲醛化后用相同剂量辐照，强度损失则大于10%，同时还有纤维原有强度高，辐照后强度损失小，原有强度低辐照后强度损失大的规律。辐照对纤维强度的影响如图1－21所示。

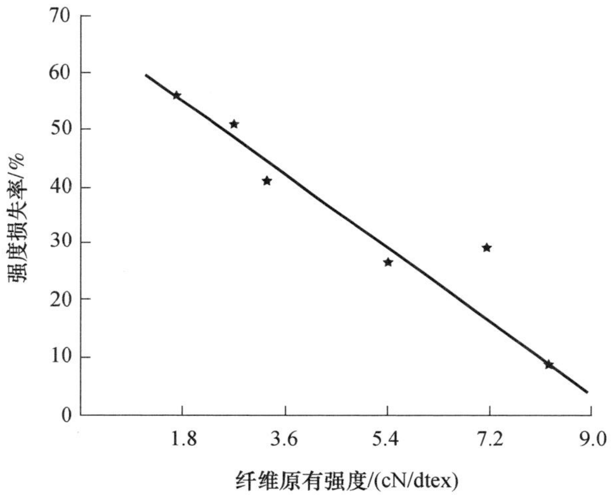

图1－21　辐照对纤维强度的影响

聚乙烯醇纤维在退色仪和耐候仪中试验，其强度保持率较其他纤维均高，说明聚乙烯醇纤维的耐候性好。但缩甲醛化后的维纶强度受日光照射时间越长，强度损失越大，见表1－17。

表 1－17　聚乙烯醇纤维经日光照射后的强度变化

暴晒时间/h	0	100	300	5400	700
聚乙烯醇缩甲醛纤维强度/(cN/dtex)	3.21	1.81	1.17	0.86	0.56
聚乙烯醇纤维强度/(cN/dtex)	3.17	3.07	2.91	2.82	1.85

1.3 高强高模聚乙烯醇纤维的分类及特性

1.3.1 高强高模水泥增强纤维

混凝土材料在应用过程中主要存在在极限载荷下易脆性断裂、耐久性差的缺点,1984年我国提出了发展绿色高性能混凝土(HPC),要求其要有足够的强度,良好的延性以及耐久性。在大量HPC研究中,复合化是提高水泥基材料性能的主要途径,而纤维增强是该途径的核心[23]。对比石棉纤维、尼龙6、聚丙烯、聚酯等纤维,高强高模聚乙烯醇纤维作为水泥增强纤维有以下特点[24,25]:①与其他有机纤维相比,高强高模聚乙烯醇纤维强度、模量均较高,延展性好,具有一定的韧性,而且该纤维的弹性模量与混凝土的弹性模量相匹配,既能提高混凝土的早期抗拉强度,也能提高混凝土中后期的抗拉强度,可以大大节约施工养护时间,缩短施工周期。相比于无机纤维如钢纤维和玻璃纤维,高强高模聚乙烯醇纤维密度低、价格低,可以明显降低成本,减少施工难度,减轻建筑自重,有利于高楼层的建立。②由于聚乙烯醇独特的分子结构,在与水泥混合时其分子链上存在的羟基使得聚乙烯醇纤维与脆性物质水泥界面的黏合力好,黏合强度优于尼龙6、聚丙烯、聚酯等。纤维用高强高模聚乙烯醇作为水泥增强材料增强效果明显。③随着分散技术的提高,通过对高强高模聚乙烯醇纤维进行特殊性的工艺处理,并加入高性能砂浆/混凝土所不可缺少的外加剂,使得高强高模聚乙烯醇纤维不仅能在水中有良好的分散性,而且在砂浆中仍然具有良好的分散性,有利于提高混凝土的抗裂、抗渗、抗冻、抗冲击等性能,从而提高混凝土的整体质量,提高混凝土的耐久性。④耐碱和耐候性能良好。高强高模聚乙烯醇纤维具有优良的耐碱性,掺入混凝土后化学性质稳定,耐碱性优于黏胶纤维、锦纶、聚酯等其他纤维。⑤耐光性和耐腐蚀性好。高强高模聚乙烯醇纤维在长时间的日照下,纤维强度损失率大大低于其他纤维,纤维埋入地下长时间不发霉、不腐蚀、不虫蛀。⑥绿色环保无污染。高强高模聚乙烯醇纤维在运输和使用过程中,不产生粉尘吸入人的肺内,遇到高温时不会分解出有毒气体,对人体和环境无毒无害。

从目前情况来看,聚乙烯醇是合成纤维中最有发展前途的水泥增强材料。聚乙烯醇纤维应用于混凝土制件的相关研究已广泛展开。Akkaya等研究了聚乙烯醇纤维长度对聚乙烯醇在水泥中的分散、取向、加工以及聚乙烯醇水泥复合材料的拉伸性能和弯曲性能的影响[26]。发现聚乙烯醇短纤维适用于挤出工艺,而聚乙烯醇长纤维则适用于浇铸工艺。Kanda等测试了聚乙烯醇单纤维的拔出黏接性和拔出断裂强度,对纤维和水泥基体的界面性能做了研究,认为聚乙烯醇纤维与水泥的化学黏接强度基本不受水/水泥比的影响,复合材料中聚乙烯醇纤维的表观强度受纤维在水泥中排列角度的影响[27]。Shao 等对挤出加工制备的聚乙烯醇纤维增强水泥的力学性能做了研究,发现较大的纤维含量、较长的纤维长度和较高的水泥含量可得到较高的弯曲强度和弹性模量[28]。Xu 等则研究了高性能聚乙烯醇连续纤维与玻璃纤维或聚丙烯(PP)纤维混杂增强水泥的效果,发现聚乙烯醇/玻璃纤维和聚乙烯醇/聚丙烯纤维混杂增强效果优于单一纤维,聚乙烯醇玻璃纤维混杂效果优于聚丙烯/玻璃纤维,聚乙烯醇/聚丙烯混杂增强水泥因两种纤维的协同效应,其断裂强度最高[29]。

20 世纪 80 年代我国就自主研发出可以成功代替石棉制造纤维水泥制品的改性维纶纤维、高模量维纶纤维。但由于维纶在高于 130℃ 的潮湿环境中力学性能有较大幅度的下降,因此不能制造压蒸制品。80 年代后期,中国建筑材料研究院会同江苏爱富希新型建材公司,在抄取制板工艺线上用维纶纤维替代全石棉,制成了 VRC 加压板和 VRC 轻质板。其中维纶的掺量为 2% ~2.5%,但是这种板材还未大批量投入生产。90 年代后期,青岛元鼎非金属制造公司和河北省昊桥天马纤维水泥制品公司在此基础上研制成了 VRC 电缆保护管,这种水泥管用高强高模维纶纤维做主要增强材料、用海泡石值辅助吸附材料制成。同济大学何飞、袁勇等[30]研究了高强高模聚乙烯醇纤维对混凝土材料的性能的影响,结果表明,纤维的体积掺量最大为 1%,通过,对高强高模聚乙烯醇纤维配筋梁受弯试验,结果表明,聚乙烯醇纤维提高了构件的整体变形能力。此外,周霖等[31]发现掺混 0.1% 高强高模聚乙烯醇纤维就可以明显改善水泥基材料的韧性和抗裂性能,提高其抗拉和抗冲击性能。

国内聚乙烯醇高强高模纤维应用主要是作为混凝土砂浆纤维,在道路、桥梁的路面、隧道、矿井、涵洞、水坝、水池等防裂;制作混凝土构件、管材、板材等增强;替代石棉,制作水泥制品等应用领域。国内水电站大坝方面主要是三峡水电公司和二滩水电公司在试点使用,替代石棉制瓦项目也开始启动,国内混凝土砂浆纤维总的市场容量在 300 ~500t/年。主要目标客户:佛山三乐建材实业有限公司(年目标量 150t/年,制瓦)、中材株洲虹波有限公司(年目标量 50t/年,制瓦)、江苏博特新材料有限公司(年目标量 50t/年,水电工程)。

1.3.2 高强耐磨服饰维纶

采用湿法加硼凝胶纺丝制得的高强高模聚乙烯醇纤维除了作为水泥增强纤维,还可通过缩甲醛化作为服装用纤维使用,缩甲醛化可以提高纤维的耐热水性、染色性、弹性以及尺寸稳定性。缩甲醛化后的高强高模聚乙烯醇纤维虽然强度和模量有一定的下降,但是仍然远高于普通服装用纤维,特别是其耐磨性十分优异,称为高强耐磨服饰维纶,这种维纶面料有以下特点[32-34]:

（1）强度高、耐磨性好、舒适度高。普通维纶与棉花按照1：1的比例进行混纺所得的织物其强度比一般纯棉织物高约60%，耐磨性提高50%～100%，高强维纶与涤/棉纤维混纺制得的纺织面料，不仅强度提高了数倍，而且耐磨次数也得到大幅度提高，并且能保持良好的吸湿性、舒适性和通透性。这种纺织面料可作为性价比较高的工装面料，适合于制作如矿工之类的劳动强度较大的产业的工作服，并可根据具体工作场所的环境条件赋予其阻燃、吸湿排汗、抗油拒水、单向导湿、昆虫驱避、静电防护等功能。

（2）聚氟乙烯纤维的密度比棉花小20%，制成的织物较轻，可以减轻工作人员的负担。将这种材料应用于对面料强度和耐磨性要求较高的作训服和工作服的增强方面，可以很好地弥补国内外作训服出现的因为工装面料的使用牢度不高，而导致员工的劳动保护效果、军警的仪容和战术技术水平的发挥受到影响的现状。

（3）高强维纶比一般的高强纤维如对位芳纶、超高分子量聚乙烯纤维和聚芳酯纤维等价格更便宜，加工性能更好，因此工装面料方面有很大的发展前景。目前，国内有三家企业生产高强耐磨服饰维纶，分别是中石化四川维尼纶厂、湖南湘维有限公司、全宇生物科技（遂平）有限公司，产品强度8～10cN/dtex，断裂伸长率12%～15%，热水软化点（Rp）115～120℃。目前我国已将含高强高模维纶的高强耐磨面料应用于制作军队和武警的作训服。

1.3.3 K－Ⅱ纤维

K－Ⅱ纤维是可乐丽公司开发的用溶剂湿式冷却凝胶纺丝法制成的新型合成纤维。以聚乙烯醇树脂为原料，推出高强度型和水溶性型两种纤维产品。其中高强度型纤维的基本性能如表1－18所列，主要特点有[35]：

（1）单纤维的强度为15cN/dtex，伸长率约为6%，模量大约是330cN/dtex。由于纤维所具有的高强度和高延展性，所以可以用于制备工程水泥基复合材料（ECC）、纤维增强水泥（FRC），其中ECC，属于超高延性高性能纤维增强水泥基复合材料，这种材料主要适用于高变形要求的结构，如抗震、修复，此外，FRC材料也可以在柱子、墙、桥梁、铁路线等方面应用。

（2）强耐碱性。该纤维有强的耐碱性，可乐丽公司对该纤维进行了12个月的曝露试验后，其拉伸强度保持率更优于其他合成纤维。可以将聚乙烯醇纤维在FRC中使用。

（3）K－Ⅱ纤维对环境无危害，绿色环保，而且聚乙烯醇在燃烧过程中只生成H_2O和CO_2，无有害物质产生。

表 1-18 可乐纶 K-Ⅱ的类型和性能

K-Ⅱ类型		类别	纤度/dtex	强度/(cN/dtex)	断裂伸长率/%	水溶温度/℃
高强力型	无纺布	EQ1	10~20	9	9	≥100
		EQ2	1.5~5.0	11	8	≥100
	纺织用	EQ2	1.5~2.2	11	8	≥100
	增强材料用	EQ5	2	15	6	≥100
		REC	5~20	12	6	≥100

1.3.4 超高分子量聚乙烯醇纤维

从纤维的结构看,大分子的末端不能传递应力,受外力作用时在分子链末端会发生应力集中导致纤维断裂,因此呈现聚合物的分子量越高,末端缺陷越少,越有利于纤维的高强高模化。Kanamot 等推导出使聚乙烯醇分子链完全伸展时聚合度(DP)与纤维拉伸比(DR_{max})的关系如下:

$$DR_{max}=0.41DP^{1/2}$$

从上式可看出,拉伸倍数与聚合度的平方根成正比,如聚合度 5000 的聚乙烯醇最小拉伸倍数可达 30 倍[36]。聚合度越高,可拉伸倍数越高,末端缺陷越少,越有利于强度的提高。在制备高分子量聚乙烯醇方面很多研究人员已做了很多努力。以聚合度计算公式为理论基础,高分子量聚合物的制备主要遵循以下四个原则:

(1) 高的单体纯度及浓度。

(2) 较低的引发剂浓度和适当低的聚合温度,可以有效减少链转移反应,提高聚合物的分子量。韩国科学家们在这方面做了大量工作。他们首先引入了一种低温高活性的油溶性引发剂偶氮二异庚腈(ADMVN),其分解活化能仅有 121.3kJ/mol,在 30℃左右即可分解并引发聚合,他们以乙酸乙烯酯为单体,通过不同的聚合方法合成了高分子量的聚乙烯醇,最高聚合度可达 5200~6200[36]。为减少引发剂对体系的影响,美国的 Allied 公司[14]在低温下采用光引发的自由基本体聚合方法制得了聚乙烯醇,其特性黏度不小于 5dL/g(分子量不小于 2.7×10^4)。该公司又在 1989 年,在 0~-40℃的条件下,用紫外线照射引发乙酸乙烯酯聚合,最终也成功地获得了高分子量聚乙烯醇,聚合度达 3×10^4。

(3) 优先选择本体聚合、悬浮聚合或乳液聚合,避免溶液聚合以减小链转移反应对聚合度的影响。Sato 等在低温下采用悬浮聚合法合成了高分子量聚乙烯醇,理想条件下其聚合度高达 1.3×10^4。在聚合方式中,乳液聚合具有在较低温度下也能同时具备较高反应速率与聚合度的优势。Yamamoto 等[37]用聚氧乙烯醚的硫酸盐和十二烷基硫酸钠(SDS)为乳化剂,在 0℃采用高压汞灯辐射引发乳液聚合，制得了聚合度为 1.28×10^5 的聚乙烯醇。此外，Yamamoto 也采用了新戊酸乙烯酯单体通过低温乳液聚合制备间规聚乙烯醇，当聚合度为1700时就可获得强度为17.7cN/dtex、模量为538.5cN/dt的高性能纤维[11]。

（4）间规结构的聚乙烯醇具有更强的分子间相互作用力，制得的纤维具有更高的强度。韩国研究者采用了新戊酸乙烯酯来进行聚合。由于这种单体具有体积更大的侧基，因此聚合和醇解后更有利于形成间规度高的聚乙烯醇产物。采用ADMVN为引发剂，在高压汞灯下进行本体聚合，在低温下得到了高分子量的聚新戊酸乙烯酯，聚合度为13000～28000，间规度为64%，其熔点为249℃。Yamaura 等[38]由三氟乙酸乙烯聚合得到高间规、聚合度为 5×10^4 的聚乙烯醇，用丙三醇作溶剂进行凝胶纺丝，得到强度为39cN/dtex、模量为925.6cN/dtex的高性能纤维。Okazaki、Matsuzawa 等[39]采用高间规聚乙烯醇在盐酸溶液中凝胶纺丝，制得强度和模量分别为14.6～19.2cN/dtex、230.8～346.2cN/dtex的纤维。

我国聚乙烯醇生产始于20世纪60年代，1996年生产能力跃居世界首位，迄今已达100万t/年以上，占世界聚乙烯醇产量的1/2以上，是我国对世界有重要影响的高分子材料。目前我国生产的聚乙烯醇，聚合度一般都在1750～2000。自1993年以来，我国的不少聚乙烯醇厂家和科学研究人员在开发多品种聚乙烯醇上做了大量探索。董纪震等[40]在0～5℃通过高压汞灯辐射10h进行光乳液聚合，得到了聚合度为 1.3×10^4 的聚乙烯醇。吴行[41]]则采用与辐射乳液聚合不同的引发方式，用 $H_2O - FeSO_4$ 氧化还原引发体系和氧化乙烯壬基醚非离子乳化剂，在10℃下低温乳液聚合制得聚合度大于 5×10^5 的聚乙烯醇。也有研究者采用过硫酸钾（KPS）作为引发剂，在连续通入氮气的条件下，将引发剂连续滴加到低温反应器中进行乳液聚合，得到了高聚合度的聚乙酸乙烯酯。

虽然国内外大量学者对于制备高聚合度和高立构规整度的聚乙烯醇有深入研究，但大部分研究面临反应条件苛刻、成本较高、反应热难以释放、反应的平稳性差以及单体转化率较低等问题，目前研究工作还停留在实验室小试阶段。

1.4 高强高模聚乙烯醇纤维的制造方法

1.4.1 湿法加硼凝胶湿法纺丝

湿法加硼凝胶湿法纺丝是在聚乙烯醇的溶液中加入硼、钛、铜、钒等化合物作为交联剂（主要为硼酸），控制纺丝溶液pH值使交联剂暂时不与聚乙烯醇分子形成大规模的交联结构，然后纺丝液由喷丝孔进入碱性凝固浴中，在碱性条件下，添加的交联剂促使纤维分子间迅速产生交联，形成网状分子的凝胶态结构，从而减弱了凝固剂对纤维的渗透作用,所以采用硼交联湿法纺丝工艺制成的纤维凝固成形时脱水并不十分强烈,因而纤维横截面形状基本呈椭圆形甚至圆形,皮芯层不明显,且纤维中心部位的结构比较致密,没有明显的缺陷。横截面越接近圆形,结构越均匀致密,越有利于提高拉伸倍数。在凝固浴中丝条出现凝胶化,通过湿拉伸、酸中和、湿热拉伸、水洗解除交联结构后,进行高倍热拉伸热定型,进而得到高取向和高结晶的高强高模聚乙烯醇纤维,总结其纺丝过程如图 1 – 22 所示。高性能聚乙烯醇湿法加硼凝胶纺丝的研究和生产始于 20 世纪 70 年代初的日本,通过湿法加硼凝胶纺丝他们制得了强度和模量分别达 11cN/dtex 和 350cN/dtex 的高性能聚乙烯醇纤维[42];Fujiwara 等[43]研究了聚乙烯醇在碱性条件下的凝胶机理,并优化纺丝工艺,采用聚合度为 1780 的聚乙烯醇,通过加硼交联湿法纺丝制得了强度为 17.7cN/dtex、模量为 385cN/dtex 的聚乙烯醇纤维。研究表明,由于硼离子引入产生的交联在喷丝过程中可以维持取向链的结构稳定,降低分子链的缠结密度,进行高倍拉伸而制得高性能纤维。90 年代后期采用高聚合度聚乙烯醇,用同样纺丝方法制得强度 15 ~ 18cN/dtex、模量 450 ~ 580cN/dtex 的高性能纤维,并已投放市场。

我国吴福胜等[44]将聚合度 1700 ~ 2000 的聚乙烯醇树脂与硼酸、硫酸铜溶解,纺丝、后处理得到强度为 11cN/dtex、模量为 230 ~ 280cN/dtex 的高强高模聚乙烯醇纤维。吴清基等[45]采用聚合度 1750 的聚乙烯醇为原料,调整原液浓度为 20%,硼酸加入量为 1.5%,通过加硼碱法干湿纺,初生纤维经过初拉伸、湿热拉伸和干热拉伸,最终得到的纤维强度为 11.35cN/dtex,初始模量为 363.44cN/dtex,伸长率达 5.2%。朱本松等[46]以普通分子量聚乙烯醇为原料,锆、硼、钛、硅组成复合交联剂,加水溶解后在双凝固浴中进行纺丝和脱水、凝固后再进行湿热拉伸、解交联、中和去除纤维中的酸和硫酸钠,经干燥、热拉伸,得到的纤维强度为 13.2cN/dtex,模量为 317.9cN/dtex。吴建亭等[47]采用聚合度 1920 ~ 1980、醇解度 99% 的聚乙烯醇树脂为原料,优化湿法加硼凝胶纺丝条件,凝固浴体系由 Na_2SO_4/NaOH 组成,凝固时间为 25s,凝固浴温度为 45℃,经过四段拉伸,可以生产出强度为 15cN/dtex、模量为 320cN/dtex 的纤维。

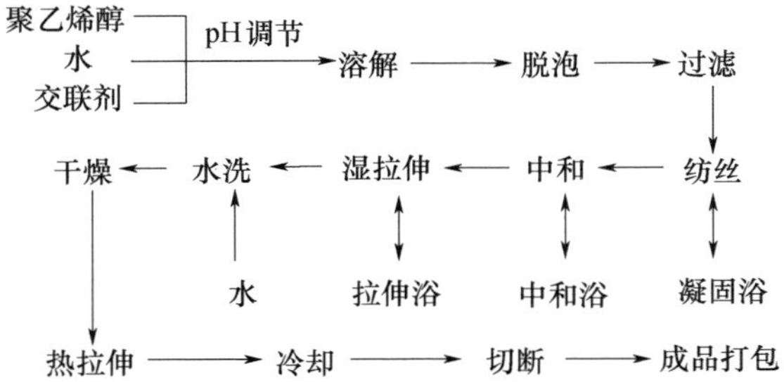

图 1 – 22　加硼凝胶湿法纺丝制备高强高模聚乙烯醇纤维的工艺流程

1.4.2 湿法冻胶纺丝

凝胶是高分子链之间以化学键形成交联结构的溶胀体。湿法凝胶纺丝法是将超高分子量的聚乙烯醇在一定温度下以大量溶剂配成纺丝原液，经冷却浴冷却为凝胶体丝条的一种纺丝工艺，如图1-23所示。凝胶纺丝过程中基本上不发生传质过程，一般通过热甬道中的超拉伸和后处理使溶剂和聚合物分离。在FWB纤维问世之后，人们从超高分子量聚乙烯（UHMWPE）采用冻胶纺丝和超拉伸技术而成功制得高强高模PE纤维中得到启发，将冻胶纺丝法用于聚乙烯醇纤维的纺制。

冻胶纺丝过程中挤出的原液细流在骤冷过程中与介质只发生热交换，几乎不发生传质过程，所以冻胶纺丝的凝固过程比普通湿法纺丝慢，所得的纤维截面呈圆形，且没有皮芯层，结构较致密均匀，并且在冷却过程中原液中的大分子来不及结晶，使初生纤维的结晶度和取向度都较低。因此，初生纤维经过高倍热拉伸后，取向度和结晶度都有较大提高，并能形成伸直链晶体，使成品纤维的强度和模量有明显提高。冻胶纺丝的关键在于：①纺丝原液为大分子链缠结作用最少的半稀溶液。利用溶剂化作用可以降低分子链间的次价力，减少分子链的缠结点密度，使聚乙烯醇分子在溶剂中舒展解缠，由于骤冷而形成冻胶状初生纤维，这种解缠的状态得以保全，为后序超拉伸工艺奠定基础。②对冻胶状初生纤维进行萃取和干燥，以提高高倍拉伸的有效性。初生纤维中含有的大量溶剂，在拉伸过程中会产生增塑作用，使大分子链之间产生相对滑移，而并未实现分子链的完全伸展，造成拉伸的失效。同时，溶剂的存在也会影响拉伸稳定性。③对初生纤维进行高倍热拉伸，使初生纤维中大分子网络结构转变为高度取向和充分伸直的结晶结构，这种伸直链晶体结构正是聚乙烯醇纤维高强高模的本质原因。在高强高模聚乙烯醇纤维工业化的道路上，美国的Allied公司又一次走在了世界的前列，该公司曾在UHMWPE纤维的超倍热拉伸技术问世不久就购买了这项专利，并对有关技术进行了改进，建成了中试生产装置并进行了商品化的生产。Allied公司先采用甘油溶解低温光引发本体聚合得到的分子量为3×10^4的聚乙烯醇，纺丝原液通过冻胶纺丝，经甲醇萃取和干燥后进行多级拉伸制得强度和模量分别为16cN/dtex和400cN/dtex的纤维；随后日本可乐丽公司于1985年以聚合度4500的聚乙烯醇为原料，采用DMSO/H_2O为溶剂，制得了强度为17.6cN/dtex、模量为423cN/dtex的纤维（命名为K-Ⅱ纤维），并于1996年采用“溶剂湿法冷却冻胶纺丝”技术开发的商品名为Kualon K-Ⅱ的高强聚乙烯醇纤维，其强度和模量分别达到15cN/dtex和330cN/dtex，实现高强高模聚乙烯醇纤维的工业化生产。

在科研领域，国内外的研究者们也在高性能聚乙烯醇纤维的冻胶纺丝方面进行了大量研究，并取得了很多成果，制得了性能优异的聚乙烯醇纤维。Cha以聚合度为5000的聚乙烯醇，DMSO/H_2O比例为80/20，获得了最大拉伸倍数为45倍的纤维，其强度和模量分别为21.5cN/dtex和515cN/dtex；Nagashima认为聚乙烯醇在常规的溶剂如DMSO、水和其混合物中溶解后很容易发生凝胶化，影响了纺丝的均一性，于是他用*N*－甲基氧化吗啉（NMMO）和水混合作为聚乙烯醇的溶剂，在低温下得到了稳定的聚乙烯醇溶液，同时制备了强度为14cN/dtex、模量为340cN/dtex的纤维；杨屏玉等以乙二醇为溶剂，配制了聚乙烯醇浓度为13%～15%的纺丝原液，以白油为凝固浴，制得了聚乙烯醇冻胶丝，其最大拉伸倍数可达60倍，纤维强度和模量也分别达到11.3cN/dtex和323cN/dtex；戴礼兴以DMSO/甲醇为凝固浴，也得到了强度为11.5cN/dtex的聚乙烯醇纤维。在凝固浴方面，Kellar和俞波都认为凝固浴温度的高低会直接影响到大分子的结晶类型。纤维在凝固浴温度较低时一般生成缨状胞晶核，在凝固浴温度较高时则生成折叠链片晶；俞波等认为较低的凝固浴温度可降低溶剂和凝固剂的扩散速度，从而可以制得疏松均匀、具有微观网络结构的初生纤维丝。更重要的是，较低凝固浴温度（7℃以下）既可以抑制聚乙烯醇折叠链片晶的形成、结晶度的增加和晶体的增长，又可以保证微晶核相对快速地增长。在折叠链片晶中，存在大量的分子间氢键，阻止了高倍拉伸。相反，大量的微晶核可以充当物理交联点，阻止拉伸过程分子链的滑移，从而可以保证高倍拉伸。刘兆峰等对纤维的萃取过程进行研究后发现，多次萃取方式更有利于初生纤维中溶剂的去除，这是由于扩散速率与丝条和萃取剂中的溶剂浓度差有关，浓度差越大，溶剂和萃取剂的交换也越快。同时，萃取温度升高也会增大分子的运动能力，使萃取时间缩短。Suzuki等在极高拉伸下两次退火，提高了聚乙烯醇纤维的性能，使其常温下的模量达到620cN/dtex，即使在220℃高温下模量仍高达182cN/dtex。

中石化四川维尼纶厂是我国第一个也是目前唯一的具有湿法冻胶纺丝生产聚乙烯醇纤维能力的厂家，但其目前采用此路线生产的主要产品为聚乙烯醇低温水溶纤维，并未进行高强高模聚乙烯醇纤维的生产。

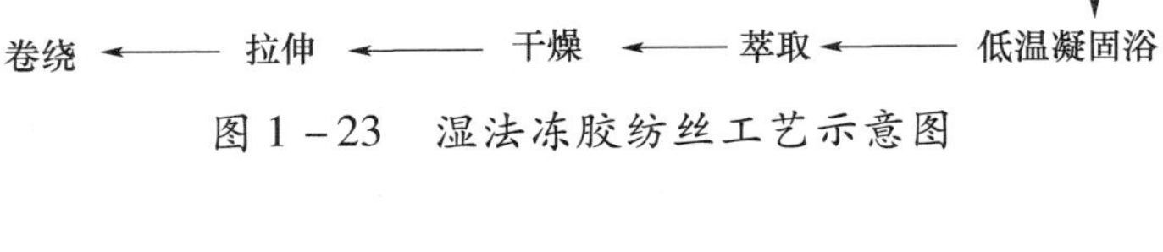

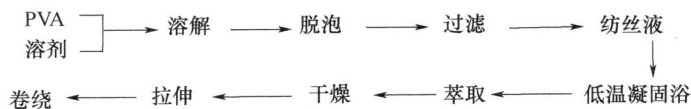

图1－23　湿法冻胶纺丝工艺示意图

1.4.3　干湿法冻胶纺丝

干湿法纺丝，其基本特征是在湿法纺丝的喷丝板和凝固浴之间，设数毫米到几十毫米的气隙，其目的是要在气隙处使初生纤维保持较高的温度，在进入凝固液前进行较大的拉伸和适当的应力松弛。在聚乙烯醇纺丝中,纺丝原液既经过气隙段又要进入凝固浴中,因此称为干湿法纺丝,如图1-24所示。纺丝液从喷丝孔喷出后通过数毫米到数十毫米的空气(或惰性气体)层,进入温度较低的凝固浴,形成均匀的凝胶态初生纤维。该法采用提高纺丝液温度的方法来降低溶液黏度,使溶液具有较好的流变性和可纺性;降温后由大分子间范德华力形成交联,得到伸展链结构初生纤维,其后处理与普通湿法纺丝相同。凝固液可用甲醇、乙醇等。

胡绍华等[48]以PVA(DP4070)的DMSO溶液,甲醇作凝固浴,进行了干湿法纺丝,制得强度为18.2cN/dtex、模量为392.5cN/dtex的高性能纤维。叶光斗等[49]采用PVA2499,经干湿法纺丝制得强度为14~15cN/dtex、模量为300~400cN/dtex的高性能聚乙烯醇纤维。王成东等将聚乙烯醇加入到DMSO/H_2O(质量比94∶6)的混合溶剂中,以甲醇为凝固剂,采用干湿法凝胶纺丝,经热拉伸和热定型后,制得高强度聚乙烯醇纤维,并且探讨了拉伸工艺对高强聚乙烯醇纤维结构和性能的影响。实验表明:在同一负拉伸下,初拉伸倍数越大,聚乙烯醇初生纤维取向因子越大。对于负拉伸为40%的初生纤维,初拉伸为2倍,220℃热拉伸为9.9倍,热定型2min时规整聚集在一起的分子链数目多,聚乙烯醇纤维的结晶结构比较完善,其断裂强度为17.8cN/dtex,初始模量为310.7cN/dtex;同时,实验表明聚乙烯醇纤维在光学显微镜下观察到的横纹较多时,纤维的断裂强度和初始模量较高。1989年尤尼吉卡公司利用干喷湿纺技术得到了强度22cN/dtex、模量超过500cN/dtex的聚乙烯醇纤维。

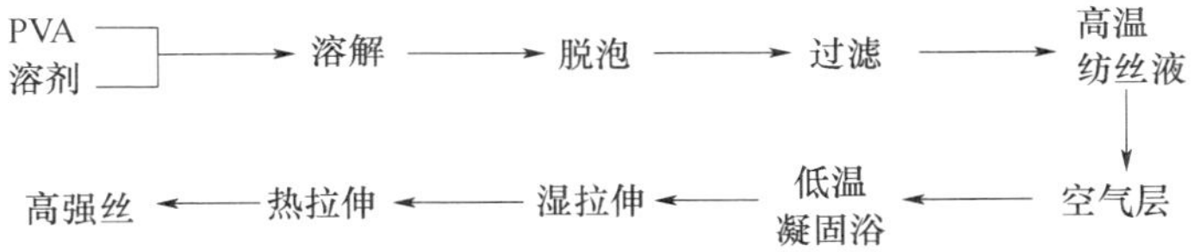

图1-24 干湿法冻胶纺丝制备高强高模聚乙烯醇纤维流程

1.4.4 增塑熔融纺丝

熔融纺丝是纤维成形的常用方法,熔体通过喷丝板挤出形成熔体细流在空气中冷却成纤。成形过程只涉及聚合物熔体的冷却,无组成变化,无三废污染,具有经济、环保的特点;熔体细流成形在空气中克服的摩擦阻力比湿法纺丝成形时丝条承受的溶液阻力小,熔融纺丝的卷绕速度较高,工艺流程短,是一种高效的生产方式。目前熔融纺丝多用于PP、PE、PET等纤维的制备。聚乙烯醇分子链中含有大量羟基,会形成大量氢键,分子间作用力大,使聚乙烯醇的分解温度低于熔融温度,因此聚乙烯醇不能采用常规熔法工艺进行纺丝。为实现聚乙烯酯的熔融纺丝,必须对其进行改性,破坏其氢键,降低其熔点。对此,国内外研究者进行了大量研究[50]，发展了共聚改性熔融纺丝、溶液增塑熔融纺丝和高聚物共混熔融纺丝等，重点在于减少分子间作用力，降低熔点。这三种常用的纺丝方法虽然在一定程度上改善了聚乙烯酯的热塑加工性，但也存在不可避免的问题：共聚改性过程中，共聚工艺复杂，成本高，分子结构不规整，难以实现聚乙烯醇的高强高模化；溶液增塑常用的高沸点增塑剂，分离困难，残留在聚乙烯醇中显著影响纤维性能，而水与多元醇类的增塑剂在聚乙烯醇熔融过程中易蒸发，影响纤维的可纺性；共混熔融纺丝中，多采用低聚的聚乙烯醇与热塑性树脂为原料，难以制备高强高模纤维。

在熔融纺丝的基础上，研究者提出一种新型的纺丝方法，增塑熔融纺丝。这种纺丝方法的纺丝原液是高分子的浓溶液，与干法纺丝相似。而且其纤维成形过程与熔融纺丝相似，主要是冷却成形。这种纺丝方法具有效率高、处理量小、能耗低，可以制备高强高模纤维的特点，特别适合熔点高于分解温度的成纤高聚物的纤维成形加工。

仓敷黏胶将氨基甲酸酯弹性树脂与聚乙烯醇混合，以乙二醇为溶剂，制备高浓度的纺丝液，通过增塑熔融纺丝制备了卷绕丝，通过 13 倍的热拉伸得到高度结晶的聚乙烯醇纤维，其弹性模量高达 352.2cN/dtex。面对增塑熔融纺丝法原液浓度高、黏度大的问题，东芝机械将聚合度为 1650 ~ 1700、醇解度为 98% 的聚乙烯醇粉末，连续定量地注入高啮合型双螺杆挤出机，定量加入水或浓度小于 25% 的聚乙烯醇的水溶液，经螺杆的高速剪切、搅拌可以制得浓度大于 50% 的聚乙烯醇浓溶液。四川大学将牌号为 1799 的聚乙烯醇与含氮化合物 Ac 和水组成聚乙烯醇的复合改性剂混合、溶胀，在单螺杆挤出机中熔融，进行增塑熔融纺丝。研究了复合改性剂与聚乙烯醇的相互作用，解决了增塑熔融纺丝过程中水剧烈蒸发的难题。利用初生纤维中水和 Ac 对聚乙烯醇分子间氢键的弱化作用，提高初生纤维的拉伸倍数，在拉伸过程中去除主增塑剂水，使聚乙烯醇分子间氢键作用在拉伸过程中逐步恢复，从而得到强度可达 1.9GPa 的高强高模纤维。

参 考 文 献

[1] Ichiro Sakurada. Polyvinyl Alcohol Fibers[M]. CRC Press,1985.
[2] 严瑞瑄. 水溶性高分子[M]. 北京：化学工业出版社,1998.
[3] Ushakov S N. Polyvinyl alcohol and its derivatives[J]. Izdat. Akad. Nauk,1960,2:781 – 790.
[4] 水佑人,刘玉武. 聚乙烯醇纤维手册[M]. 北京：纺织工业出版社,1981.
[5] 樱田一郎. 纤维的化学[M]. 戴承渠,章潭莉,译. 北京：纺织工业出版社,1982.
[6] 樱木功,胡绍华. 聚乙烯醇纤维的开发动向—日本的维尼纶和可乐纶 K – Ⅱ[J]. 国外纺织技术,2001,10(1):10 – 13.
[7] 李升基. 维尼纶[M]. 冯宝胜,译. 北京：纺织工业出版社,1985.

[8] 马延贵,弁长荣,吴三华. 聚乙烯醇生产工艺[M]. 北京:轻工业出版社,1975.
[9] 刘颖隆,林立能. 中国维纶工业[M]. 北京:科学技术文献出版社,1989.
[10] 乔晋中,谢龙,罗小砚,等. 高性能聚乙烯醇的研究[J]. 合成纤维工业,2006,29(1):49 - 52.
[11] Yamamoto T,Yoda S,Takase H,et al. Saponification of high molecular weight poly(vinyl pivalate)[J]. Polymer journal,1991,23(3):185 - 188.
[12] 周国泰,施楣梧,徐闻. 高强高模 PVA 纤维的研究现状及在防弹复合材料中的应用[J]. 纺织学报,1999,20(3):50 - 52.
[13] 戴礼兴. 高强高模 PVA 纤维的研究进展[J]. 产业用纺织品,1999,10:5 - 8.
[14] Kwon Y D,Kavesh S,Prevorsek D C. Method of preparing high strength and modulus polyvinyl alcohol fibers:US4440711[P]. 1984.
[15] 杨屏玉,章斐. 冻胶纺 PVA 纤维的超拉伸研究[J]. 中国纺织大学学报,1992,18(4):1 - 6.
[16] Watanabe M,Tanimoto K,Koda K. polyvinyl alcohol fiber with high crystal fusion energy and production:JP63165509A2[P]. 1988.
[17] Narabayashi S,Sano H,Yamamoto J. Production of Polyvinyl Alcohol Fiber of High Tenacity and Elasticity:JP62162010A2[P]. 1996.
[18] Liu K,Sun Y,Lin X,et al. Scratch - resistant,highly conductive,and high - strength carbon nanotube - based composite yarns[J]. ACS nano,2010,4(10):5827 - 5834.
[19] Ma W,Liu L,Zhang Z,et al. High - strength composite fibers:realizing true potential of carbon nanotubes in polymer matrix through continuous reticulate architecture and molecular level couplings[J]. Nano letters,2009,9(8):2855 - 2861.
[20] 祁玉东,徐建军,叶光斗,等. 制备高强高模 PVA 纤维的影响因素[J]. 合成纤维工业,2006,29(5):54 - 57.
[21] Flory P J,Leutner F S. Occurrence of head - to - head arrangements of structural units in polyvinyl alcohol[J]. Journal of Polymer Science,1948,3(6):880 - 890.
[22] Bunn C W. Crystal structure of polyvinyl alcohol[J]. Nature,1948,161(4102):929 - 930.
[23] Li V C. On engineered cementitious composites(ECC)[J]. Journal of Advanced Concrete Technology,2003,1(3):215 - 230.
[24] 季学勇,高祖安,许献智. 混凝土改良剂—改性高强高模聚乙烯醇纤维[J]. 水土保持应用技,2011,5:46 - 48.
[25] 胡康宁. 高强高模聚乙烯醇纤维在砂浆/混凝土中的应用[C]//中国国际建筑干混砂浆生产应用技术研讨论文集,2004:141 - 144.
[26] Akkaya Y,Peled A,Shah S P. Parameters related to fiber length and processing in cemetitious composites[J]. Materials and Structures,2000,33(332):515 - 524.
[27] Kanda T,Li V C. Interface property and apparent strength of high - strength hydrophilic fiber in cement matrix[J]. Journal of Materials in Civil Engineering ,1998,10(1):5 - 13.
[28] Shao Y X,Shao S P. Mechanical properties of PVA fiber reinforced cement composites fahricated by extrusion processing[J]. ACI Materials Journal,1997,9496:555 - 564.
[29] Xu G D,Magnaoi,Hannant D J. Tensile behavior of fiber - cement hybird composites containing polyvinyl alcohol fiber yarns[J]. ACI Materials Journal,1998,95(6):667 - 674.
[30] 何飞,袁勇. PVA 纤维混凝土梁的抗弯性能试验[J]. 建筑科学与工程学报,2005,22(2):34 - 39.
[31] 周霖. 聚乙烯醇纤维在混凝土中的应用[J]. 四川纺织科技,2003,3:27 - 29.
[32] 张硕. 高性能维纶在特种工装面料上的应用[D]. 上海:东华大学,2013.

[33] 施楣梧,任鹏飞. 高强维纶的结构和性能[J]. 中国纤检,2011(4):76 –77.

[34] 杨祖民,于迎春,张燕,等. 高强维纶混纺纱纺纱工艺探讨[J]. 棉纺织科技,2011(6):13 –16.

[35] 樱木功. 可乐纶 K – II 纤维的开发及其用途[J]. 维纶通讯,2008,(28)4:54 –56.

[36] Lyoo W S,Lee S G,Kim J P,et al. Low temperature suspension polymerization of vinyl acetate using 2,2′ – azobis(2,4 – dimethylvaleronitrile) for the preparation of high molecular weight poly(vinyl alcohol) with high yield[J]. Colloid and Polymer Science,1998,276(11):951 –959.

[37] Yamamoto T,Seki S,Fukae R,et al. High molecular weight poly(vinyl alcohol) through photo – emulsion polymerizations of vinyl acetate[J]. Polymer Journal,1990,22(7):567 –571.

[38] Yamaura K,Tanigami T,Naoki H,et al. Preparationof High Modulus Poly(vinyl alcohol) by Drawing[J]. Journal of applied polymer science,1990,40:905 –916.

[39] Okazaki M,Miyasaka Y,Marsuzawa S,et al. GelSpinning of syndiotatic – rich poly(vinyl alcohol) from hydrochlocic acid solution[J]. Kobushi Ronbunshu,1995,52(11):710 –717.

[40] 董纪震,王锐,马道明. 高分子质量聚乙烯醇的合成及其表征[J]. 维纶通讯,1991,11(4):6 –8.

[41] 吴行. 高相对分子质量聚乙烯醇的合成[J]. 维伦通讯,1997,17(4):7 –12.

[42] 章悦庭,胡绍华,虞和倬,等. 乳液聚合法合成高相对分子质量聚乙烯醇[J]. 合成纤维工业,2001,24(5):19 –22.

[43] Fujiwara H,Mitsuhiro S,Chen J H,et al. Preparation of high strength poly(vinyl alcohol) fibers by crosslinking wet Spinning[J]. Journal of applied polymer science,1989,37:1403 –1414.

[44] 吴福胜. 一种高强度、高模量、高熔点 PVA 纤维及其制造方法:CN102337605A[P]. 2012.

[45] 吴清基,祁波夫,朱介民. 高强高模聚乙烯醇纤维的研制[J]. 中国纺织大学学报,1993,19(6):37 –46.

[46] 朱本松,蔡夫柳. 高强高模聚乙烯醇纤维的制造技术[J]. 维纶通讯,1992,12(4):14 –18.

[47] 吴建亭. 高强高模聚乙烯醇纤维的生产工艺初探[J]. 合成纤维工业,2010,33(5):54 –56.

[48] 胡绍华. 常温可溶的水溶性聚乙烯醇强力纤维[J]. 维纶通讯,1997,17(4):22 –23.

[49] 叶光斗. 化学纤维的发展与聚乙烯醇新纤维[J]. 维纶通讯,2005,25(4):1 –4.

[50] 毛应鹏. 聚乙烯醇的熔融纺丝[J]. 合成纤维,1989,18(2):33 –38.

第 2 章

聚乙烯醇的制备

对于制备高性能的聚乙烯醇纤维，获得高品质的聚乙烯醇原料是先决条件。对于聚乙烯醇这种柔性链聚合物而言，一般认为，高分子量、低支化度和高立构规整度是其制备高性能纤维对原料聚合物的三方面要求。传统上，纺丝原料聚乙烯醇是由乙酸乙烯酯经甲醇溶液聚合得到的聚乙酸乙烯酯再经醇解制得的。这种方法获得的聚乙烯醇一般呈无规结构，由于反应温度较高、体系链转移常数较高，其分子量较低且分布较宽，分子支化度高，显然，这种结构不利于制备高性能聚乙烯醇纤维。为了改变这一状况，一些新聚合技术不断用于制备高质量的聚乙烯醇原料，如低温无皂乳液聚合技术、辐射引发技术、大侧基立构控制技术等，这些尝试为制备高性能聚乙烯醇纤维奠定了良好的基础。本章将详细介绍纺丝聚乙烯醇原料的传统制备方法以及近年来对其高品质化的一些研究及产业化进展状况。

2.1 原料

2.1.1 乙酸乙烯酯

乙酸乙烯酯(VAc)，结构式为 $CH_3COOCH{=}CH_2$，分子质量 86.09，CAS 号 108-05-4。乙酸乙烯酯毒性低、制备工艺成熟、价格便宜，是目前应用最广泛的制备聚乙烯醇的原料来源。

2.1.1.1 乙酸乙烯酯的物理性质

乙酸乙烯酯为无色液体，具有甜的醚味；微溶于水，溶于醇、丙酮、苯、氯仿。乙酸乙烯酯的主要物理性质如表 2-1 所列。乙酸乙烯酯易燃，其蒸气与空气混合可形成爆炸性混合物；遇明火、高热能引起燃烧爆炸；与氧化剂能发生强烈反应；极易受热、光或微量的过氧化物作用而聚合，生成透明固体。因此，通常加入对苯二酚做稳定剂,但即使含有稳定剂的商品与过氧化物接触也能猛烈聚合。

表 2-1　乙酸乙烯酯的主要物理性质

项目	数值	项目	数值
沸点(0.10MPa)/K	345.36	燃烧热/(kJ/g)	24.06
熔点/K	180.36	聚合热/(kJ/mol)	89.12
相对密度(水=1)	0.93	临界温度/K	525.16
折射率(293.16K)	1.40	临界压力/MPa	4.2
黏度/(mPa·s)	0.42	爆炸极限/%(体积分数)	下限 2.60
汽化热/(J/g)	379.10		上限 13.60

2.1.1.2　乙酸乙烯酯的化学性质

乙酸乙烯酯因分子链中含有不饱和双键和羧基,可发生一系列化学反应。

1. 聚合反应

乙酸乙烯酯分子链中 C=C 双键的存在,使得它很容易发生聚合反应,这是乙酸乙烯酯在工业上应用最重要的化学反应,反应方程式如下所示:

$$n\mathrm{H_2C=\underset{\displaystyle |\atop \displaystyle OCOCH_3}{CH}} \longrightarrow *\!\left[\mathrm{CH_2-\underset{\displaystyle |\atop \displaystyle OCOCH_3}{CH}}\right]\!* + 82.9\mathrm{kJ/mol}$$

乙酸乙烯酯的聚合反应在光照、辐照、过氧化物、偶氮类引发剂、氧化/还原引发剂和有机金属化合物等引发剂的作用下可按照自由基机理进行。工业上乙酸乙烯酯的聚合方法包括本体、悬浮、溶液和乳液四大类,常用的引发剂为过氧化苯甲酰(BPO)、偶氮二异丁腈(AIBN)等。乙酸乙烯酯可与许多单体共聚制备其他有工业价值的共聚物,极大地拓展了乙酸乙烯酯在工业中的应用领域。

2. 加成反应

乙酸乙烯酯分子链中的 C=C 双键,能与许多化合物(如卤素、卤化氢、乙酸、乙醛、卤甲烷、硫醇或胺类等)进行加成反应,用来制备乙酸乙烯衍生物。

3. 水解反应

乙酸乙烯酯在有酸或碱的存在下或加热的条件下,可以发生水解反应,乙酸乙烯酯的水解反应较容易进行,在常温条件下就可发生。其一般在酸性介质中水解速度较慢,在碱性介质中水解速率较快,比饱和脂肪酸酯水解速率快1000倍。

4. 乙烯基转移反应

在强酸介质中,以汞盐作催化剂,乙酸乙烯酯可与有机酸、醇和芳香族化合物反应,通过乙烯基的转移反应生成相应的乙烯基酯类、醚类和芳香族乙烯基化合物,例如:

$$CH_3COOCH=CH_2 + RCOOH \longrightarrow RCOOCH=CH_2 + CH_3COOH$$

5. 氧化反应

在温度为333.16K时，乙酸钯存在时，乙酸乙烯酯可发生氧化反应，生成一系列氧化产物，是乙烯法工业生产乙酸乙烯酯过程中部分高沸点副产物的来源。

2.1.1.3 乙酸乙烯酯的合成

乙酸乙烯酯的工业制备一般采用两种方法[1]：一是以乙炔和乙酸为原料的乙炔气相法；二是以乙烯和乙酸为原料的乙烯气相直接氧化法。在电石和天然气资源丰富的地区，乙炔气相法虽然经济成本较高，但也有较大的发展潜力，而乙烯法由于其工艺简单、操作成本低，经济性好，从而在乙酸乙烯酯的生产中占有主导地位，工业上绝大部分都采用乙烯气相法制备乙酸乙烯酯。

1. 乙烯气相法

乙烯气相法的主要反应式如下式所示，以乙烯、乙酸和氧气为原料，经催化氧化制备乙酸乙烯酯：

$$CH_2=CH_2 + \frac{1}{2}O_2 + CH_3COOH \longrightarrow CH_3COOCH=CH_2 + H_2O$$

工业上乙烯路线生产乙酸乙烯酯的最常用方法为乙烯气相Bayer法：乙烯、乙酸和氧在Pd - Au - CH_3COOK/SiO_2催化剂的作用下，发生氧化偶联反应，生成乙酸乙烯酯和水，反应温度一般在165～180℃，压力为0.6～0.8MPa，空速1800～2000h^{-1}。催化剂使用寿命1年左右；产品时空收率为6.72t VAc/(m^3·天)，单台反应器设计规模为5～7.5万t/年，只需一台循环气压缩机。

美国National Distillers的子公司USI开发出了乙烯气相USI法，分为合成与蒸馏两部分，基本与Bayer法相似。该方法在1969年实现工业化生产。USI催化剂的活性成分是钯和铂，助催化剂为乙酸钾，载体为氧化铝，该法催化剂使用寿命长，反应条件也较为缓和。

USI技术与Bayer技术无论是工艺原理，还是操作过程都非常相似，只是其工艺条件较为温和，但产品的时空收率较低，仅为Bayer技术的60%，单台反应器生产能力小，不宜进行大规模生产；Bayer技术的时空收率较高，易于实现大规模的生产，经济优越性更为明显，故目前已有的以乙烯为原料路线的乙酸乙烯装置绝大多数采用Bayer技术。

此外，BP公司开发了一种新兴的乙烯气相法工艺，即Leap技术。该技术采用流化床反应器，改善了反应过程的传热，从而提高了乙酸乙烯的产率，单台反应器生产能力与传统的乙烯气相法相比提高了1倍。催化剂寿命也延长1倍以上。此外，由于采用流化床反应器，可以减少或除去反应器所需的大量冷却管/盘管，也便于采用较小的反应器，还可以除去固定床工艺所需的液体蒸馏塔及气体预热交换器等，使装置投资减少30%。因此Leap技术是目前世界上最先进的乙烯气相法的乙酸乙烯工业化生产技术。各种乙烯气相法工艺比较见表2-2。

表2-2 各种乙烯气相法工艺比较

项目名称	Bayer	USI	Leap
反应压力/MPa	0.8	0.15~0.25	0.8~1.0
反应温度/℃	160~200	125~140	150~200
$C_2H_2:O_2:CH_3COOH$/mol	9:1:3	9:1.5:4	
空速/h^{-1}	2100	200~300	
催化剂	$Pd-Au-CH_3COOK-SiO_2$	$Pd-Pt-CH_3COOK-Al_2O_3$	钯基催化剂
空时产率(活性)/(t/(m^3·d))	6.72	3.6~4.8	
选择性(乙烯计)/%	90~94	91	
催化剂寿命/年	1	2.5	4
单台反应器能力/(万t/年)	5~7.5	3.4	10~15
反应器类型	固定床	固定床	流化床

2. 乙炔气相法

乙炔气相法又分为电石乙炔法和天然气乙炔法。天然气乙炔法合成乙酸乙烯酯的生产过程包括天然气脱硫、天然气部分裂解、乙炔提浓、乙酸乙烯酯合成及精馏和乙酸回收五个部分。在我国,绝大部分企业均采用电石乙炔法生产乙酸乙烯酯,电石乙炔法主要包括乙炔气发生及净化、乙酸乙烯酯的合成及精制四个部分。乙炔气相法合成乙酸乙烯酯是以乙炔和乙酸蒸气在一定温度下,通过乙酸锌/活性炭催化剂的作用反应生成乙酸乙烯酯,主要反应式如下式所示:

$$CH \equiv CH + CH_3COOH \xrightarrow{\text{醋酸锌/活性炭}} CH_3COOCH = CH_2$$

乙炔气相法催化剂是以活性炭为载体的乙酸锌,活性组分含量为20%~30%(质量分数),载体的多孔性对催化剂的活性影响很大,所用活性炭比表面为1000~1500m^2/g,细孔平均直径为2~4nm,孔容积为0.6mL/g。其工艺过程分为两个阶段:乙炔净化、气相催化合成及产品精制。

乙炔净化电石工业生产的乙炔中常含有磷化氢和硫化氢,如不除去,会在制备乙酸乙烯酯合成过程中使引发剂失活,因此乙炔在送入反应器之前必须净化。工业净化多采用次氯酸钠通过氧化反应进行净化,通常在使用次氯酸钠净化时,控制有效氯含量为1~1.3g/L,清净剂的酸度在pH值7~7.5范围。

气相催化合成及产品精制流程示意图如图2-1所示,该流程可分为两个工段:合成工段和分离工段。合成工段是乙炔与乙酸在流化床反应器中通过活性炭/乙酸锌催化合成乙酸乙烯,分离工段把合成气中的高沸物乙酸和乙酸乙烯等液化,与不凝气乙炔、氮气、二氧化碳等分开。

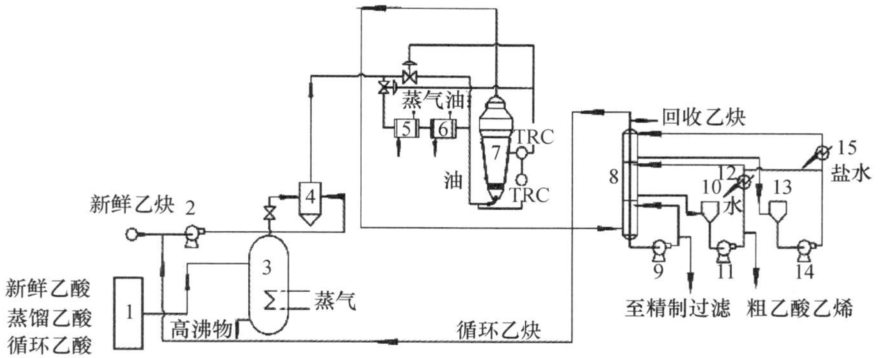

图2-1 乙炔气相法合成乙酸乙烯流程示意图

1—乙酸储槽;2—鼓风机;3—乙酸蒸发装置;4—气体混合槽;5—第一预热器;6—第二预热器;7—反应器;8—气体分离塔;9—第一循环泵;10—第二循环槽;11—第二循环泵;12—第二冷却器;13—第三循环槽;14—第三循环泵;15—第三冷却器。

不论是用乙烯法还是用乙炔法所生产的乙酸乙烯酯产品中,乙酸乙烯酯的含量均高于99.5%,但所含杂质却有不同,乙炔法制备的乙酸乙烯酯中含有少量醛类,对乙酸乙烯酯的后续聚合反应影响较大,因此如生成的乙酸乙烯酯将进一步聚合成为聚乙烯醇,乙烯法合成的乙酸乙烯酯质量更优。

3. 技术改进

1)工艺技术改进

20世纪60年代Borden公司与Blawkeox公司共同研发出Borden生产技术。这种技术使用天然气乙炔作为制取乙酸乙烯的原料。这种技术的流程可以大致分为两部分:一是氧化天然气来制取乙炔并利用合成气制取乙酸;二是利用乙炔和乙酸生成乙酸乙烯。天然气中含有乙炔的量十分有限,所以乙炔的制取需要经过天然气的氧化裂解来生成。整个生产过程首先要经过天然气脱硫和氧化裂解,然后对乙炔进行提浓与净化,最后是乙酸乙烯合成与精制。

20世纪80年代,Halcon公司成功研发出乙酸乙烯的Halcon法。这种方法是用煤作为原料生成乙酸乙烯的。其生产工艺流程大致可以分为以下六个步骤:①以煤为原料生成合成气;②合成气羰基合成甲醇;③甲醇与合成气羰基合成乙酸;④乙酸与甲醇酯化得到乙酸甲酯;⑤乙酸甲酯通过羰基化反应生成亚乙基二乙酸酯(EDA);⑥经热裂解生成乙酸乙烯和乙酸。这种方法实现了以单一原料煤生产乙酸乙烯的突破。

2001年,Celanese公司研发出了新的固定床VAn-tage工艺,这种新工艺在催化剂方面做了重大改进,乙酸乙烯的产率有了明显的提高。这一方法在随后对新加坡的生产装置进行相应的改造中体现出它的优势。改造后的生产装置在不增加额外投资的情况下,生产能力提高了两成。

中国石化集团四川维尼纶厂[2]在理论分析的基础上，采用流程模拟方法对乙酸乙烯酯脱氢组分系统进行了数值计算，确定了乙醛跑损的主要位置。提出了将二级冷凝器平衡管的气相出口组分导入三级冷凝器继续冷凝回收乙醛，三级冷凝器的液相与萃取塔的萃取相（水相）混合后直接进入乙醛分离塔精馏的新工艺流程；通过将二级、三级冷凝器出口气相的操作温度控制在25℃和15℃，实现了80%以上的乙醛回收率。

2）催化剂技术改进

乙酸乙烯的生产离不开催化剂，催化剂是生产的关键因素。自1928年Hoechst公司成功建成乙炔气相法生产乙酸乙烯装置以来，使用的催化剂一直是乙酸锌/活性炭，该催化剂存在不少缺点，如催化剂活性下降快，生产能力低，随反应温度的升高副产物增加，催化剂寿命不长等。一直以来，有关学者对催化剂做了大量的研究和改进工作，催化剂的持续改进仍然是乙酸乙烯生产技术的一个重要的发展趋势。

日本学者曾提出双组分氧化物，如 $V_2O_5 \cdot ZnO$、$Fe_2O_3 \cdot ZnO$ 和三组分氧化物，如 $16ZnO \cdot 32Fe_2O_3 \cdot V_2O_5$ 和 $24ZnO \cdot 8Cr_2O_3 \cdot V_2O_5$ 作催化剂，上述催化剂在250℃下反应，具有高于乙酸锌/活性炭催化剂数倍的活性，但因反应温度高、成本高、活性下降快等未能工业化。

国内吉林化学纤维研究所研究过 $ZnO-ZnCl_2$/活性炭催化剂并进行了中试，但 $ZnCl_2$、Cl^- 对设备的腐蚀性限制了该催化剂的推广。

对于乙烯法，目前，国外众多研究机构把注意力主要集中在选择性上，通过载体的改进来提高反应选择性和延长使用寿命已获得了很大成功。例如，美国杜邦公司、日本可乐丽公司、德国Bayer公司，通过改进催化剂的制备方法，使载体有适宜的孔结构，并使贵金属均匀地集中分布在载体的表面层，从而减少了贵金属的用量，降低了催化剂成本。

上海石化公司对催化剂的使用方法进行了改进，通过合理地调节乙酸钾的补充量，使其在催化剂上建立动态平衡，使乙酸钾的含量保持最佳数量，催化剂的使用寿命大幅度延长。

3）原料路线的改进

自从可以以单一煤为原料生产乙酸乙烯以来，人们寻找新原料制取乙酸乙烯的尝试从未停止过[3,4]。

20世纪80年代，美国Halcon公司和Air products公司联合开发了从CO出发制备乙酸乙烯的工艺，其主要步骤是乙酸甲酯和CO反应生成乙酸酐，再氢解生成亚乙基二乙酸酯和1,2-二乙酸乙二酯，两者经热裂解生成乙酸乙烯酯和乙酸。

Tustin等对生产过程中循环乙酸的产生进行了研究，提出了两种工艺合成路线，避免了循环乙酸的问题。研究结果显示，最优化路线是：乙烯酮还原为乙醛，乙醛与乙烯酮合成产生乙酸乙烯。

2005 年，北京化工大学研究了一种新的生产乙酸乙烯的工艺流程，其基本反应原理为：先进行乙酸甲酯的合成，再通过羰基化生成乙酸乙烯。此新的工艺可以以煤为基本原料，合成甲醇后进一步合成乙酸乙烯酯，从工艺过程上避开了电石这个高能耗的生产环节，可以节约能耗，对合理利用资源、保护生态环境起了很重要的作用。

2012 年，全球首套大规模生物乙醇制乙酸乙烯酯工业装置在广西广维化工有限公司建成投产，年产 5 万 t 生物乙烯装置及 10 万 t 生物乙酸乙烯装置一次试车成功，并生产出高活性的乙酸乙烯及高质量的聚乙烯醇产品。该装置实现了以广西丰富的甘蔗、薯类等可再生的生物质原料替代石油资源，开发了用生物乙烯法替代落后的乙炔法生产乙酸乙烯的新工艺。这标志着全球首条生物乙烯—乙酸乙烯—聚乙烯醇生产线在中国全程贯通，形成了完整的绿色化工循环经济产业链。生物乙烯投产将对我国乙烯工业乃至整个基础化工产业的原料格局产生重要影响，同时对我国实施石油资源替代战略、保障能源安全及实现减缓温室气体排放目标具有重要意义。

4）装置规模的大型化、高技术化

大规模大型化的装置不但有利于降低单位产品的成本，还有利于资源和能源的综合利用，同时还能降低能耗和生产成本，进一步提高企业的竞争力。

20 世纪 70 年代，乙酸乙烯酯装置规模一般为 130 ~ 150kt/年；80 年代以后，新建装置的规模逐渐向大型化发展，1985 年，加拿大采用 USI 技术建设了规模为 360kt/年的乙酸乙烯酯生产装置。

斯坦福大学研究院设计了一个生产能力为 270kt/年的工厂，采用乙烯、乙酸和氧气连续气相反应制备乙酸乙烯酯，通过该技术生产得到的乙酸乙烯酯以乙烯为基数，产率达到 90%，产品纯度为 99.9%。

中国石化集团四川维尼纶厂的乙酸乙烯生产装置利用塔板新技术改造其精馏装置后，采用溢流斜板复合塔，提高了板效率，解决了恒浓区问题，具有较好的延缓堵塞的效果，在大液相分离时，斜板复合筛板塔、规整填料及其相应的塔内件，可较大幅度地提高精馏塔的处理能力。经改造后提高了乙酸乙烯回收量，约 125t/年，较大程度地提高了原料的使用效率。

2.1.2　共聚单体（高间规度用）

为了在提高聚乙烯醇分子量的同时获得较高的间规度，人们探究了采用聚三氟乙酸乙烯酯或聚新戊酸乙烯酯来作为制备聚乙烯醇的前驱体。因此，新戊酸乙烯酯与乙酸乙烯酯共聚或其自聚从而提高最终产物聚乙烯醇的间规度，是一种显著有效的方法。

2.1.2.1 新戊酸乙烯酯

新戊酸乙烯酯,系统命名法称作2,2-二甲基丙酸乙烯酯,也称三甲基乙酸乙烯酯,英文名为 vinyl pivalate,结构式为 $C(CH_3)_3COOCH=CH_2$,分子量128.17,CAS号3377-92-2。

新戊酸乙烯酯是一种常温下呈液态、有刺激性、能刺激皮肤及眼睛的单体。微溶于水,溶于丙酮。其基本物理性质见表2-3。新戊酸乙烯酯可用作各种乙烯聚合物改性用共聚单体,能提高材料的耐药品性、耐水性、耐气候性,改善硬度,可用作涂料原料,可制得耐气候性、化学性优良而稳定的涂料,也可用作有机合成中间体,用途十分广泛。

表2-3 新戊酸乙烯酯的主要物理性质

项目	数值	项目	数值
沸点(0.10MPa)/K	385.15	黏度/(mPa·s)	1.4053
熔点/K	192.15	闪点/K	288.65
相对密度(水=1)	0.8709	临界温度/K	319.15
折射率(293.16K)	1.4068	—	—

新戊酸乙烯酯的制备[5]可以用以下三种方法:①乙烯与新戊酸在钯催化剂作用下氧化而得;②乙炔与新戊酸在汞或镉等催化剂作用下,直接加成而得;③乙烯基交换法,用其他羧乙烯酯与新戊酸反应,在汞或者钯催化剂作用下,进行酯交换而得。由于以上三种方法都要用到重金属作为催化剂,其价格昂贵,且大多有毒性,会造成环境污染,因此,中北大学王平等介绍了新戊酸与乙炔在催化剂新戊酸锌作用下,通过高温高压合成新戊酸乙烯酯的方法,其反应流程如下:

$$C_2H_2 + Zn[(CH_3)_3CCOO]_2 \underset{k_{-1}}{\overset{k_1}{\rightleftharpoons}} CH_2=CH-Zn[(CH_3)_3CCOO]_2 \xrightarrow{k_2}$$

$$(CH_3)_3CCOOCH=CH-Zn[(CH_3)_3CCOO] \xrightarrow[+(CH_3)_3CCOOH]{k_3}$$

$$CH_2=CHOOCC(CH_3)_3 + Zn[(CH_3)_3CCOO]_2$$

如图2-2所示,实验过程中,向高压釜内先加入新戊酸和负载有新戊酸锌的活性炭催化剂,然后向高压釜内通入氮气把高压釜内的空气排尽以后,关闭排气阀,然后打开加热装置,待温度上升到120℃以后,向高压釜内通入乙炔气体,继续加热到190℃,釜内的压力可达到1.0~1.5MPa,反应2h以后,压力降低,继续通入一定量的乙炔,继续反应,直到压力不再改变,停止反应。经过产品的精制及提纯就得到无色透明、有刺激性气味的新戊酸乙烯酯。

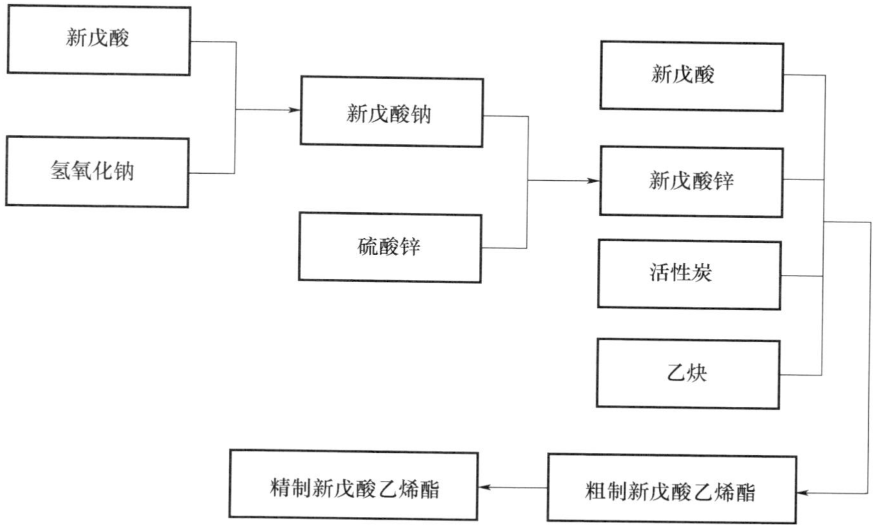

图2-2　新戊酸乙烯酯合成流程示意图

2.1.2.2　三氟乙酸乙烯酯

三氟乙酸乙烯酯(Vinyl Trifluoroacetate,VTFAc),结构式为 $CF_3COOCH{=}CH_2$,分子量140.06,CAS号433-28-3,其主要物理性质如表2-4所列。三氟乙酸乙烯酯为易燃的腐蚀性物质,使用过程中应做好相应的安全防护措施。

表2-4　三氟乙酸乙烯酯的主要物理性质

项目	数值
沸点(0.10MPa)/K	314.15
相对密度(水=1)	1.203
折射率(293.16K)	1.317
闪点/K	242.15

2.2 聚合

聚乙烯醇的制备通常选用乙酸乙烯酯为原料。乙酸乙烯酯与其他烯烃类单体相同,在紫外线、X射线、γ射线及引发剂等的作用下,容易发生自由基聚合,自由基聚合本身受体系中微量杂质的影响很大,特别是乙酸乙烯酯的聚合受到微量杂质的影响比其他单体更加敏感,即使在没有引发剂的存在下,在加热条件下,也会因为杂质的作用而聚合。但如果单体精制充分,在绝氧条件下,仅靠加热不能让它发生聚合。在引发剂存在的作用下,乙酸乙烯酯能在较为缓和的条件下发生聚合反应，乙酸乙烯酯的聚合反应方程式如下：

$$nH_2C=\underset{\displaystyle OCOCH_3}{\underset{|}{CH}} \longrightarrow *\!\!-\!\!\left[\!-CH_2-\underset{\displaystyle OCOCH_3}{\underset{|}{CH}}-\right]_n\!\!-\!\!* \ +82.9\text{kJ/mol}$$

乙酸乙烯酯聚合的工业化实施方法有多种，自由基聚合中的四大聚合方式（本体聚合、溶液聚合、乳液聚合、悬浮聚合）均适用于乙酸乙烯酯的聚合，其聚合反应的特点如表2-5所列，但在工业上溶液聚合和乳液聚合应用更为广泛。

表2-5　各聚合反应的一般特点

聚合方式	引发剂	体系散热	反应状态	产物特性
溶液聚合	油溶性	容易，利用蒸发热排热	均相反应，黏度可根据溶剂用量调节	分子量分布较均匀，产物纯度高，不能通过溶剂的选择来改变产物的立构规整性，可通过溶剂的用量来调节分子量
乳液聚合	水溶性	比较容易，水为散热介质	非均相反应，黏度较大	分子量大，支化度高，分子量分布宽
本体聚合	油溶性	困难	均相反应，粒度大	分子量大，支化度高，产物纯度高
悬浮聚合	油溶性	比较容易，水为散热介质	非均相反应，黏度较小	分子量大，支化度高，分子量分布宽

2.2.1　溶液聚合

乙酸乙烯聚合的工业化通常是按产品用途的不同而选用不同的聚合方法。对于供生产聚乙烯醇纤维用的聚乙酸乙烯，一般都用溶液聚合方法制得。与本体聚合相比，溶液聚合体系黏度较低，混合和传热较易，温度容易控制，不易产生局部过热。此外，引发剂分散容易均匀，不易被聚合物所包裹，引发效率较高，这是溶液聚合的优点。溶液聚合有可能消除凝胶效应，在实验室内用作动力学研究有其独特方便之处。选用链转移常数较小的溶剂，容易建立正常聚合时聚合速率、聚合度与单体浓度、引发剂浓度等参数间的定量关系。工业上溶液聚合适于聚合物溶液直接使用的场合，如涂料、胶黏剂、浸渍剂、合成纤维纺丝液、继续化学转化成其他类型的聚合物。

2.2.1.1　乙酸乙烯溶液聚合工艺流程

用于制造聚乙烯醇纤维使用的聚乙酸乙烯，通常是以甲醇为溶剂采用溶液聚合法制得。除了乙酸乙烯聚合，此体系还包含以下主要副反应：

$$\underset{\displaystyle |\atop\displaystyle OCOCH_3}{H_2C=CH}+CH_3OH \longrightarrow CH_3COOCH_3+CH_3CHO$$

$$\underset{\displaystyle |\atop\displaystyle OCOCH_3}{H_2C=CH}+H_2O \longrightarrow CH_3COOCH+CH_3CHO$$

图 2－3、图 2－4 为乙酸乙烯溶液聚合工艺流程示意图。精制的乙酸乙烯和甲醇按一定配比经计量泵和换热器进入第一聚合釜。与此同时，经由另一根支管加入一定量的、预先调配好的引发剂偶氮二异丁腈（AIBN）－甲醇溶液。聚合时释放出的热量使聚合釜中的部分溶剂和单体汽化，混合蒸气在换热器中被冷凝后重新回入聚合釜。一般物料在第一聚合釜中完成要求转化率约 40%，然后在第二聚合釜中要求达到工艺规定的聚合转化率 50% ~60%。

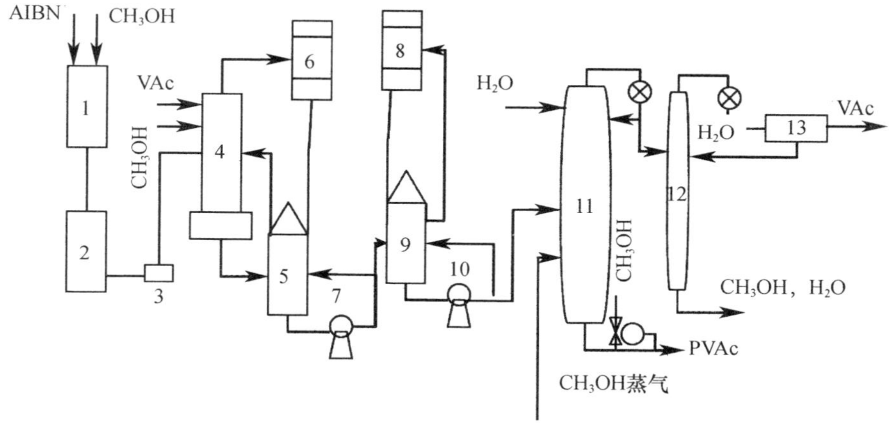

图 2－3　乙酸乙烯溶液聚合工艺装置流程示意图

1—引发剂配制槽；2—引发剂储槽；3—计量泵；4—换热器；5—第一聚合釜；6，8—冷凝器；7，10—泵；9—第二聚合釜；11—脱单体塔；12—乙酸乙烯—甲醇分离塔；13—沉析槽。

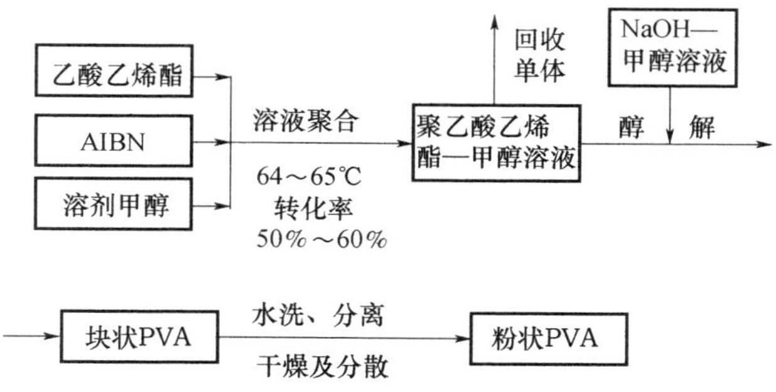

图 2－4　聚乙烯醇生产工艺简易流程

完成聚合后的物料，经由泵从第二聚合釜中送出，用甲醇稀释后进入脱单体塔。在塔中，吹入甲醇蒸气使未反应的单体和聚合物分离，从塔顶引出乙酸乙烯和甲醇的混合物，进行分离回收；由塔釜流出聚乙酸乙烯的甲醇溶液，经浓度校正后即可用于醇解以制取聚乙烯醇。

由塔顶所获得的乙酸乙烯和甲醇的混合物，全部送去进行分离以回收乙酸乙烯和甲醇，或经调整比例后，部分进行直接回收以减轻后面进一步回收时的负荷，但这时必须严格控制单体和甲醇中的含杂量，否则将对聚合产生极为不利的影响。

其中，乙酸乙烯酯溶液聚合的原料和工艺条件如下：w（乙酸乙烯酯（单体））：w（CH_3OH（溶剂））= 80：20；AIBN 的用量为单体重量的 0.025%；聚合温度为 64 ~ 65℃；转化率为 50% ~ 60%；聚合时间为 4 ~ 8h。

2.2.1.2 影响乙酸乙烯酯溶液聚合的工艺参数[6]

1. 温度对聚合反应的影响

采用 AIBN 引发乙酸乙烯酯溶液聚合有关的聚合反应方程式如下：

（1）链引发。

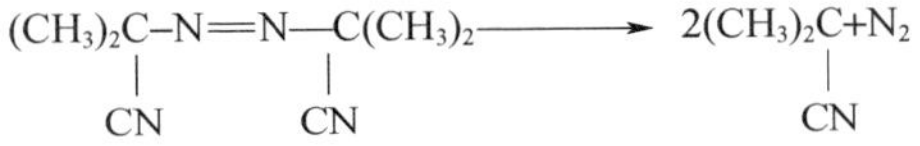

（2）链增长。

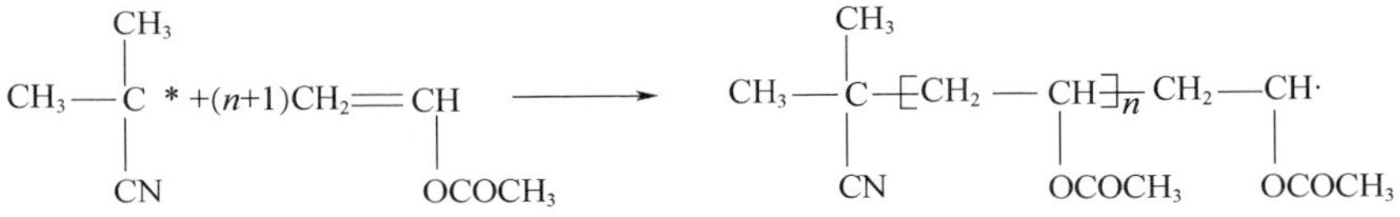

（3）链终止。以歧化终止为主。

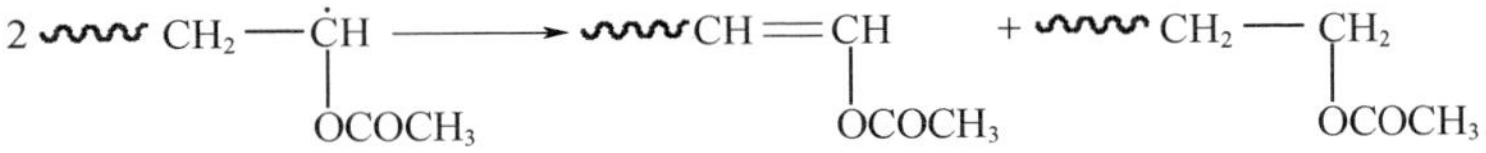

（4）链转移。乙酸乙烯酯溶液聚合的链转移反应主要有以下三种方式：①向单体转移；②向溶剂转移；③向大分子转移。其中，向大分子转移可能有（a）、（b）和（c）三个位置。

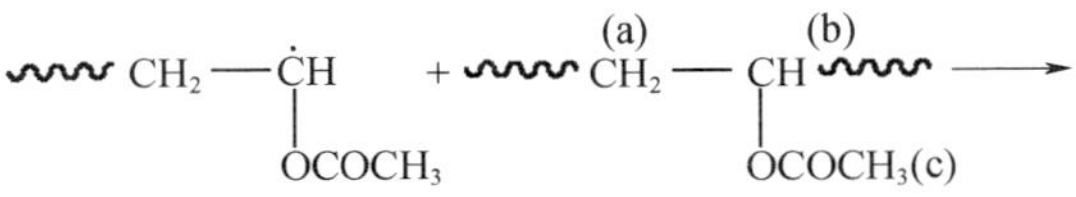

研究结果表明：向（c）位置的链转移反应在 65℃ 就会发生，而向（b）、（a）位置的链转移反应要在 70℃ 以上才会发生。乙酸乙烯的溶液聚合温度之所以控制在 65℃ 就是为了避免（a）（b）位置的转移反应，减弱聚乙酸乙烯大分子支化，

降低聚乙烯醇大分子的支化度。

另外，在乙酸乙烯聚合中，反应温度高，能加速偶氮二异丁腈的分解，使聚合反应速率增加。然而，反应温度的升高，加速了大分子的断裂和活性中心的增加，链终止速度也加快，结果导致聚合度降低。低温聚合制得的成品聚乙烯醇结晶度高，但是低温聚合过程复杂、动力消耗大，工业生产中很少采用。实际生产中，聚合温度一般控制在(65±1)℃，该温度恰恰是溶剂甲醇的沸点。这样，反应可借助甲醇蒸发带走大量聚合热。通过实验发现：当温度高于70℃时，由于温度高于甲醇的沸点，导致溶液发生沸腾现象，且温度过高加速了大分子的断裂，增加了活性中心，使链转移常数加大，不利于反应的进行；当温度低于60℃时，反应非常缓慢，同样不适合聚合反应的进行。因此，确定聚合反应温度为65℃较为适宜。

2. 溶剂甲醇对聚合反应的影响

溶液聚合是高分子工业中常用的一种聚合方法，溶剂的选择是非常重要的，溶剂必须能溶解单体、引发剂和聚合体，保证整个聚合体系呈均相状态。可用于乙酸乙烯酯溶液聚合的溶剂种类较多，有甲醇、氯苯、丙酮、三氯乙烯、苯等。目前国内都用甲醇作溶剂，其具有以下优点：①甲醇对聚乙酸乙烯酯溶解性能极好，聚乙酸乙烯酯链自由基处于伸展状态，体系中自动加速现象来得晚，使聚乙酸乙烯酯大分子为线型结构且分子量分布较窄；②甲醇的链转移常数小，只要控制单体与溶剂的比例就能够保证对聚乙酸乙烯酯分子量的要求；③甲醇是下一步聚乙酸乙烯酯醇解的醇解剂，制成的聚乙酸乙烯甲醇溶液不需要进行分离，可直接进行醇解生产聚乙烯醇，大大简化了工艺。

同时，溶剂甲醇是一种行之有效的聚乙烯醇聚合度调节剂，而且还是乙酸乙烯聚合的稀释剂，使聚合过程在比较缓和的条件下进行。由于聚合温度接近甲醇的沸点，这样可以借助甲醇的蒸发带走聚合热。

研究人员通过实验考察了甲醇浓度对聚合反应的影响，实验结果见图2-5和图2-6。

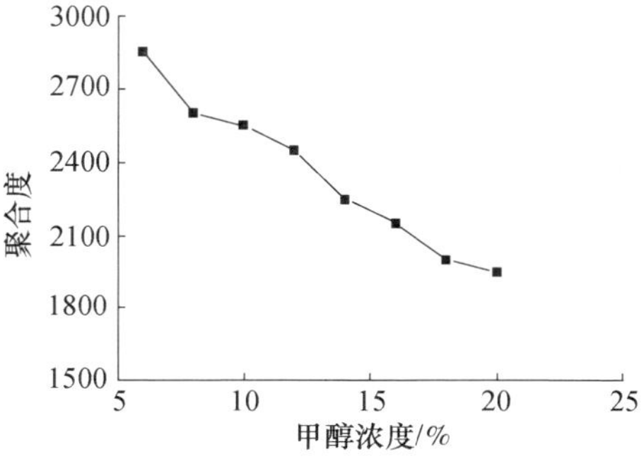

图2-5 甲醇浓度对聚合度的影响

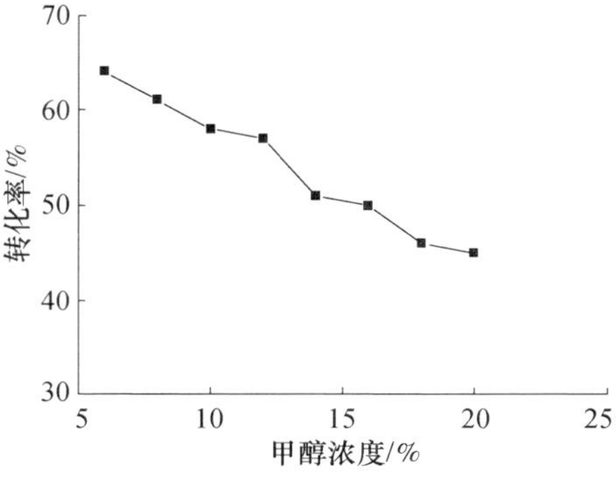

图2-6 甲醇浓度对转化率的影响

从图2-5和图2-6可以看出，聚乙烯醇聚合度随甲醇浓度的增加而逐渐降低。其原因为：溶剂甲醇加入后，降低了乙酸乙烯单体的浓度，甲醇浓度越高，乙酸乙烯单体的浓度就越低，从而降低了聚合反应速率。另外，甲醇还是聚合反应中的链转移剂，甲醇的含量越多，乙酸乙烯活性单体向甲醇发生链转移的量就越大，所以在其他条件不变的情况下，甲醇浓度增大使得聚合度下降。转化率随着甲醇浓度的增大而降低，同样是由于甲醇浓度升高，降低了体系中乙酸乙烯单体的浓度，使聚合反应速率减慢，但甲醇对转化率的影响相对较小。

另外，甲醇用量配比对聚合产物的转化率和固含量也有影响，如表2-6所列。甲醇用量配比，即进料中乙酸乙烯酯和甲醇总量中甲醇所占的质量百分数。甲醇作为聚合反应的稀释剂，不但可以使聚合过程在比较缓和的条件下进行，而且聚合反应温度与甲醇的沸点接近，可以借助甲醇的蒸发带走聚合产生的热量。

表2-6 溶剂(甲醇)用量对转化率的影响

甲醇配比/%	PVAc 转化率/%	PVAc 固含量/%
11	89.3	83.1
22	84.1	78.3
27	78.5	71.5
38	66.8	60.2

3. 引发剂配比对聚合反应的影响

可用于乙酸乙烯溶液聚合的引发剂很多，通常有过氧化物、重氮氢基苯、偶氮化合物等。其中应用最广的是过氧化二苯甲酰(BPO)和偶氮二异丁腈，原因是：在50~70℃就以适当的速度一次分解成游离基；碰撞和遇火不易爆炸，使用比较安全；价格较低，能溶解在溶剂甲醇中。偶氮二异丁腈用量不仅影响聚合速度，而且直接影响到合成的转化率和固含量。所以，严格控制引发剂用量，是保证成品聚乙酸乙烯酯的关键之一。不同用量的偶氮二异丁腈对聚合物转化率和固含量的影响见表2-7。

表2-7 不同用量的偶氮二异丁腈对聚合物转化率和固含量的影响

m(AIBN)/g	PVAc 转化率/%	PVAc 固含量/%
0.11	88.80	80.40
0.21	91.50	84.80
0.31	98.30	95.60
0.41	92.40	86.30

由图2-7和图2-8为引发剂配比对聚合反应的影响可以看出，引发剂配比增加，聚合度逐渐下降。这主要是由于引发剂用量增加后，反应活性中心增加，使得聚合速率增加，但乙酸乙烯单体浓度不变，在相同时间内每个活性中心

与乙酸乙烯单体反应的数量减少,因而聚合度降低;在聚合反应中,乙酸乙烯活性单体向引发剂发生链转移也会使聚合度降低。以前认为,丁腈类引发剂转移常数一般为0,但近来的研究表明,偶氮二异丁腈的链转移常数也有小的数值。引发剂用量增加,活性中心增加,使得聚合率升高,且从图2-8可以看出引发剂配比对聚合率的影响较大。

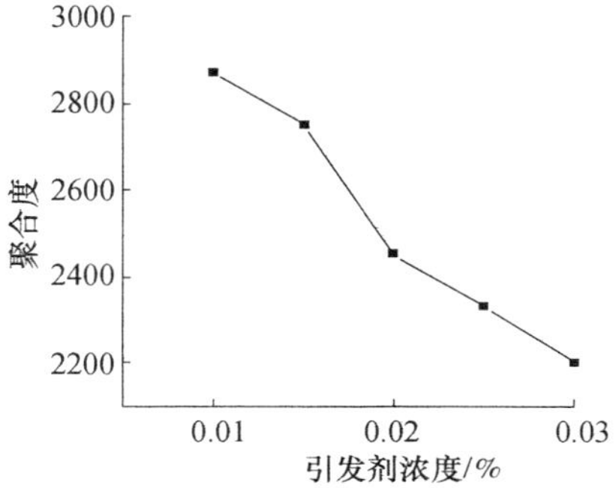

图2-7 引发剂配比对聚合度的影响

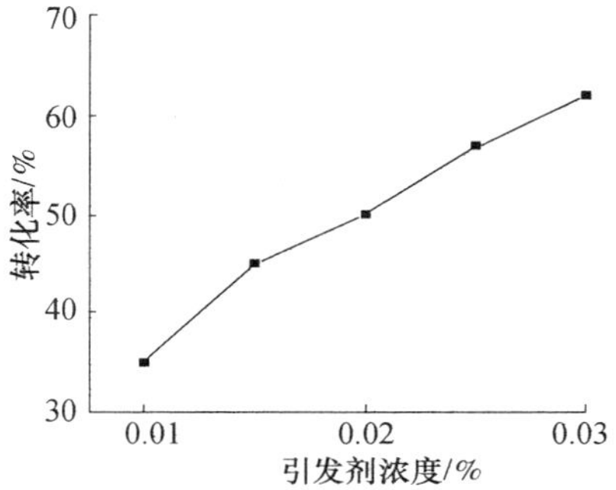

图2-8 引发剂配比对转化率影响

4. 聚合反应时间对聚合反应的影响

聚合反应时间也是影响聚合反应的一个重要因素,在工业上,乙酸乙烯溶液聚合是连续生产过程,因此聚合时间指平均停留时间。聚合反应时间缩短,会使聚合度和聚合率下降。同时,聚合时间对聚乙烯醇的分子量分布影响也很大,这对聚乙烯醇纤维的力学性能会产生不良的影响。但缩短停留时间可提高设备的生产能力。实际测量的聚合度指的是平均聚合度,因此聚合反应时间对聚乙烯醇聚合度也有很大影响。缩短聚合时间,虽然通过改变引发剂用量配比、溶剂甲醇浓度、聚合率等可使聚乙烯醇的聚合度达到要求,但却使聚乙烯醇分子量的分布变宽,低聚合度和高聚合度的摩尔数比例增加,尤其是高聚合度的摩尔数增加较多,结果降低了聚乙烯醇的柔韧性,由它制成的维纶变硬,手感变差,强度降低,耐热水性也下降。另外,若聚合反应时间过长,则生产周期延长,从而增加了产品成本,降低了产品产量。因此,合理控制聚合时间,对于保证产品质量和产量也是非常重要的。

图2-9和图2-10为聚合反应时间对聚合反应的影响。可以看出,聚合度并不总是与聚合时间成正比关系,而是开始一段时间聚合度随着反应时间的增加而变大,当在某个时刻聚合度达到一个最高点时,聚合度随着时间的延长反而呈现下降趋势。由实验测得此时转化率为51%,由文献可知,当转化率超过50%时,由于聚合体的链转移加快,聚乙酸乙烯的支化度急剧增加。聚乙酸乙烯进行醇解反应时,支链断裂,生成的聚乙烯醇聚合度下降很多。因此聚乙烯醇在其他条件不变的情况下,其聚合度随着时间推移表现出先升后降的现象。聚合

反应时间对转化率的影响也是比较大的,随着时间的增加,转化率也不断上升。

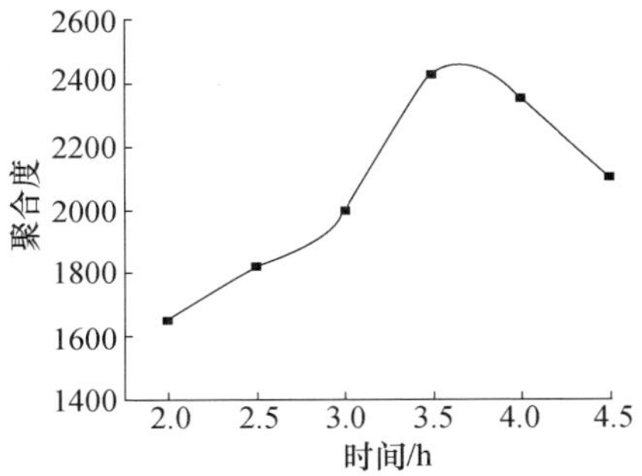

图 2-9　聚合反应时间对聚合度的影响

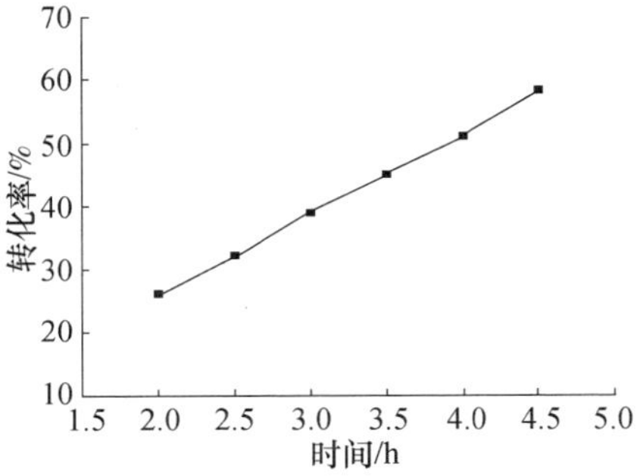

图 2-10　聚合反应时间对转化率的影响

5. 搅拌速度对聚合反应的影响

搅拌速度对聚合反应有一定的影响:如果速度过慢,会使料液混合不均匀,导致产品质量不相同;如果速度过快,则反应过于剧烈,不利于反应的进行。

6. 杂质的影响

聚合反应对于杂质是相当敏感的,即使微量杂质的存在也常常给产品的质量造成严重的危害。成品聚乙烯醇的质量是由多项技术指标构成的,每个单项指标都从一个侧面反映出产品质量的优劣。乙酸乙烯单体,虽然经过了精制处理,但还有杂质存在。目前已查明的杂质有乙醛、乙酸、乙酸甲酯、丙酮、巴豆醛、苯、乙酸乙酯等十余种。这些杂质在聚合中的行为相当复杂,有的直接参加反应,有的起链转移作用,有的起阻聚作用。

在聚合中,乙酸乙烯能与甲醇或水进行反应,生成乙醛和乙酸甲酯从而降低了聚乙烯醇的聚合度。乙醛是使聚乙烯醇发黄的重要原因之一,乙醛不仅来自原料乙酸乙烯,而且来自聚合过程。乙醛是一种链转移剂,随着乙醛含量的增加,聚乙烯醇的聚合度下降。为了克服杂质的影响,需要控制进料乙酸乙烯和聚合甲醇的质量。某些影响活性度的因素仍需今后进一步探讨。

2.2.1.3　溶液聚合制备高分子量高间规度聚乙烯醇的研究进展

常规的溶液聚合制备的聚乙烯醇已有较为广泛的应用,但在某些特殊领域(如军工等),这样的聚乙烯醇远远达不到应用的要求,这就需要对其进行改性处理,得到高强高模的聚乙烯醇纤维。研究表明,对于不同种类的成纤高聚物来说,纤维的断裂强度主要取决于纤维截面上大分子链的数目、化学键能和链伸展的均匀性。而对于同一种成纤聚合物,高分子量、分子的高度伸直取向和充分结晶,成为制造高强高模纤维的三个基本条件[7]。

因此,聚乙烯醇纤维的高强高模研究主要集中在两个方面:一方面是合成聚乙烯醇过程中控制的因素,即分子量、支化度、立构规整性、醇解度等;另一方面是纺丝成形过程中大分子链结构控制的因素,即溶解情况、纺丝方法、凝固浴、热拉伸、热定型等。故而要提高聚乙烯醇纤维的力学性能,首先要从两个方面进行改善:①制备高分子量的聚乙烯醇可减少分子链末端存在,更有利于进行高倍拉伸;②制备高间规度的聚乙烯醇,相对常规聚乙烯醇其分子链排列有序程度提高,结晶能力较强。目前已有相关报道对其进行介绍。

2006 年,中北大学谢龙等[8]采用乙酸乙烯酯为单体,以二甲基亚砜为溶剂,偶氮二异庚腈为引发剂,通过正交实验研究了溶液聚合法制备高分子量聚乙酸乙烯酯的最佳工艺条件。在最佳工艺条件下制得了黏均分子量为 9.0×10^5 的聚乙酸乙烯酯,经醇解得到了聚合度为 4000 的聚乙烯醇。通过单因素实验验证了最佳工艺条件的可靠性并分析了溶剂用量、引发剂用量、反应温度对乙酸乙烯酯分子量的影响规律。其研究结果如下:

从图 2-11 中可以看出,随着反应温度的增加,聚乙酸乙烯酯的黏均分子量降低。这是因为随着温度的增加,引发剂的分解速率加快,单位时间生成的自由基数目增加,反应速率加快,体系温度升高,而温度与动力学链长成反比,所以温度升高,产物的分子量下降。但聚合温度不能太低,要达到引发剂的分解温度使得引发剂能有效地分解,进而使聚合反应快速稳定地进行。

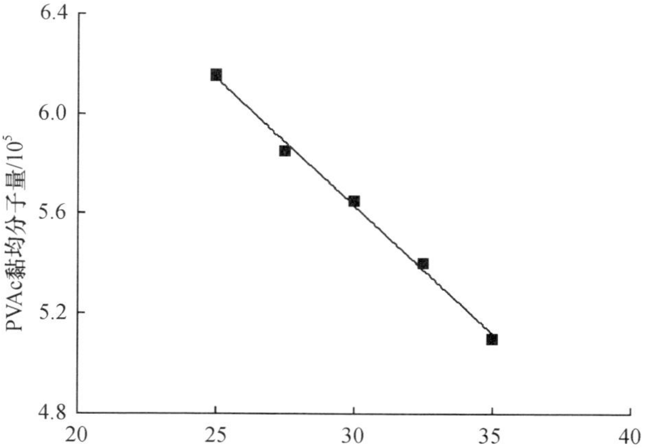

图 2-11　聚合温度对 PVAc 黏均分子量的影响

从图 2-12 中可以看出,随着溶剂用量的增加,聚乙酸乙烯酯的黏均分子量降低。这是因为溶剂用量越多,单体的浓度相对降低,而产物的分子量与单体的浓度成正比,从而黏均分子量下降。另外,溶剂用量多,发生向溶剂的链转移反应的概率增大,导致分子量降低。但溶剂用量也不能太少,用量太少反应体系在很短的时间黏度很大,使搅拌困难,出现结块现象。

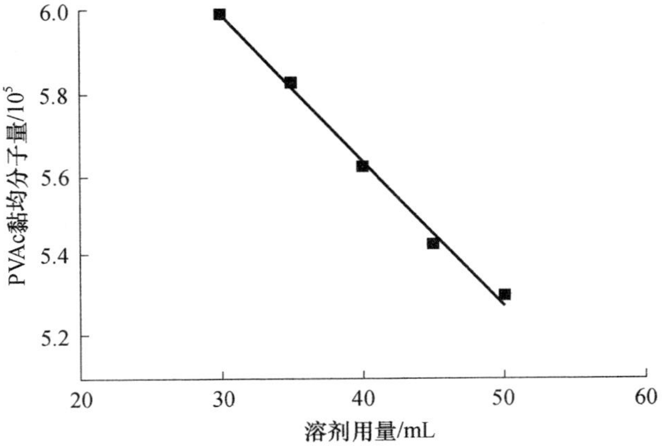

图 2-12　溶剂用量对 PVAc 黏均分子量的影响

从图 2-13 可以看出,引发剂的用量越多,黏均分子量就越低。这是因为引发剂用量大,单位时间生成的自由基数目增加,反应速率加大,聚合反应热使体系温度升高。而动力学链长与温度和引发剂用量成反比,所以引发剂用量增加使得产物分子量降低。

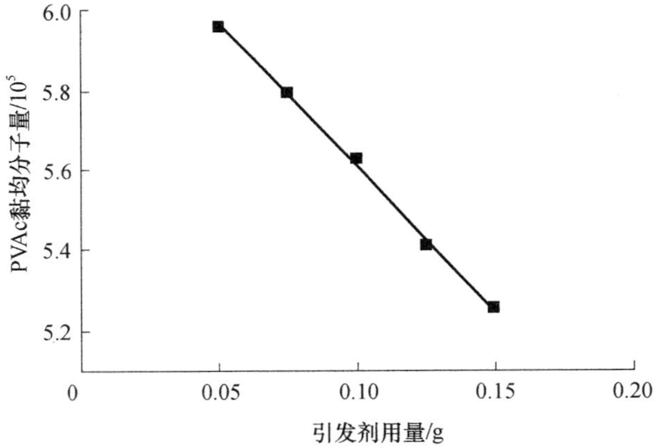

图 2-13　引发剂用量对 PVAc 黏均分子量的影响

新戊酸乙烯酯单体因其优异的空间位阻效应,被多次用以制备高间规度聚乙烯醇,又由于新戊酸乙烯酯在叔丁醇(TBA)和二甲基亚砜(DMSO)等溶剂中聚合有较小的链转移常数,更有利于制备高分子量聚乙烯醇。随后,W. S. Lyoo 等[9]又以新戊酸乙烯酯为单体,ADMVN 为引发剂,以 TBA 和 DMSO 为溶剂进行了溶液聚合。研究发现,与 DMSO 作溶剂的聚合反应相比,以 TBA 为溶剂的聚合反应对提高聚乙烯醇的分子量和间规度更加有利，在保证聚合体系有较高转化率（55% ~85%）的同时，制备的聚乙烯醇产物聚合度 DP = 13500 ~ 17000，间规度最高为65%。从图2-14可以看到，聚合中所用溶剂对聚乙烯醇的间规度有显著的影响，在TBA中进行的溶液聚合得到的聚乙烯醇间规度明显高于在DMSO中制备的聚乙烯醇，最高达65%，而在DMSO中制备的聚乙烯醇间规度甚至低于新戊酸乙烯酯的本体聚合制备的聚乙烯醇，仅有56%。在同等条件下制备的聚乙烯醇的间规度与分子量没有依赖关系。

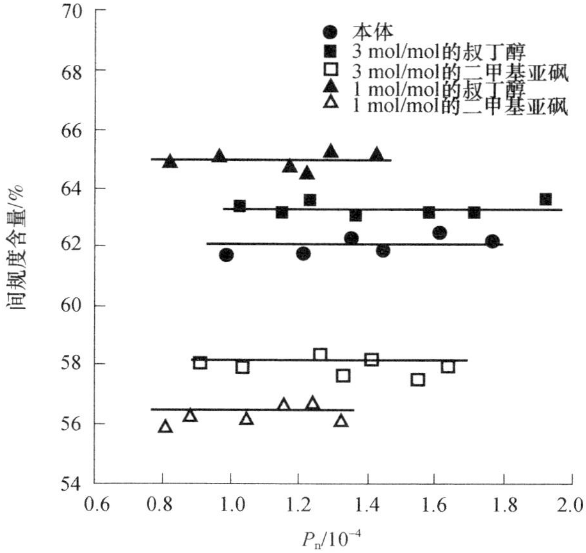

图2-14 聚乙烯醇的间规度随聚合度的关系

2.2.2 乳液聚合

单体在水介质中由乳化剂分散成乳液状态进行的聚合称作乳液聚合。乳液聚合最简单的配方由单体、水、水溶性引发剂、乳化剂四组分组成。乙酸乙烯酯乳液聚合的特点是使用了乳化剂，它降低了单体液滴与溶剂水之间的界面张力，使单体稳定地分散在水中。体系中除了乙酸乙烯、水、引发剂和乳化剂，还加入pH值调节剂，有时还加入表面张力调节剂、分子量调节剂等。乳胶粒的大小通常在0.5 ~10μm之间，在特殊乳液聚合的条件下，乳胶粒的大小可控制在0.01 ~ 0.2μm之间。

由于涂料和黏胶剂的广泛应用，乳液聚合越来越受到重视，乳液聚合是目前研究得最多的，也是最流行一种乙酸乙烯聚合方式。

2.2.2.1 乙酸乙烯酯的乳液聚合原理

在乳液聚合中，有两种粒子成核过程，即胶束成核和均相成核。乙酸乙烯酯为水溶性较大单体，28℃下在水中溶解度为2.5%。因此它主要以均相成核形成乳胶粒。均相成核即引发剂自由基首先引发水相中溶解的部分乙酸乙烯单体聚合，生成短链自由基，在水相中沉淀出来，沉淀粒子从水相和单体液滴吸附乳化剂分子而稳定，接着单体扩散进入沉淀粒子，继续聚合形成乳胶粒的过程。

聚合反应采用引发剂，按自由基聚合的反应历程进行聚合，主要聚合反应式如下：

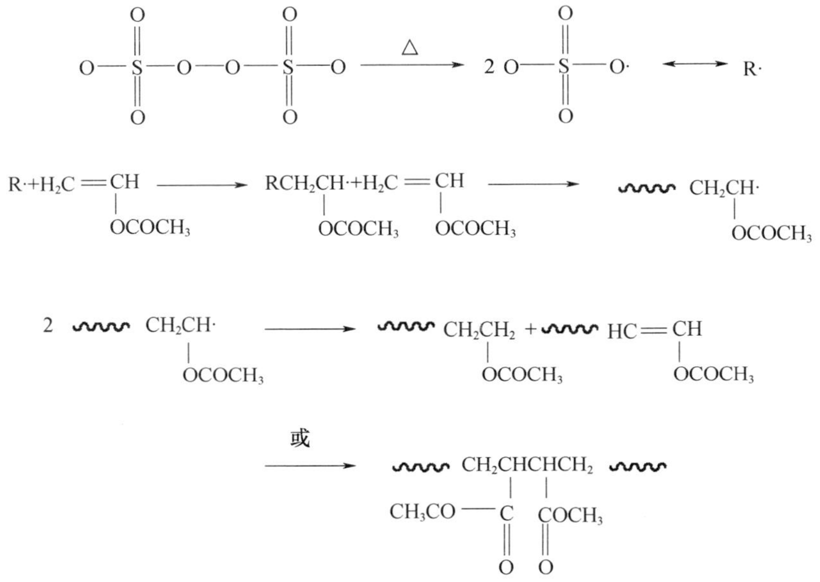

采取乳液聚合法生产聚乙酸乙烯酯乳胶，其特点是：乳液聚合体系黏度低、易散热；具有高的聚合反应速率和高的聚合物分子量；乳液聚合以水作介质，成本低廉，生产安全，环境污染问题小；所得聚合物乳液可直接使用。聚乙酸乙烯乳胶广泛应用于建材、纺织、涂料等领域，主要用作胶黏剂。这种用途要求其具有较好的黏接性，且黏度低、固体含量高、乳液稳定。用一般乳液聚合的一次加料方法很难做到。通常采用种子聚合方法，即分两步加料反应。第一步，加入少许（如约1/3、1/5、1/10）的单体、引发剂和乳化剂进行预聚合反应，可生成颗粒很小的乳胶粒子，即种子。第二步，继续滴加单体或乳化剂单体、引发剂，在一定的搅拌条件下使其在原来形成的种子上继续长大，由此得到乳胶粒子，不仅粒度较大，而且粒度分布均匀。这样方能保证在固体含量较高的情况下，仍有较低的黏度。根据种子聚合技术，近年来具有核壳结构的高分子复合乳液有了较大发

展。利用不同性能的单体制备出核、壳结构不同的聚合物，可赋予该聚合物较好的力学性质。例如：研究较多的苯乙烯—丙烯酸酯复合乳液、乙酸乙烯—丙烯酸酯复合乳液，都有很优异的性能。

2.2.2.2　传统乙酸乙烯酯乳液聚合工艺

制备聚乙酸乙烯乳液可用化学法和短辐照法两种方法，辐照法制得的乳液粒子大小不均匀，且对设备要求高，故一般工业生产上不采用这种方法。这里只介绍化学法。化学法有连续操作和间歇操作两种方式，下面介绍具体的制备工艺方法。

1. 连续乳液聚合法

①将计量的去离子水和聚乙烯醇放入溶解釜中，在溶解釜的夹套中通入蒸气，升温至 80 ~ 85℃，搅拌溶解 4 ~ 6h，使聚乙烯醇完全溶解，配成 10%（质量分数）的聚乙烯醇溶液。②将配成的 10%（质量分数）聚乙烯醇溶液过滤后，与 OP－10 一同投入聚合釜中。开动搅拌使其充分混合，然后把计量槽内的乙酸乙烯（约为总量的 1/7），10%（质量分数）过硫酸钾溶液（约总量的 2/5）分别投入聚合釜中，搅拌乳化 30min。③向聚合釜夹套通入蒸气，将釜内物料升温至 60 ~ 65℃，停止加热。此时聚合反应开始，因为是放热反应，釜内温度自动升高，可达 75 ~ 85℃，此时回流冷凝器将有回流出现，待回流减少时，开始通过计量槽向聚合釜中滴加乙酸乙烯，并通过计量槽滴加过硫酸钾镕液（每小时加入过硫酸钾的 4% ~ 5%（质量分数））。控制滴加速度使聚合反应温度保持在 78 ~ 80℃，大约 8h 滴加完毕。④单体加完后，加入全部余下的过硫酸钾溶液，使反应链终止。全部物料加完后，温度自动升至 90 ~ 95℃，保温 30min。⑤向聚合釜夹套内通冷水将产物冷却至 50℃，通过计量槽分别加入规定量的碳酸氢钠溶液和 DBP 等添加剂，充分搅拌使其混合均匀，过滤后出料。

2. 间歇乳液聚合法

①将聚乙烯醇和水加入到溶解釜中，升温至 80 ~ 85℃，搅拌溶解 2h，配成 10%（质量分数）的聚乙烯醇溶液。②将聚乙烯醇水溶液过滤后投入聚合釜，加入 OP－10 和打底单体乙酸乙烯，关闭加料孔，开通冷却水。在 30mm 内升温至 65℃左右，当视镜出现液滴时，停止加热，温度可自行升至 75 ~ 85℃。③当回流正常时，开始滴加乙酸乙烯单体。每小时加入 4% ~ 5% 的过硫酸铵，通过调节其加入速度来控制均匀聚合。反应温度控制在 75 ~ 80℃，可通过单体加入量调节。④单体加完之后，加入余下的过硫酸铵，液料温度自行升至 90 ~ 95℃，保温 30min。冷却至 50℃以下，加入 10% 的碳酸氢钠溶液。

2.2.2.3　乙酸乙烯酯乳液聚合工艺的影响因素

传统的乳液聚合是采用间歇式反应釜进行的。间歇式的操作方法达不到连续生产的要求，设备利用率较高，但其稳定的生产过程、优良的产品性能使得这种方法仍然有广阔的应用前景。乙酸乙烯酯的乳液聚合过程中，生产工艺因素的控制对制备质量优良的聚乙酸乙烯乳液至关重要，下面就将逐一介绍各因素对产品性能的影响。

1. 反应温度

一般乙酸乙烯酯乳液聚合的反应温度为75～85℃，反应温度影响聚合反应速率和产物平均分子量。提高反应温度，自由基产生速度加快，单体活性增加，链增长速率常数增大，因而聚合反应速率升高。由于反应温度升高，引发剂分解速率常数变大，当引发剂浓度一定时，自由基生成速率大，致使在乳胶粒中链终止速率增大，聚合产物平均分子量降低。反应温度提高还会使乳胶粒数目增大，平均直径减小；反应温度升高，使乳胶粒之间发生撞合，聚结速率增大，乳胶粒表面上的水化层变薄，都会导致乳液稳定性下降。如果反应温度等于或高于乳化剂的浊点，乳化剂就失去了稳定作用，从而引起破乳。

2. 反应时间

反应时间也是影响聚乙酸乙烯酯乳液质量的重要因素，通常反应时间为8～9h。反应时间主要反映在乙酸乙烯酯滴加时间的长短，乙酸乙烯酯滴加时间越长，乳液胶粒越小，粒径越均匀，乳液强度越大，稳定性越好，胶膜透明性好，耐水性提高。

3. 加料方式

即使同一个乳液聚合配方，因操作方法不同，得到的乳液在粒度分布、分子量大小等方面都会有差异。加料方式有如下三种：

（1）一次加料法。将所有组分同时加入反应器内进行聚合。由于烯类单体在聚合时，其热效应较大，而乳液聚合反应速度又较快，因此对于工业规模的装置来说，这种加料方法给温度控制带来了较大的困难，所以只有在水油比较大的情况下，才采用这种方法。有时为了控制热量放出的速度以维持一定的聚合温度，而将引发剂分批加入。一次加料法在实际生产中采用得较少。

（2）单体滴加法。即把单体缓慢而连续地加到乳化剂的水溶液中，常常同时滴加引发剂的水溶液，并以滴加的速度来控制聚合反应的温度。由于该法操作方便，聚合反应容易控制，因而得到广泛的采用。

（3）乳化液滴加法。即物料预先混合配成乳状液，然后逐渐滴加到反应系统中以进行聚合。聚合温度比较容易控制，但该法需要预乳化，而一般在乳液聚合配方条件下，其单体的乳状液稳定性不佳，容易分层，因此必须配备预乳化设备，这样就增加了设备投资和动力消耗，故较少采用。

4. 操作方法

乙酸乙烯酯的乳液聚合和共聚的间歇反应与连续反应在聚合过程及产物性能方面都存在着很大的不同。对乙酸乙烯酯均聚来说，连续反应有乳胶粒尺寸分布较窄,不存在破乳、黏釜和挂胶的优点。但对乙酸乙烯酯的共聚来说,连续聚合有共聚物组成不均匀、散热不均匀等缺点。因此,间歇反应与连续反应各有利弊,应根据具体情况采用不同的聚合工艺。

5. 电解质

以常用的电解质如 pH 值调节剂碳酸钠和 pH 值缓冲剂乙酸钠($CH_3COONa \cdot 3H_2O$)为例[10],二者对乳液性能的影响分别列于表 2-8、表 2-9。

表 2-8 Na_2CO_3 加入对乳液①性能的影响

Na_2CO_3 加入量②/g	聚合前 pH 值	单体残留量/%	乳液 pH 值	黏度/(Pa·s)(30℃)
0.02	7.4	0.32	2.4	320
0.03	7.9	0.20	3.8	79.25
0.06	8.2	0.21	4.5	47.50
0.12	8.6	0.19	5.0	42.50
0.20	9.0	0.20	5.2	36.00

① 乳液配比:VAc 为 42%;B-24T 为 3%;KPS 为 0.12%;固含量为 45%;
② 为 100g 乳液加入量

表 2-9 乙酸钠加入对乳液性能的影响

100g 乳液乙酸钠加入量/g	聚合前 pH 值	乳液 pH 值	黏度/(mPa·s)(30℃)
0	5.8	3.8	9000
0.83	6.4	4.0	4800
1.66	6.4	4.0	4100
3.33	7.0	4.5	3300

注:乳液配比:VAc 为 416;PVA(BJ1788/1799)为 38.35;APS 为 1.25;均为质量分数,固含量为(50±2)%

从表 2-8 可知,乳液黏度受碳酸钠加入量的影响,当加入量增大时,乳液黏度降低。其原因是电解质会降低乳胶粒表面和外相之间的 ζ 电位,从而使乳液稳定性降低,胶粒发生拼合,当 ζ 电位降至一定值后就会破乳。在以过硫酸盐为引发剂的体系中,Na_2CO_3 用量增大时,黏度下降,但乙酸乙烯酯单体残留量无明显降低。Na_2CO_3 用量以乳液量的 0.06%~0.12% 为宜。

由表 2-9 可见,当缓冲剂乙酸钠加入量增大时。乳液黏度也随之降低,但下降幅度不如 Na_2CO_3 那样大。用量以 0.05%~0.08% 为宜。当选用的聚乙烯醇灰分高时其用量应适当减少。

6. pH 值

在以双氧水—酒石酸氧化还原体系为引发剂的体系中[10],酒石酸(TA)用量对乳液性能的影响见表 2-10。

表2-10　酒石酸用量对乳液性能的影响

TA/%(质量分数)	聚合前 pH 值	乳液中 VAc 残留量/%	黏度/(mPa·s)
0.015	4.2	1.1	77550
0.03	3.9	0.3	163000
0.05	3.45	0.17	198000

氢离子对过硫酸盐的热分解有催化作用。在 pH 值大于 3 时,这种催化作用不太明显,当 pH 值小于 3 时,其分解速率随 pH 值降低而急剧增大。体系中如果没有缓冲剂,则过硫酸盐分解所产生的 HSO_4^- 离子会进一步离解成 H^+ 和 SO_4^{2-},使体系 pH 值进一步降低,过硫酸盐分解速率也随之加快。在以 HPO-TA 氧化还原体系作引发剂时,这种催化作用依然存在,当酒石酸量增加时,体系 pH 值降低,反应加快。聚合温度上升,乙酸乙烯酯残留量降低,而乳液黏度增加,所以聚合开始时的 pH 值最好调至 6~8。

7. 单体的水溶性

乙酸乙烯酯是一种水溶性较大的单体,20℃时其在水中的溶解度为 2.3%,随着温度的升高其水溶性还会增大,到 70℃时在水中的溶解度可达 3.5%,所以,在通常的乙酸乙烯酯乳液聚合温度(70~80℃)条件下,水相中单体的浓度很高,仅以饱和溶解度来计算其浓度即可达到 0.4mol/L 以上,实际上,由于聚合反应体系中乳化剂和保护胶体的存在,这个浓度值还会更高一些。乳液聚合中所使用的引发剂为水溶性引发剂,如硫酸盐类、过氧化氢等,这些引发剂在水相中分解成为自由基后就会直接在水相中引发单体的聚合,从而通过“均相成核”机理(或称“低聚物成核”机理)来生成乳胶粒。有人认为,在乙酸乙烯酯的乳液聚合中,水溶液中的聚合会出现在整个转化率范围内,只要单体在水相中保持饱和浓度,新的乳胶粒就会不断生成,这和“胶束成核”机理完全不同。在“胶束成核”的乳液聚合体系中,只要体系中不再存在乳化剂胶束,成核阶段即结束。

乙酸乙烯酯单体较大的水溶性而导致其成核机理和整个乳液聚合历程都与其他非水溶性单体不同,使得单体浓度、引发剂浓度和乳化剂、保护胶体浓度等因素对聚合反应速率、单位体积水中的乳胶粒数目、乳胶粒直径及其分布乃至聚合物乳液的黏度等的影响规律也大大地偏离了经典乳液聚合体系。

8. 保护胶体

在乙酸乙烯酯的乳液聚合中,最常用的保护胶体是聚乙烯醇。根据水解或醇解的程度不同,聚乙烯醇可以表现为醇溶性或水溶性,聚乙烯醇的水解程度用皂化值或水解度来表示。不同聚合度和水解度的聚乙烯醇溶于水后溶液的黏度不同。即使相同皂化值和黏度的聚乙烯醇,在乳液聚合中所起到的稳定作用效果也不尽相同,因为它不仅与聚乙烯醇的分子量及分子量分布有关,而且与其分子结构有关。例如:聚乙烯醇的端基是羟基还是乙酰基,其效果是不一样的;聚乙烯醇分子结构单元是“头—头”连接还是“头—尾”连接方式，以及聚乙酸乙烯酯水解后其乙酰基的分布情况均会对其稳定效果有影响。

2.2.2.4　乳液聚合制备高分子量高间规度聚乙烯醇研究进展

由于涂料和黏胶剂的广泛应用，乙酸乙烯酯的乳液聚合越来越受到重视。而对其改性的研究，一方面，人们已经通过优化引发剂体系、优化乳化剂体系或采用乙酸乙烯酯与其他单体（诸如丙烯酸、苯乙烯等）共聚成功提高了其某些方面的性能，前人已有诸多文献报道，这里不再赘述；另一方面，由于高强高模聚乙烯醇的应用要求，通过乙酸乙烯酯或新戊酸乙烯酯的乳液聚合制备高分子量高间规度聚乙烯醇的研究也有相关报道，这里做一个简单介绍。

1. 乳液聚合制备高分子量聚乙烯醇的研究进展

1996 年，王锐等[11]采用非离子型表面活性剂 OP－10 为乳化剂，用过硫酸钾（KPS）为引发剂，或以壬苯基聚氧乙烯醚的硫酸盐（LWZ）为乳化剂，不用引发剂，以一定波长（313nm）的高压汞灯辐照，控制反应温度在－5℃，进行光引发乳液聚合，制备了聚合度 DP＝15400 的高分子量的聚乙酸乙烯酯（已属于高分子量的范畴）。

随后，四川大学祁玉冬[12－14]采用乙酸乙烯酯在水中以过硫酸钾和亚硫酸氢钠（$NaHSO_3$）氧化还原体系作为引发剂进行低温（8～16℃）无乳化剂乳液聚合，并探讨了引发剂浓度、聚合温度、单体浓度和搅拌速度对聚合速率及转化率的影响，结果如下。

图 2－15 为乙酸乙烯酯的低温无皂乳液聚合中不同引发剂浓度下乙酸乙烯酯的转化率与反应时间曲线。从图中可以看出，反应的速率随引发剂浓度增大而增加。而计算得到初始聚合速率与引发剂浓度的 0.840 次方成正比。对于传统乳液聚合，聚合速率与引发剂浓度的 0.4 次方成正比，因此，在无乳化剂乳液聚合中引发剂浓度对初始聚合速率的影响比在传统乳液聚合中更大。

表 2－11 所列为不同引发剂浓度下聚合的最终转化率、聚乙酸乙烯酯和聚乙烯醇的聚合度以及计算出的支化度。可以看出，当引发剂浓度大于 1/2400 时（过硫酸钾与单体的摩尔比，下同），反应的转化率都在 90% 以上，聚乙酸乙烯酯的最大聚合度达到 11403，聚乙烯醇的聚合度为 9830。实验结果与传统的自由基聚合相一致，即聚合度随引发剂浓度增大而逐渐降低。除此之外，在乙酸乙烯酯的无乳化剂乳液聚合过程中，随着引发剂浓度增大，聚合速率加快，反应放热更明显，乳胶粒子的黏度增加更快，导致凝胶效应的发生，体系温度上升较大，也会使聚乙酸乙烯酯聚合物的聚合度下降。表中聚乙酸乙烯酯的支化度降低，也说明了聚合速率较低，使聚合热产生变得缓慢，体系内温度保持在了较低的水平上，使自由基向大分子的链转移反应速率降低。随着引发剂浓度升高，聚乙酸乙烯酯聚合度逐渐降低，并且链转移的趋势也更明显，因此醇解后聚乙烯醇的聚合

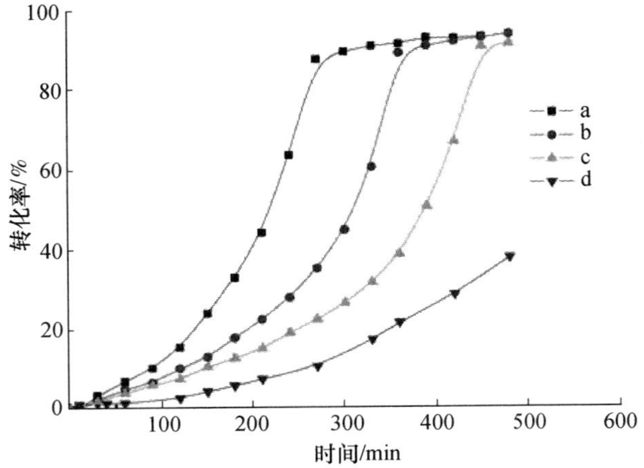

图 2-15 不同引发剂浓度下聚合转化率与反应时间的关系

a—1/1200；b—1/1600；c—1/2000；d—1/2400（KPS 与单体的摩尔比）。

度也逐渐降低，且降低的趋势更加明显。但当引发剂浓度过低时（1/2400），引发的效率较低，反应的最终转化率较低，仅有 37.8%，使聚合效率降低。

表 2-11 不同引发剂浓度下聚合的最终转化率、聚合度和支化度

引发剂浓度	最终转化率/%	PVAc 聚合度	PVA 聚合度	支化度
1/1200	93	9700	6690	0.45
1/1600	93.7	10205	7395	0.38
1/2000	91.1	10668	8270	0.29
1/2400	37.8	11403	9830	0.16

图 2-16 为不同单体添加量下单体转化率随时间的变化曲线，实验中采用过硫酸钾与单体的摩尔比为 1/2000，搅拌速率为 80r/min。结果表明，单体的最终转化率随乙酸乙烯酯添加量增大而降低。聚合速率与最终转化率有相同的规律，这是由于在总反应体积恒定的情况下，增大单体的添加量即相当于减少了溶剂水的含量，这样溶解在水相中的单体总量变少，因此聚合速率变慢。聚合速率快的反应，自加速期也更早，虽然自加速效应会使转化率提升，但由于开始自加速时的转化率较低，因此最终的单体转化率也停留在较低的水平。

图 2-17 为初始聚合速率与单体浓度的双对数曲线，通过计算得出聚合速率与单体添加量的 -1.87 次方成正比。根据传统的自由基聚合理论，单体浓度越高，聚合速率越大。但是在乙酸乙烯酯的无乳化剂乳液聚合中，乳胶粒子的成核阶段是在水相中完成的。如前所述，在反应物总质量不变（400g）的情况下，单体添加量越大，水的质量就越少。这样的结果就是随着单体添加量增大，溶解

在水中的单体质量反而变少,水相中的低聚物自由基变少,因此成核和聚合速率降低。

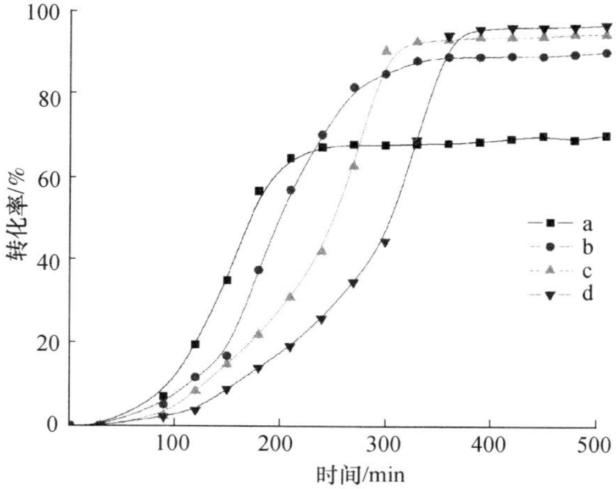

图2-16 不同单体添加量下聚合转化率与反应时间的关系

a—20%(质量分数);b—25%(质量分数);c—30%(质量分数);d—35%(质量分数)。

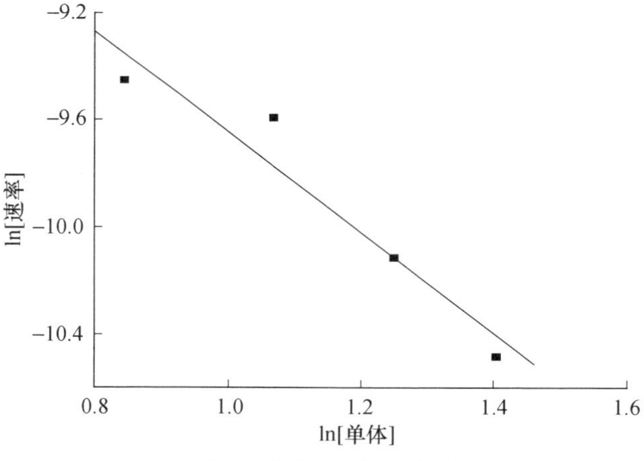

图2-17 初始聚合速率与单体浓度的双对数曲线

表2-12为不同单体添加量下聚合的最终转化率、聚乙酸乙烯酯和聚乙烯醇的聚合度以及聚乙酸乙烯酯的支化度。反应的最终转化率随单体添加量增大而逐渐增大,聚乙酸乙烯酯和聚乙烯醇的聚合度也在增大。根据前面的分析,单体添加量增大,聚合速率降低,因此聚合过程的反应热产生缓慢,体系散热平稳,使聚乙酸乙烯酯的分子量增大,同时链转移反应减慢,使聚乙酸乙烯酯的支化度降低,更有利于得到高分子量的聚乙烯醇产物。

表 2-12　不同单体添加量下聚合的最终转化率、聚合度和支化度

单体添加量/%	最终转化率/%	PVAc 聚合度	PVA 聚合度	支化度
20	70	5219	2965	0.76
25	90.1	7634	4957	0.54
30	94.4	9026	6356	0.42
35	96.6	9832	7283	0.35

图 2-18 为不同温度下单体转化率与反应时间的关系，反应中控制过硫酸钾比例为 1/2000，乙酸乙烯酯的添加量为 30%。从图中可以看出，在温度 10～20℃的范围内，乙酸乙烯酯的转化率都达到了 90% 以上，随着温度的升高，聚合速率增大。表 2-13 为聚乙酸乙烯酯和聚乙烯醇的聚合度，随着温度升高，聚乙酸乙烯酯的聚合度逐渐降低，这也与传统的自由基聚合规律相一致。10℃下的聚合产物聚合度几乎是 20℃下的 2 倍，而其支化度仅为 20℃下的 1/2，这样醇解后聚乙烯醇的聚合度达到了一个较高水平，为 8270，可以作为制备高强高模聚乙烯醇纤维的原料，而 20℃下聚合醇解的聚乙烯醇聚合度仅有 3545。通过不同温度下的转化率曲线，可以得到初始聚合速率，进而根据阿累尼乌斯方程求出乙酸乙烯酯无乳化剂乳液聚合的表观活化能。经过计算，活化能为 16.1kJ/mol。

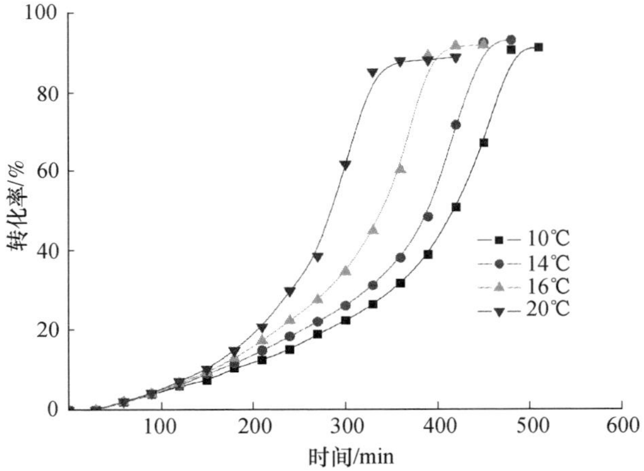

图 2-18　不同温度下单体转化率与反应时间的关系

表 2-13　不同温度下聚合的最终转化率、聚合度和支化度

聚合温度/℃	最终转化率/%	PVAc 聚合度	PVA 聚合度	支化度
10	91.1	10668	8270	0.29
14	93.0	9821	7329	0.34
16	91.8	8720	5972	0.46
20	88.8	5952	3545	0.68

图2－19为不同搅拌速率下的初始转化率—时间曲线。可以看出,不同搅拌速率下,初始阶段的聚合速率都非常慢,几条曲线基本重合。诱导期过后,随着搅拌速率从80r/min增大到200r/min,聚合速率逐渐减慢,当搅拌速率进一步增大到300r/min时,聚合速率基本不变。成核阶段过后,聚合的主要场所在乳胶粒子内部,单体要从单体液滴中扩散进水相。搅拌速率降低,必然影响单体的扩散系数,这就会导致乳胶粒子中单体浓度降低,乳胶粒子内黏度升高,发生自加速效应的可能性增大,反应速率加快。另外,扩散系数降低,也会导致单体相乳胶粒子的扩散速率降低,使聚合速率下降,但是通常液体分子的扩散速率比聚合物的链增长速率高出很多,链增长是整个过程的速度的决定步骤,因此降低搅拌速率并不会降低聚合速率。当搅拌速率达到200r/min时,传质速率已大到使单体浓度在胶粒中保持恒定,这样单体液滴、水相和胶粒中的单体浓度基本恒定,因此当搅拌速率再继续增大时,聚合速率已基本不变。这与其他文献中报道的结论十分类似。

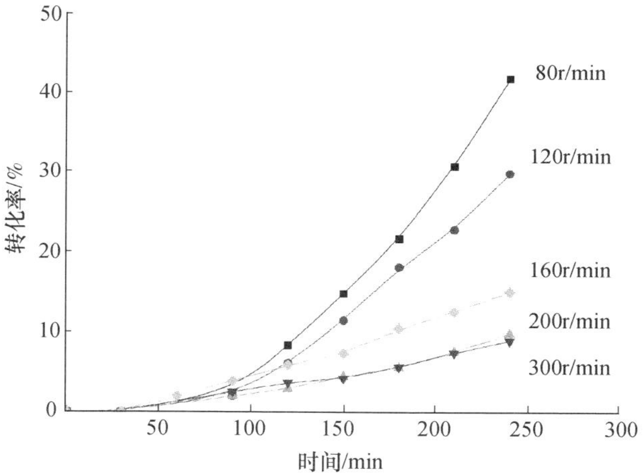

图2－19　不同搅拌速率下聚合速率和反应时间的关系

表2－14所列为搅拌速率对产物聚合度和支化度的影响。随着搅拌速率增大,产物的聚合度逐渐增大,支化度逐渐降低。前面的分析指出,搅拌速率增大,聚合速率降低,反应的放热更加平缓,因此聚乙酸乙烯酯的聚合度增大,同时支化度减小,可以得到高分子量的聚乙烯醇。但是由于聚合中没有添加乳化剂,因此乳液的稳定性较低,过高的搅拌速率会使乳胶粒子获得更大的动能,导致胶粒的聚并,使乳液的稳定性下降,最终导致反应的转化率停留在较低的水平。

表 2-14 搅拌速率对产物聚合度和支化度的影响

搅拌速率/(r/min)	最终转化率/%	PVAc 聚合度	PVA 聚合度	支化度
80	94.4	9026	6356	0.42
120	94.8	8637	6351	0.36
160	91.1	10668	8270	0.29
200	38.4	11583	9494	0.22

从以上的实验结果可以发现，增大引发剂浓度、降低单体添加量、升高聚合温度和降低搅拌速率可以提高聚合速率，且通过无乳化剂乳液聚合和醇解，成功制备了超高分子量的聚乙酸乙烯酯和聚乙烯醇，聚乙酸乙烯酯聚合的最佳条件如下：油水比 3 : 7，引发剂过硫酸钾与单体物质的量比为 1 : 2000，反应温度为 10℃，搅拌速率 160r/min。采用黏度法测得的聚乙酸乙烯酯和聚乙烯醇的聚合度分别为 10668 和 8270，聚乙酸乙烯酯乙酰基的支化度为 0.26。

2003 年，四川大学梅光华等[15]建立了“低温—低氧化还原引发剂和低复合乳化剂用量”的三低乳液聚合工艺路线，成功制得了分子量高、分散系数小的超高聚合度聚乙酸乙烯酯产品，是制备超高强度、超高模量聚乙烯醇纤维的优良原料。在自行设计的小试和扩大试验装置上，通过大量的实验室试验和扩大试验，充分证明超高聚合度聚乙烯醇的反应釜实验装置设计合理、工艺技术路线确实可行。

其小试工艺路线为：经过净化处理的高纯度单体水溶液经单体进口管加入釜内，后加入高效复合乳化剂，在较高的速度下充分搅拌，使单体充分乳化后，用泵将制冷剂储槽中的制冷剂通过管打入冷却夹套中，冷却釜内的单体乳化液，待单体乳化液温度下降到设定的聚合要求的下限温度后，从引发剂还原剂口加入引发剂、还原剂，它们在搅拌状态下，与乳化单体充分混合，并开始聚合，生成聚乙酸乙烯酯。分批间断加入乳化单体液和引发剂及还原剂，使聚合过程连续进行，直至达到聚合要求的转化率。再经管加入络合物后保温一段时间，经冷冻后，沉析出聚乙酸乙烯酯。它再经解冻后，充分洗涤完全除去乳化剂及其他杂质，过滤脱水、干燥，制得超高聚合度聚乙酸乙烯酯（DP = 11281）。

2. 乳液聚合制备高间规度聚乙烯醇的研究进展

2009 年，中北大学张巧玲等[16]以新戊酸乙烯酯为单体，偶氮二异（*N*-胺乙基）丁脒（ABEA）为引发剂，十二烷基硫酸钠（SDS）为乳化剂，通过低温乳液聚合法合成了高分子量和高立构规整度的聚新戊酸乙烯酯（PVPi），并讨论了反应温度、引发剂浓度和乳化剂浓度等因素对聚合物分子量的影响，结果如下。

由图 2-20 可知，在乳液聚合过程中，随着引发剂浓度的增加，产物聚合度在逐渐减小，同时在不同的反应温度下聚合度也不同。随着聚合温度的降低，聚合度呈增加趋势，当反应温度为 30℃，引发剂浓度为 0.16×10^{-3} mol/L 时，聚新

戊酸乙烯酯的 P_n 达到了 2.3×10^4。这是因为 ABEA 为低温高效引发剂，其引发的低温乳液聚合使得聚合物有较高的分子量。由图 2－21 可以看出，随着油水比的增加，聚合物的分子量也增加，但增加的幅度不是很大，这可能是体系的传热速率、单体浓度和乳化剂浓度等因素综合作用的结果。

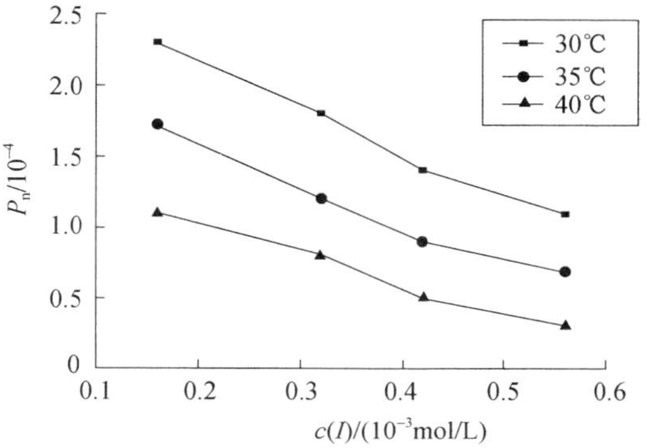

图 2－20　引发剂浓度对 PVPi 的 P_n 的影响

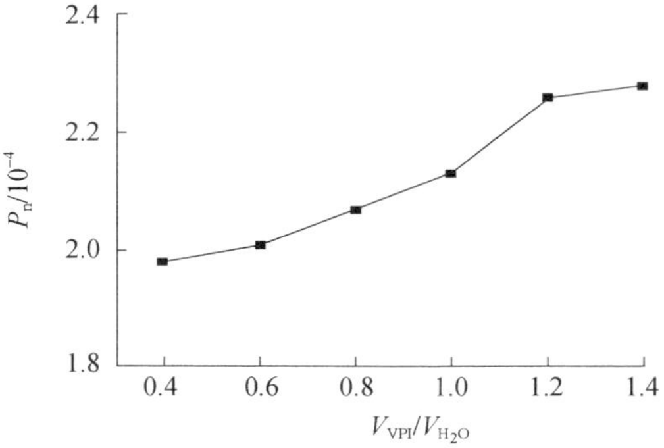

图 2－21　油水比对 PVPi 的 P_n 的影响

从图 2－22 可以看出，随着乳化剂浓度的增大，聚新戊酸乙烯酯的 P_n 逐渐增大。当乳化剂浓度从 0.06mol/L 增加到 0.12mol/L 时，此阶段 P_n 增加幅度较大；当乳化剂浓度大于 0.12mol/L 时，P_n 虽然也呈增加的趋势，但其增加的幅度比较缓和。这是因为在乳液聚合中，当引发速率一定时，乳化剂浓度越大，乳胶粒数目越多，聚合物的 P_n 也越大；而当乳胶粒数目增加到一定值时，再增加乳化剂浓度，乳化剂总的表面积增加的幅度相应变小，乳胶粒体积增加的速率也相应地变小，使得乳胶粒数目的增加趋势变得缓和，P_n 增加的幅度同样变得缓和。

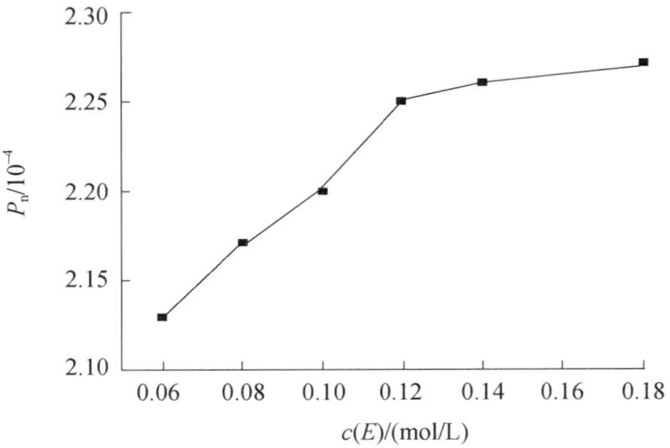

图 2－22　乳化剂浓度对 PVPi 的 P_n 的影响

该研究中，由于采用了新型低温水溶性引发剂 ABEA，新戊酸乙烯酯在低温乳液聚合过程中可以生成高分子量(DP＝6300)的聚合物，同时由于新戊酸乙烯酯的叔丁基基团有较大的空间位阻效应，低温时可以使聚合物的结构单元更加有序排列，从而提高了聚合物的立构规整度(根据聚新戊酸乙烯酯中叔丁基的峰面积计算得到的间规度为 86.5%)，因此，用新型引发剂引发新戊酸乙烯酯合成高分子量及高立构规整度的聚乙烯醇是一种有效的新途径。

此外，Song D H 等[17]以新戊酸乙烯酯为单体，2,2′－偶氮二异丁基脒二盐酸盐(AAPH)为引发剂，十二烷基硫酸钠(SDS)为乳化剂进行乳液聚合，制备了高转化率高分子量的聚新戊酸乙烯酯，经醇解后得到的聚乙烯醇聚合度可达 DP＝6200。文中虽然未对所得聚乙烯醇进行间规度的表征，但该方法制备的聚新戊酸乙烯酯微球粒径较为均一，为 400～500nm，见图 2－23，可作为间规聚乙烯醇纳米微球的前驱体，有一定的应用。

图 2－23　乳液聚合 PVPi 微球的扫描电镜图

2.2.3 悬浮聚合

悬浮聚合是指溶有引发剂的单体借助于悬浮剂的悬浮作用和机械搅拌,使单体以小液滴的形式分散在介质水中的过程。悬浮聚合的主要特点是以水为介质,价廉、无须回收、安全,产物易于分离、生产成本低,体系黏度低、反应热容易由介质水传递至夹套中的冷却水带走、温度容易控制、产品分子量及其分布比较稳定。由于没有向溶剂链转移而使产物分子量比溶液聚合的高,分子量分布较窄,后处理工序比乳液聚合和溶液聚合简单,聚合产物可直接成形。缺点是悬浮聚合只能间隙操作,而不易连续操作。

在乙酸乙烯酯的自由基聚合中,聚乙酸乙烯酯的聚合度一般是本体聚合高于悬浮聚合和溶液聚合;但高聚合度的聚乙酸乙烯酯在本体聚合体系中黏度太大,单体的转化率很难超过30%;悬浮聚合所得聚乙酸乙烯酯的聚合度与本体聚合相差不多,高于溶液聚合,同时单体的转化率超过90%。但由于乙酸乙烯酯的悬浮聚合控制工艺较为复杂,设备生产率低,在工业生产上的应用较少,一般都停留在实验室研究阶段,因此此处只对其实验室研究做简单介绍。

2.2.3.1 乙酸乙烯酯悬浮聚合的实验室工艺流程

图2-24为实验室悬浮聚合制备聚乙酸乙烯酯的流程示意图。在四口烧瓶中加入蒸馏水和悬浮剂,加热溶解,同时通入氮气保护,降至反应温度,加入溶有引发剂的单体80g,于一定温度反应一定时间,过滤,滤饼用热水洗涤,减压干燥得聚合产物聚乙酸乙烯酯。

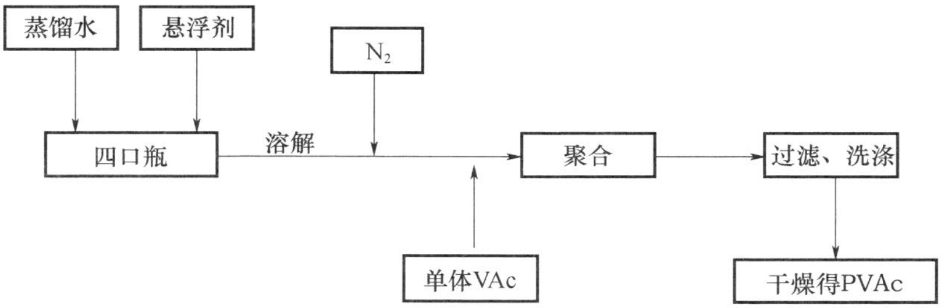

图2-24 实验室悬浮聚合制备聚乙酸乙烯酯流程示意图

2.2.3.2 乙酸乙烯酯悬浮聚合影响因素[18]

1. 引发剂浓度

图2-25中可以看到,随着引发剂(ADMVN)浓度的增大,聚乙酸乙烯酯的P_n逐渐降低。聚乙酸乙烯酯的支化结构导致醇解后聚乙烯醇的聚合度产生变化,聚乙酸乙烯酯的支化度越大,经醇解后造成的聚乙烯醇的聚合度下降越多。

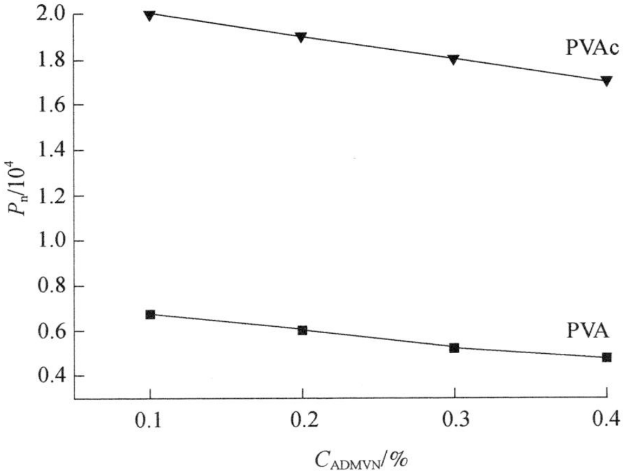

图 2－25　引发剂浓度对乙酸乙烯酯悬浮聚合聚合度的影响

2. 聚合温度

由图 2－26 可见，随着聚合反应温度的升高，反应速率加快，乙酸乙烯酯的链转移反应加剧，聚乙酸乙烯酯的聚合度下降，聚乙酸乙烯酯的支化度增加，导致聚乙烯醇的聚合度大幅度下降。选择低温引发剂就是可以有效降低聚合反应温度，通过抑制链转移反应达到提高聚乙酸乙烯酯和聚乙烯醇聚合度的目的。

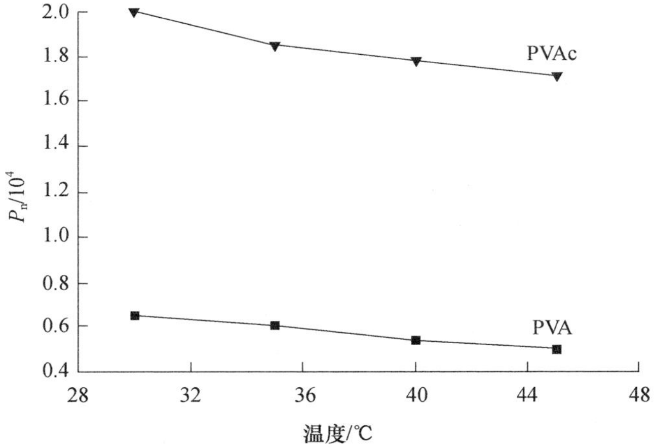

图 2－26　反应温度对乙酸乙烯酯悬浮聚合聚合度的影响

3. 水油比

由图 2－27 可见，聚合度随着水油比的上升而逐步下降，这说明乙酸乙烯酯的浓度与产物聚合度成正比，但其影响程度低于引发剂浓度和聚合温度。

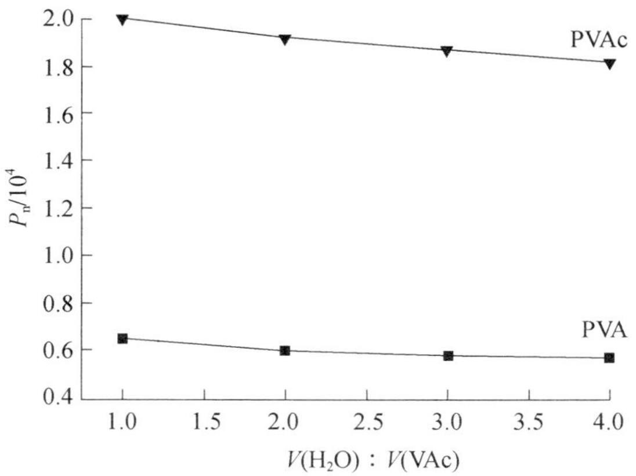

图 2-27 水油比对乙酸乙烯酯悬浮聚合聚合度的影响

4. 悬浮剂浓度

以悬浮剂 PVA-2288 为例,从图 2-28、图 2-29 可以看出,随着悬浮剂浓度的增加,产物聚乙酸乙烯酯和聚乙烯醇的聚合度均逐渐降低,这可能是因为随着悬浮剂浓度的增加,体系黏度逐渐升高,体系散热能力降低,从而导致产品质量下降,且随着悬浮剂浓度的升高,聚乙酸乙烯酯微球粒径减小,这是因为较高的悬浮剂浓度更有利于体系的分散,减少微球的团聚凝结。但悬浮剂浓度对聚合物微球的粒径有较大的影响,而对产物聚合度的影响较小。

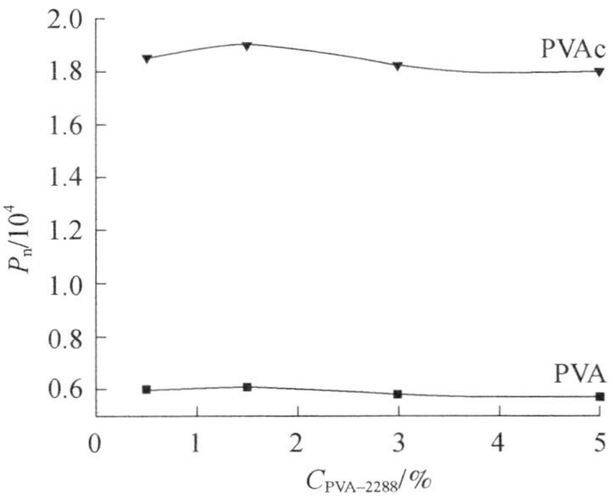

图 2-28 悬浮剂浓度对乙酸乙烯酯悬浮聚合聚合度的影响

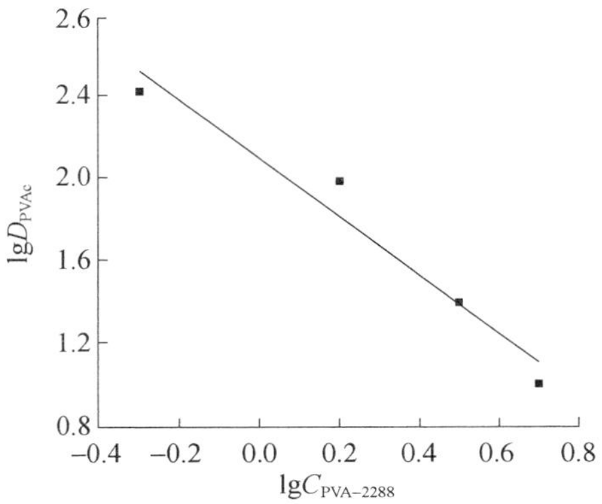

图 2-29 悬浮剂浓度对乙酸乙烯酯悬浮聚合微球粒径的影响

5. 搅拌速率

从图 2-30、图 2-31 可以看到,产物聚乙酸乙烯酯和聚乙烯醇的聚合度随着搅拌速率的提高略有下降,但远没有引发剂浓度和聚合反应温度的影响大。

同时,随着搅拌速率的升高,聚合物微球的粒径明显减小。

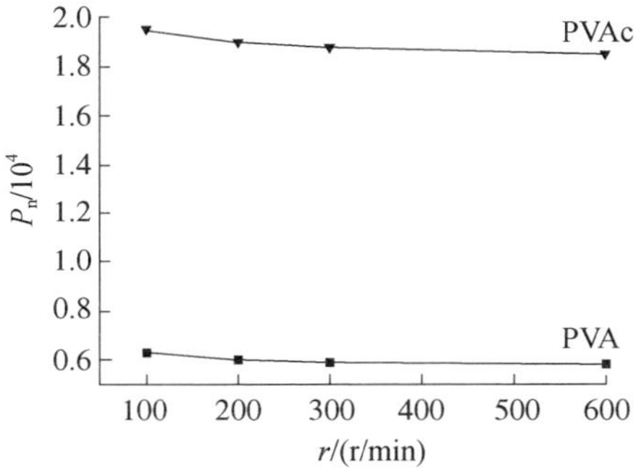

图 2-30　搅拌转速对乙酸乙烯酯悬浮聚合聚合度的影响

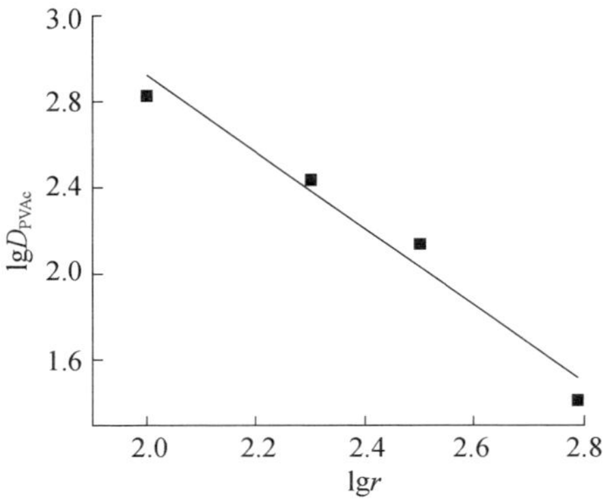

图 2-31　搅拌转速对乙酸乙烯酯悬浮聚合微球粒径的影响

综上,悬浮聚合中影响微球粒径的主要因素是悬浮剂浓度和搅拌速率,通过控制适当的悬浮剂浓度和搅拌速率,就可有效制备出理想粒径的聚合物微球。

2.2.3.3　悬浮聚合制备高分子量高间规度聚乙烯醇的研究进展

1. 悬浮聚合制备高分子量聚乙烯醇的研究进展

乔晋忠等[18]以偶氮二异庚腈(ADMVN)为引发剂,通过悬浮聚合法合成聚乙酸乙烯酯,聚乙酸乙烯酯经醇解制备超高聚合度的聚乙烯醇,采用正交实验确定了最佳的合成条件,成功获得了聚合度为 4000~6600 的聚乙烯醇,并通过对实验条件的控制,制备了接近单分散的聚乙酸乙烯酯聚合物微球,如图 2-32 所示。

图 2-32　悬浮聚合制备单分散的聚乙酸乙烯酯微球的扫描电镜图

2. 悬浮聚合制备高间规度聚乙烯醇的研究进展

W. S. Lyoo 等[19]还以 ADMVN 为引发剂制备了新戊酸乙烯酯的低温悬浮聚合,通过控制不同的聚合条件获得了粒径从 100～400μm 的接近于单分散的聚新戊酸乙烯酯微球,如图2－33所示,可作为用于生物医药用途的单分散间规聚乙烯醇微球的前驱体。该种聚合方法新戊酸乙烯酯的转化率可到85%～95%,制备的聚新戊酸乙烯酯数均聚合度在25000～32000范围内,醇解后聚乙烯醇的聚合度仍高达14000～17500,间规度达63%。

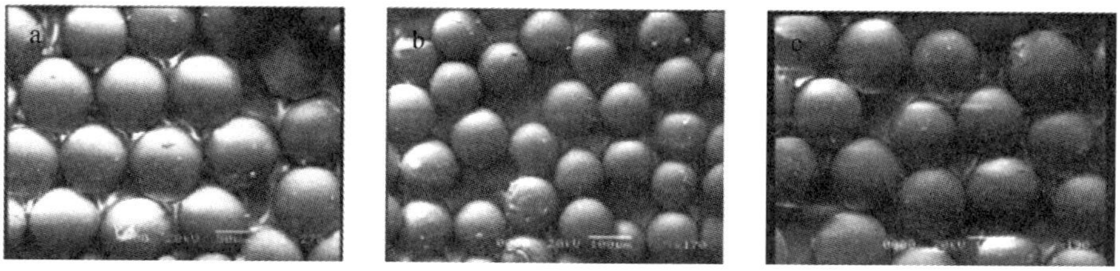

图2－33 不同转化率条件下制备的 PVPi 微球扫描电镜图

中北大学王平等[5]以聚乙烯醇为悬浮剂,偶氮二异庚腈为引发剂,用悬浮聚合的方法合成了聚新戊酸乙烯酯,通过正交实验获得其最佳工艺条件并在该条件下成功制备了数均聚合度为6365,分子量分布为2.74的聚新戊酸乙烯酯。通过^{1}H NMR 法测定聚新戊酸乙烯酯的间同立构规整度,根据叔丁基的峰面积计算得到其间规度为86%。

2.2.4 本体聚合

本体聚合是单体(或原料低分子物)在不加溶剂以及其他分散剂的条件下,由引发剂或光、热、辐射作用下其自身进行聚合引发的聚合反应。

本体聚合具有生产工艺简单、流程短、使用生产设备少、投资较少,反应器有效反应容积大、生产能力大、易于连续化、生产成本低等优点。但其热效应相对较大,自加速效应明显,聚合过程中体系黏度较大,混合和散热困难,不易控制反应稳定进行,且自加速效应的存在,使得产物分子量分布宽,产物质量不易达标。就乙酸乙烯酯而言,其本身就有较大的链转移常数,极易发生链转移反应,本体聚合中自加速效应的产生更不利于获得稳定的质量良好的聚乙酸乙烯酯,因此,乙酸乙烯酯本体聚合的工业化生产鲜少报道,这里对实验室研究中乙酸乙烯酯的本体聚合做简要介绍。

2.2.4.1 乙酸乙烯酯本体聚合的实验室工艺流程

图2－34所示为实验室采用本体聚合制备聚乙酸乙烯酯的工艺流程。向经过氮气处理的反应器中加入单体,继续通氮气一段时间后加入引发剂或采用光辐照引发单体进行本体聚合,一段时间后取出聚合产物,经过多次洗涤干燥后就

得到聚合产物。

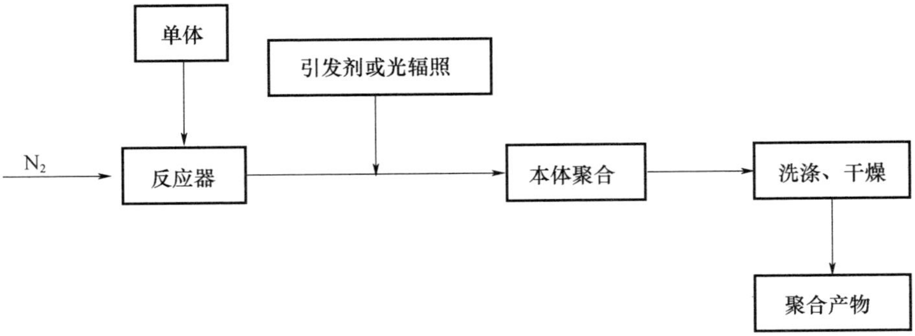

图 2－34　乙酸乙烯酯本体聚合的实验室制备工艺流程

2.2.4.2　本体聚合制备高分子量高间规度聚乙烯醇的研究进展

北京化工大学[20]研究了采用紫外线引发乙酸乙烯酯的本体聚合，利用光强随着光程增加而逐渐减小的自屏蔽效应，不同光强引发相同浓度的光敏剂时必然造成一个沿着光辐射方向的自由基浓度梯度的原理，以低压汞灯为光源，以1－羟基环已基苯已酮（lrgacurel84）为光引发剂，引发乙酸乙烯的自由基梯度聚合来制备超高分子量聚乙酸乙烯酯。实验结果表明，紫外线引发乙酸乙烯本体自由基聚合体系确实存在沿光辐射方向的梯度效应，即分子量沿光辐射方向分子量逐渐增大，转化率则依次减小，得到的聚乙酸乙烯的最高分子量为 1480000（DP＝17209），同时考察了影响乙酸乙烯酯本体光引发梯度聚合分子量的因素，发现适当的引发剂浓度可以增大分子量。

W. S. Lyoo 等[21]以新戊酸乙烯酯为单体，偶氮二异庚腈或偶氮二异丁腈为光引发剂进行了低温紫外线引发本体聚合制备了高分子量高间规度的聚乙烯醇。当聚合反应转化率低于 30% 时能获得数均聚合度 DP＝13000～28000 的聚新戊酸乙烯酯，醇解后制备的聚乙烯醇聚合度仍有 DP＝7300～18300，间规度（S－diad%）可达到 64%。

文中还探讨了聚乙烯醇间规度随反应温度和聚合度的关系，如图 2－35 所示，以新戊酸乙烯酯为单体制备的聚乙烯醇的间规度随反应温度的升高而降低，但随产物聚合度的增大，聚乙烯醇的间规度保持恒定。且研究发现，随着反应温度的升高，制备的聚乙烯醇中无规三元组的含量均在 50% 左右，不随反应温度变化，但全同立构三元组的含量与间同立构三元组的含量均与反应温度有明显的依赖关系，具体表现在随着反应温度的升高，全同立构三元组的含量增大而间同立构三元组的含量减小，从而导致聚乙烯醇的间规度也随着反应温度升高而降低。

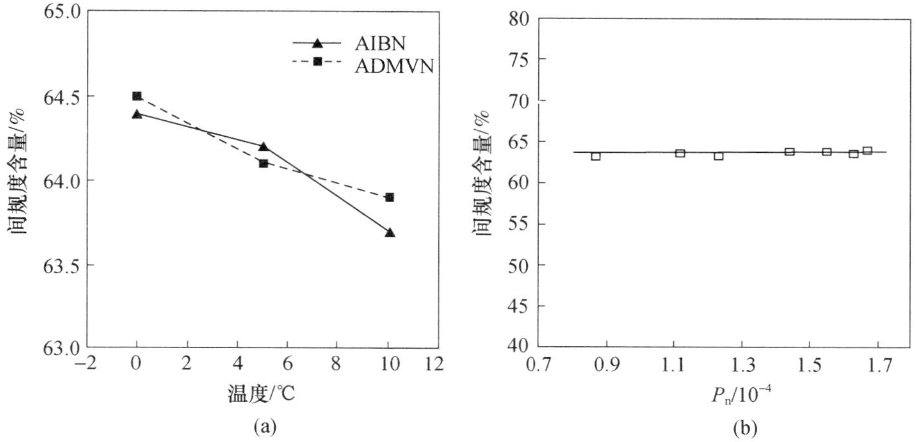

图2－35 光引发本体聚合中PVA间规度与(a)反应温度和(b)聚合度的关系

W. S. Lyoo 等[22]采用偶氮二异庚腈低温引发乙酸乙烯酯和新戊酸乙烯酯的本体共聚反应，通过改变乙酸乙烯酯与新戊酸乙烯酯的加料配比，成功制备了高分子量高间规度的聚乙烯醇，并讨论了加料配比对产物聚合度和间规度的影响。

从表2－15可以看到，共聚产物经醇解后制备的聚乙烯醇的聚合度为5600～16500，三元间规度为52.8%～61.5%，已经属于高分子量高间规度聚乙烯醇的范畴。随着共聚体系中新戊酸乙烯酯加料量的增加和引发剂浓度的降低，更有利于制备高分子量高间规度的聚乙烯醇。经测定，随着共聚体系中新戊酸乙烯酯加料量的增加，所有聚乙烯醇产物无规三元组分的含量均在50%左右，而间同立构三元组分的含量从27.4%逐渐升高到37.2%，全同立构三元组分的含量则从21.8%降低至13.2%。这种变化趋势与产物分子量几乎没有关系，因为在其他条件相同的情况下，改变引发剂浓度得到的聚乙烯醇间规度相近。图2－36显示随着体系中新戊酸乙烯酯加料量的增加，聚乙烯醇间规度从53.1%增加至61.5%。图2－37描述了聚乙烯醇中全同链段长度 n_m、同链段长度 n_r 和平均链段长度 n 随新戊酸乙烯酯加料量的变化，其中，链段长度的计算如下列公式所示。随着新戊酸乙烯酯加料量的增加，所有的 n 值均在1.95～2.00之间，说明聚合物中短链结构的存在，而 n_r 值却从2.1增加至2.5，说明共聚体系中新戊酸乙烯酯含量的增加有利于生成更长的间同结构的链段，进而表现为聚乙烯醇的间规度有所升高。

$$n_m = 1 + 2(\mathrm{mm})/(\mathrm{mr})$$
$$n_r = 1 + 2(\mathrm{rr})/(\mathrm{mr})$$

$$n = 0.5(n_m + n_r)$$

表 2-15　VAc 与 VPi 本体共聚及产物 PVA 结构参数

引发剂浓度/%	VPi 加料量/%	转化率/%	共聚物中VPi 量/%	共聚物的特性黏数	PVA聚合度	三元间规度/%			二元间规度/%	
						mm	mr	rr	m	r
2.0×10^{-5}	100	18.2	100	3.65	16500	13.2	49.6	37.2	61.5	38.5
1.0×10^{-4}	100	29.5	100	3.81	14300	13.7	49.2	37.1	61.7	38.3
4.3×10^{-4}	100	38.3	100	3.55	8100	13.8	49.4	36.8	61.5	38.5
2.0×10^{-5}	90	16.1	97.5	4.35	15200	13.8	50.5	35.7	60.9	39.1
1.0×10^{-4}	90	30.9	96.6	4.76	12600	14.5	49.9	35.6	60.6	39.4
3.5×10^{-4}	90	35.9	95.1	4.67	7900	14.5	50.2	35.3	60.4	39.6
2.0×10^{-5}	80	16.6	90.8	4.06	13800	14.8	50.8	34.4	59.8	40.2
1.0×10^{-4}	80	32.1	88.8	4.33	10200	15.1	50.8	34.1	59.5	40.5
2.6×10^{-4}	80	36.6	86.4	4.31	8200	14.9	51.0	34.1	59.6	40.4
2.0×10^{-5}	70	17.6	82.5	3.88	10700	15.4	50.9	33.7	59.2	40.8
1.0×10^{-4}	70	33.6	79.7	4.04	8100	15.8	50.6	33.6	58.9	41.1
2.0×10^{-5}	60	19.4	71.6	4.11	10100	15.9	50.6	33.5	58.8	41.2
1.0×10^{-4}	60	25.1	69.5	3.67	8300	15.9	51.0	33.1	58.6	41.8
2.0×10^{-5}	50	12.8	58.5	3.29	8300	16.1	51.1	32.8	58.4	41.6
1.0×10^{-4}	50	23.6	58.6	3.44	6700	16.1	51.1	32.8	58.4	41.6
2.0×10^{-5}	40	15.3	49.7	3.36	8100	16.7	51.4	31.9	57.6	42.4
1.0×10^{-4}	40	26.4	47.4	3.51	6800	16.7	51.2	32.1	57.7	42.3
2.0×10^{-5}	30	16.1	35.2	3.17	7800	18.6	50.4	31.0	56.2	43.8
1.0×10^{-4}	30	28.5	36.4	3.50	7100	18.1	50.8	31.1	56.5	43.5
2.0×10^{-5}	20	13.5	26.3	3.25	7800	19.6	50.2	30.2	55.3	44.7
1.0×10^{-4}	20	22.9	24.8	2.99	6900	20.1	49.6	30.3	55.1	44.9
2.0×10^{-5}	10	13.7	14.7	3.11	7700	20.6	50.3	29.1	54.3	45.7
1.0×10^{-4}	10	25.2	13.5	2.90	6600	20.7	50.8	28.8	54.2	46.1
2.0×10^{-5}	0	10.8	0	2.61	6500	21.4	51.0	27.6	53.1	46.9
1.0×10^{-4}	0	23.5	0	2.59	5600	21.8	50.8	27.4	52.8	47.2

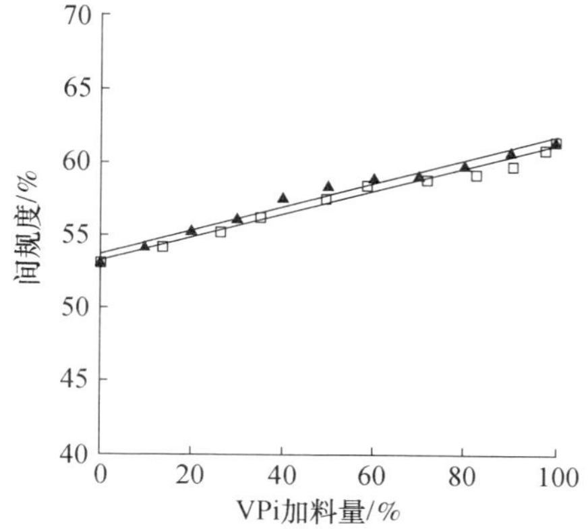

图 2-36 VAc 与 VPi 本体共聚产物间规度随 VPi 加料量的关系曲线

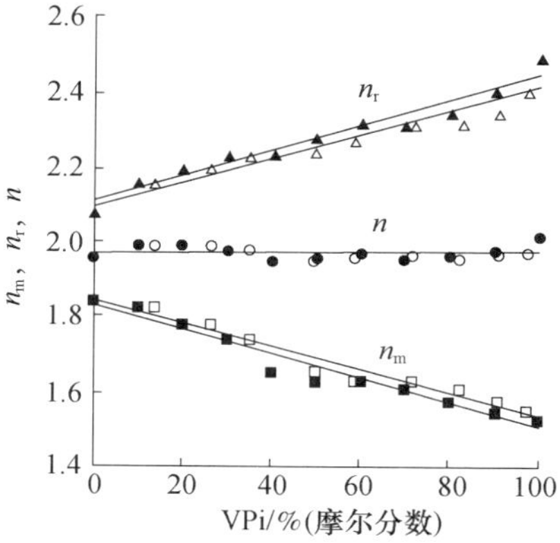

图 2-37 PVA 中 n_m、n_r 和 n 随 VPi 加料量的变化

2.3 聚乙酸乙烯酯的醇解

聚乙酸乙烯酯在酸或碱的作用下生成聚乙烯醇。工业生产中几乎都采用碱法醇解,可分为高碱醇解和低碱醇解两种方法。

高碱醇解指的是,在聚乙酸乙烯酯的甲醇溶液(含水 1% ~2%)中,加入氢氧化钠水溶液,进行醇解生成聚乙烯醇。因为碱对聚乙酸乙烯酯中单体链节的摩尔比(以下简称碱摩尔比)较高,故称为高碱醇解。聚乙酸乙烯酯甲醇溶液和碱溶液都含有一定量的水,所以又称湿法醇解。高碱醇解的特点是反应速度快、设备生产能力大。用此种方法生产时,聚乙烯醇成品中会含有一部分的乙酸钠(约含 7%)。纺丝时,需先用水把乙酸钠洗去,这样不仅会因水洗增加聚乙烯醇的损失,而且需要大型的水洗机。高碱醇解的另一部分乙酸钠会进入醇解废液中,在乙酸和甲醇的回收工序中,用硫酸把乙酸钠分解成乙酸和硫酸钠(芒硝)以回收乙酸。由于废水中含有硫酸钠,不能直接排入河流中,也不能用于农田灌溉。硫酸钠会危害水生动物,也会使农田碱化,因此必须增加芒硝回收装置。回收的硫酸钠成本高于其售价,经济上不合算。

低碱醇解指的是,在聚乙酸乙烯酯甲醇溶液中基本不含水,聚合工段的脱单体塔的顶部不添加工艺水,醇解催化剂碱溶解在含水量很低的甲醇中,而采用的碱摩尔比很低(只有高碱醇解的 1/10)。低碱醇解的特点是克服了高碱醇解的缺点,但它的醇解速度慢,给生产的连续化造成了困难,生产能力比较小,所需设备复杂[23]。

2.3.1 化学反应

聚乙酸乙烯酯的甲醇溶液，在催化剂氢氧化钠的作用下生成聚乙烯醇，发生如下三个化学反应：

（1）酯交换反应（氢氧化钠起催化作用）：

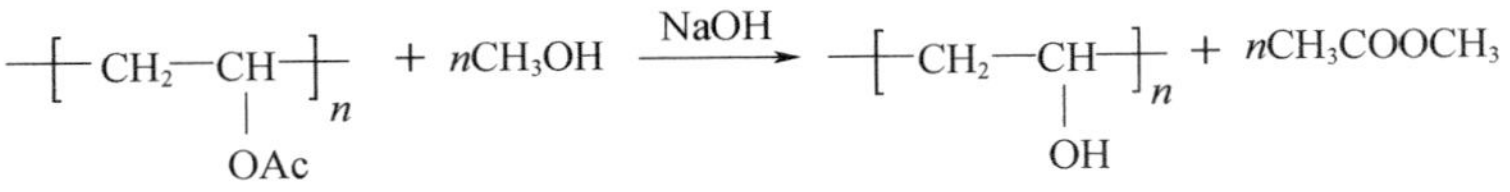

（2）皂化反应：

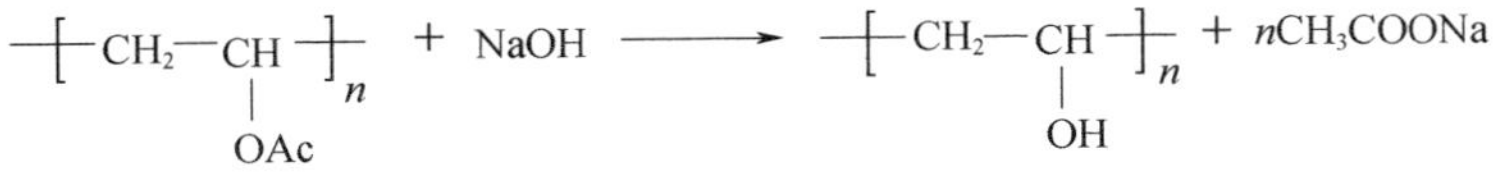

（3）副反应：

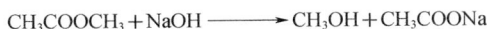

$$CH_3COOCH_3 + NaOH \longrightarrow CH_3OH + CH_3COONa$$

低碱醇解中，系统中含水量很少，主要进行酯交换反应，碱很少参加反应，只起催化作用。皂化反应速度很慢，副反应也进行得很慢。所以系统中生成的乙酸钠也很少。但是，酯交换反应速度较慢，所以整个醇解反应的速度较慢。以上即低碱醇解的情况。

高碱醇解中，系统中有水存在，碱摩尔比大，故而皂化反应的速度大大加快。此外，有水存在的情况下碱的离解度大，其催化作用也得以加强，酯交换反应的速度也加快了。因此，整个醇解反应进行得很快，只需1min左右就完成了。对于副反应，在醇解开始过程，由于系统中无乙酸甲酯，不会发生副反应。随着反应的进行，乙酸甲酯在系统中的浓度逐渐增加，反应的速度也逐步增加。但随着酯交换反应和皂化反应的进行，碱量逐渐消耗，副反应的速度达到最大值后又减慢。以上三个反应都与系统中的含水量有关，所以聚乙酸乙烯酯甲醇溶液中的含水量，是生产过程中控制的重要指标[24]。

对于低碱醇解，系统中含水量很少，主要进行酯交换反应，其反应速度方程为

$$-\frac{dx}{dt} = k_0\left(1 + m\frac{x}{a}\right)(a - x)$$

式中 a——聚乙酸乙烯酯的初始浓度；

x——反应进行到 t 时聚乙酸乙烯酯的浓度；

t——反应进行的时间；

k_0——反应初始速度常数；

m——反应的加速常数。

对于高碱醇解,系统中有水,除了酯交换反应,还进行皂化反应。其反应速度方程为

$$-\frac{dx}{dt}=k_0\left(1+m\frac{x}{a}\right)(a-x)(b-x)$$

式中　b——碱的初始浓度,其他符号与酯交换反应方式中相同。

由实验数据的分析和归纳,证明聚乙酸乙烯酯的醇解反应有如下规律:

(1) 聚乙酸乙烯酯的聚合度和聚合度分布对醇解反应速度无影响。

(2) 碱法醇解的反应温度每升高 10℃,反应速度大约增加 1 倍。

(3) 系统中乙酸甲酯和乙酸钠的存在,不影响酯交换反应和皂化反应。但是,乙酸甲酯与氢氧化钠反应,消耗了氢氧化钠,因而降低了酯交换反应和皂化反应的速度。

(4) 增加氢氧化钠的用量,相应地增加醇解反应的速度。反应速度与氢氧化钠浓度的一次方成正比。因此,高碱醇解的反应速度比低碱醇解的反应速度快得多。

研究表明,高分子聚乙酸乙烯酯的醇解(包括酯交换与皂化两个反应)反应,与低分子的双分子反应极为吻合。聚乙酸乙烯酯、乙酸乙烯酯、乙酸乙酯三者的水解(醇解)反应速度常数非常一致,反应活化能也基本相同,约为 54.4kJ/mol。聚乙酸乙烯酯长链中的侧基($—OCOCH_3$)与低分子乙酸乙烯酯和乙酸乙酯中的羧基具有相同的性质。所以,聚乙酸乙烯酯的醇解速度与它的平均聚合度和聚合度分布无关[25]。

2.3.2　醇解过程的相变(沉淀状态)

在聚乙酸乙烯酯的甲醇溶液醇解过程以及由聚乙酸乙烯酯醇解至聚乙烯醇的过程中,聚合物的溶解度参数是逐渐增加的。起初由于甲醇的溶解度参数较大,当反应(醇解)进行到一定程度时,聚合物的溶解度参数逐渐超过甲醇的溶解度参数,聚乙烯醇固化(凝胶化)析出。通过降低溶剂(甲醇)的溶解度参数,可使聚合物在醇解度低时即可变得不溶而固化。一般醇解反应,醇解过程固化时醇解度已超过 80%,后处理后接近 90%。而高碱法醇解,醇解过程相变在 0.5s 内完成近 85%,通过后处理后醇解度可达 99.5% 以上。所以要得到醇解度不同的聚乙烯醇仅满足工业化生产的要求,控制好醇解反应系统诸多参数至关重要。同样,反应设备、相变条件不同,生产出的聚乙烯醇醇解度可不同。即使醇解度相同,其聚乙烯醇结构不同,性能也有所差异。聚乙烯醇的沉淀状态是粉末状、海绵状还是凝胶状,对醇解设备要求大不相同。在相同设备时,醇解度也不相同。

2.3.3 影响醇解的因素

影响醇解反应的因素很多,如聚乙酸乙烯酯甲醇溶液的浓度、反应温度、碱摩尔比等。此外,在后处理过程中,如压榨、干燥的条件等,对成品的质量也有很大的影响[26]。

2.3.3.1 醇解设备的影响

醇解设备对醇解过程存在一定的影响,不同的醇解设备得到的产品的醇解度以及性状有所不同。

(1) 高碱法反应速度快(1min),一般采用带夹套的双螺杆醇解机。此机占地面积小,产能高,适合于生产(基本)完全醇解型聚乙烯醇。

(2) 皮带醇解机,一般长度30m以上,宽1.2m,此机混合后物料在皮带上醇解时间长,调节余地长,可生产醇解度85%以上聚乙烯醇(含基本完全醇解型聚乙烯醇)。此醇解机可生产醇解度85%以上不同型号的聚乙烯醇。

(3) 长度仅约10m皮带醇解机,一般适于生产(基本)完全醇解型聚乙烯醇,此机与(2)机的主要差别是:机较(2)短,较(1)长(大),反应速度较(2)快,但又比(1)慢。

(4) 釜式醇解机,醇解反应主要在搅拌釜内进行。此机生产出的聚乙烯醇基本为粉状,醇解度基本控制在84%以上,此机生产能力低,消耗也较高。

2.3.3.2 醇解温度的影响

图2-38所示为醇解温度与醇解时间的关系。由图可知,醇解温度升高,醇解速度加快,每增加10℃,醇解速度大约增加1倍。然而,醇解温度升高,最终的醇解度低(即残存乙酸根增加)。这是因为,反应初期温度高,酯交换反应速度快,生成的乙酸甲酯较多,促进了副反应的进行,使得氢氧化钠的消耗加快。反应进行到醇解后期时,体系中氢氧化钠量减少,导致酯交换反应速度降低,同时皂化反应速度也会大大降低,以至于初期增加的反应速度也无法弥补。故反应温度的升高最终会导致醇解度的降低,残存乙酸根增多,乙酸钠的生成量也会更多。

醇解温度对成品聚乙烯醇的物理性能存在一定的影响。根据实验结果,当醇解温度升高时,产品的粒度变大、变硬,手感变差,水溶性降低。一般高碱醇解控制在(45±1)℃。低碱醇解:生产醇解度低于99%聚乙烯醇一般控制在45℃,生产(基本)完全醇解聚乙烯醇一般控制在(35±1)℃。此时反应速度适当,较符合醇解综合要求。

通过改变聚乙酸乙烯甲醇溶液的入口温度来实现醇解温度的调节,可以对成品聚乙烯醇的粒度、硬度和堆积密度等实现调节。其中,成品的硬度和堆积密度还与干燥条件有关。

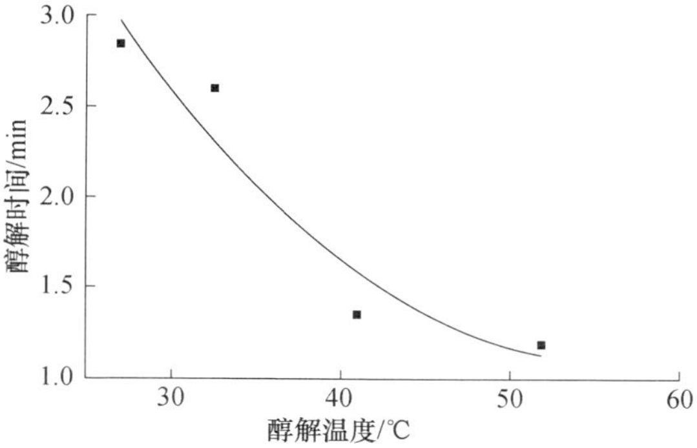

图 2 - 38　醇解温度与时间的关系

（试验条件：碱摩尔比 0.12，聚乙酸乙烯酯甲醇溶液的浓度 21.15%）

2.3.3.3　聚乙酸乙烯酯甲醇溶液浓度的影响

试验和生产实践表明，在醇解其他条件固定时，聚乙酸乙烯酯浓度升高，醇解度下降，产品残存乙酸根增加。由图 2 - 39 可以看出以上关系。当聚乙酸乙烯酯浓度较高时，混合不均匀，操作困难；而浓度过低时，溶剂回收量大。若其他条件不变，聚乙酸乙烯酯浓度低时聚乙烯醇析出后状态变差。低碱醇解时，产品外观从粒状或颗粒状变成絮状兼粒状。一般高碱聚乙酸乙烯酯浓度控制在 21% ~26.5%，低碱控制在 28% ~35% 为宜。

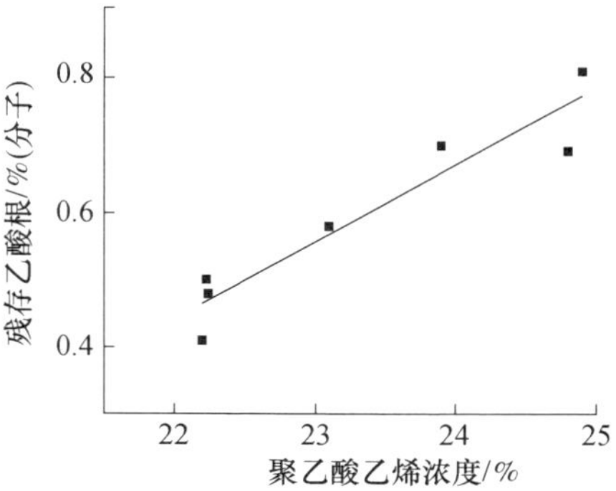

图 2 - 39　聚乙酸乙烯浓度与残存乙酸根的关系

（烧杯试验条件：碱摩尔比 0.11；碱浓度 337g/L；反应温度 52 ~54℃；成品干燥温度 100℃；干燥时间 1h）

2.3.3.4　碱摩尔比的影响

如 2.3.3.3 小节所述，在醇解过程中，碱都会参与到三个基本化学反应中。碱在酯交换反应中不仅充当催化剂，而且会直接参与皂化反应和副反应。因此，碱摩尔比不仅影响醇解反应的速度，而且影响醇解反应的程度，即最终得到的醇解度。图 2－40 可以看到碱摩尔比对残存乙酸根含量的影响。由图可知，随着碱摩尔比的增加，残存乙酸根的含量降低，醇解时间变短，说明醇解速度加快，且醇解反应进行得更完全。然而，碱摩尔比增加会导致副产物乙酸钠的增加。所以碱摩尔比不宜过高。高碱法一般控制在 0.1125 左右，低碱法视醇解产品而定，88 型一般控制在 0.0068 ~0.007，99 型一般控制在 0.011 ~0.012。

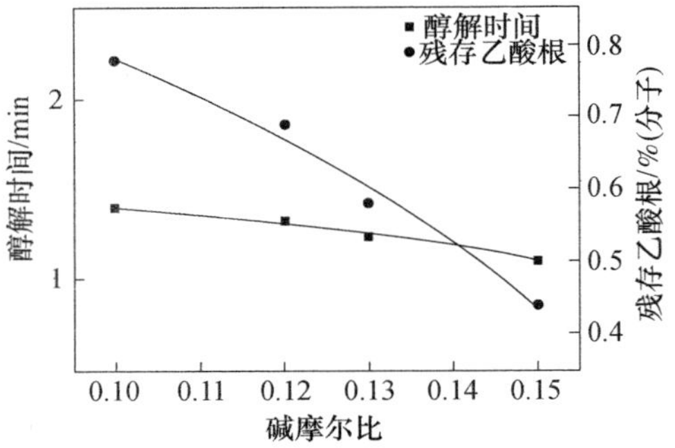

图 2－40　碱摩尔比与醇解时间和残存乙酸根的关系

（试验条件：醇解温度 45℃，聚乙酸乙烯酯甲醇溶液浓度 21.2%）

2.3.3.5　含水量的影响

醇解过程中的含水量（包括聚乙酸乙烯酯溶液中含的水和氢氧化钠溶液中的水）对醇解的影响也很大。它主要取决于聚乙酸乙烯酯甲醇溶液中的含水量，这由聚合工段中第一精馏塔（脱单体塔）塔顶添加的工艺水量决定。从表 2－16 中可以看到系统中的含水量对醇解过程的影响。由表可知，随着系统中含水量的增加，醇解度下降，成品聚乙烯醇中的残存乙酸根含量增加。但如果含水量太低，醇解反应速度降低，同时还使聚乙烯醇的充填密度减少。一般高碱法树脂含水量控制在（1.8 ±0.2）%，加入的碱为浓度 350g/LNaOH 溶液；低碱法一般用片碱配制，甲醇钠溶液碱浓度为（50 ±1）g/L。

表 2－16　含水量的影响

含水量/%	沉淀时间/min	残存乙酸根/%	成品乙酸钠含量/%	沉淀状态
0.5	4.5	0.21	5.6	良
1.7	5.5	0.94	5.5	良
2.9	5.5	2.58	3.3	良
5.2	5.5	5.02	4.8	良
9.5	∞	21.6	9.6	不良

2.3.3.6　醇解时间的影响

醇解时间是指在规定条件下达到要求的醇解度时，物料在醇解机中应停留的时间。醇解时间长短主要取决于醇解反应的速度。例如,在高碱醇解条件下,系统的含碱量高,另外还含有少量水分,所以醇解反应的速度较快,醇解时间短,大约只需要 1min,延长时间不但无益,反而会有害。时间过长会使析出的聚乙烯醇变硬,不易破碎。

在低碱醇解过程中,由于反应速度大大减小,一般需 10 ~ 20min 才能使反应完成。因此物料在醇解机中停留的时间应延长。低碱醇解时常采用皮带式醇解机也就是这个原因。

2.3.3.7　杂质含量的影响

聚乙酸乙烯酯的甲醇溶液中,可能会掺入少量的聚乙烯醇、乙醛、乙酸甲酯及醛类缩合物等杂质,如乙酸乙烯酯的残留在加入树脂中,在醇解反应时生成乙醛,使碱消耗影响醇解率,也可能使聚乙烯醇状态变坏(如成粉状)。同时生成的醛缩合树脂,使聚乙烯醇着色;乙酸甲酯的存在也消耗碱,影响醇解度,故应严格控制杂质含量,一般加入树脂中含量应控制在:VAc≤0.12%,MeOAc≤0.5%。

2.3.3.8　其他因素的影响

实践表明,醇解聚乙酸乙烯酯溶液和碱液保存时间不宜太长,否则将影响聚乙烯醇的透明度;压榨率高碱法宜控制在 2.2 ±0.3,低碱法宜在 3.1 ~4.2,控制不好也将影响二次醇解(影响产品醇解度)及聚乙烯醇着色度,聚乙烯醇性能也将影响。

2.3.4　醇解的工艺流程

2.3.4.1　高碱醇解法的工艺流程

用于醇解的聚乙酸乙烯甲醇溶液经预热至规定温度(45 ~48℃)后,和氢氧化钠水溶液(浓度约为 350g/L)按规定用量分别经由泵送入混合机,二者充分混合后,迅速送入醇解机中。完成醇解后,生成块状的聚乙烯醇。随后经粉碎和挤压,使聚乙烯醇与醇解残液分离。所得固体物料经进一步粉碎、干燥,即得所需要的聚乙烯醇。压榨所得残液和从干燥机导出的蒸气合并在一起,送回专门的工段回收甲醇和乙酸。高碱醇解工艺流程如图 2 -41 所示[27]。

2.3.4.2　低碱醇解法的工艺流程

低碱醇解法的工艺与高碱醇解法大致相同。用于低碱醇解的聚乙酸乙烯酯树脂溶液浓度经校正并预热至所需的温度(40 ~45℃)后,和氢氧化钠的甲醇溶液分别经由泵按一定配送比送入混合机中,混合后的物料置于皮带醇解机的输送带上,于静止状态下经历一定时间使醇解反应完成。之后块状的聚乙烯醇从皮带机的尾部下落,经粉碎后投入洗涤釜,用经脱除乙酸钠的甲醇溶液洗涤,用以减少产物中夹带的乙酸钠,然后再投入中间槽,接着送入分离机进行固—液相

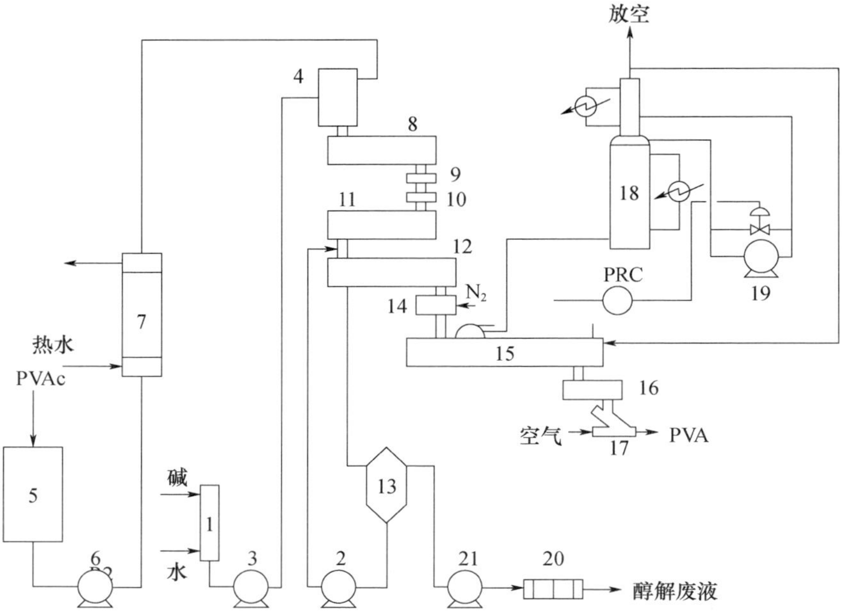

图 2-41 高碱醇解法的工艺流程

1—碱液储槽;2,3,6,21—泵;4—混合机;5—树脂中间槽;7—树脂调温槽;8—醇解机;9,10,14—粉碎机;11—输送机;12—挤压机;13—沉析槽;15—干燥剂;16,17—出料输送机;18—甲醇冷凝器;19—真空泵;20—过滤机。

连续分离。所得固体经干燥后即为需要的聚乙烯醇,残液送去进行回收。由于此法乙酸钠的生成量较少,回收过程中可不考虑乙酸钠的回收问题,故回收工艺较简单。低碱醇解法的工艺流程如图 2-42 所示。

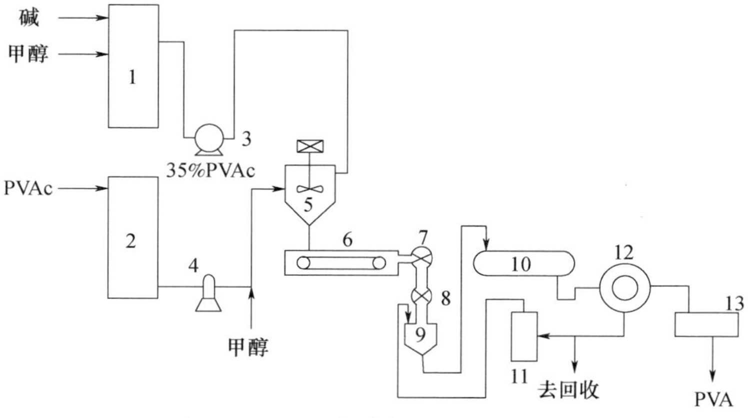

图 2-42 低碱醇解法的工艺流程

1—碱液调配槽;2—树脂中间槽;3,4—泵;5—混合机;6—皮带醇解机;7,8—粉碎机;9—洗涤釜;10—中间槽;11—蒸发机;12—连续式固-液分离机;13—干燥机。

2.3.5　新型醇解工艺

低碱醇解法工艺较高碱醇解法工艺更简单，耗能低，产品适用范围广，已逐渐成为主要的醇解工艺。低碱醇解法工艺中，由于聚乙酸乙烯酯在皮带式醇解机中进行醇解，随着反应的进行，体系物料黏度增大，故而，醇解过程参数的控制难度增大。传统的皮带式醇解工艺会导致产物的分离困难，残留物的含量过高，聚乙烯醇易发黄，造成产品质量不达标。新型醇解工艺和醇解设备的开发，为多种品种的聚乙烯醇提供坚定的基础。

悬浮醇解工艺以环己烷、正庚烷、石油醚等作为悬浮剂，聚乙酸乙烯酯在搅拌和悬浮剂的作用下发生醇解反应并分散成小颗粒，再经分离、洗涤、干燥得到聚乙烯醇颗粒。悬浮醇解工艺的优点是体系黏度低、散热快，温度控制比传统的醇解法容易，聚乙烯醇以固体小颗粒沉淀在悬浮体系中，无须粉碎及后处理工序，较传统的碱醇解法简单[28]。

积水化学工艺不采用酸和碱作为催化剂，而使用活性 Al_2O_3、硅胶或活性炭等催化剂使聚乙酸乙烯酯在水溶液中醇解，水提供了醇解反应所需要的羟基。活性 Al_2O_3 等催化剂可以通过加热的方法使其活化再生和循环利用。此醇解工艺的优点是醇解中不含乙酸钠，产物中乙酸分离比较容易，该醇解工艺简单、产品纯度高、生产成本低。

日本可乐丽公司近期开发了一种醇解工艺。其醇解反应是在含醇的有机溶剂中进行的，并且在进行的同时将由醇解反应所产生的乙酸甲酯蒸馏出来。其主要工艺为：将聚乙酸乙烯溶于二甲亚砜（DMSO）和甲醇中制得膏状物，然后加入 0.002mol 的甲醇钠，在约 0.4MPa 的压力，100℃下的捏合机类型的混合器中进行主醇解反应，然后将反应液加入填料塔的顶部，在 550MPa，100℃下进行次醇解反应，同时将甲醇和乙酸甲酯蒸出。从塔的底部得到聚合度 1720，醇解度为 97% 的聚乙烯醇。此醇解工艺的优点是减少产品的分离工序，降低生产成本。

美国杜邦公司开发了一种新的双螺杆挤出醇解机芯，生产醇解度为 82% ~ 97% 的聚乙烯醇。具体的生产工艺为：将质量分数为 35% ~55% 的 PVAc – NaOH 溶液经预热器加热后，在静力混合器中与醇解催化剂 NaOH – MeOH 溶液实现快速混合，混合时间为 0.1 ~0.3min。再进入双螺杆挤出醇解机，在 45 ~75℃下醇解 0.5 ~4min，醇解产物经含酸的溶剂洗涤后干燥，得到白色颗粒状的部分醇解聚乙烯醇产品。双螺杆挤出醇解与传统的皮带醇解相比具有以下优点：可适用于高浓度的 PVAc – NaOH 溶液醇解，从而提高生产效率；高醇解反应温度提高醇解反应速率，可以降低能耗，降低生产成本。

德国专利采用格子型输送带式醇解机，生产醇解度从低到高整个系列的聚乙烯醇。该醇解方法，解决了传统输送带式醇解中，混合物料流动方向不容易控制的难题,并缩短了工艺流程,节约了占地面积;避免设备堵塞;设备操作简单并且能精确测定反应物在皮带上的停留时间,很容易控制聚乙烯醇的醇解度。液氮喷淋深冷粉碎机是先将液态氮喷淋到块状或大颗粒状聚乙烯醇上,利用液态氮蒸发时需要吸收热量的原理使聚乙烯醇深度冷却,然后采用粉碎机粉碎获得超细聚乙烯醇微粉。液氮喷淋深冷粉碎法的缺点是生产成本较高。国内研究单位近年将涡轮膨胀制冷技术与粉碎技术融为一体,形成深冷粉碎技术。经过多年实践及改进,该技术目前已趋于成熟并获得国家专利。前面两种粉碎机与国内目前普遍采用常温冲击式粉碎法制备粉状聚乙烯醇相比具有的优点:能提高聚乙烯醇的产量,生产粒度分布比较窄的聚乙烯醇颗粒。同时冲压式粉碎会产生大量的热能,使聚乙烯醇颗粒发生塑性变形。而使用有冷却装置的粉碎机能够把热能很好地散发出去,提高了产品的质量[29]。

参考文献

[1] 宋勤华,邵守言. 醋酸及其衍生物[M]. 北京:化学工业出版社,2008.

[2] 张仁文,余徽,梁斌. 探索醋酸乙烯生产工艺优化提高副产品乙醛收率[J]. 天然气化工,2007,32(4):32-36.

[3] 程学杰. 醋酸乙烯生产技术发展综述[J]. 化工时刊,2008,22(6):68-72.

[4] 李宗会,李保华,等. 醋酸乙烯生产技术发展动向[J]. 化学工程师,2005(11):26-28

[5] 王平. 高立构规整度高相对分子质量聚乙烯醇的研究[D]. 太原:中北大学,2007.

[6] 杨明. 醋酸乙烯溶液聚合反应的研究[D]. 南宁:广西大学,2006.

[7] 王斌. 功能化与高性能化聚乙烯醇纤维的制备及表征[D]. 成都:四川大学,2012.

[8] 谢龙,程原,申迎华. 高相对分子质量聚乙烯醇的制备[J]. 太原理工大学学报,2006,37(4):440-443.

[9] Lyoo W S, Kim J H, Ghim H D. Characterizations of poly(vinyl pivalate) polymerized in tertiary butyl alcohol and resulting syndiotactic poly(vinyl alcohol) microfibrils saponified[J]. Polymer, 2001(42):6317-6321.

[10] 杨宝武. 醋酸乙烯乳液聚合的影响因素探讨[J]. 研究报告及专论,2001,22(1):18-20.

[11] 王锐,董纪震. 高分子量聚乙烯醇的合成及其分子量分布和立构规整性[J]. 北京服装学院学报,1996,16(1):1-5.

[12] 祁玉冬. 高分子质量聚乙烯醇的合成及其高强高模纤维的制备[D]. 成都:四川大学,2007.

[13] 包晓明. 无乳化剂乳液聚合法制备高相对分子质量聚乙烯醇(PVA)及其纺丝研究[D]. 成都:四川大学,2010.

[14] Wang B, Bao X M, Jiang M J, et al. Synthesis of high-molecular weight poly(vinyl alcohol) by low-temperature emulsifier-free emulsion polymerization of vinyl acetate and saponification[J]. Journal of Applied Polymer Science, 2012(125):2771-2778.

[15] 梅光华. 超高聚合度聚乙烯醇的合成及其工程装置的研制[D]. 成都:四川大学,2003.

[16] 张巧玲,程原,王平. 高分子量及高规整度聚新戊酸乙烯酯的制备[J]. 中北大学学报(自然科学版),2009,30(1):50-54.

[17] Song D H, Lyoo W S. Preparation of high molecular weight poly(vinyl pivalate) with high yield and high molecular weight poly(vinyl alcohol) by emulsion polymerization of vinyl pivalate and saponification[J]. Jour-

nal of Applied Polymer Science,2007(104):410 - 414.
[18] 乔晋忠,程原. 低温悬浮聚合法合成超高聚合度的聚乙烯醇[J]. 合成化学,2006,14(3):253 - 257.
[19] Lyoo W S,Kwak J W,et al. Preparation of ultrahigh - molecular - weight syndiotactic poly(vinyl pivalate) monodisperse microspheres by low - temperature suspension polymerization of vinyl pivalate[J]. Journal of Polymer Science:Part A:Polymer Chemistry,2005(43):789 - 800.
[20] 卢青. 高分子量聚乙烯醇的合成及其增强冰的研究[D]. 北京:北京化工大学,2009.
[21] Lyoo W S,Ha W S. Preparation of syndiotacticity - rich high molecular weight poly(vinyl Alcohol) microfibrillar fiber by photoinitiated bulk polymerization and saponification[J]. Journal of Polymer Science:Part A:Polymer Chemistry,1997(35):55 - 67.
[22] Lyoo W S,Blackwell J,Ghim H D. Structure of poly(vinyl alcohol) microfibrils produced by saponification of copoly(vinyl pivalate/vinyl acetate)[J]. Macromolecules,1998,31:4253 - 4259.
[23] 马延贵,等. 聚乙烯醇生产技术[M]. 北京:纺织工业出版社,1988.
[24] 吉林化学工业公司设计院. 聚乙烯醇生产工艺[M]. 北京:轻工业出版社,1975.
[25] 董纪震,等. 合成纤维生产工艺学:下册[M]. 北京:中国纺织出版社,1994.
[26] 丘天荣. 聚乙烯醇生产醇解度的控制[J]. 化学工程与装备,2009(9):66 - 70.
[27] 李升基,冯宝胜. 维尼纶[M]. 北京:纺织工业出版社,1985.
[28] 康永,高建峰. 新型悬浮法制备低醇解度聚乙烯醇的研究[J]. 化工技术与开发,2009(10):25 - 27.
[29] 杭宇,尹伟. 聚乙烯醇新型工艺技术的研究进展[J]. 化工科技,2009,17(4):52 - 56.

第3章

湿法加硼凝胶纺丝制备高强高模聚乙烯醇纤维

湿法加硼凝胶纺丝制备的高强高模聚乙烯醇纤维是继聚乙烯醇碱法纺丝和干法长丝之后，于20世纪60年代末成功开发的一种具备优异性能的新品种聚乙烯醇纤维，日本仓敷公司最先进行批量生产，称为FWB纤维，意为由湿纺法和加硼工艺生产的聚乙烯醇纤维[1]。目前，我国已研制成功并有少量生产。

樱田一郎等在研究聚乙烯醇晶态力学性能时首先发现，聚乙烯醇晶态的弹性模量比聚酯、纤维素（Ⅱ型）、聚酰胺（α型）的弹性模量更高，因此认为，聚乙烯醇的模量有可能进一步提高。随后又发现，聚乙烯醇纤维的弹性模量随着非晶区取向度的提高而增加，因此他们提出制备高模量聚乙烯醇纤维的关键在于提高纤维的结晶度和取向度。

随后，日本仓敷公司采用湿法加硼凝胶纺丝法，在生产中实现高倍拉伸，制得了强度和弹性模量在现有大宗生产的化学纤维中都是最高的FWB纤维。FWB纤维的问世，引起了各方面的注意，目前该纤维已广泛用于高速汽车和载重汽车的轮胎帘子线，还用于代替石棉增强水泥。其性能与其他合成纤维的比较如表3-1所列。

表3-1 FWB纤维和其他纤维的比较

项目		FWB纤维	涤纶	锦纶66	黏胶强力丝
标准状态	强度/(cN/dtex)	9.277	7.39	7.39	4.58
	伸长率/%	5.70	15.7	20.6	11.4
	初始模量/(cN/dtex)	224.40	95.04	41.36	101.2
高温条件（120℃）	强度/(cN/dtex)	8.34	4.97	4.84	4.14
	伸长率/%	6.9	18.5	22.5	9.1
	初始模量/(cN/dtex)	120	41.18	11.12	83.85

3.1 聚乙烯醇湿法加硼凝胶纺丝基本原理

传统的湿法纺丝是以水为溶剂，硫酸钠水溶液为凝固浴进行纺丝。由于硫酸钠是强脱水剂，聚乙烯醇细流在凝固浴中往往是先浓缩后固化，凝固和浓缩无法同步，使初生纤维结构不均匀，有明显的皮芯层结构，分子间缔结严重，形成许多似晶区域，无法进行高倍拉伸，不能制得高强高模纤维。湿法加硼凝胶纺丝是在聚乙烯醇溶液中加入硼酸作为交联剂，利用硼、钛、铜、钒等化合物，形成交联凝胶结构[2]，然后通过喷丝孔进入碱性凝固浴中时，丝条出现凝胶化，通过湿拉伸—酸中和—湿热拉伸—水洗，解除交联结构后，进行高倍热拉伸热定型，得到高取向和高结晶的高强高模聚乙烯醇纤维。纺丝过程和纤维超分子结构形成机理如图 3－1 所示。用聚合度 3000～7000 的聚乙烯醇为原料，在凝固浴中精心控制其双向扩散、相分离和凝固过程，用此种纺丝方法可使纤维强度达到 15～18cN/dtex、模量可达 400～500cN/dtex[3]。

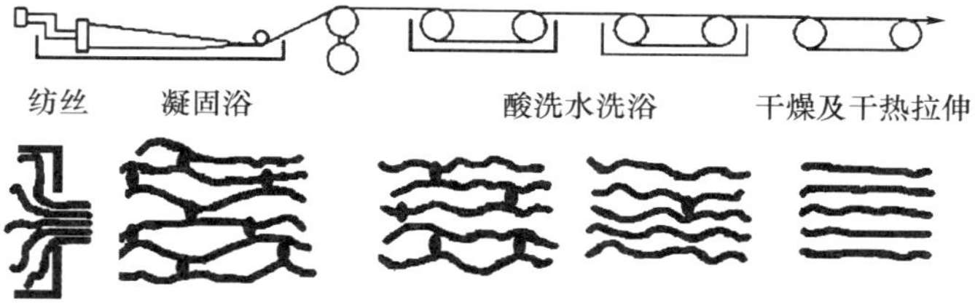

图 3－1　聚乙烯醇湿法加硼凝胶纺丝和纤维超分子结构形成机理示意图

图 3－2 为聚乙烯醇与硼酸的络合反应示意图，在酸性条件下，B 元素仅与一个聚乙烯醇分子络合，形成单二醇络合物；当溶液偏碱时，聚乙烯醇分子便以 B 元素为络合点，形成分子间交联，得到双二醇络合物。因此，溶液黏度会急剧上升，最终形成凝胶。例如，pH 值为 2 时，溶液的黏度仅为 77.3s，相应溶液的 pH 值为 8 时，其黏度竟达 768s。若用硼砂取代硼酸，效果相似，但对溶液黏度的影响更大。因为硼砂水解后呈碱性，在不调整介质酸碱性的情况下，聚乙烯醇与部分 B 元素也会直接络合形成分子间交联。

湿法加硼凝胶纺丝正是利用上述 B 元素与聚乙烯醇交联和解交联的可逆反应。在湿法加硼凝胶纺丝过程中，使酸性并添加有一定量硼酸的聚乙烯醇原液细流通过碱性凝固浴，在凝固过程中形成大量的交联结构，限制了聚乙烯醇分子的运动，大大降低了初生纤维中的分子缠结[6]。再通过酸性凝固浴解除交联，最终获得了低缠结度且结构均匀的初生纤维，这种初生纤维可以采取超高倍拉伸(7 倍以上)获得高取向度，从而得到高强高模聚乙烯醇纤维。

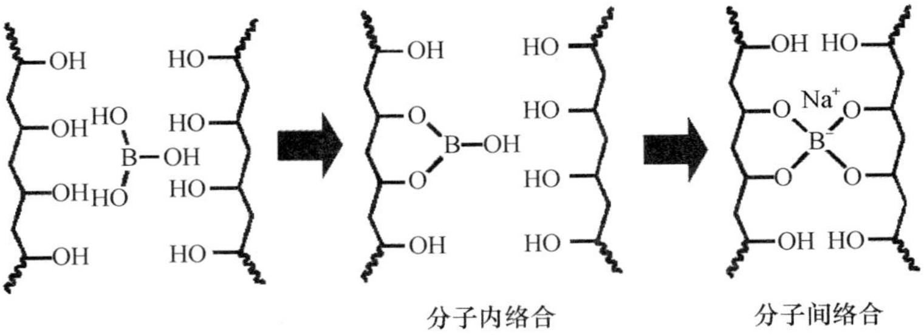

图 3-2　聚乙烯醇与硼酸的络合反应示意图[4,5]

还可以通过在聚乙烯醇水溶液中加入 Cu^{2+}，与聚乙烯醇中的羟基形成络合物。络合物状态下配位在碱性条件下出现，当 pH 值为 10.8 时，金属吸附率达到最大值。Cu^{2+} 不仅与聚乙烯醇形成络合物，还能与部分缩醛化的聚乙烯醇形成络合物。以含有过剩 NH_4OH 的锌或铜形成络合物的聚乙烯醇为纺丝原液时，初生纤维可以得到最大的拉伸倍数。如果将其他无机盐或有机铜、铁等添加到纺丝原液中，并在碱性条件下凝固成形，则可制备高强纤维。聚乙烯醇与 Cu^{2+} 的络合机理见图 3-3。

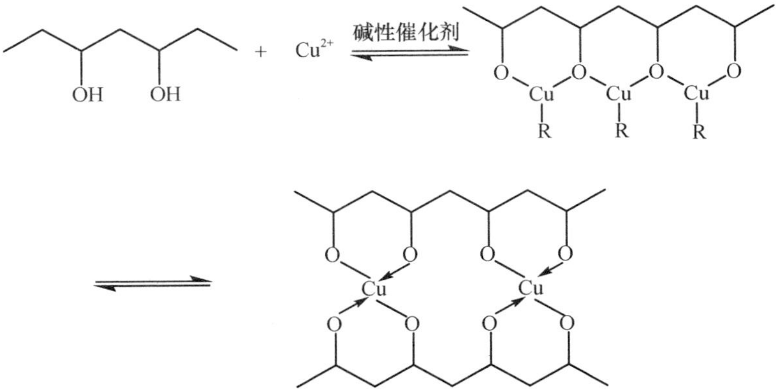

图 3-3　聚乙烯醇与 Cu^{2+} 的络合机理

生产 FWB 纤维的重要工艺特点是改变凝固浴的组成及条件[5,7]。在纺丝原液中，聚乙烯醇分子呈棒状或弯曲状，其中弯曲状分子易于缠结。当原液细流从喷丝头喷出并进入凝固浴时，在脱水的同时，大分子的缠结及结节点数增加。分子越容易弯曲，则缠结和结节点数越多。如果分子的热运动强烈，则这种缠结点还会重新溶解。而由强氢键组成的结节点则不容易溶解，成为一种核，把相邻大分子链的一部分拉过来，形成比较有序的区域，即微细结晶。此时，在一条分子链内，当缠结点成为晶核时，形成重叠型结晶；在几条分子链间相互结成的缠结点成为核时，则形成缨状结晶。制备高强高模聚乙烯醇纤维，需在制备过程中减少该类结晶的形成。因此，纺丝凝固浴的组成应调节成碱性，使初生纤维中聚乙烯醇大分子与硼酸保持分子内络合，大分子呈伸展状态，并抑制分子内及分子间氢键的形成，从而减少大分子缠结和结晶。一般凝固浴的 pH 值控制在 12 ~ 14 之间。

在纺丝成形过程中，晶核的生成和长大、结晶化速度与凝固浴的温度有密切的关系。在原液细流凝固的初期，提高温度可抑制晶核的生成；而在凝固的末期，由于溶剂的排出，聚乙烯醇浓度增加，应通过降低温度，抑制结晶化过程，尽量不使大分子间形成晶核。此外，为了降低凝固性，应在凝固浴中降低盐含量和添加碱，以提高纤维截面的充实度和透明度。同时提高纤维湿拉伸和热拉伸倍数。经拉伸、热处理后，纤维的晶区和非晶区的取向度可达到最大，制备的纤维，强度高、伸长率低、弹性模量高、热稳定性好。在热拉伸后，进行适当的热收缩处理，可进一步改善纤维的弹性。

由于在湿法加硼凝胶纺丝过程中，凝固浴中加有 16 ~ 20g/L 的氢氧化钠，需用酸中和，然后再经水洗和干燥处理。水洗后，硼酸的残量为 0.2% ~ 1.5%，纤维的总拉伸倍数可达 13 ~ 18 倍。

FWB 纤维主要用作制造帘子线，或代替石棉用作水泥增强材料，因此经热处理后，可不再经过缩醛化处理而直接作为成品。

3.2 聚乙烯醇湿法加硼凝胶纺丝工艺过程

3.2.1 纺前准备及纺丝原液制备

聚乙烯醇湿法加硼凝胶纺丝工艺的准备过程主要包括聚乙烯醇水洗、聚乙烯醇溶解、硼酸或硼酸盐的准备及添加、纺丝原液的过滤与脱泡等步骤，其中除了添加硼酸等助剂，其他准备工艺与其他湿法纺丝工艺基本相同。

3.2.1.1 聚乙烯醇水洗

1. 水洗目的

原料聚乙烯醇中含有乙酸钠以及微量的乙醛、丁烯醛和游离碱等 7% 左右的杂质，杂质若不除去，在高温热处理时就会使纤维发黄。其原理如下：

（1）在纺丝凝固过程中，如果聚乙烯醇中的乙酸钠没有被酸分解，那么乙酸钠水解会生成氢氧化钠和乙酸：

$$NaAc + H_2O \Longrightarrow NaOH + HAc\uparrow$$

（2）乙酸沸点为 118.3℃，在高温下很容易挥发，剩下的氢氧化钠会使聚乙烯醇大分子中的羟基脱水氧化，生成羰基：

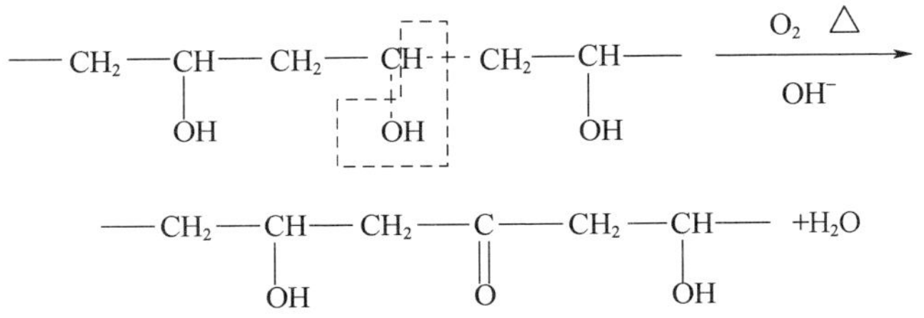

当聚乙烯醇大分子末端有羰基存在时，高温作用下就会发生分子内脱水，形成共轭双键。羰基是发色基团，当羰基和共轭双键连在一起时，就会使纤维发黄。

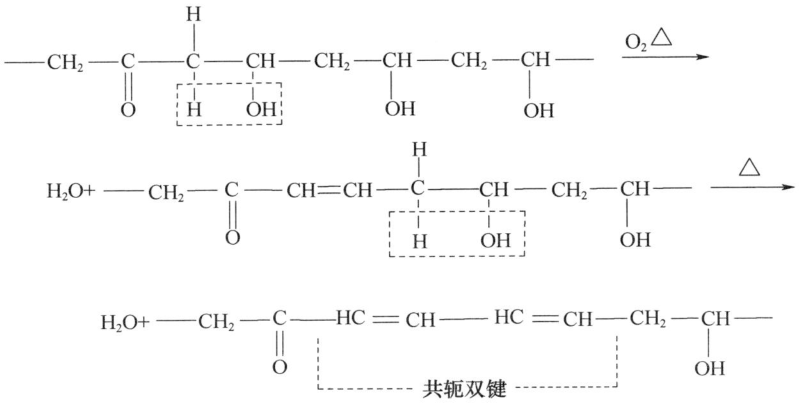

水洗的目的：一是洗去并稳定聚乙烯醇中的乙酸钠；二是使聚乙烯醇充分膨润，含水率稳定，有利于在热水中均匀而迅速地溶解，保证溶解工艺的稳定。

2. 水洗工艺流程

（1）间歇式水洗工艺流程。聚乙烯醇经过混批，使聚合度、膨润度和着色度等指标均匀，然后投到网式水洗机上，用水淋洗，洗去其中的乙酸钠和游离碱等，使水洗后的聚乙烯醇中乙酸钠含量在规定范围之内，保证热处理过程中纤维不着色。水洗后的聚乙烯醇经压辊脱水，由出料器出料，用风吹送到储料器。间歇式水洗工艺流程见图 3－4。

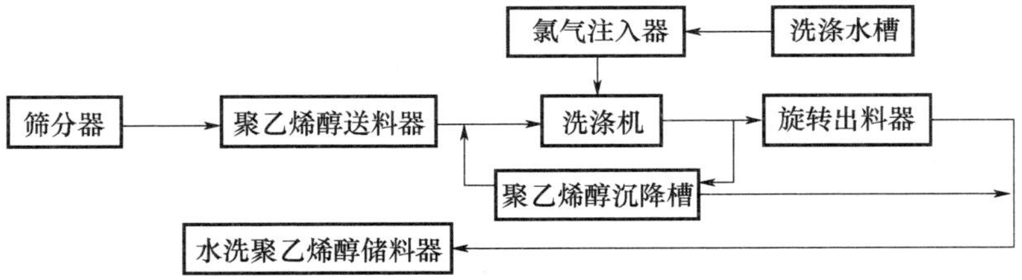

图 3－4　聚乙烯醇间歇式水洗工艺流程

（2）连续式水洗工艺流程。储料仓中未水洗的聚乙烯醇风送至筛分器，去除 24 目以下微粉后经旋转阀送至皮带式计量机进行计量，计量后的聚乙烯醇进入浸渍槽，进行预膨润，预膨润后的聚乙烯醇呈浆稠状，用泵送入第一分水器，聚乙烯醇与水分离后进入膨润槽，在膨润槽内充分膨润后，再经第二分水器脱水，进入浆料槽，用泵连续送入离心式脱水机脱水，完成聚乙烯醇水洗。水洗后聚乙烯醇送入储料仓备溶解用。连续式水洗工艺流程示意图见图 3 –5。

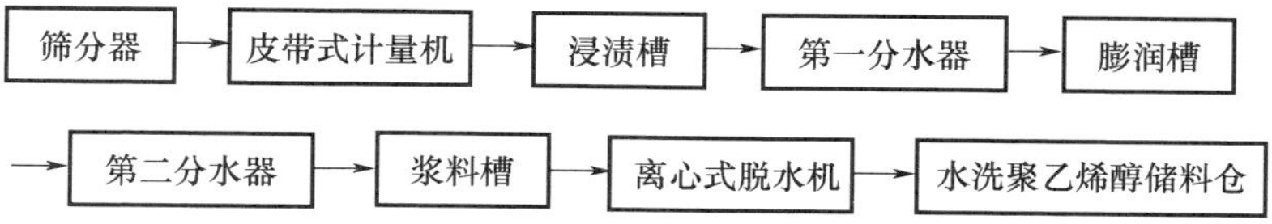

图 3 –5　连续式水洗工艺流程示意图

3. 聚乙烯醇水洗效果的影响因素

采用网式水洗机水洗聚乙烯醇时，洗涤效果主要与聚乙烯醇的料层厚度、洗涤水温度、洗涤水流量、洗涤时间和聚乙烯醇品质等因素有关。

（1）料层厚度。聚乙烯醇料层厚度一般控制在 100mm 左右。在其他工艺条件不变的条件下，如果料层太厚，聚乙烯醇中的乙酸钠就不易洗掉，并且会造成第一和第二压榨罗拉前产生堆料现象，以致不能顺利脱水。聚乙烯醇料层太薄，虽然对洗除乙酸钠有利，但会降低水洗机的生产能力，由于压榨罗拉与金网中间只有几厘米的距离，料层过薄还会造成脱水不良。所以，当原液中的乙酸钠含量超出工艺标准时，一般不采用调节料层厚度的方法来修正。

（2）洗涤水温度。提高洗涤水温度有助于乙酸钠的洗除。洗涤水温度高，有利于聚乙烯醇膨润，聚乙烯醇的膨润度越高，对洗涤乙酸钠越有利。但是，随着水洗温度的提高，水洗损失也将相应增加（标准水洗损失为 0.5% 左右）。同时，聚乙烯醇如果膨润度过高，容易堵塞金属网眼，造成脱水困难，甚至会在压榨罗拉前堆料。另外，洗涤水温度的提高，会增加蒸汽的消耗量。洗涤水温度与洗涤后聚乙烯醇中乙酸钠含量有密切关系，如图 3 –6 所示。在实际操作中，一般都用改变洗涤水温度的办法来控制洗涤后聚乙烯醇中乙酸钠含量。

（3）洗涤水流量。洗涤水流量在一定范围内对洗涤效果有较大影响。流量过大，水不易从金属网下流走，对聚乙烯醇的脱水不利。例如 YL112A 型水洗机，如果流量已超过了 $10m^3/h$，即使再加大洗涤水的流量，也不会对乙酸钠的洗除有明显效果。流量过小，会使乙酸钠含量增加，工艺操作不稳定。

（4）洗涤时间。由于乙酸钠极易溶于水，水向聚乙烯醇内部渗透需要一定时间，只要水能渗透到聚乙烯醇内部，乙酸钠就能充分洗除。所以，乙酸钠的洗除效果取决于水渗透到聚乙烯醇内部的时间。洗涤后聚乙烯醇中乙酸钠含量与洗涤时间的关系如表 3 –2 所列。可以看出，洗涤时间低于 9min 时，乙酸钠含量

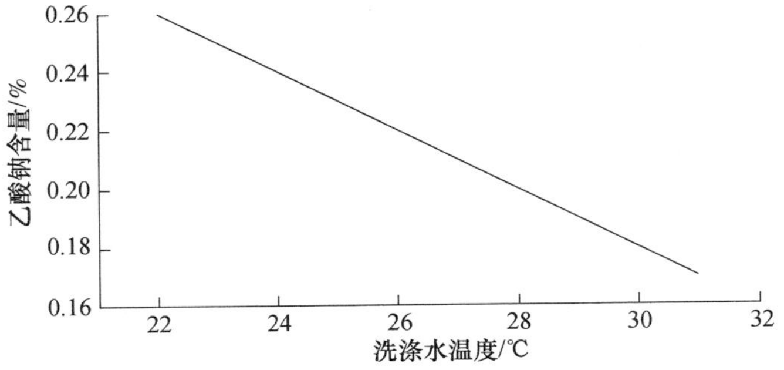

图 3－6　乙酸钠含量与洗涤水温度的关系

随着洗涤时间的减少而急剧增加；当洗涤时间在 9min 以上时，乙酸钠含量却无显著下降的趋势。所以，在实际操作中把洗涤时间控制在 9min，洗涤效果比较稳定。

表 3－2　洗涤后聚乙烯醇中乙酸钠含量与洗涤时间的关系

洗涤时间/min	聚乙烯醇中/对纯聚乙烯醇/%	洗涤水中含量/(mg/L)
1.0	1.6	39
2.0	0.65	123
3.0	0.55	150
4.1	0.40	201
5.1	0.35	265
6.7	0.29	283
7.2	0.27	544
8.3	0.24	754
9.2	0.23	862
10.1	0.23	1644
12.3	0.23	2150
15.0	0.23	4755

如洗涤后的聚乙烯醇中乙酸钠含量超出工艺控制范围，就可用延长洗涤时间的办法来降低乙酸钠含量。通过降低金属网的速度可延长洗涤时间，但会降低水洗机的生产能力，如图 3－7 和图 3－8 所示。

(5) 聚乙烯醇品质。聚乙烯醇本身的品质对洗涤效果有着更直接的影响，如果聚乙烯醇品质有变化，某些工艺参数也要随之改变。

① 膨润度。当膨润度高时，可适当降低水温或提高网速，以保证洗涤后聚乙烯醇中乙酸钠含量的稳定。当膨润度偏低时，情况与此相反，如图 3－9 所示。

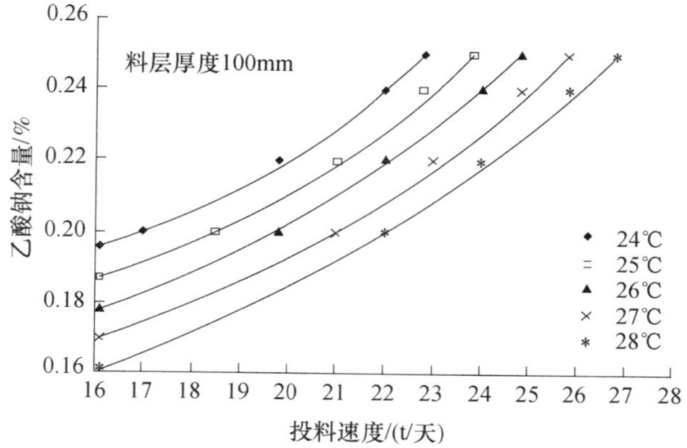

图 3-7　乙酸钠含量与投料速度的关系

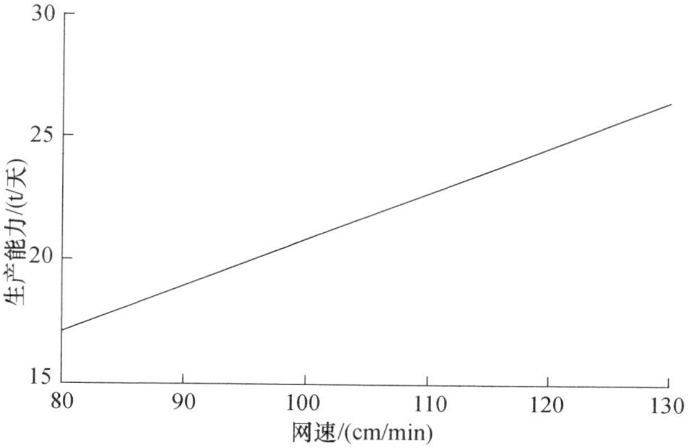

图 3-8　金属网速与水洗机生产能力的关系

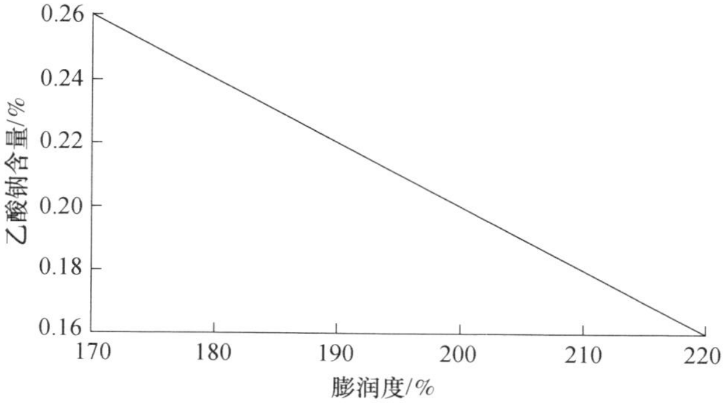

图 3-9　乙酸钠含量与原料膨润度的关系

② 粒度。如粒度过大，水不易渗透到颗粒内部，对乙酸钠的洗除不利，只有提高洗涤水温度或增加水洗时间来保证洗涤效果。如粒度过小，水洗损失大，并易堵

塞金属网眼,导致洗涤后的聚乙烯醇在压榨罗拉前产生堆料现象,使含水率不稳定。

洗涤后的聚乙烯醇需经充分脱水。如果含水率过高有可能堵塞料仓或风送管道。

聚乙烯醇中乙酸钠含量波动较大时,也会直接影响到洗涤后聚乙烯醇的乙酸钠含量。为了保证工艺参数的稳定,也需要适当改变水洗工艺条件。

综上所述,将洗涤后聚乙烯醇的乙酸钠含量规定为(0.22 ±0.04)%,是基于设备条件、水和蒸汽消耗量等因素综合考虑的最佳结果。

3.2.1.2 聚乙烯醇溶解

溶解工艺流程如图3－10和图3－11所示。图3－11为生产长丝束的原液制备工艺流程,与短纤维相比,在溶解与头道过滤之间增加中间桶,其他相同。储料仓内的水洗聚乙烯醇先经旋转出料器出料,然后风送到计量秤或质量流量计计量,再用抽真空的方式将聚乙烯醇吸入预先加入热水的溶解机内。

溶解机具有蒸汽夹套和直接蒸汽管,投料时,通入直接蒸汽,维持在80℃。投料完毕后,用直接蒸汽和夹套蒸汽同时对物料升温,至98℃后关闭直接蒸汽,仅用夹套蒸汽保持这个温度,进行循环黏调,将原液黏度控制在标准秒数内,浓度控制在工艺要求范围内。

在制造消光纤维时,还需在加入添加水的同时加入二氧化钛分散液。二氧化钛的添加量与溶解时投入的聚乙烯醇量有关,一般为其纯量的(0.4 ±0.02)%。二氧化钛首先经均化器分散成为均匀的水悬浮液,再添加到溶解机内。

在制造高强高模纤维时,还需在加入添加水的同时,加入硼酸、EDTA和乙酸等助剂。硼酸和EDTA等助剂预先用调配槽调配成均匀的水悬浮液,再添加到溶解机内。

利用废丝溶解机溶解回收废丝和落地聚乙烯醇。回收原液要在溶解黏度调整前加入,每批加入量为100～300L。

当聚乙烯醇有效溶解时间、原液黏度、浓度和温度合格后,用循环输送齿轮泵向过滤工序输送原液。

在投入聚乙烯醇时,添加水温度要进行控制。如果水温过低,聚乙烯醇在水中溶解的速度缓慢,投料过程中易在水面上产生堆料现象,从而延长了溶解时间,使设备的生产能力下降。如果溶解温度过高,投入到溶解机内的聚乙烯醇溶解速率相差过大,易结成团块,即外部充分溶胀的聚乙烯醇,里面是未溶的聚乙烯醇颗粒,水就不易渗到团块内部,同样延长了溶解时间。聚乙烯醇在水中的溶解时间也可看成在水中无限溶胀的结果,当作为溶剂的水和作为溶质的聚乙烯醇没有界面时,就可认为已经完全溶解。溶解温度高对溶解有利,但过高在工艺上控制复杂。当超过100℃时,就要在加压的情况下操作。因此,溶解温度一般控制在98℃左右较为适宜。

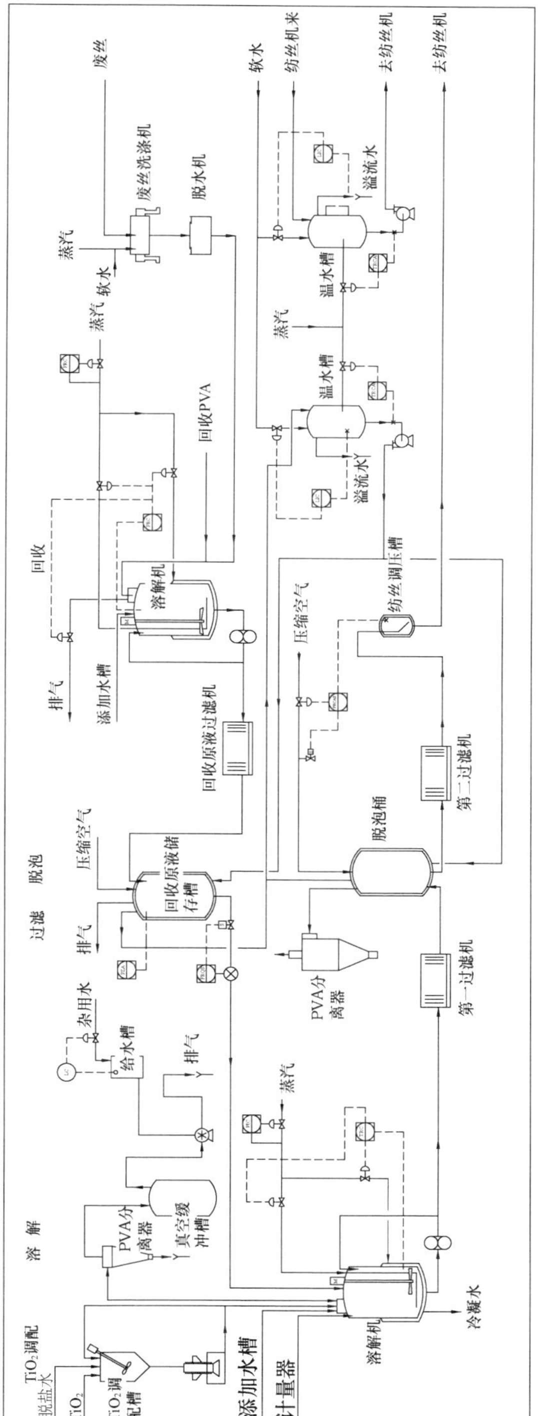

图3-10　短纤维原液制备工艺流程

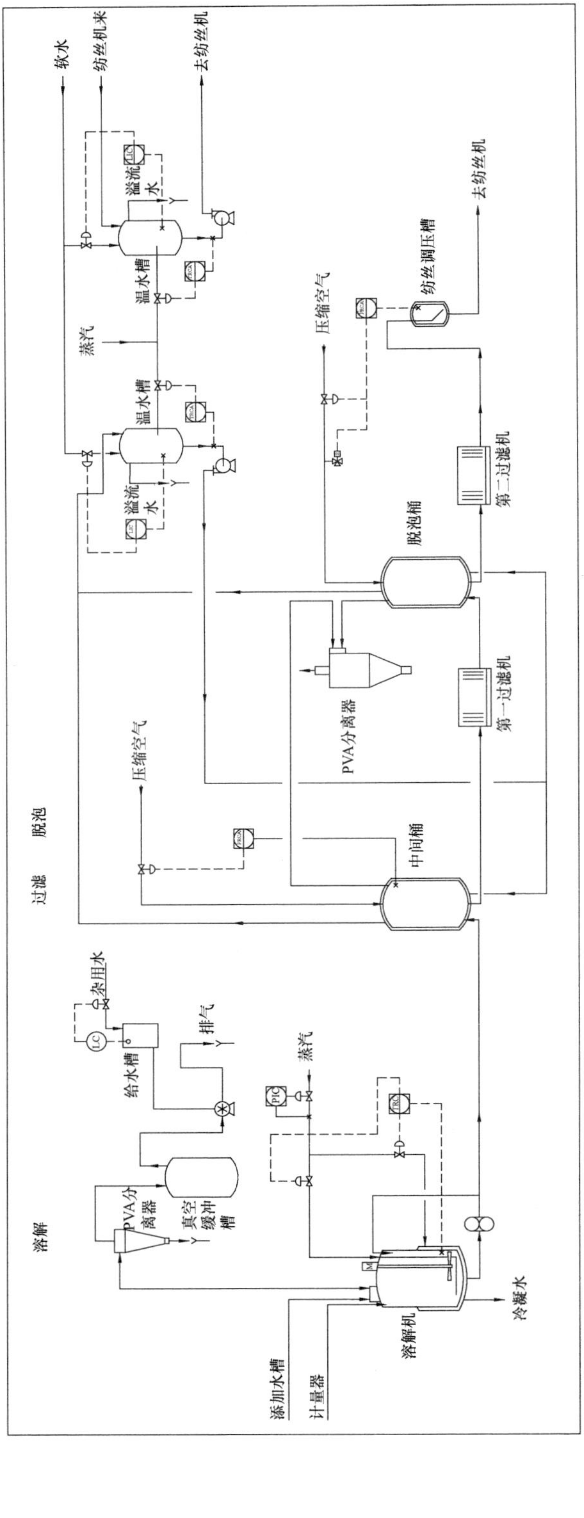

图3-11 长丝束原液制备工艺流程

聚乙烯醇纤维湿法纺丝所要求的原液浓度要适当，否则不能保证产品的质量，不能充分发挥设备的生产能力，或者给生产操作带来困难。如果原液浓度偏低，虽然黏度低对过滤脱泡操作有利，但这时成形纤维的力学性能较差，也降低了设备生产能力，溶解、脱泡以及凝固浴回收装置的设备台数就要增加。原液浓度提高相应地提高了设备的生产能力，但是浓度也不能过高，在相同的条件下（温度、聚合度等），原液黏度随着浓度的提高急剧增加，会给溶解、过滤脱泡带来困难。原液在输送过程中能量损失和动力消耗都要增加。当原液浓度超过18%时，黏度迅速上升。纤维强度除了与聚乙烯醇本身特性有关，高分子之间的键合力和取向度（线性高分子沿纤维轴向排列的程度）对纤维强度的影响也很大。聚乙烯醇分子在稀溶液中呈卷曲状和团状，大分子之间碰撞机会较少，而分子本身易产生键合。由于大分子内部产生了键合，用这种低浓度的原液纺丝时，大分子间就不易形成氢键，所得纤维的力学性能较差。综上所述，湿法纺丝的原液浓度宜取15%～16%。干法纺丝的原液浓度控制在30%～40%，对于采用低聚合度聚乙烯醇湿法纺丝的纤维，原液浓度控制在20%～25%。

3.2.1.3　硼酸或硼酸盐的添加

硼酸或硼酸盐的添加量为聚乙烯醇质量的0.5%～5%为宜，聚乙烯醇纺丝原液中添加硼酸及硼酸盐进行改性的实例如表3－3所列。含硼改性原液一般是将硼酸和硼酸盐以及其他添加剂先行溶解在去离子水中，而后再加入聚乙烯醇进行溶解。含硼纺丝原液的制备对pH值十分敏感，一般通过加入少量乙酸或硫酸来控制纺丝原液的pH值在6以下，以保证纺丝原液具有良好的流动性。同时含硼纺丝原液对少量金属离子也十分敏感，因此往往还需加入少量的EDTA来对溶液中的金属离子进行络合稳定，以降低其影响。

表3－3　纺丝原液中添加硼酸及硼酸盐进行改性的实例

序号	纺丝原液	凝固浴	中和洗涤后纤维中残存硼酸量	改性效果
1	硼酸1%～5%（对PVA），添加对PVA的0.002～0.04mol的离解常数为10^{-3}～10^{-6}的弱酸pH＝3.5～6	NaOH或KOH 10～20g/L Na_2SO_4 100～300g/L	—	强度高
2	硼酸或硼酸盐pH＝3.0～5.5	$Na_2CO_3$60～260g/L Na_2SO_4（300～a） a为Na_2CO_3的浓度	0.1～0.7	具有耐疲劳性和高弹性模量
3	硼酸pH＝3～5	NaOH 10～60g/L Na_2SO_4（4.20～1.7a）～（300～1.7a） a为NaOH的浓度	0.2～0.7	具有耐疲劳性和高弹性模量

（续）

序号	纺丝原液	凝固浴	中和洗涤后纤维中残存硼酸量	改性效果
4	硼酸	$Na_2SO_4/NaOH=370/10$	—	具有耐疲劳性和高弹性模量
5	1%～5%硼酸或硼酸盐，添加微量酸 pH=3～5	NaOH 或 KOH 10～60g/L Na_2SO_4 200～300g/L	0.2～0.7	具有耐热性，耐热水性，最高可拉伸1350%
6	硼酸或硼酸盐	4×10^{-5}～9×10^{-2}mol/L NaOH 氨基碳酸或其盐	—	高品位
7	在85℃下搅拌，同时喷雾添加硼酸(0.4%～1.5%)	碱性凝固浴	—	高强度，耐热性，高弹性模量
8	残存乙酸基1%～1.5%(摩尔分数)PVA 硼酸0.5%～3.0%	3g/L 以上 NaOH	—	高品位
9	1%～5%硼酸或硼酸盐，添加微量无机酸 pH=3～5	NaOH 或 KOH 20～100g/L $Na_2SO_4$100～180g/L pH=13.5～14	—	高品位
10	残存乙酸基7%～15%(摩尔分数)PVA，添加硼酸0.5%～3.0%	在普通凝固浴组成里添加 NaOH 3g/L	—	强度高，耐热性好
11	添加硼酸	碱性硫酸铵或芒硝 $(NH_4)_2SO_4$ 530g/L	—	透明纤维
12	添加0.8%硼酸	NH_4OH 8g/L NH_4OH 8g/L 和 $H_2BO_3$15g/L	0.01～0.03	耐热水性好，强度高
13	PVA 1.87kg 硼酸18.7kg	用 NH_4OH 调节 pH=10		中空纤维

3.2.1.4 纺丝原液的过滤与脱泡

1. 过滤与脱泡的目的

溶解后的原液中仍然含有一些不溶解的微粒和机械杂质，如泥沙、没有完全溶解的聚乙烯醇微粒和原液结皮等。在纺丝时，这些杂质会堵塞喷丝头的孔眼，造成单丝、块状丝、柱状丝等，直接影响纤维的正常生产和成品纤维的质量。同时，喷丝头孔眼被堵塞，使喷丝头更换次数增多，也会影响纤维的质量。所以，原液在送到纺丝之前，必须经过过滤除去这些杂质。

聚乙烯醇在溶解过程和原液输送过程中，在机械力作用下，会产生大小不同的气泡，分散在原液中。这些气泡如不脱除，较大的气泡通过喷丝头时，会造成断丝；残留在原液中较小的气泡，留在纤维中会造成气泡丝，使纤维的拉伸强度下降。同时，原液中有气泡，还会造成喷丝头孔眼的堵塞，产生硬饼丝，直接影响纤维的生产和产品质量。因此，在纺丝之前，必须经过脱泡，除去原液中的气泡。

2. 工艺流程

（1）原液暂存。溶解好的粗原液先用输送循环齿轮泵送入原液中间桶暂存。中间桶内的原液用压缩空气或齿轮泵送到头道过滤机过滤除杂质后进入脱泡桶。

在溶解机和头道过滤机之间设置中间桶，并且使桶内保持一定量的原液，具有以下好处：一是可以使原液浓度和助剂浓度有差异的粗原液在桶内进行混批，得到匀化处理；二是可以使头道过滤机实现恒压或连续过滤，提高过滤质量；三是中间桶设有可靠的液位检测控制器，用于测量中间桶内原液高低、进料液位。由于中间桶连续向脱泡桶送液，脱泡桶又连续向纺丝机供液，中间桶的液位下降可以反映脱泡桶的原液需要量，直接为溶解机何时投料和出料提供判断依据。

与纺制短纤维相比，由于长丝束喷丝头孔径更小，拉伸率更高，所以对原液的过滤要求更高，需要设置中间桶，使用恒定的压力进行头道过滤。

（2）原液过滤。采用过滤精度在 20～30μm 的细棉布、无纺布、金属纤维烧结毡或金属纤维织物作过滤材料，将原液中的杂质截留住。聚乙烯醇原液过滤有两道，头道过滤设置在溶解机和脱泡桶之间，二道过滤设置在脱泡桶与纺丝调压槽之间。

头道过滤用压缩空气或齿轮泵提供动力，通过改变过滤机入口压力设定值，使每批原液的过滤时间接近纺丝时间，实现头道过滤机连续过滤。利用中间桶，以恒定的压力向头道过滤机输送原液，实现头道过滤机恒压过滤。

二道过滤用脱泡桶内的压缩空气提供动力，通过设定纺丝调压槽的压力自动调节脱泡桶的空气压力，使二道过滤机的过滤量与纺丝机的原液需要量平衡。

（3）原液脱泡。利用空气的密度比原液的密度小得多，气泡逐渐上升到液膜表面而被排除的原理进行原液脱泡。聚乙烯醇原液脱泡有两种方式：一种是常压静置脱泡，即将原液在脱泡桶中静置 6h 以上，气泡逐渐上浮到桶上部而除去；另一种是真空连续脱泡，采用真空连续脱泡装置（即脱泡塔）使原液以薄层状流经脱泡塔的锥面，在较高的温度和真空度下连续排除原液中的气泡。

目前，聚乙烯醇纤维工业生产中均采用常压静止脱泡，真空连续脱泡尚未见应用报道。

（4）供纺原液调压。在二道过滤机与纺丝机的原液输送管道之间设置一台纺丝调压槽，用于稳定纺丝机计量泵的原液入口压力。

密闭的纺丝调压槽内进入原液后，槽内空间空气被压缩，在温度不变的条件下,其压力与空间空气体积的乘积为一个常数,当槽内空间空气体积改变时,必然引起槽内空间空气压力相应变化。

纺丝调压槽内原液液位的变化必然引起槽内空间空气体积和槽内空间空气压力的变化。因此,槽内空间空气压力的大小,可以反映槽内液量的多少。如果控制槽内空间空气保持一定的压力,就能控制槽内的原液达到一定的液量。利用槽内空间空气压力做信号,控制脱泡桶内压缩空气的压力,使脱泡桶送出的原液量能根据纺丝调压槽空间空气压力的变化发生相应的改变,从而保证纺丝调压槽内的原液量和空间空气压力处于标准状态。

3.2.2 纺丝

纺丝工序的任务是将原液工序送来的聚乙烯醇原液凝固成纤维。原液工段送来的纺丝原液,至纺丝机经计量泵均匀送出,经过滤后,从喷丝头小孔喷出,进入凝固浴中,在凝固浴中脱水凝固而成纤维状。纺丝工序是关系纤维质量和产量的关键。影响纺丝成形的因素很多,主要有以下几种。

3.2.2.1 原液

1. 原液浓度

聚乙烯醇湿法加硼凝胶纺丝的原液浓度,一般控制在15% ~20%[8,9]。为保证纤维的纤度均匀,所以生产中控制其偏差在±(0.3~0.5)%。

在一定浓度范围内,纤维强度随着原液浓度的增加而有所提高。但当浓度超过一定范围时,浓度的提高对强度增加的贡献不大,但原液黏度却急剧上升,造成过滤及纺丝的困难,使生产不易进行。原液浓度过低时,则又造成凝固不良,纤维成形困难,纤维的力学性能变差。

原液浓度的波动,在其他条件不变时,将直接影响到纤维的粗细(纤度)。因此,为保证纤维纤度一致,要求将每批原液的浓度的偏差范围控制在一个较小的区域内。

2. 原液温度

在聚乙烯醇原液浓度已确定的情况下,原液的温度与黏度有明显的依赖关系。原液温度的变化将直接影响原液黏度的变化,最终影响纺丝性能。

一般而言,随着原液温度的提高,原液的黏度降低,原液离开喷丝头时的状态良好,喷丝头喷出的压力分布比较均匀,喷丝头孔眼因原液凝胶的堵塞机会减小。但达到沸腾状态时,也会使纺丝难以进行。

当纺丝原液温度过低时,则会引起原液的温度急剧增加,造成过滤困难,过滤压力增大,并且容易产生胶皮,使纺丝状态恶化,喷丝头更换率增加,纤维的并丝量增加。

此外,原液黏度增加,使纺丝计量泵负荷过大,容易造成跳泵或滤网破裂等现象。

一般根据生产要求及设备条件，原液温度必须控制在90℃以上。最常采用的为98℃左右。所以，在原液配制及输送的过程中，均要采用夹套保温。

3. 原液中硼酸或硼酸盐的含量

原液中硼酸含量的多少，亦相应地决定了凝固浴碱度的标准。一般而言，原液中硼酸或硼酸盐含量越多，在凝固的过程中形成交联凝胶结构越快，且凝胶结构更稳定，最终纤维的力学性能越好。但是，后续洗涤工序需要解除凝胶结构，洗去硼酸，以便进行热拉伸定型。因此，硼酸含量越高造成后续洗涤工序所需时间越长，成本增加，并且纤维最终硼酸残存量可能较大，影响纤维的性能及色泽。相反，硼酸或硼酸盐的添加量太低，则会导致纤维形成凝胶结构较慢，且凝胶结构不稳定，达不到阻止纤维缠结的目的，初生纤维可能会形成皮芯结构，最终得到的纤维力学性能不达标。

生产中，一般控制硼酸或硼酸盐的含量为聚乙烯醇的0.5%～1%（质量分数）为宜[8]，在批与批之间的原液中，硼酸等的添加量要稳定，以保证生产中纤维的性能与色泽一致。如波动太大，则凝固浴碱度等均需调整，给生产操作带来不便。

4. 其他助剂的含量

聚乙烯醇湿法加硼凝胶纺丝原液的制备除了添加硼酸，还需加入其他助剂，如加入乙酸或硫酸用以调节原液pH值等。生产中，一般加入聚乙烯醇的0.03%～0.05%（质量分数）的乳化剂OP－10、1%的EDTA以及0.5%～1%的乙酸。

5. 原液吐出量

原液吐出量指单位时间由纺丝计量泵送出的原液量。它可以通过改变计量泵的转速加以调节。通常根据纺丝机的单台产量、纺丝锭数、原液浓度及成品丝质量要求，并根据喷丝孔规格而决定。

每一种喷丝头都必须选择一个适当的单孔流量。在其他条件不变的条件下，原液吐出量决定了纺丝机的单台产量。

在实际生产中，根据纺丝条件的选择及喷丝头种类的不同，原液吐出量选用为数百至数千毫升/分钟不等。

在纺丝工序中，有一个重要指标，即喷丝头更换率。它是指一天中更换的喷丝头个数占总纺丝锭数的百分率。它表示了可纺性能的好坏。生产中一般控制在10%以下，则认为可纺性能较好。

在其他纺丝条件不变时，纺丝过程中的喷丝头更换率主要取决于原液的质量。原液质量对喷丝头更换率的影响和原料聚乙烯醇的质量、溶解的完全与否及过滤、脱泡、保温情况、杂质的混入等均有直接关系。此外，还与硼酸或硼酸盐、二氧化钛等的质量有关。

喷丝头更换率的增加，是直接影响纤维质量（丝条不匀，产生硬并丝）的主要原因,并增加了工人的劳动强度。

3.2.2.2 凝固浴

聚乙烯醇原液的凝固,是一个脱水过程,所以用具有一定脱水能力的物质作为凝固剂。能作为聚乙烯醇凝固剂的物质很多,主要为各种盐类,其中最常用的是硫酸钠,它具有很强的脱水能力,又是黏胶纤维厂的副产品,价廉易得。

1. 凝固浴浓度

在凝固浴(生产中也称"一浴")及凝固温度已定的情况下,凝固浴的浓度决定了其凝固能力。

一般而言,浓度越高,凝固能力就越强,原液凝固成形的速度也越快。但浓度太高,则因凝固速度过快,易造成纤维产生皮芯结构。并且达到饱和浓度时,硫酸钠容易结晶析出,堵塞管道,使生产困难。凝固浴浓度过低时,又造成凝固不良,出现胶着丝,造成拉伸时断头。

在实际生产中,因测定浓度所需时间较长,所以大多采用密度控制。聚乙烯醇湿法加硼凝胶纺丝凝固浴浓度较普通湿法纺丝略低,一般控制在(1.282 ± 0.002)g/mL。

2. 凝固浴温度

一般而言,凝固浴温度提高有利于分子扩散,对凝固有利,即有利于纤维凝固成形。但同时也使纤维的溶胀增加。当温度过高时,因凝固加剧造成凝固不良,出现胶着丝,并使纤维强度降低。此外,温度过高容易使硫酸钠结晶析出,导致操作条件恶化。

温度过低,则凝固速度减缓,对纤维成形不利,并且硫酸钠也容易析出,使纤维成形困难,影响纤维的质量。实际生产中,凝固浴温度一般控制在(44 ± 1)℃,与普通湿法纺丝凝固浴温度相同[8]。

3. 凝固浴流量

纺丝过程中,脱水凝固作用使原液中的大量水分进入凝固浴中,凝固浴被稀释而浓度下降。此外,由于原液中添加有酸,会导致凝固浴中碱含量降低,所以应将此影响控制在最小限度。

在纺丝浴槽内,凝固浴流量不同,将造成纺丝浴槽进口硫酸钠浓度与返液出口硫酸钠浓度的差异(通常将此进出口的浓度差,称为凝固浴浓度的落差),亦即影响原液凝固时的凝固浴浓度,并影响纤维的凝固状况。

一般而言:浓度与碱度的落差小,凝固状况稳定;落差大,凝固状况则变动大。要使落差变小,需加大凝固浴的流量。

一般随着凝固浴流量的增加,其凝固状况改善,纤维的强度亦有所增加。但流量太大时,需将凝固浴的循环量增加,加大设备的负荷。同时,因流量太大,在纺丝浴槽内,对丝条的冲击剧烈,容易造成丝条紊乱。在喷丝头附件处,也易使未完全凝固交联的纤维相互粘连,造成并丝或断头,影响纤维的质量。

如流量过小,则造成落差过大,即凝固时实际浓度和碱度过低,造成纤维凝固不良。所以在一定纺丝浴槽及一定产量的情况下,要求一定的凝固浴流量。生产中,因凝固浴槽的大小已定,所以,一定的凝固浴流量即相对应一定的凝固浴流速。

4. 凝固浴碱度

凝固浴碱度主要用于中和原液中的酸,使纤维快速形成凝胶结构。通常在凝固浴中添加一定量的氢氧化钠,碱度越大,凝胶形成越快,越有利于减少初生纤维的缠结结构,但增加了后续中和的成本,因此,实际生产中氢氧化钠的浓度在(29 ±1)g/L 左右为宜。

5. 浸长

浸长亦称浸浴长度,它指丝条在凝固浴中的浸没长度。浸长的大小根据凝固浴的凝固能力以及丝条在浴中的速度而决定。纤维的脱水凝固需要一定的时间,因此,需要保证纤维在凝固浴中有一定的浸浴长度,一般为 1.5 ~2m。如丝条在凝固浴中的速度为 12 ~15m/min,则凝固时间 6 ~10s 为宜。

3.2.2.3　纺丝速度

聚乙烯醇原液由喷丝头小孔喷出凝固后,经过导杆、罗拉等,在各部位表面速度各不相同,因而使纤维受到拉伸。对于湿法加硼凝胶纺丝而言,由于纤维在凝固的过程中产生交联结构,一般不对纤维进行初拉伸。

1. 喷丝速度

喷出速度是指原液从喷丝孔中喷出的速度。可以根据下式计算:

$$v = \frac{Q}{n\pi R^2} \tag{3-1}$$

式中　v——喷出速度(m/min);

Q——原液吐出量(mL/(min · 锭));

R——喷丝头小孔半径(mm);

n——喷丝头孔数。

所以,在喷丝头规格确定以后,它主要由原液吐出量所决定。在单锭产量不变,即原液吐出量不变的情况下,喷出速度则为一定值。

在其他条件不变的情况下,喷出速度的大小决定了喷丝头拉伸率的大小。

2. 离浴速度

离浴速度是指成形后的丝条离开凝固浴时的速度。此速度主要取决于第一导丝盘的速度,并且与所经导杆的多少,以及丝条通过时的夹角均有密切的关系(导杆引起纤维速度的变化,产生拉伸),比较难以计算。生产中,都是用速度测定器直接测出。

因为丝条的离浴速度与原液喷出速度的差异而引起的拉伸，称为喷丝头拉伸。

在聚乙烯醇纺丝过程中，喷丝头拉伸一般选用负拉伸，即喷出速度大于离浴速度。实际生产中，一般控制离浴速度与喷出速度之比为 0.8 ~ 0.9。实践证明，这样的状态有利于均匀凝固，对纤维的质量有利。

但是，负拉伸亦应控制在一定范围内，不是越大越好，一般在 -30% 以下。如果负拉伸值过大，则丝条在浴中飘动大，容易使刚喷出的丝条黏在一起。特别是卧式纺丝机，因为丝条系水平运行，如果负拉伸过大，丝条将会漂浮于凝固浴浴面，纤维更容易黏接在一起。卧式纺丝机喷丝头拉伸一般控制在 -10% ~ -25%。

由于离浴速度决定了喷丝头拉伸的大小，所以离浴速度不能过大，否则影响纤维成形。

离浴速度一般通过控制第一导丝盘的速度来实现。通常控制在 5 ~ 20m/min 的范围内。

3. 第一导丝盘速度

第一导丝盘速度在一定程度上决定了纤维的浴中速度，即丝条在纺丝浴槽内的凝固时间。第一导丝盘速度越大，则喷丝头拉伸越大。

如前所述，丝条的离浴速度与导杆的多少及夹角的大小有关，按理应以丝条出凝固浴后所碰的第一个导杆的速度，作为丝条的牵引速度。生产中，为了方便，往往采用第一导丝盘的速度进行计算。

此外，工业生产中，将热处理拉伸的速度与第一导丝盘的速度之比称为纤维的总拉伸倍数。当热处理拉伸速度不变时，改变第一导丝盘速度，则改变了总拉伸倍数。所以，当原液吐出量决定后，必须权衡喷丝头拉伸及总拉伸倍数二者的分配，不能随意改变第一导丝盘速度。

4. 第二导丝盘速度

第二导丝盘速度主要根据导丝盘拉伸率决定。导丝盘拉伸系利用第二导丝盘速度大于第一导丝盘速度而进行。此拉伸系在空气中进行，也是纺丝部分的主要拉伸形式。

对于湿法加硼凝胶纺丝而言，由于初生纤维形成交联凝胶结构，初生纤维无法进行纺丝拉伸，因此，第二导丝盘速度应与第一导丝盘速度保持一致。

5. 集束机速度

集束机的速度与热处理干燥机的速度之差决定了湿热拉伸率。一般控制集束机的速度与第二导丝盘速度相同。

3.2.3 后处理

3.2.3.1 集束

集束工序的主要目的是将纺丝机台送来的分丝束并排集成薄厚均匀的一

束，若出现薄厚不匀的现象，将直接导致后加工中和、水洗不充分，缠辊、花丝、色相不良等现象出现。

3.2.3.2　二浴中和

二浴浴液由密度为1.288～1.292、酸度为11～13g/L、温度为43～45℃的浴液组成，其目的是用浴液中的硫酸中和从原液中带来的0.2%～0.3%的残存乙酸钠，以保证纤维色相，同时减少后续拉伸时单丝断裂。

3.2.3.3　三浴湿热拉伸

三浴浴液由密度为1.288～1.292、酸度为12～14g/L、温度为70～90℃的浴液组成，其目的是进行热处理拉伸和补充一浴实现酸度调节。三浴温度要求要高，但丝束总纤度较大增加后，丝束在浴液中吸收的总热量势必较大增加，这会导致浴液温度下降，而浴液温度下降会导致丝束温度达不到工艺要求，部分单丝断裂，罗拉缠辊概率提高，最终产品强度下降。

3.2.3.4　四浴水洗

四浴浴液由常温去离子水组成。四浴水洗的目的在于洗掉丝束从二、三浴中带来的硫酸钠及原液中加入的硼化物交联剂。此工序如水洗不充分，将导致的最大问题是花丝、拉伸时纤维取向度下降，强度降低。

3.2.3.5　五浴上油

附着在纤维表皮的油剂如同中模生产中的硫酸钠，作为热媒可避免干热处理时由于丝束表层急剧升温而导致的单丝粘连、硬并，另外，油剂也可减少单丝间在干热拉伸时的动摩擦系数，从而减少单丝粘连、硬并。五浴密度大于1.2g/mL，温度40～44℃为宜。

3.2.3.6　榨液整形

榨液整形工序的作用是对五浴出口后的丝束进行整形（薄厚均匀）和脱液（含水率在70%以下），以利在干燥、预热、拉伸时均匀受热和拉伸。

3.2.3.7　干燥

丝束在干热拉伸前如不对其含有的水分进行干燥去除，拉伸时单丝会大量断裂，无法生产，工艺要求干燥后的丝束含水应在5%以下。烘仓温度由电热管提供，温度的高低根据工艺要求的丝束温度调整，通常在260～320℃即可满足要求。

3.2.3.8　预热

预热工序的主要目的是继续蒸发掉丝束的水分，使丝束达到绝干程度，即纤维内不能有非结合水，并继续加热丝束，使其软化，以便后续拉伸顺利进行。

3.2.3.9　拉伸

拉伸是在预热出口罗拉和拉伸进口罗拉之间进行的，丝束在延伸烘仓内依然在继续加热，丝束温度要达到240℃左右，此阶段纤维高分子在外力作用下进行取向结晶，是纤维聚集态结构形成的关键过程。纤维在此阶段结晶度和取向度大幅度提高，使纤维获得一定程度的耐热水性。

3.2.3.10 收缩

收缩的目的是对拉伸后的纤维继续松弛热定型，以保证纤维品质。切合实际的解决途径也是提高烘仓温度及增加丝束圈数。

3.2.3.11 冷却

冷却的目的是使丝束通过水冷式罗拉进行热交换，温度下降到40~50℃，以保证丝束的色相（高温时间长会导致丝束发黄），并使纤维内部大分子固定下来，保证纤维品质，同时也便于卷绕。

3.2.4 缩醛化

对于服用维纶的制造，还需对纤维进行缩甲醛化处理。一般FWB纤维的结构较为致密，其缩甲醛化过程相对普通硫酸钠湿法所得聚乙烯醇纤维而言要困难。其缩甲醛化工艺需要进行相应的调整以使纤维获得合理的醛化度与耐热水性。

3.3 湿法加硼凝胶纺丝高强高模聚乙烯醇纤维的结构与性能

3.3.1 纺丝及后处理条件对纤维结构及性能的影响

3.3.1.1 凝固浴组成对纤维性能的影响

表3-4列出了各种碱性凝固浴组成和纤维断面结构及强度，说明在碱性凝固浴中均会发生交联凝固，在盐浓度低的体系中，由于凝固不充分而发生黏速现象，不能进行纺丝。

表3-4 凝固浴组成对聚乙烯醇纤维性能的影响

编号	凝固浴			纤维横断面		总拉伸比/倍	强度/GPa
	组成	浓度/(g/L)	pH值	未水洗	水洗后		
1	CH_3COONa	100	9.0			13.0	1.30
2	CH_3COONa	饱和	9.1			13.2	1.34
3	Na_2CO_3	100	11.0			15.0	1.20
4	Na_2CO_3	饱和	11.5			14.6	1.39

（续）

编号	凝固浴			纤维横断面		总拉伸比/倍	强度/GPa
	组成	浓度/(g/L)	pH值	未水洗	水洗后		
5	NaOH(20℃)	200	13.7			14.5	1.52
6	NaOH(20℃)	400	13.7			16.2	1.69
7	Na_2SO_4和NaOH	400　10	13.0			20.5	1.98
8	Na_2SO_3	400	7.0			13.5	1.44

从交联凝固纤维刚凝固后未水洗纤维的断面可以观察到近似圆形断面，其中心部有盐类析出。碱从表面向内部扩散，形成环状交联物，由于更内部的聚乙烯醇也连续不断地发生交联，中心部变得比较疏松，所以可以观察到侵入凝固浴盐的析出。切断交联、水洗、干燥后的纤维断面，由于内部疏松部分消失而发生轻微变形，形成表观均匀结构的纤维。由表3-4的结果可见，作为得到高强力纤维的制造条件，盐浓度和碱浓度是必要的，可以肯定Na_2SO_4-NaOH体系对纤维性能、操作性及成本等方面都是最好的凝固浴体系。

图3-12(a)、(b)是常规湿法纺丝纤维，可见典型茧状二重结构断面。

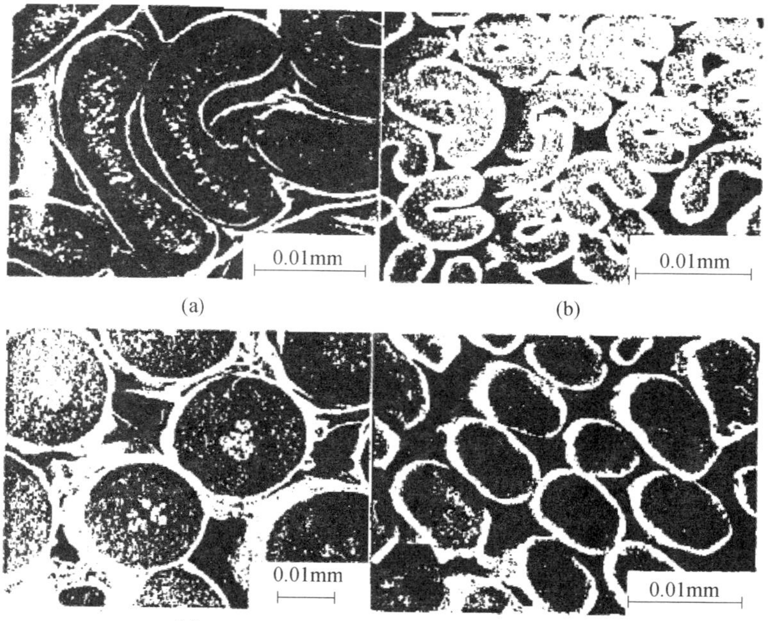

图3-12　普通湿法纺丝及交联法制备的聚乙烯醇纤维截面电镜照片

(a)未水洗的普通纤维；(b)水洗后的普通纤维；

(c)未水洗的交联型纤维；(d)水洗后的交联型纤维。

3.3.1.2　硼酸添加量的影响

关于改变加入纺丝原液中的硼酸浓度，使交联密度变化时，对纤维断面结构、拉伸性及强度的影响如表 3－5 所列。

表 3－5　硼酸含量与 PVA 纤维的性能

编号	硼酸含量/%（PVA）	凝固浴各组分浓度/（g/L）			纤维横断面		总拉伸倍数	强度/GPa
		Na_2SO_4	NaOH	pH 值	未水洗	水洗后		
1	0	400	0	7			13.5	1.60
2	0.5	400	20	13.2			16.1	1.86
3	1.0	400	20	13.2			20.5	2.18
4	1.5	400	20	13.2			20.0	2.15
5	2.0	400	20	13.2			19.2	2.04

作为交联剂加入的硼酸，由于在水洗时可以除去，在凝固和制造能高倍拉伸的纤维中，要加入必要的足够量的硼酸，由表 3－5 结果可知，添加量以聚乙烯醇质量的 1% 左右比较理想。

3.3.1.3　凝固浴中氢氧化钠浓度的影响

在凝固浴中，为使 PVA－硼酸分子间发生充分的交联形成凝固纤维，必须保证一定的盐浓度和氢氧化钠浓度。表 3－6 表示保持硫酸钠高浓度，改变氢氧化钠的浓度时对纤维断面、拉伸性及强度的影响。

表 3－6　凝固浴中氢氧化钠浓度对纤维性能的影响

编号	凝固浴各组分浓度/（g/L）			纤维横断面		总拉伸倍数	强度/GPa	沸水收缩率/%
	Na_2SO_4	NaOH	pH 值	未水洗	水洗后			
1	400	0	7			12.5	1.51	可溶
2	400	1	12.5			15.4	1.79	8
3	400	5	12.7			17.3	2.05	4
4	400	10	13.0			19.6	2.18	3
5	400	20	13.2			20.0	2.24	3
6	400	40	13.4			19.9	2.22	3

注：纺丝条件为 $B(OH)_3$ 1%/PVA

由表 3－6 可知，在凝固时间内，为得到充分交联的聚乙烯醇纤维所需氢氧化钠的浓度应在 20～40g/L 范围内。

3.3.1.4 凝固时间的影响

在总拉伸倍数为14倍时,改变纺丝条件使单丝纤度达到1.2dtex和6dtex,改变凝固浴长度,使凝固时间在6~30s内变化,其对纤维强度的影响如图3-13所示。

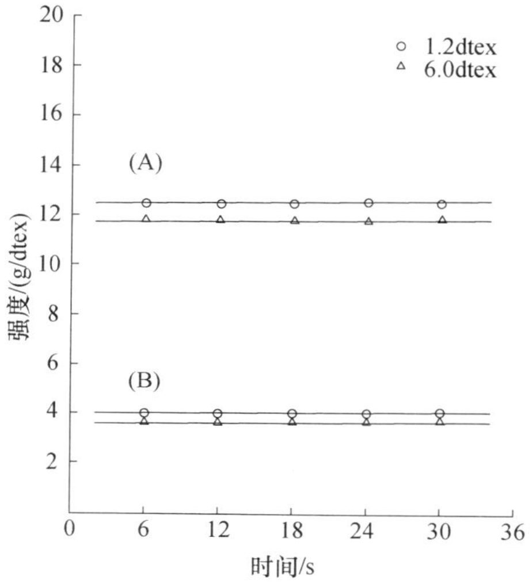

图3-13 凝固时间对聚乙烯醇纤维强度的影响

(A)为拉伸14倍纤维的强度,(B)为只有纺丝拉伸的强度。在凝固时间范围内,1.2dtex和6dtex的强度差并不明显,可以说明NaOH渗透交联是在较短时间内完成的,可见从纺线情况看,以较高的速度纺制较粗的纤维是可行的。这样的凝固速度可以认为是由于PVA-$B(OH)_3$间交联形成巨大分子的凝固机理。

3.3.1.5 纺丝拉伸的影响

图3-14为纺丝头拉伸倍数对聚乙烯醇纤维的拉伸比和强度的影响。由图可知,凝固浴中纺丝头拉伸应尽量小,即由喷丝板小孔承受的拉伸部分,聚乙烯醇分子被拉伸的同时被挤入凝固浴中,并立即产生交联,而且在凝固浴中以尽可能收缩体系凝固,这是为得到高倍拉伸,制造高强力聚乙烯醇纤维的未拉伸丝的必要条件。

3.3.1.6 中和二浴湿热处理条件的影响

中和二浴湿热处理的目的,是对存在交联情况下经纺丝头拉伸的膨润纤维进行中和的同时切断PVA-硼酸间的交联,提高聚乙烯醇分子的结晶度。若中和浴湿热处理不充分,则纤维的耐水性能不优良。二浴湿热处理条件对二浴湿热处理水洗后纤维的膨润度,即绝干纤维中含水质量百分数的影响如图3-15所示。由图可知,对纤维膨润度影响最大的因素是盐类浓度和湿热处理温度。

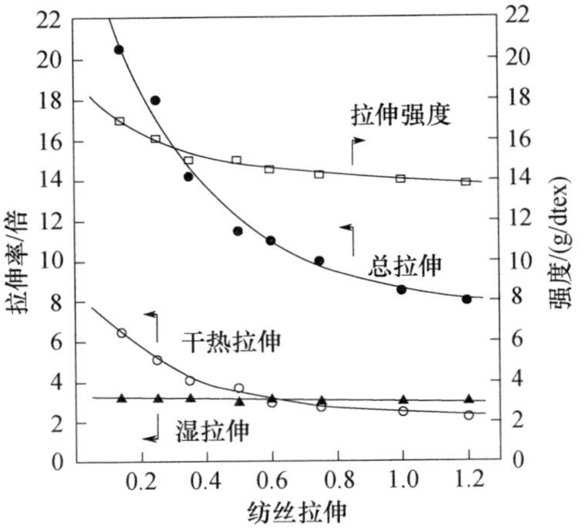

图 3-14　纺丝头拉伸倍数对聚乙烯醇纤维的拉伸比和强度的影响

Na_2SO_4浓度 250～300g/L，温度 85～95℃时为宜，中和及解除交联所必要的硫酸浓度为 5～10g/L。

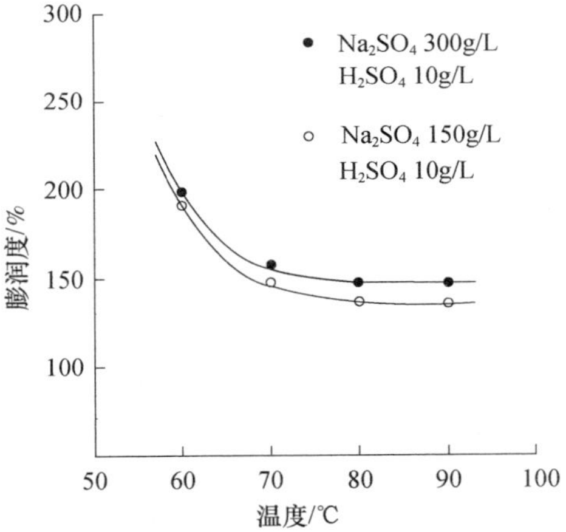

图 3-15　中和作用和湿热处理条件对纤维膨润度的影响

3.3.1.7　水洗时间和残存硼酸量

在酸性中和二浴湿热处理浴中使聚乙烯醇与硼酸间的交联解除后进行水洗，水洗时间和纤维中残存硼酸量的关系如图 3-16 所示。表 3-7 表示纤维中残存硼酸量和纤维性能的关系，可见最好洗到残存量达到 0.1% 左右。

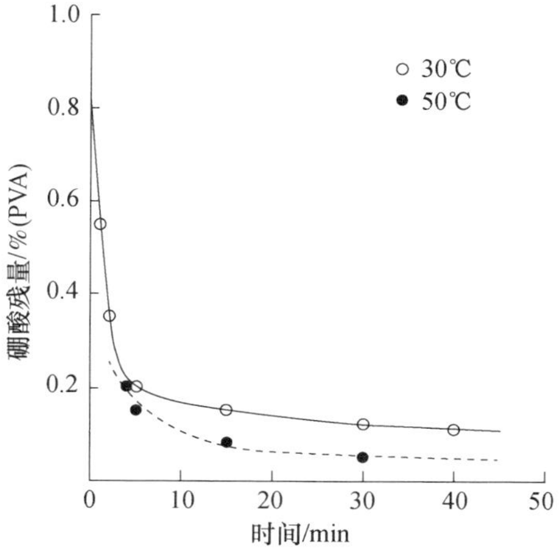

图 3-16　水洗时间和纤维中残存硼酸量的关系

表 3-7　硼酸残存量与聚乙烯醇纤维性能的关系

性能	硼酸含量/%					
	0①	0.1	0.18	0.32	0.50	0.68
总拉伸比/倍	13.5	20	20	18	17	15
旦/复丝	200/100	200/100	200/100	200/100	200/100	200/100
强度/GPa	1.60	2.18	2.04	1.91	1.65	1.40
收缩 10% 时热水温度/℃	88	104	102	100	97	95
① 普通 PVA 纤维						

3.3.1.8　热拉伸条件

以纺丝头拉伸 0.14 的纺丝纤维为试样，热拉伸条件为 10s，改变热拉伸温度，测定热拉伸倍数和纤维强度，得到的结果如图 3-17 所示。

随热拉伸温度上升，热拉伸倍数提高，所得到纤维的强度在 230～235℃ 时出现峰值，超过 240℃，纤维强度开始下降。说明在聚乙烯醇熔点附近温度时，熔融分子的热运动，使热拉伸效果下降。

3.3.2　纤维聚集态结构

3.3.2.1　结晶结构

以湿法加硼凝胶纺丝方法制备的未拉伸纤维的 X 射线衍射图如图 3-18(a) 所示，拉伸 16 倍的纤维如图 3-18(b) 所示。未拉伸纤维的结晶干涉为完全的德拜-谢乐环。拉伸 16 倍的纤维显示结晶干涉的衍射图。此外，图 3-19(a) 为图 3-18(b) 纤维在赤道方向上 2θ 和衍射强度的关系，图 3-19(b) 为普通方

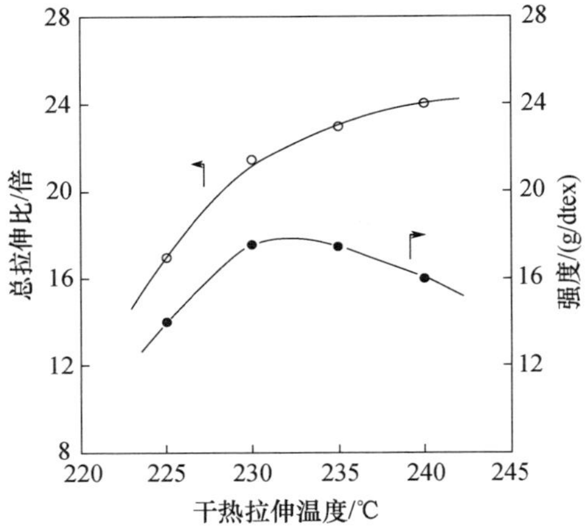

图 3-17 干热拉伸温度与总拉伸比和聚乙烯醇纤维强度的关系

法制备的聚乙烯醇纤维的衍射曲线。可以发现,衍射强度及曲线形状略有不同,表明两种纤维的聚集态结构存在一定的差异。

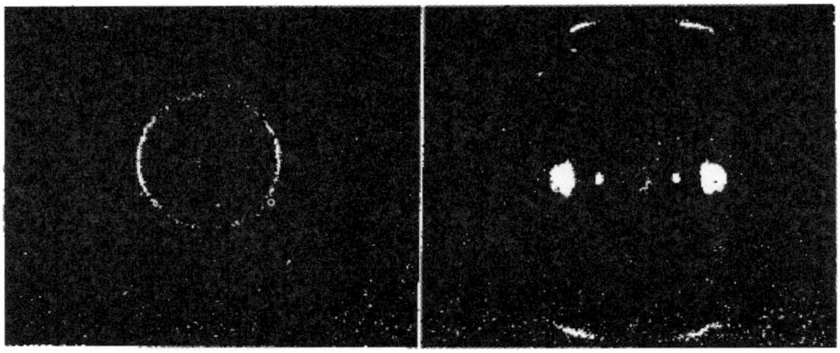

(a) (b)

图 3-18 交联型聚乙烯醇纤维的 X 衍射照片

(a)拉伸比为 1;(b)拉伸比为 16。

图 3-20 为从纤维轴垂直方向入射 X 线的各纤维二维小角 X 散射图像等强度曲线。B 表示交联型 PVA 纤维,N 表示普通型 PVA 纤维。在图中,上下纤维轴一致。另外,各纤维散射图像中央部位的十字表示发射光速的位置。全部散射图像是对赤道及子午线方向对称的。在赤道线上发散的条纹状,可以认为主要是由纤维表面的全反射和微孔形成的。除了 N1 外的全部试样,可以看到相当于结晶片晶长周期的极大散射。随着拉伸的进行,其散射图像异向性增加。另外还可以看出,类似于 B1 的散射图,低拉伸纤维由长周期形成的散射强度,

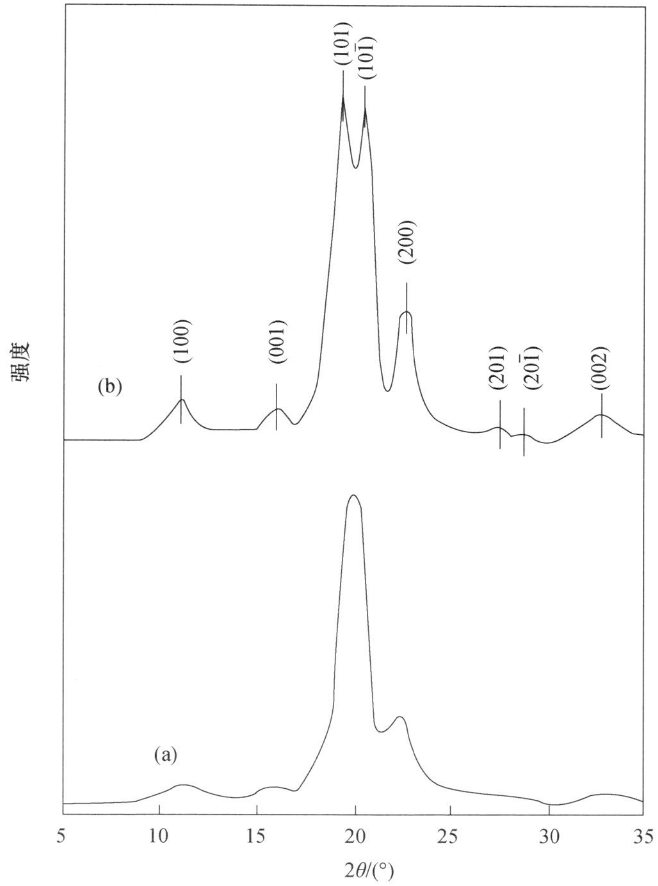

图 3－19　X 射线衍射曲线

(a)交联型聚乙烯醇纤维;(b)普通型聚乙烯醇纤维。

在方位角方向具有分布。这意味着由表示长周期的结晶和非结晶组成的具有一定规则性的基团是杜宇方位角方向分布的。随着拉伸极大散射对方位角的依存性减少,沿赤道线平行发射,显示出强度增大的倾向,因此,在拉伸方向的平行方向是有一定的周期性。但在拉伸方向的垂直方向存在没有周期性的结构,其规则性随拉伸同时增大。此外,从极大散射随着拉伸向低角度方向移动,可以看出纤维中存在的结晶片晶和非晶区域的周期性规则结构,随拉伸沿纤维轴向方向取向的同时,重复结构的周期增大。为了固定纤维用的聚乙酸乙烯酯也参与 SAXS 测定,可以看出聚乙酸乙烯酯的长周期散射峰。由于固定纤维用的聚乙酸乙烯酯的量是确定的,而且相对于聚乙烯醇来说聚乙酸乙烯酯的量是相当少的,所以对于长周期散射峰位置中的聚乙酸乙烯酯的贡献部分可以忽略不计。

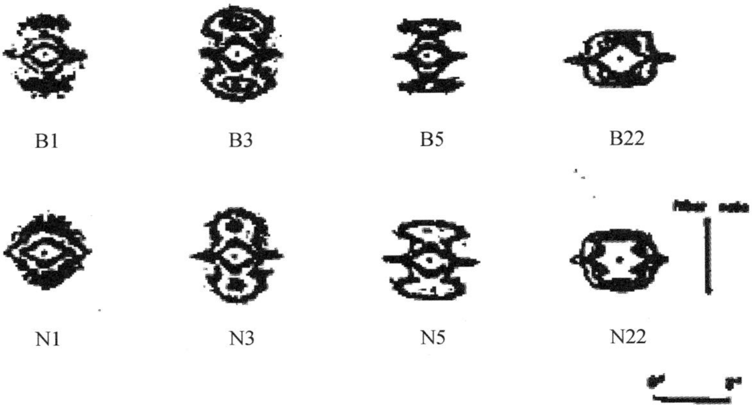

图 3-20 交联型 PVA 纤维(B)及普通型 PVA 纤维(N)的 SAXS 图像(纤维编号第一个数字表示湿热拉伸倍数，第二个数字表示干热拉伸倍数)

3.3.2.2 取向度

采用声速模量测定法评价纤维取向，在试样中的声速与模量的关系为

$$E=\rho c^2 \tag{3-2}$$

式中 E、ρ、c——声速模量、密度与声速。

对于纤维声速模量的测定，由于分子链方向的模量 E_l 与分子链的垂直方向的模量 E_t 相比非常大，可以忽略不计，因此只以分子链垂直方向的模量作为其近似值，即对取向试样的声速模量 E_{or}，分别用结晶和非晶分子链垂直方向的特征模量 $E^{o}_{t,c}$，$E^{o}_{t,am}$ 以下式表示：

$$\frac{1}{E_{or}}=\frac{\beta}{E^{o}_{t,c}}(1-<\cos^2\theta>)_c+\frac{1-\beta}{E^{o}_{t,am}}(1-<\cos^2\theta>)_{am} \tag{3-3}$$

式中 β——重量结晶度；

$<\cos^2\theta>_c$、$<\cos^2\theta>_{am}$——结晶，非晶链取向方向余弦的平方平均值；

θ——纤维对称轴与声波传播方向的夹角。

只是当从体积模量的加和性推导式(3-3)时泊松比的值是必需的，聚乙烯醇与其他主要结晶性高分子相同，其值均为 0.33。

未取向状态的模量为 E_0，由于不存在 $<\cos^2\theta>_c=<\cos^2\theta>_{am}=1/3$，则

$$3/2E_n=\beta/E^{o}_{t,c}+(1-\beta)/E^{o}_{t,am} \tag{3-4}$$

结晶及非晶链的取向因子 f_c、f_{am} 分别为

$$f_c=(3-<\cos^2\theta>_c-1)/2 \tag{3-5}$$

$$f_{ac}=(3-<\cos^2\theta>_{ac}-1)/2 \tag{3-6}$$

因此最终为

$$3/2(\Delta E^{-1}) = \beta f_c / E^o_{t,c} + (1-\beta) f_{am} / E^o_{t,am} (\Delta E^{-1}) = (E_o -1 - E_{or} -1) \tag{3-7}$$

据此，如果β、f_c为已知，则可以由测定ΔE评价非晶链的取向因子f_{ac}，重量结晶度β可以根据密度梯度管法得到的各纤维的密度求得。

图3-21是表示对于各拉伸比，各纤维结晶的二维取向因子和非晶链的取向因子。结晶和非晶链都显示出B型纤维的值大。但是，可以看出B22和N12结晶取向度无大的差异。在纺丝拉伸阶段，交联型纤维的结晶和非晶链取向比普通型纤维高。可以认为是因为交联型纤维的分子链间有交联的存在，分子链间不滑，可以高效率拉伸的原因。对于干热拉伸纤维，非晶链的取向B22高于N12，可以认为是由于B22比N12高拉伸的原因。

图3-21中，在低拉伸区域，交联型及普通型纤维均为非晶取向优于结晶取向。分析其原因：①可以认为在低拉伸区域，由于拉伸形成基体的非晶链首先拉紧使微晶取向，即用Kratky的浮动棒模型能够说明聚乙烯醇的分子取向。②结晶取向因子用X射线衍射法，非晶取向因子由其结果和声速模量的测定来评价，所以可以认为以绝对值比较两者是有问题的。关于前者，在有关膨润聚乙烯醇拉伸薄膜分子取向评价的研究和有关根据中子散射伴随拉伸分子形态评价的研究，报告了在聚乙烯醇的拉伸中非晶取向与结晶取向不相上下。

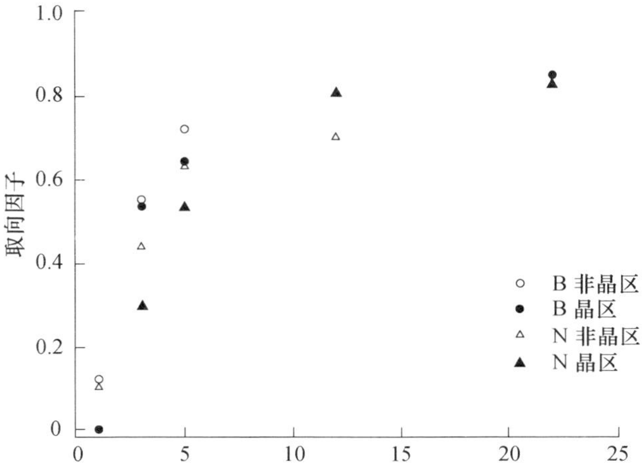

图3-21 取向因子与拉伸比率之间的关系

3.3.3 纤维耐热水性能

将长100mm的纤维束在保持一定温度的硅油浴中浸泡15s，使纤维发生收缩，按下式求分子拉伸率M：

$$M = L_1/L_2 \tag{3-8}$$

式中　L_1、L_2——纤维伸缩前后的长度。

收缩试验所用的温度，根据使用N12在各种温度下所测得的结果来决定。在收缩试验中所使用的温度，根据该预备试验的结果定于250℃，是根据纤维充分收缩的温度和不导致聚乙烯醇分解的温度这两个条件来决定的。图3-22是表示相对于纤维的拉伸比，在250℃下的分子拉伸率 M。试验线表示分子拉伸率与纤维的拉伸相等的情况。根据该图可以看出，在纤维拉伸比增大的同时，M 亦增大，拉伸比在12附近以前，M 与纤维的拉伸比几乎一致，表示拉伸可以高效率地进行。但是对于 $B22$，M 大约为18，比拉伸比为22小一些。这可能是因为在交联切断后，高拉伸分子链间产生滑动。相对于普通型纤维，最大拉伸比为12，交联型纤维为22倍，比普通型大，并且 M 值与纤维的拉伸比相近。因此，可以看出拉伸效果可比较高效率地达到分子级。

因此，对最终纤维B22和N12进行比较时，很明显，B22的 M 值大，分子链也是B22比N12有更高的取向，这由收缩试验也可以看出。

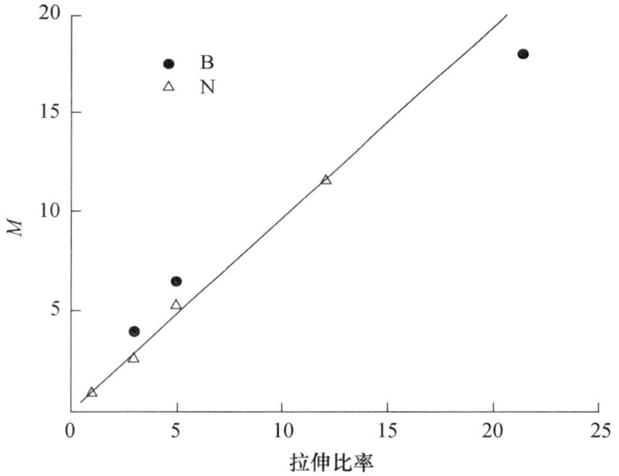

图3-22　在250℃下收缩测得的拉伸比率与分子拉伸率 M 间的关系

参考文献

[1] 周国泰，施楣梧，徐闻．高强高模纤维的研究现状及PVA在防弹复合材料中的应用[J]．纺织学报，1999，20(3)：178-180.

[2] 林伯樵．高强高模PVA纤维开发方案探讨[J]．维纶通讯，1996，16(2)：14-18.

[3] 李明星，王凯．高强高模聚乙烯醇纤维的研究进展[J]．合成纤维，2003，1：21-23.

[4] 高亚宁,史志杰,薛智刚. 超高强度聚乙烯醇纤维的生产工艺研究[J]. 合成纤维,2006,6:36-38.
[5] 李盛林. 高强高模聚乙烯醇纤维成形机理的探讨[J]. 维纶通讯,2011,31(4):12-15.
[6] 高亚宁. 生产工艺条件对聚乙烯醇纤维结构与性能的影响[J]. 合成纤维,2011,40(6):22-24.
[7] 陈玉添,陈正伦. 聚乙烯醇长丝束生产工艺:CN1031727A[P]. 1989.
[8] 吴建亭. 高强高模聚乙烯醇纤维的生产工艺初探[J]. 合成纤维工业,2010,33(5):54-59.
[9] 吴清基,祁波夫,朱介民. 高强高模聚乙烯醇纤维的研制[J]. 中国纺织大学学报,1993,19(6):37-46.

第4章

冻胶纺丝制备高强高模聚乙烯醇纤维

4.1 聚乙烯醇冻胶纺丝基本原理

4.1.1 冻胶纺丝简介

从1938年第一根纤维面世至今,已经形成了多种多样的纺丝方法。常见的纺丝方法为熔体纺丝法、溶液纺丝法(又可分为湿法和干法)等常规纺丝方法。随着航空航天技术、国防和许多现代工业的飞速发展,对合成纤维的性能提出了许多新的要求。例如,要求合成纤维具有特殊的耐高温性或阻燃性,要求纤维具有特别高的强度和模量等。加之合成纤维工业本身的不断进步,技术工艺条件的不断发展,出现了一系列新的纺丝方法,如干湿法纺丝、液晶纺丝、冻胶纺丝、相分离纺丝、乳液或悬浮液纺丝、反应纺丝等[1]。

冻胶纺丝广泛应用在高强高模纤维的生产中。超高强度聚乙烯(UHMWPE)的成功开发使得冻胶纺丝为众人熟知,但尚未赋予它明确的定义。一般可以把冻胶纺丝理解为通过似凝胶态中间物质得到高强度纤维的方法,在工业上又称为冻胶纺丝。凝胶纺丝在高强高模纤维生产中具有不可比拟的优势。利用该方法生产的各种特种纤维已经得到广泛应用。冻胶纺丝从出现至今已经经历了50多年。在这50多年中,冻胶纺丝的技术被不断完善,应用的范围也从单一的低分子量PE扩展到PVA、PAN、UHMWPE等大分子量的原料。可以说凝胶纺丝技术使得高强高模纤维的生产得到了快速的发展。

冻胶纺丝法也称半熔体纺丝法,其实质是将高聚物溶液或塑化的冻胶经喷丝头挤出经空气然后进入凝固浴中,在此凝固浴中纺丝原液被冷却,致使高聚物溶液固化。冻胶纺丝是介于干法纺丝和熔体纺丝之间的一种方法,有时甚至就被当作干法纺丝看待。冻胶纺丝所用的纺丝液是一种高聚物溶液,这像干法纺丝一样，冻胶纺丝时的固化过程主要是冷却过程，这又与熔体纺丝相似。

冻胶纺丝法适用于熔点高于分解温度的某些成纤高聚物的纺丝，目前已成功地用于纺制超高分子量聚乙烯、聚乙烯醇、丙烯腈和氯乙烯的聚合物或共聚物等。这些聚合物虽然有的也能由其溶液用湿法或干法纺丝，但采用冻胶纺丝法时，有一些明显的优点。首先，由于纺丝液的黏度较高，固化速率快，故纺丝速度可达2000m/min，使生产效率大大提高。

冻胶纺丝法的缺点是从纤维中萃取残存的溶剂，以及回收溶剂和萃取剂的过程比较复杂。由于从纤维中洗出溶剂的速率远远落后于纺丝速度，甚至因而失去了纺丝速度高的优点。此外，高浓度、高黏度纺丝液的过滤和脱泡较为困难，这也是生产上的一大障碍。

4.1.2 冻胶纺丝制备高强高模纤维原理

要获得高性能纤维需具备两个条件：①聚合物的分子量足够高，以减少纤维中大分子链末端基微小缺陷；②大分子链呈现伸展状态，链排列规整，分子之间存在强作用力。满足上述条件的纤维是一种理想纤维，如图4-1(a)所示。而常规纤维的分子链呈折叠状态，含有一定量的末端基，大分子链规整性差，分子间作用力弱，如图4-1(b)所示。当纤维受到外力作用时，张力集中在片晶之间包含很多薄弱部分的非晶区部分，且主要由连接相邻片晶的缚结分子承担，而模量很高的片晶部分对纤维的力学性能几乎没有贡献。因此，为制备高性能纤维，需要以大分子量聚合物为原料，采用合适的工艺，以保证成品纤维中大分子链呈现规整排列的伸展状态。冻胶纺丝技术是实现这一目标的理想方法之一[2]。

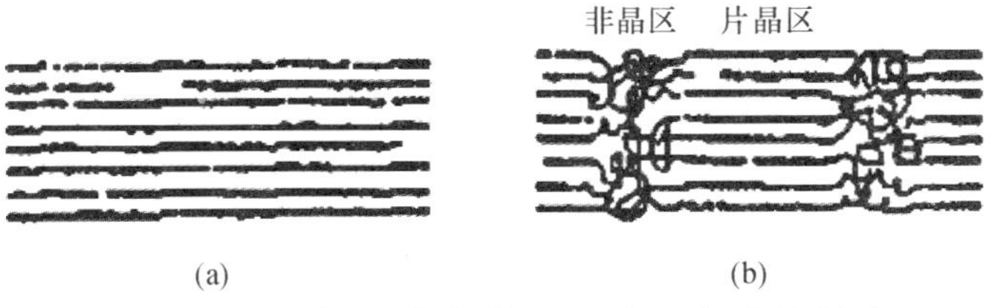

图4-1 理想纤维与常规纤维形态结构模式

(a)理想纤维；(b)常规纤维。

冻胶纺丝过程中，利用高分子量的柔性链分子，在半稀溶液中解去缠结，然后纺丝、结晶，再通过高倍拉伸得到伸展链。纺丝原液在凝固成形过程中基本没有溶剂扩散，仅发生热交换，因而初生纤维含有大量溶剂，呈凝胶态，这种初生纤维经过高倍热拉伸成为高强高模纤维。

从分子结构上看，分子量极高的柔性链聚合物，经溶解成半稀溶液，大分子链之间的缠结大幅度减小，纺丝后骤冷使这种大分子链间的解缠状态得以保持在制备的凝胶原丝中，通过高倍热拉伸，提高纤维结晶度和取向度，使呈折叠链的片晶向伸直链转化,从而获得高强高模纤维。

从纤维微观形态看,凝胶纺丝原液溶剂和固化溶剂为同一有机溶剂,纺丝原液由喷丝头挤出,在空气段能初步形成三维网络结构,然后进入凝固浴,急剧冷却使其凝胶化成为“均匀的凝胶丝”后再开始脱溶剂,这样易得到正圆形截面、结构均匀的纤维,且在热处理等后阶段工序中纤维分子的取向和结晶过程能比较均匀地进行,更易制备高性能纤维。

4.1.3 冻胶纺丝制备高强高模聚乙烯醇纤维进展

日本可乐丽公司于 1982 年开始聚乙烯醇冻胶湿法纺丝技术的研究,该技术也是属于一种湿法纺丝技术,但是使用的溶剂、凝固剂和萃取剂都是有机溶剂,1996 年实现工业化生产应用。该工艺是在一定温度下,将聚乙烯醇配制成以 DMSO 作溶剂的纺丝原液,原液经喷丝孔挤出后在低温甲醇中迅速冷却成冻胶状,使初生纤维中的大分子处于低缠结状态,在溶剂被除去之前即形成稳定的结构。初生纤维经萃取除去溶剂后再进行高倍热拉伸,或先将初生纤维热拉伸后再进行萃取,最终获得具有伸直链结晶结构的高性能纤维。

与常规湿法纺丝相比,采用冻胶湿法纺丝工艺制得的纤维不带盐,具有规整的圆形横截面,结构均匀,大分子的取向度和结晶度较高,可由此方法获得强度达 20cN/dtex 的聚乙烯醇高强高模纤维。采用部分醇解的聚乙烯醇纺丝,可以得到水溶温度在 5 ~ 90℃之间的一系列水溶纤维。采用该工艺将聚乙烯醇与其他聚合物共混纺丝,还可以得到复合改性纤维。由于整个纺丝过程都在一个封闭的系统中完成,使用的所有有机溶剂均可被完全回收循环使用,不污染环境,因此,该技术也是一种环保型纺丝技术。

此后,日本可乐丽公司还开发了聚乙烯醇冻胶干湿法纺丝技术,该技术将聚乙烯醇干法纺丝和冻胶湿法纺丝有机结合,具有十分明显的优点:①纺丝原液通过空气层时,在细流尚未凝固之前可对其进行较大倍数的拉伸,从而使初生纤维中的大分子具有较高的预取向度,这对获得高性能纤维十分有利。②可用高浓度、高黏度的纺丝原液进行纺丝,纺丝速度可调范围较大(每分钟从几米到数百米),生产效率较高。③纺丝组件与凝固浴的温差可以很大,通常不需特殊的隔热系统。聚乙烯醇超高强高模纤维、聚乙烯醇水溶纤维长丝束或短纤均可通过该工艺生产制得。

4.2 聚乙烯醇冻胶纺丝基本工艺过程

4.2.1 纺丝原液制备及纺前准备

4.2.1.1 纺丝原液的制备

聚乙烯醇冻胶纺丝原液的制备是将聚乙烯醇溶于其良溶剂中,配制成不同浓度的纺丝原液用作下一步的纺丝加工。

其具体的操作工艺流程如下[3]：

PVA　水洗→脱水→精 PVA→溶解→混合→过滤→脱泡→纺丝原液

水洗和脱水过程参照3.2节，在此不再赘述。

普通的聚乙烯醇纤维的纺丝溶剂是水，但是在常温下水不是PVA很好的溶剂，从高聚合度的聚乙烯醇水溶液的稳定性和溶解度来看，溶液中会有絮凝物出现。在不良溶剂中大分子链不容易伸展，影响纺丝过程中分子链的解缠结和取向。因此，纺高性能聚乙烯醇纤维要选取聚乙烯醇的良溶剂。

表4-1为各种溶剂对溶解度的贡献值所计算的聚乙烯醇和各种溶剂的溶解度参数。从这些数据可以看出，从热力学角度来说DMSO和聚乙烯醇有最佳的相容性。从各种专利来看，大部分纺丝溶液用的溶剂是DMSO或是DMSO和水的混合溶剂。虽然在热力学上DMSO是聚乙烯醇的理想溶剂，但是为了提高高聚合度（约8600）聚乙烯醇溶液的均一性，消除未溶解小晶核，要加入少量水，同时还可以提高溶液的纺丝稳定性。

表4-1　聚乙烯醇及一些溶剂的溶解度参数

溶剂	PVA	DMSO	水	乙二醇	甘油	二甘醇
溶解度参数/$(J/cm^2)^{3/2}$	56.1	56.1	98.0	67.4	69.1	68.7

图4-2是聚乙烯醇在不同DMSO与水混合溶液中的溶胀数据图，DMSO与水质量比分别为纯DMSO、96/4、96/6、92/8、90/10、80/20、60/40、0/80、0/100。从图中可以看出，当DMSO/水质量比为92/8时，测得的溶胀度最大，说明适当的水可以帮助DMSO浸透聚乙烯醇，使得聚乙烯醇充分地溶胀，有助于聚乙烯醇的溶解。所以纺丝原液常在纯DMSO溶剂中加入一定比例的水作为溶剂。

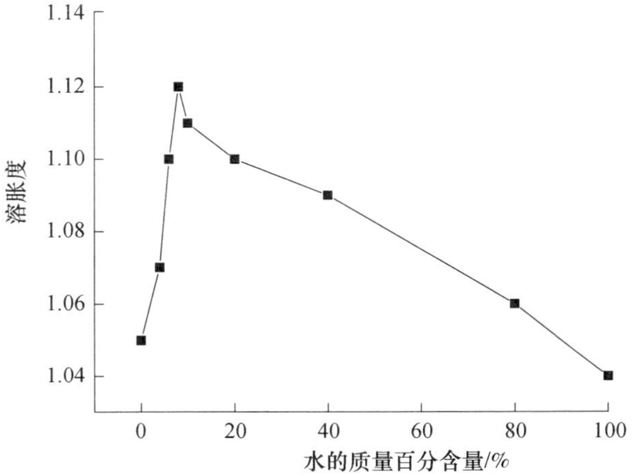

图4-2　DMSO与水混合比例对聚乙烯醇溶胀度的影响

4.2.1.2 原液的纺前准备

聚乙烯醇溶于DMSO/水后得到的纺丝原液，还不能马上用于纺丝成形，必须经历一系列的纺前准备过程，其中包括混合、过滤和脱泡等操作。

混合可以在一个大容量的设备中进行；过滤一般采用板框式压滤机；脱泡目前仍以静止的间歇式脱泡为主，如采用高效连续脱泡，则必须在饱和蒸汽的保护下进行，借以防止表层液面蒸发过快而结皮。

在聚乙烯醇纤维生产中，原液纺前准备过程与众不同的是必须在严格的保温条件下进行（保持96~98℃），因为随着纺丝原液温度的降低，其稳定性明显下降，表现为局部形成冻胶，使纺丝原液的可纺性下降，并影响所得纤维的品质。

4.2.2 聚乙烯醇冻胶纺丝

将适当分子量聚乙烯醇原料溶解在DMSO/水溶剂中，配成一定浓度的纺丝原液，进行纺丝。纺丝工艺示意图如图4-3所示。

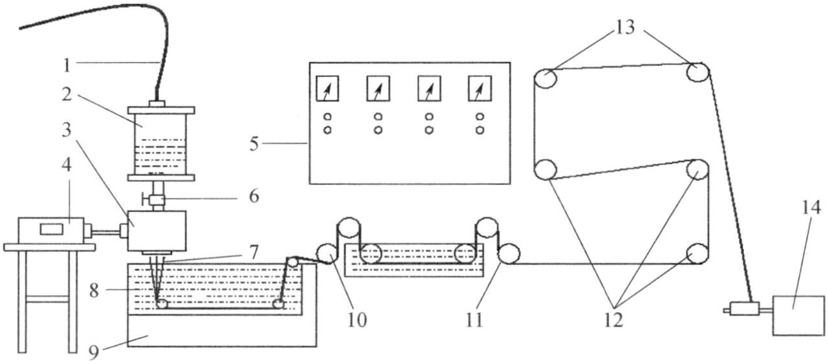

图4-3 凝胶纺丝设备

1—高压氮气管；2—纺丝溶液筒；3—计量泵；4—电动机；5—控制面板；6—阀门；
7—喷丝头；8—甲醇凝固浴；9—冰箱；10—第一罗拉；11—第二罗拉；
12—第三罗拉；13—第四罗拉；14—卷绕机。

将脱泡处理后的纺丝原液加入纺丝溶液筒中，纺丝溶液经计量泵计量，经烛形过滤器过滤后从喷丝孔中喷出，纺丝液流经过一空气层，进入（-18 ± 2）℃的甲醇凝固浴中冷冻成形，形成凝胶态初生纤维。纺丝时，先开启N_2，然后打开计量泵，调整泵速和凝固浴温度及其他纺丝条件，待纺丝稳定后，可以开始收取纺得的初生丝。在纺丝时，可以变换纺丝条件制得不同的初生丝。初生丝经萃取、干燥、热拉伸、热定型等工序后即可成为高强高模聚乙烯醇纤维。

聚乙烯醇冻胶纺丝工艺过程中，主要的控制参数有喷丝孔出丝速率、空气层高度、凝固浴种类及温度、初拉伸比率、萃取剂的选择与萃取温度和时间等。

1. 喷丝孔出丝速率

喷丝孔出丝速率是通过计量泵转速控制的,当计量泵转速过快时,出丝速度快。喷丝孔挤出胀大效应明显,会对初生丝中聚乙烯醇分子链排布结构造成影响。喷丝速率过慢,溶液在甬道中剪切应力变小,不利于形成一定的预取向结构,对二次拉伸不利。

2. 空气层高度

干湿法凝胶纺丝的方法是从纺丝板喷出的丝条首先进入一段空气层,然后再进入低温凝固剂中。与常规湿法纺丝相比,干湿法解决了高温喷丝头与低温凝固剂的矛盾,同时适当的空气层高度可以让丝条中聚合物分子链部分解取向,消除初生纤维中的应力,便于后续的热拉伸和热定型处理。

表4-2是干湿法凝胶纺丝空气层高度对初生纤维的影响。空气层的高度从10mm到100mm之间变化。从测得的初生纤维的取向因子和纺丝的稳定性及可操作性来考虑:空气层高度为10~40mm时,初生纤维的取向因子变化不大,空气层高度为10mm左右时,纺丝稳定,但是不易操作;高度为20mm时,比较容易操作;当高度大于40mm时,丝条在空气层中容易晃动,使得初生纤维容易缠结在一起;高度过大,达到100mm时,由于长时间受到重力的作用,部分丝条容易断裂,初生纤维的取向因子也会下降,容易缠结在一起。

综合考虑,空气层高度为20mm时,初生纤维的取向因子、纺丝稳定性和纺丝操作性都比较好。

表4-2 空气层高度对初生纤维的影响

空气层高度/mm	取向因子	纺丝现象
10	0.63	纺丝稳定,不易操作
20	0.64	纺丝稳定,易操作
40	0.63	易缠结一起
100	0.47	丝条易断,易缠结一起

3. 凝固浴种类及温度

高性能聚乙烯醇纤维纺丝的凝固过程和普通聚乙烯醇纺丝的凝固过程是完全不同的两种过程;普通聚乙烯醇纺丝的凝固过程是单向的脱水过程,高性能聚乙烯醇纤维的凝固过程是在低温下聚乙烯醇溶液凝胶化与溶剂和非溶剂的双扩散过程产生相分离结合的过程。能够溶解聚乙烯醇的有机溶剂大都是亲水的,因此对于聚乙烯醇的有机溶剂纺丝,大多数无机盐溶液都可以作为凝固剂。快速脱附过程会造成纤维截面不圆整,影响纤维的强度,为了使凝固过程不至于太快,采用有机凝固剂较为合适,其中醇类更为适宜。不同的烷基醇对PVA-DMSO溶液的凝固能力测定结果列于表4-3中。

表 4-3 不同醇类对 PVA-DMSO 的凝固能力

凝固剂	凝固能力/(mL/g)
甲醇	0.56
乙醇	0.53
丙醇	0.50
正丁醇	0.43
异丁醇	0.45
戊醇	0.39

从表 4-3 中数据可以看到,在实验的几种醇中,醇的碳数越多,凝固能力越强。从毒性和挥发性考虑,高碳醇较好。从工业成本考虑,选用甲醇为凝固剂最为经济。凝固剂的温度越低越利于凝胶的形成、减少凝固过程中溶剂和非溶剂的扩散速率,所以凝固剂甲醇的温度越低越好,同时考虑到工业生产的经济和自身的条件,凝固剂甲醇的温度选(-18±2)℃。

凝固浴温度的高低对冻胶初生丝的结晶和取向均有很大的影响。在较低的凝固浴温度下,纺丝易于得到均质的冻胶结构,有报道用液氮作为急冷浴,急冷温度达-196℃。有研究表明凝固浴温度的高低直接影响纤维的结晶类型(图 4-4)。纤维在凝固浴温度较低时一般生成缨状胶束晶核,在凝固浴温度较高时则生成折叠链片晶。研究表明,s-PVA 在 20~30℃以上的温度下生成的冻胶中几乎全是折叠链片晶结构。因为凝固浴温度可降低溶剂和凝固剂的扩散速度,从而可以制得疏松均匀、具有微观网络结构的初生纤维丝。更重要的是,较低凝固浴温度可以抑制聚乙烯醇折叠链片晶的形成、结晶度的增加和晶体的增长,同时又可以保证微晶核相对快速地增长。在折叠链片晶中,存在大量的分子间氢键,阻止了高倍拉伸。相反,大量的微晶核可以充当物理交联点,阻止拉伸过程分子链的滑移,从而可以保证高倍拉伸。较低的凝固浴温度还可能避免明显的相分离,确保形成既疏松又均匀的交联网络。当凝固浴温度小于 7℃时,得到类似于玻璃态的透明的、发亮的丝条,而且最后拉伸得到的拉伸纤维有较高的拉伸强度和拉伸模量。而当凝固浴温度大于 7℃时,冻胶丝条呈乳白色不透明状,拉伸性能较差,最后得到的拉伸纤维的拉伸强度和模量相对较低,在高倍拉伸时,可将无规取向的大分子网络结构转化成在纤维轴方向以连续微晶取向的原纤结构,制得高强高模纤维。为了进一步提高初生丝的强度,除了尽量降低冷冻的温度,延长冷冻时间,进行两次或多次冷冻操作,均有利于增加初生丝中冻胶的含量和力学性能。

另外,凝固浴温度的高低对初生纤维的取向态也有较大的影响。在冻胶纺丝的纺丝线上,喷丝头到凝固浴液面这一段的丝条温度最高,纺丝管中的纺丝液

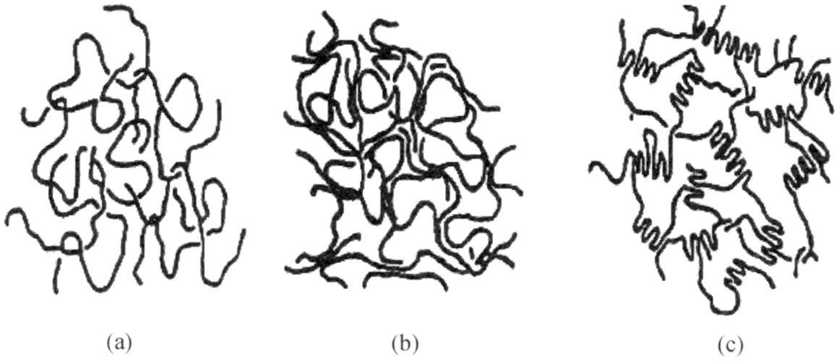

图4-4 结晶聚合物在溶液中的凝胶结构模型
(a)纺丝原液;(b)缨状胶束晶核(低温下);(c)折叠链片晶(高温下)。

经喷丝孔取向后大分子易松弛解取向,在冻胶丝条进入凝固浴冷却后残余的取向被保留下来。由于凝固浴温度影响冻胶丝条的冷却速度和大分子松弛活化能,凝固浴温度高时,丝条的冷却速度慢,获得松弛解取向的温度较高、时间较长,因而残余取向度较低。反之残余的取向度就较高,平行排列的大分子链较多,大分子之间形成的分子间氢键就较多,同时减少了分子内氢键的形成,使大分子能经受住较大的拉伸倍数,获得较高的力学性能。

凝固浴温度的高低影响溶剂的扩散速度及纤维的凝固速度,从而影响纤维大分子链的排列情况、结晶形态等,因此研究凝固浴温度对纤维性能的影响非常必要。结果见图4-5及表4-4。

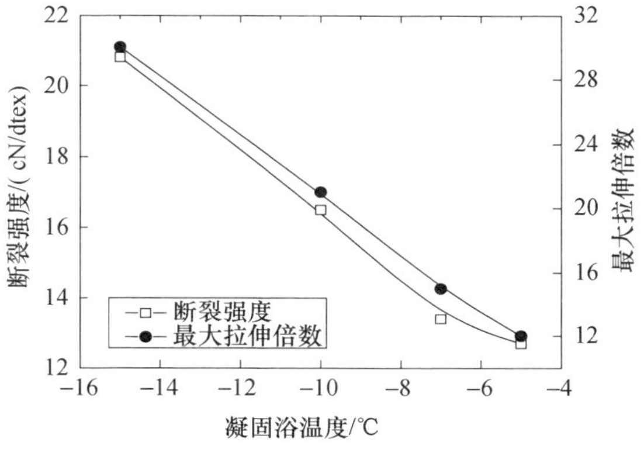

图4-5 不同凝固浴温度下纤维的
断裂强度及最大拉伸比

图4-5和表4-4显示,凝固浴温度越低,所纺得纤维状态及性能越好,且最大拉伸倍数越高。产生这种结果的原因为较低的凝固浴温度可降低溶剂和凝固剂的扩散速度,从而可以制得疏松均匀、具有微观网络结构的初生纤维丝。更

重要的是,较低凝固浴温度既可以抑制聚乙烯醇折叠链片晶的形成、结晶度的增加和晶体的增长,又可以保证微晶核相对快速地增长,大量的微晶核可以充当物理交联点,阻止拉伸过程中分子链的滑移,从而可以保证高倍拉伸,较低的凝固浴温度还可能避免明显的相分离,确保形成既疏松又均匀的交联网络。相反,高的凝固浴温度下,链段的运动能力大大提高,易在凝固前形成折叠链,在折叠链片晶中,存在大量的分子内氢键,阻止了高倍拉伸。因此低凝固浴温度下得到的纤维经热拉伸处理后有更高的取向度,因此有较好的力学性能。

表 4-4　不同凝固浴温度下的纤维

凝固浴温度/℃	丝条状态色泽	丝条热拉伸后取向度/%
-15	均匀、发亮	69.7
-10	均匀、有光泽	59.8
-7	均匀、较暗	51.2

4. 初拉伸比率

初拉伸比率 ε 定义为

$$\varepsilon = (v_1 - v_0)/v_0$$

式中　v_1——辊表面线速度(m/min);

v_0——喷丝孔的喷丝速度(m/min)。

初拉伸的不同,使丝条在凝固浴中受力状态、凝固时间等不同,纤维大分子的堆砌状况也不同,势必导致最终纤维的性能也不同。初拉伸对纤维性能的影响见表 4-5。

表 4-5　初拉伸对纤维性能的影响

初拉伸/%	纤维的最大断裂强度/(cN/dtex)	初始模量/(cN/dtex)	最大拉伸倍数
-60	20.89	385	30
-40	18.30	389	28
-25	18.52	376	24
0	16.3	330	18
20	14.7	300	14

表 4-5 表明初拉伸倍数处于 -60% ~ -25% 之间时所得纤维的性能变化不大,且易产生性能比较好的纤维;而没有负拉伸或一开始就正拉伸所得纤维性能明显下降。分析原因为适当负拉伸的存在,一方面,使丝条在凝固浴运行时处于不受张力自由状态,大分子链自由地运动凝固,纤维的结构疏松,且没有应力的产生;另一方面,使丝条在凝固浴中停留的时间较长,充分凝固。因此适当的负拉伸有利于纤维性能的提高[4]。

5. 萃取条件的选择

萃取条件决定拉伸前凝胶丝内的溶剂含量和萃取过程的快慢,而溶剂含量大小影响纤维拉伸过程的有效性及最终纤维的力学性能。不同溶剂含量的初生凝胶丝经相同条件拉伸后测定纤维的强度和模量不同,原因是存在于凝胶丝内的高沸点溶剂使聚乙烯醇大分子链溶剂化,降低了链间次价键力,分子链移动活化能减小,在承受张力时尤其在高温下拉伸时分子链间易相对滑移,导致分子链及折叠链承受的拉伸应力下降。一方面降低了拉伸有效性;另一方面拉伸后纤维中残存的溶剂也降低纤维的强度和模量。

采用分次萃取的方法可以更有效地除去凝胶丝内的 DMSO;

高强高模聚乙烯醇纤维向纤维外的扩散符合菲克扩散定律:

$$J_v = -D\frac{V_x}{\xi}\Delta C$$

显然,ΔC 越大,即丝条中的溶剂浓度与萃取剂中的溶剂浓度差越大,溶剂和萃取剂的交换也越快,即萃取时间越短。萃取温度越高,萃取剂分子运动加速,萃取时间也越短。萃取剂的运动状态也会影响萃取效果。但由于各研究者所用原料不同、纺丝条件不同、萃取方式不同等,所用萃取时间有很大不同。

4.2.3 后处理

4.2.3.1 聚乙烯醇纤维的拉伸原理

众所周知,聚乙烯醇分子是一种柔性分子,在其浓溶液状态下,聚乙烯醇分子呈无规线团状,分子内和分子间容易相互缠结,经冻胶纺丝喷丝孔挤出冻胶成形后,纤维具有折叠链结构,折叠链堆砌规整的晶区之间紧靠少数缚结分子连接,因此纤维的实际强度和模量远远低于基本单位纤维横截面上大分子 C—C 键能的累加值计算得到的理论强度和模量。它们的强力都很低,伸长大,结构不稳定,远不符合其应用要求。初生纤维必须经过一系列后处理程序之后,才能具有一定的力学性能和稳定的结构,才能符合其应用要求,并具有优良的使用性能。

在初生纤维后加工的过程中,最主要的并对纤维的结构与性能影响最大的是热拉伸和热定型两道工序。拉伸常称为合成纤维的二次成形,它是提高纤维力学性能的必不可少的手段,同时也是检验其前面各道工序进行得好坏的关口。

在拉伸过程中,纤维的大分子链或聚集态结构单元发生舒展,并沿纤维轴向排列取向。在取向的同时,通常伴随着相态的变化,以及其他结构特征的变化。各种初生纤维在拉伸过程中所发生的结构和性能的变化并不相同,但有一个共同点,即纤维的低序区(对结晶高聚物来说即为非晶区)的大分子沿纤维轴向的取向度大大提高，同时伴有密度、结晶度等其他结构方面的变化。由于纤维内大分子沿纤维轴取向，形成并增加了氢键、偶极键以及其他类型的分子间力，纤维承受外加张力的分子链数目增加了，从而使纤维的断裂强度显著提高，延伸度下降，耐磨性和对各种不同类型形变的疲劳强度也会明显提高。随着拉伸倍数的增加，纤维的取向度急速提高，随后便趋于平缓。纤维拉伸效果图如图4－6所示。

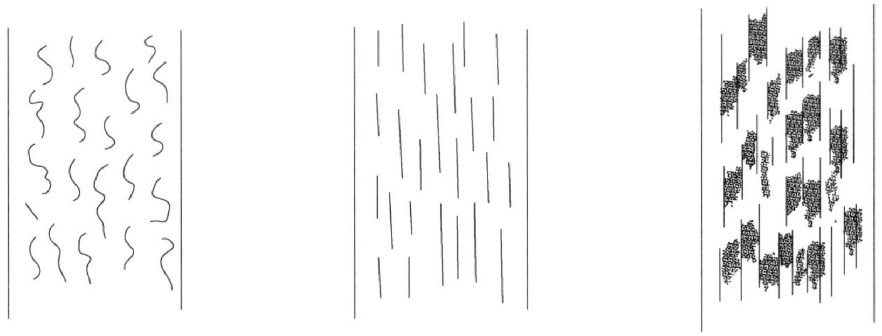

(a)　　(b)　　(c)

图4－6　纤维拉伸效果图

(a)纺丝后;(b)拉伸后;(c)热处理后。

4.2.3.2　拉伸作用对纤维性能的影响

1. 热拉伸温度的影响

在聚乙烯醇纤维的热拉伸过程中，最重要的工艺条件则是热拉伸温度与热拉伸倍数，一般来说，热拉伸倍数越大，纤维的强度越高，力学性能越好。但不同的拉伸温度会影响纤维的最大拉伸倍数。

由图4－7、图4－8清楚地看出，随拉伸温度的增加，无论是纤维能够达到的最大热拉伸倍数还是纤维的断裂强度和模量都是先增后减，且在90～180℃增加缓慢，过了180℃后可达到的最大热拉伸倍数和力学性能都有快速的提高。220～260℃之间纤维的最大热拉伸倍数都可以达到13，且发现这个阶段温度越高，纤维达到最大拉伸倍数所需要的时间越短，张力越小越容易拉伸。断裂强度和初始模量的最大值都出现在220～240℃之间，且在这一温度段内变化不大，实验期间发现纤维在温度超过240℃后会因温度过高发黄，纤维性能降低。但事实上发黄是热定型过程产生的，就是说在260℃拉伸过程中(时间大概30s)纤维没有发黄，且很容易拉到高倍数，因此得到这样一个启示，在稍微高一点(240～250℃)的温度下拉伸，低一点的温度下(220～230℃)热定型，可以得到高拉伸倍数高性能的纤维，原因为通过拉伸丝的DSC测试发现，拉伸纤维的熔点在242～248℃之间，因此高一点的温度(240～250℃，接近熔点)，链段运动容易，有利于克服分子内、分子间氢键，使原来结晶结构重建，加快链段运动并使其在张力作用下重新取向结晶，热定型的目的是在接近熔点的温度下提供合适的时间使热拉伸产生的分子链重排、结晶等达到一个平衡状态，消除内应力等，热定型一般需要 2 ~ 3min，时间有些长，如果温度过高会使纤维炭化。

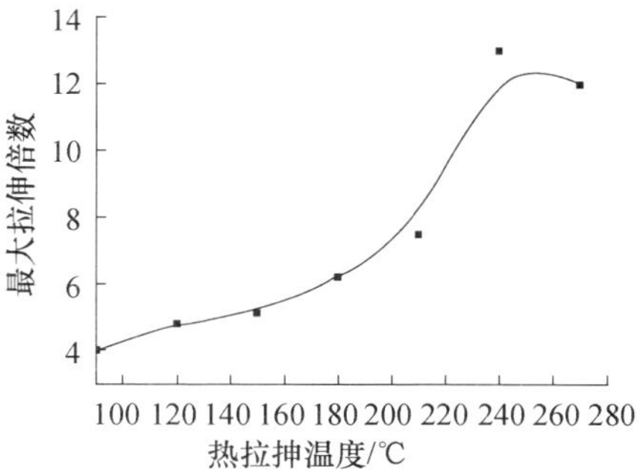

图 4－7　不同热拉伸温度下的最大热拉伸倍数

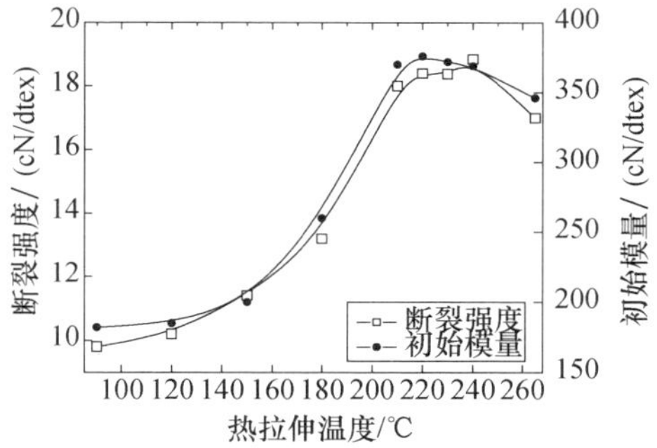

图 4－8　不同热拉伸温度下纤维的性能

2. 热拉伸倍数的影响

不同的拉伸倍数会对纤维的力学性能产生很大的影响。

从图 4－9 及图 4－10 可以看出，即随热拉伸倍数的增大，纤维的强度模量都增大，并再次证明了凝固浴温度降低纤维性能提高。这主要是因为纤维在热拉伸过程中非晶区分子链进一步结晶取向，晶区原来由缺陷的晶格在热和力的作用下重新解取向后再结晶达到较完美结晶，从图 4－11 及表 4－6 中可以看出热拉伸前后结晶度的提高、结晶结构的变化、不同晶面微晶尺寸的增长。结晶结构的完善使得纤维的性能提高[5]。

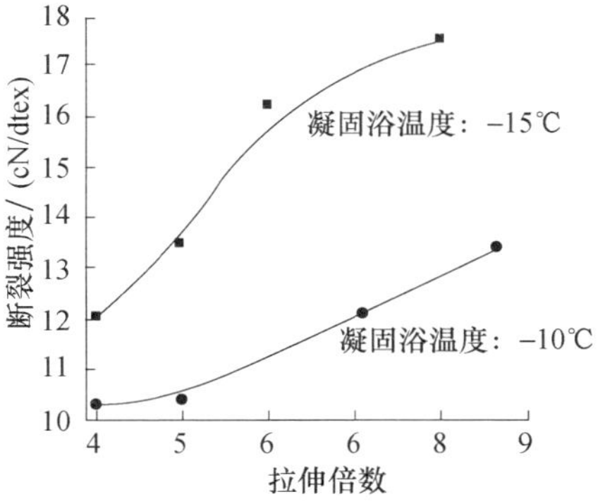

图 4－9　纤维断裂强度与拉伸倍数的关系

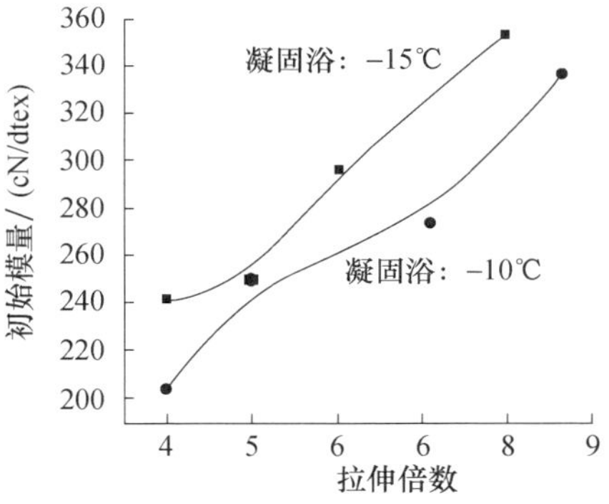

图 4－10　纤维初始模量与拉伸倍数的关系

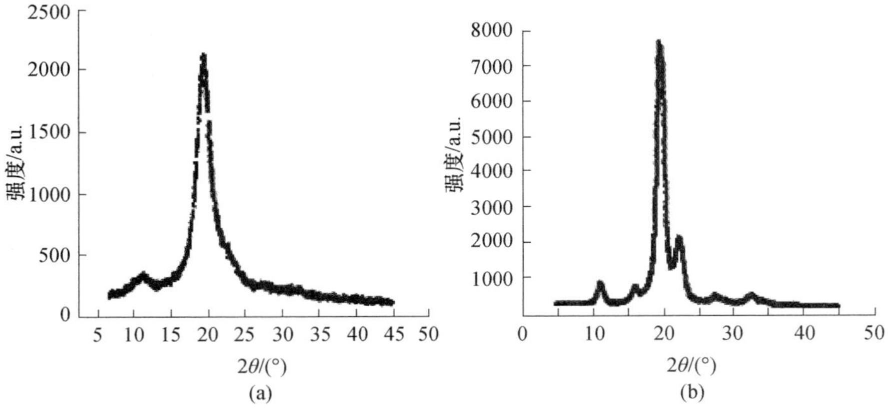

图 4-11 热拉伸前后纤维的 X 射线衍射图谱

(a)拉伸前结晶度 48%;(b)拉伸后结晶度 73%。

表 4-6 热拉伸前后结晶结构变化

条件	2θ	晶面参数	微晶尺寸/Å
热拉伸前	19.407	101	53
	11.205	100	123
	19.727	101	180
热拉伸后	22.456	200	87
	28	201	135
	32.5	002	—
	40.9	111	—
注:1Å=0.1nm			

值得注意的是纤维的强度和模量并不是随拉伸倍数增大而无限升高,因为每一纤维都有一最大拉伸倍数,超过此上限时就会产生晶体破裂,强度模量都反而降低,如图 4-12 所示。

有研究指出,聚乙烯醇纤维热拉伸过程存在两个表观活化能,70~135℃时 $E=5.3\sim9.2$kJ/mol,130~160℃时 $E=45.2\sim54.2$kJ/mol,因此认为两步拉伸或多级拉伸较为合理。前段拉伸目的是使小分子移出,减小非晶区链段之间的自由体积,使链段排列紧密,后段高温拉伸的目的是使晶区在热和张力作用下重建。

3. 拉伸速度的影响

一般来说,随着拉伸速度的减慢,纤维的强度和模量都出现先增后降的趋势,出现强度模量这种变化趋势的原因,要归结为链段在热拉伸温度下的解取向、取向蠕动速度与热拉伸速度之间的关系,当热拉伸速度过快时,纤维在外力

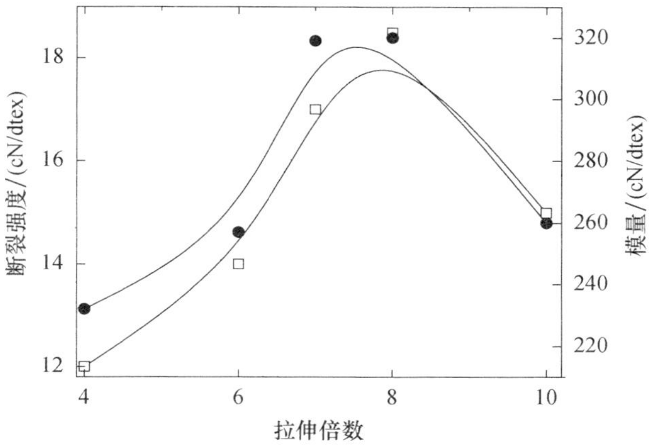

图 4－12　热拉伸倍数与纤维性能的关系

作用下的运动速度超过链段自身的解取向、取向的运动速度，因此造成内部应力出现、堆积甚至造成结晶缺陷；相反，当热拉伸速度过慢时，外力作用使纤维运动速度慢于链段自身蠕动速度，也会造成纤维内部的应力堆积、部分区域出现结晶缺陷，同时可能造成链段折叠生成折叠链晶。总之速度过快或过慢都不利于纤维的有效结晶和取向，因此热拉伸速度的确定应考虑体系中链段在热拉伸温度下的蠕动速度，而链段的蠕动速度又与体系起初链段的堆积排列情况有关，不同凝固浴温度下的纤维具有不同疏松度、不同结晶度的冻胶网络结构，因此其链段运动速度也不相同，热拉伸时达到最大强度和模量的拉伸速度也相应有了不同。总地来说，凝固浴温度越低，结构越疏松，越易在较高拉伸速度下达到最佳性能点。

4. 拉伸效果

拉伸效果可以从两个方面进行考察：一是拉伸后纤维所表现的力学性能变化，即强度上升和伸长率下降；二是分子结构变化，即分子结晶度和取向度提高。

对于强度和伸长率而言，不论哪种拉伸方法，只要提高拉伸倍数，强度随之上升，伸长率下降。湿拉伸和干热拉伸的效果，从绝对值来看，还是有些区别。干热拉伸比湿拉伸效果要好。提高同样拉伸率，干热拉伸强度上升得更快。

浴中拉伸分为正拉伸和负拉伸，当拉伸率为正值时，纤维性能变坏，表现之一是纤维的强度反而低。伸长率增大；表现之二是当正拉伸率大于 1% ~5% 时，纤维在喷丝头附近出现断丝。其原因是聚乙烯醇凝固较慢，在喷丝头附近的纤维仍然含有大量水分的黏性丝条，由于是正拉伸，拉伸点就在喷丝头附近纤维最弱的地方，黏性液体经不住拉伸而断裂。鉴于以上原因，对湿法聚乙烯醇纤维，浴中拉伸均采用负拉伸。负拉伸值大小对纤维强伸度影响一般可忽略不计。不过负拉伸值过大时，纤维在浴中停留时间长一些，对于以后湿热拉伸和干热拉伸效果有促进作用。但负值太大，纤维在浴中摆动或飘浮，为此，负拉伸值在

10% ~30%之间。

对于分子结构而言,干热拉伸对提高分子的定向度和结晶度的作用比湿拉伸的作用大,而且经过干热拉伸后,纤维表面光滑,而湿拉伸后纤维表面较为粗糙。此外,更为有意义的是经过湿拉伸后纤维在湿润状态下,强度稳定性较差,经过干热拉伸后,纤维在湿润状态下,强度稳定性较好。所以,经常在湿润状态下使用的纤维,应当考虑干热拉伸的影响因素。

(1) 聚乙烯醇平均聚合度。平均聚合度高,最大拉伸倍数下降,但拉伸效果更好,即在同一拉伸倍数下,聚合度高者强度越高;平均聚合度低,拉伸倍数可以增大,但拉伸效果则差一些。看起来,拉伸倍数与拉伸效果有些矛盾,在工业生产中,是选择两者适可的程度。

平均聚合度应限制在一定范围内,超过一定范围之后,拉伸倍数和拉伸效果都变得很坏。普通短纤维、90 ~100℃水溶纤维、长束纤维一般使用平均聚合度为1700左右的聚乙烯醇;80 ~90℃水溶纤维使用平均聚合度为1000左右的聚乙烯醇;高强高模纤维使用平均聚合度为2000左右的聚乙烯醇。

此外,聚合度分布也对拉伸倍数和拉伸效果有较大影响。最好是聚合度分布窄一些,即聚合度很低的分子和聚合度很高的分子不能太多。

(2) 凝固性。纤维凝固良好,拉伸倍数有所下降,但拉伸效果更好。在工业生产中,同样选择两者适可的程度。

此外,纤维的厚薄均匀程度也对纤维拉伸有影响。

4.2.3.3 聚乙烯醇纤维的热处理

热处理是继拉伸之后又一个重要的加工过程。聚乙烯醇纤维热处理的目的是提高纤维的形状稳定性(尺寸稳定性),进一步改善其力学性能,如结节强度和延伸度。聚乙烯醇纤维在热处理过程中,在除去剩余水分和大分子间形成氢键的同时,纤维的结晶度有所提高。提高结晶度使纤维中大分子的取向结构和纤维的卷曲得以保持,因而使纤维定形。值得注意的是,随着结晶度的提高,纤维中大分子的自由羟基减少,耐热水性即水中软化点(RP)提高。聚乙烯醇纤维半成品的水中软化点与结晶度的关系见表4-7。

表4-7 聚乙烯醇半成品纤维水中软化点和对应的结晶度

水中软化点/℃	30	40	55	75	83	90
纤维结晶度/%	19.1	29.6	33.8	53.2	57.6	60.6

因此,实际生产中一般用半成品纤维的耐热水性,即水中软化点来表示纤维的热处理效果。一般要求长丝为91.5℃,短纤维为88℃,相应该纤维的结晶度约为60%。

聚乙烯醇纤维的热处理按所在介质分为湿热处理和干热处理两种。在实际生产中常用干热处理，一般以热空气作为介质。

热处理过程的主要参数如下：

在聚乙烯纤维的热处理过程中，主要控制的参数有温度、时间和松弛度。

（1）热处理温度。热处理温度是热处理过程中最主要的参数。实验发现，在 245℃以下将聚乙烯醇纤维进行热处理时，随着热处理温度的提高，纤维的结晶度和晶粒尺寸均有所增大，水中软化点也相应提高。

但当热处理温度超过 245℃时，效果适得其反，纤维的耐热水性趋于降低。这主要是由于在这样的高温下，聚乙烯醇纤维结晶区的破坏速度大于其可能建立的速度，加之氧化裂解速度大大加快，使纤维的平均分子量减小，这些都会使纤维的性能下降。长束状聚乙烯醇纤维的干热处理温度以 225 ~ 240℃为好，短纤维的干热处理用时较长（为 6 ~ 7min），温度以 215 ~ 225℃为宜。

（2）热处理时间。热处理时间和热处理温度密切相关。温度越高，所需的热处理时间就越短。在一定时间范围内，随着热处理时间增加，纤维的结晶度提高。但是，当纤维达到一定结晶度后，随着热处理时间增加，结晶度几乎不再变化。达到平衡的时间，随热处理温度的提高而缩短。因此，确定热处理条件时，一般先选定热处理温度，再确定适当的热处理时间。

随着热定型时间的增加，纤维的断裂强度先增后减再增，原因是热拉伸过程中由于链段在热应力作用下的运动速度和拉伸速度有一个滞后的现象，因此必然在拉伸的过程中有应力的堆积，热定型初期一段时间内链段运动逐渐消除这一应力，同时在力的作用下，链段取向结晶，因此强度增加；滞后消除、链段内应力完全消失后继续热定型，此时原来结晶不完善的晶区内晶体开始融化，链段开始在热的作用下解取向，因此强度降低。最后重建晶格因此强度又上升。

（3）松弛度。松弛度又称收缩率，是指纤维在热处理过程中收缩的程度。

适当的热收缩处理不仅对提高纤维的结晶度、改善纤维的染色性有利，而且会显著地促使纤维的结节强度和水中软化点有较大提高。

但松弛度过大，不仅强度损失过大，而且纤维的结节强度和结晶度还趋于减小。所以生产中控制松弛度不大于 15%，一般为 5% ~ 10%。

4.3　干湿法冻胶纺丝高强高模聚乙烯醇纤维的结构与性能

4.3.1　化学结构

理论上，一般作为柔性链高分子，制备高强高模纤维要求聚乙烯醇原料分子具有较高的聚合度，较低的支化度以及较高的立构规整度。然而聚乙烯醇含有—OH 侧基，多由聚乙酸乙烯酯醇解得来，欲制备高强度的聚乙烯醇纤维，聚乙烯醇原料必须具有较高醇解度。

4.3.1.1 聚合度

对纤维而言，大分子末端不能传递应力，受外力作用时在分子链末端发生应力集中导致纤维断裂，在不考虑材料加工过程中伴随的内应力及缺陷的情况下，尽量减少纤维中分子链末端的比例极为重要，而聚合度越高，则末端缺陷越少。

Kanamoto 指出，当大分子链完全伸直时，聚乙烯醇聚合度与纤维最小拉伸比（DR_{min}）的经验关系为

$$DR_{min} = 0.41 \times DP^{1/2}$$

即 DR_{min} 与聚乙烯醇聚合度的平方根成正比，聚乙烯醇聚合度越高，所得纤维的最少可拉伸的倍数越高。其他条件相同时，拉伸倍数越高，才能形成高度取向的伸直链结晶结构，纤维强度也越高[6]。

图 4-13 为不同聚合度聚乙烯醇进行冻胶纺丝所得到的力学性能曲线，从图中可知，无论溶剂为乙二醇还是二甲基亚砜，最终纤维的强度都随聚合度的增加而升高。祁玉冬等[7]通过低温无皂乳液聚合得到聚合度为 6000～8000 之间的聚乙酸乙烯酯，醇解后以二甲基亚砜为溶剂，进行冻胶纺丝，所得纤维强度与聚乙酸乙烯酯聚合度之间关系见表 4-8，从表中也可得到相同的结论。

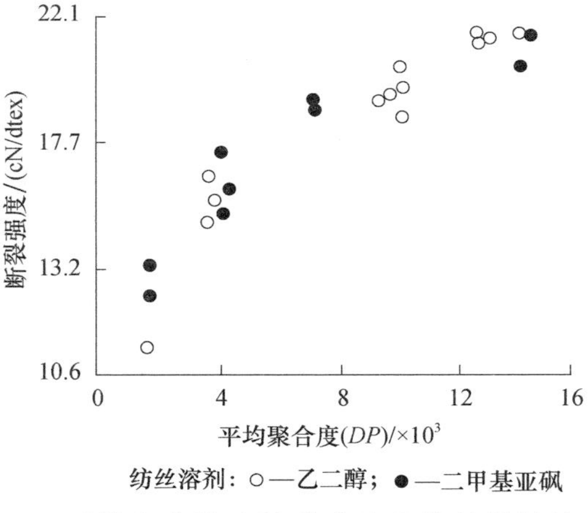

图 4-13 不同聚合度聚乙烯醇冻胶纺丝所得纤维力学性能

表 4-8 聚合度对纤维性能的影响

PVAc	断裂强度/(cN/dtex)	模量/(cN/dtex)
6868	15.30	315.3
7000	16.06	355.2
8000	18.60	360.9

4.3.1.2　支化度

对纤维级的聚乙烯醇原料来说，支化度越低，在纺丝和拉伸过程中分子内与分子间的缠结越少，越有利于高倍拉伸，提高纤维的强度。另外，短支链对纤维的影响可能更甚，然而对聚乙酸乙烯酯，可产生三种不同结构的长链支化，它是长链支化度较高的聚合物之一，但几乎没有短链支化，从此角度出发，制备聚乙烯醇高强高模纤维具有很大潜力[8]。

对自由基聚合所得的聚合物分子的支化度表征较困难，从聚合条件出发，一般认为，降低温度，降低转化率，减少链转移试剂存在可降低高分子的支化度。祁玉冬等[3]对不同转化率下所得聚乙烯醇进行冻胶纺丝及测试，在转化率低于40%时，聚合体系较平稳，当超过40%后，体系出现快速升温过程，转化率在0.5h时达到85%左右，即聚合阶段的加速期，链转移反应于此阶段大量出现，增加最终聚合物的平均支化度以及分子量分布，并降低产物聚乙酸乙烯酯的聚合度，这对后期聚乙烯醇的冻胶纺丝过程以及提高纤维力学性能是不利的。从表4-9可以看出，低转化率原料相对于高转化率原料来说，所得纤维性能好且均匀。采用聚乙酸乙烯酯溶解试验，发现低转化率聚乙酸乙烯酯丙酮溶液完全透明且溶解时间短，而高转化率聚乙酸乙烯酯溶解性能下降，其溶液浑浊，含有不溶于丙酮的微凝胶网络结构，即线性变差。

表4-9　不同转化率的聚乙酸乙烯酯对应的聚乙烯醇纤维性能

转化率/%	断裂强度/(cN/dtex)	初始模量/(cN/dtex)	备注
40	18.96	355.2	强度模量均匀，多数丝条有横纹
95	15.28	315.3	丝条纺锤体缺陷多，性能不均匀

4.3.1.3　立构规整度

聚乙烯醇根据羟基在主链的排列可以分为全同、无规和间同三种构型，由于聚合方法条件所限，目前还不能制备全同与间同的聚乙烯醇，国外学者采用不同的聚合单体以及聚合方法所得的聚乙烯醇间规度最高至69%，最低至7%。超低间规度聚乙烯醇还未见有纺丝报道，高间规度（一般指大于或等于58%）聚乙烯醇可通过两种形式制备高性能纤维。

1. 皂化成形

聚三甲基乙酸乙烯酯（VPi）或者VPi与乙酸乙烯酯的共聚物溶于四氢呋喃中，除去溶液中的氧气，升温至50～60℃，缓慢加入碱性皂化剂，采用H型搅拌杆，在10000r/min下搅拌。将皂化反应混合物倒入甲醇中洗涤分离，然后将固态原纤混合物进行机械敲拍或用甲醇超声，这样可得到微黄色聚乙烯醇短纤维，其拉伸强度可达19g/d（图4-14），且短纤强度随间规度增加显著增加。

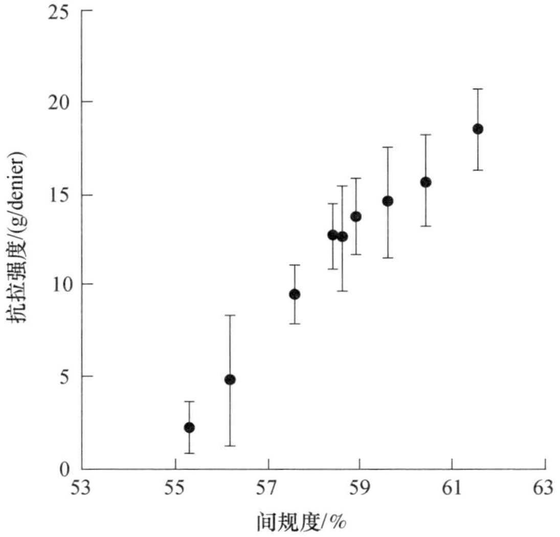

图 4-14 不同间规度含量的皂化短纤强度
(P_n=8000)(1g/denier=0.116GPa)

2. 干湿法成形

高间规度聚乙烯醇的分子间作用力更强，溶解性有所下降，可将其溶于 N-甲基-氧化吗啉、盐酸、N-甲基吡咯烷酮和二甲基亚砜等试剂中，以冰甲醇做凝固浴进行干喷湿法纺丝，拉伸后可得到强度约 2GPa 的高强高模聚乙烯醇纤维。

4.3.1.4 醇解度

聚乙烯醇分子间(内)作用力(氢键)与聚乙烯醇分子链中羟基的含量有关，而这种作用力对纤维的后拉伸是不利的，破坏聚乙烯醇分子间作用力有很多种方式，通过控制醇解度是最方便的一种，聚乙酸乙烯酯中未醇解的乙酸乙烯侧基可有效打破聚乙烯醇之间的氢键，另外，由于乙酸乙烯基团本身体积较羟基大，可有效增加分子链间的距离，减弱分子间的作用力。

对醇解度分别为 88(PVA_{88})和 99(PVA_{99})的聚乙烯醇进行冻胶纺丝并热拉伸(图 4-15)，发现降低分子链中羟基含量并没有提高初生纤维的可拉伸倍数，且最终模量与强度也没有高醇解度聚乙烯醇高，可能是因为初生纤维中由乙酸乙烯侧基组成的微晶并不能抵抗热拉伸力，且温度越高，可拉伸倍数越低。若对 PVA_{88} 初生纤维进行预拉伸(10 倍)，固定纤维两端，对预拉伸后的纤维进行进一步皂化处理，再进一步进行热拉伸(200℃)可有效提高最终所得纤维的模量(图 4-16)，且比一次性拉伸 PVA_{99} 初生纤维所得的模量高。

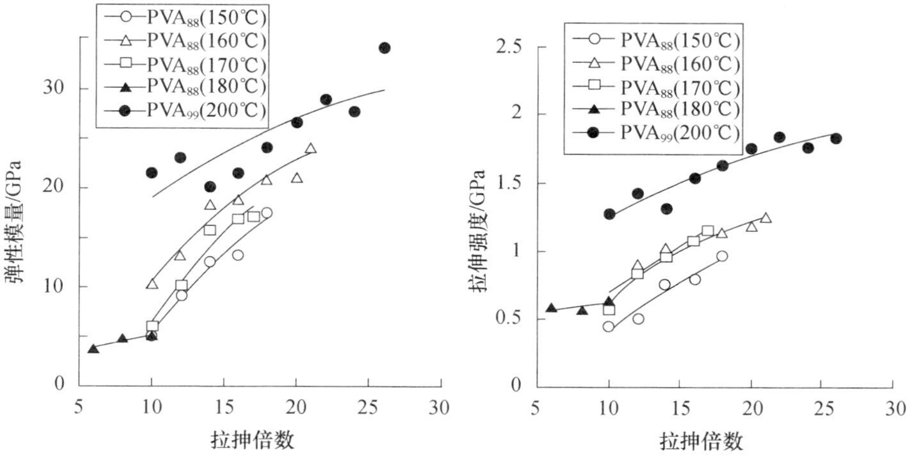

图 4－15　PVA_{88}和 PVA_{99}纤维拉伸倍数对模量与强度的影响

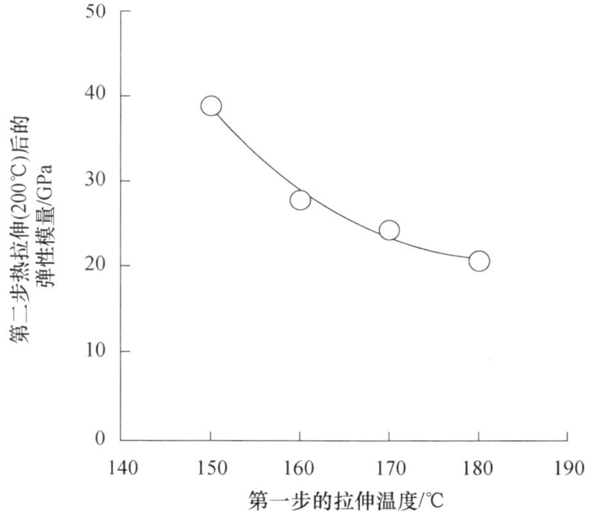

图 4－16　皂化处理后聚乙烯醇纤维模量与
预拉伸温度的关系

4.3.2　聚集态结构(结晶、取向、横纹)

聚乙烯醇结晶属单斜晶系，每个晶胞中含有两个单元链节，大分子呈锯齿状排列。经过对不同间规度含量的高强高模聚乙烯醇纤维 XRD 测试发现：间规度含量为 51.2% 的聚乙烯醇的晶胞参数为 $a=(7.82\pm0.03)$ Å，$b=(2.53\pm0.01)$ Å(分子链轴)，$c=(5.52\pm0.01)$ Å，$\beta=(91.5\pm0.2)°$；间规度含量为 63.1% 的聚乙烯醇晶胞参数为 $a=(7.63\pm0.02)$ Å，$b=(2.54\pm0.01)$ Å(分子链轴)，$c=$

(5.41 ±0.01)Å,β=(91.2 ±0.1)°。无规聚乙烯醇结晶结构在 *ac* 平面上的投射见图4-17从晶胞参数中可发现,间规度增加,晶胞、轴角变小,即单斜晶系受扭曲程度降低,后者理论密度为1.40g/mL,比无规聚乙烯醇的1.34g/mL高5%,这是因为间规度越高,氢键与分子间作用力越高,聚乙烯醇更能有效地堆叠。

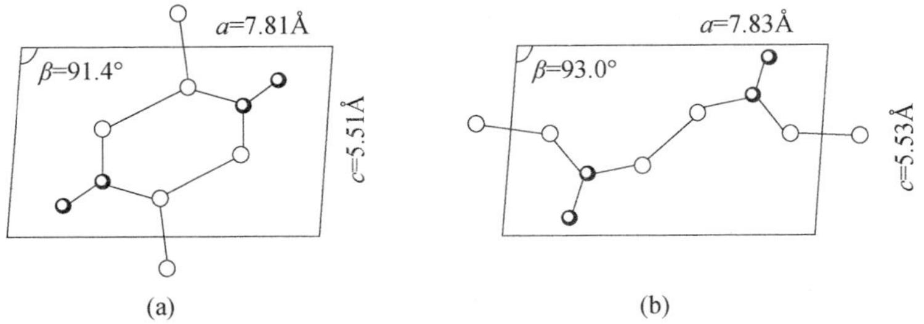

图4-17 (a)Bunn 和(b)Sakurada 对无规聚乙烯醇结晶结构在 *ac* 平面上的投射(黑色点为C原子,白色为O原子,虚线为氢键)

4.3.2.1 皂化成形

由于在采用冻胶纺高间规度聚乙烯醇制备高强高模纤维时发现在对原料进行皂化反应时可获得高强度的微纤,为方便对比,故在此对得到的纤维稍作介绍。从聚乙烯醇原料间规度出发,不同间规度的聚乙烯醇高强高模纤维(微纤)不仅晶胞参数有所变化,而且聚集态结构不同。具体数据如表4-10所列,每个晶面的晶面间距都随间规度的增加有规律地降低,转换成一维的XRD数据后(图4-18),100、001、$10\bar{1}$ 和101衍射峰逐渐变尖且逐渐向高衍射角方向偏移,计算后晶面间距随间规度的递增依次增加约2%。校正后的晶粒尺寸如表4-11所列,随着间规度的增加,横向的晶粒尺寸从110Å增加至214Å,轴向晶粒尺寸从103Å增加至143Å。

表4-10 不同间规度聚乙烯醇纤维的晶面间距(Å)

间规度51.2%	间规度54.5%	间规度58.4%	间规度63.1%
	赤道线		
7.86 ±0.04	7.85 ±0.04	7.77 ±0.03	7.63 ±0.03
5.54 ±0.03	5.54 ±0.03	5.53 ±0.02	5.41 ±0.02
4.59 ±0.03	4.60 ±0.02	4.56 ±0.02	4.45 ±0.02
4.45 ±0.02	4.46 ±0.02	4.42 ±0.02	4.37 ±0.02
3.91 ±0.02	3.92 ±0.02	3.94 ±0.02	3.82 ±0.02
3.25 ±0.02	3.25 ±0.02	3.23 ±0.02	3.17 ±0.02
3.12 ±0.02	3.11 ±0.02	3.10 ±0.02	3.10 ±0.02
2.76 ±0.02	2.75 ±0.02	2.74 ±0.02	2.70 ±0.02
2.58 ±0.02	2.59 ±0.02	2.58 ±0.01	2.55 ±0.01
2.31 ±0.01	2.30 ±0.01	2.32 ±0.01	2.27 ±0.01

（续）

间规度 51.2%	间规度 54.5%	间规度 58.4%	间规度 63.1%
	赤道线		
2.21 ±0.01	2.20 ±0.01	2.22 ±0.01	2.18 ±0.01
1.94 ±0.01	1.94 ±0.01	1.94 ±0.01	1.92 ±0.01
1.81 ±0.01	1.82 ±0.01	1.82 ±0.01	1.79 ±0.01
1.65 ±0.01		1.67 ±0.01	1.61 ±0.01
	第一层（偏离子午线）		
2.44 ±0.02	2.44 ±0.02	2.43 ±0.03	2.44 ±0.02
2.21 ±0.02	2.22 ±0.02	2.22 ±0.01	2.20 ±0.01
2.13 ±0.01	2.13 ±0.01	2.13 ±0.01	2.14 ±0.01
	第二层（偏离子午线）		
1.26 ±0.01	1.27 ±0.01	1.26 ±0.01	1.27 ±0.01

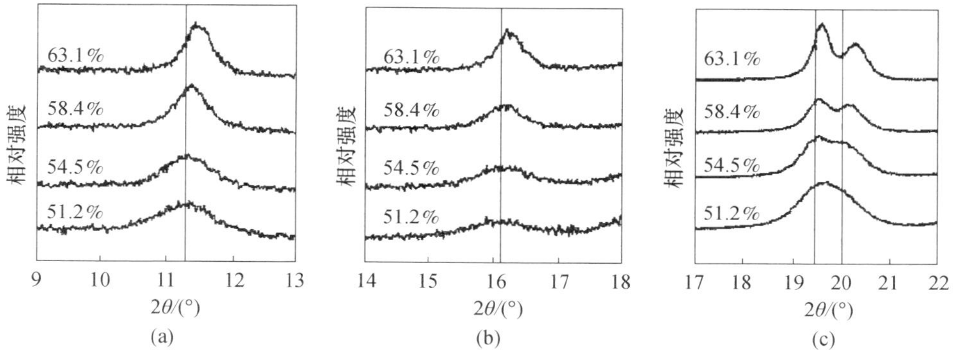

图 4－18　赤道线方向上不同间规度含量聚乙烯醇的广角 X 射线衍射曲线

(a)1 0 0;(b)0 0 1;(c)1 0 $\bar{1}$ 和 1 0 1 晶面。

表 4－11　不同间规度含量聚乙烯醇的晶粒尺寸

间规度/%	51.2	54.5	58.4	63.1
L_{h00}/Å	110 ±5	128 ±6	173 ±8	214 ±10
g/%	2.77 ±0.09	2.43 ±0.08	1.69 ±0.06	1.37 ±0.05
L_{k00}/Å	103 ±7	116 ±8	135 ±10	143 ±10

然而，将不同比例的新戊酸乙烯酯与乙酸乙烯酯聚合所得产物只是通过皂化成形方式获取聚乙烯醇，间规度将对皂化产物的结构与性能有很大影响。

通过 VAc 均聚生成的 PVAc 在皂化过程中只能形成冻胶，打碎后为形状不规则的沉淀（图 4－19（a）），得到聚乙烯醇间规度只有 52.8%。随着共聚物中 VPi 的含量增加至 13.5% 和 14.7%，皂化后产物如图 4－19（c）（d）所示，沉淀物呈现出微纤状，此时聚乙烯醇间规度为 54.2% 和 54.3%。当间规度增加至

55.1%和55.3%(图4-19(e)(f))时,皂化产物基本已为纤维状,当聚乙烯醇间规度增加(图4-19(g)~(j))时,皂化产物所形成的微纤变得更细更长,这种短纤具有不规则的横截面,末端为针尖状。

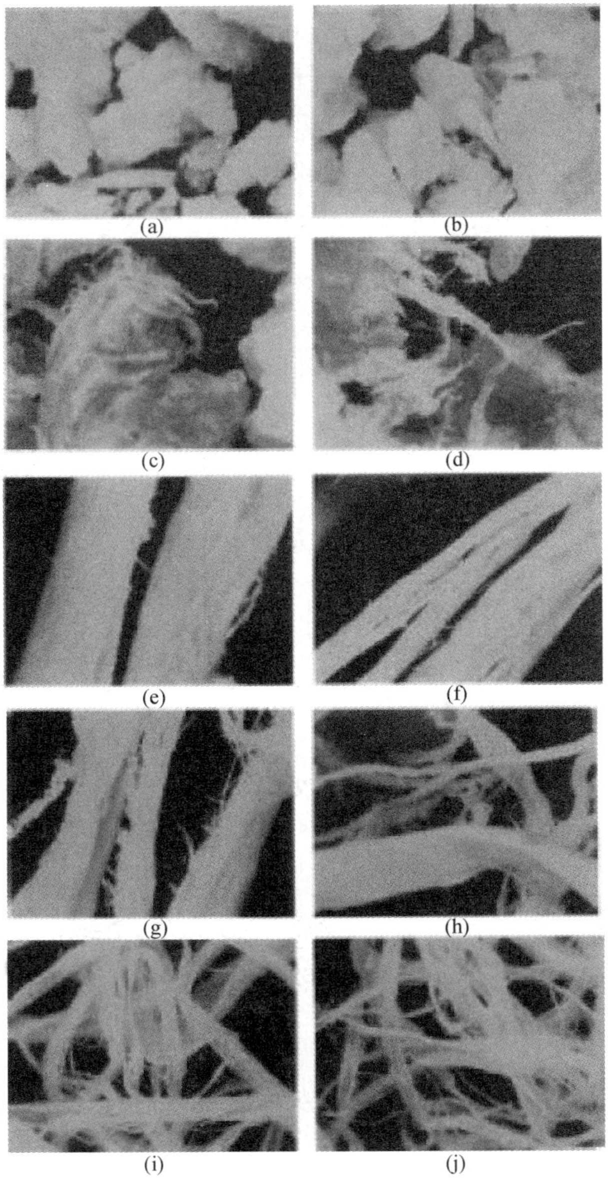

图4-19 不同间规度含量皂化产物聚乙烯醇的光学显微镜照片(×200)

(a)52.8%(P_n=5600);(b)53.1%(P_n=6500);(c)54.2%(P_n=6600);(d)54.3%(P_n=7700);(e)55.1%(P_n=6900);(f)55.3%(P_n=7800);(g)56.2%(P_n=7800);(h)58.4%(P_n=8300);(i)59.6%(P_n=8200);(j)61.5%(P_n=8100)。

在相同的皂化条件下，PVAc/VPi 共聚物中 VPi 含量对最终皂化产物的形貌影响甚大，VPi 在聚合中起定构作用，VPi 含量越高，间规度越高，而间规度越高的聚乙烯醇越容易受剪切作用取向形成微纤。表 4－12 为可以形成微纤的几种聚乙烯醇的晶区取向因子，间规度在 56.2% 以上时，取向因子基本上处于 0.8～0.9 之间，且逐渐增大，而含有 55.3% 间规结构的聚乙烯醇其取向因子只有 0.615，说明即使皂化过程中聚乙烯醇形成了明显的微纤结构，其晶区取向并不高。只有在间规度含量到达一定数值后，取向才会明显提高。

表 4－12　不同间规度含量聚乙烯醇的晶区取向

间规度			间规度		
P_n	含量/%	取向	P_n	含量/%	取向
7800	55.3	0.615	8100	58.9	0.867
7800	56.2	0.822	8200	59.6	0.872
8100	57.6	0.831	7900	60.4	0.883
8300	58.4	0.858	8100	61.5	0.887
8300	58.6	0.869			

反应过程中实际受到的剪切应力不同，而且间规结构本身使分子间作用力强，结晶性能更强，产物最终的结晶度肯定不同（图 4－20）。在聚乙烯醇间规度为 56.2% 时是一个临界点，在此之前，聚乙烯醇结晶度随着间规度增加较为敏感，增加较快，56.2% 之后结晶度增加较为缓慢，学者认为这可能是在低间规度含量时，聚乙烯醇分子链中存在扭曲缺陷或者其他不同构象。

相应的不同间规度聚乙烯醇所对应的熔点如图 4－21 所示，在第一次加热时所得的熔点随间规度变化基本分为两段曲线，说明间规度在 56% 前后聚乙烯醇有不同的晶区和非晶区结构，而消除了热历史后，进行第二次加热测试熔点比直接测试的皂化产物熔点低，且曲线呈一条直线，说明在皂化时聚乙烯醇受到的剪切作用对聚乙烯醇形成微纤，以及微纤的结构有很大的影响。

4.3.2.2　干喷湿纺

干喷湿纺是一种能将材料强度达到极限的纺丝方法，例如高强高模聚乙烯纤维和芳纶 1414，不同的是柔性链的高分子采用的是低温凝固浴。在高强高模聚乙烯纤维制备取得巨大成功后，许多学者相继展开对聚乙烯醇的干喷湿纺冻胶纺丝。

1. 低间规度聚乙烯醇

制备高强高模聚乙烯醇纤维的关键在于实现纤维的高倍拉伸，使分子链充分取向，形成伸直链结晶。图 4－22(a) 为聚乙烯醇分子链在半稀溶液中的情况，高浓度的溶液存在大量的分子内和分子间氢键，分子链相互缠结，形成无规线团，拉伸困难。适当降低聚乙烯醇浓度可以减少分子链间的缠结，有利于后拉伸。图4-22(b)是聚乙烯醇初生纤维成形中形成的折叠链晶体结构,聚乙烯醇为柔性链高分子,在冻胶纺丝时可形成折叠链,在拉伸作用下,有可能转变为伸直链。图4-22(c)是高强高模纤维内部分子链排列模型,经过高倍拉伸后,大部分分子接近完全取向,但存在大分子末端,这种结构使纤维获得高模量和高强度。图4-22(d)为理想结构,基本不存在。

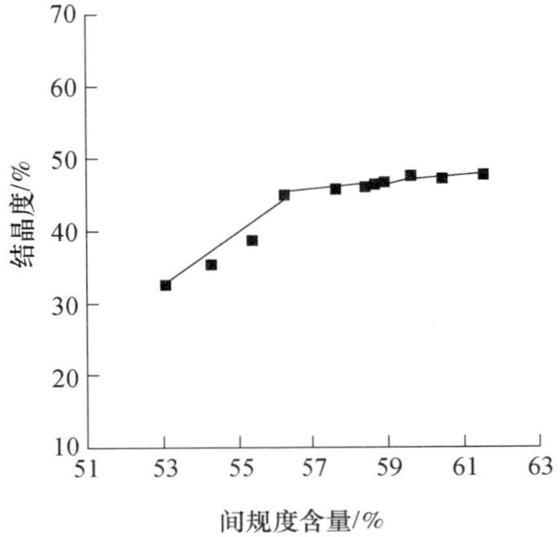

图4-20 不同间规度含量的聚乙烯醇结晶度曲线(密度法)

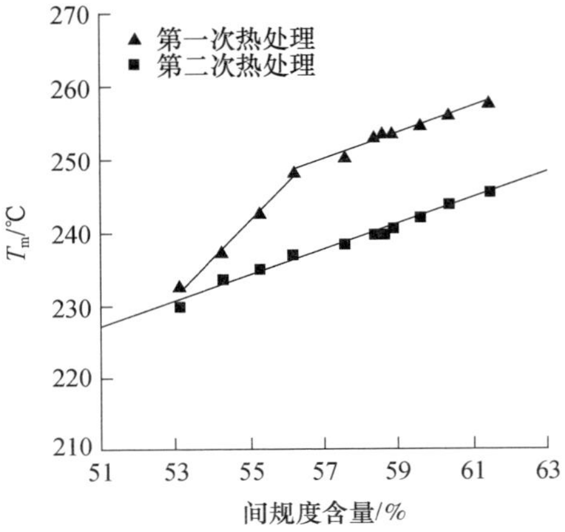

图4-21 不同间规度含量聚乙烯醇的熔点 T_m(P_n=8000)

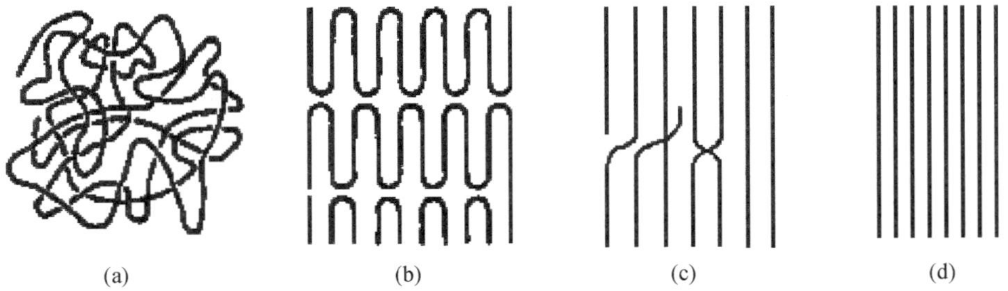

图4-22 各种聚乙烯醇聚集态链结构模型

(a)溶解状态的无规链;(b)折叠链;(c)取向后分子链;(d)理想链结构。

W. I Cha 等[9]1994 在前人的基础上采用 DMSO/H_2O 质量比为8∶2的溶剂对聚合度5000的聚乙烯醇进行干喷湿纺冻胶纺丝,得到断裂强度为2.8GPa,弹性模量为64GPa的高强高模聚乙烯醇纤维。图4-23为所制备的聚乙烯醇纤维的密度和结晶度与拉伸倍数的关系,一般来讲,对于结晶聚合物,拉伸能帮助聚合物结晶,提高结晶度,同时也会提高熔点。这可从热力学角度解释,结晶过程中的自由能变化小于0才会使聚合物自动地进行结晶,即 $\Delta F<0$。而 $\Delta F=\Delta H-T\Delta S$,物质从非晶态到晶态,其分子链排列都是从无序到有序的过程,熵减小,即 $\Delta S<0$。要

使 $\Delta F<0$，则 ΔH 必须小于 0，且 $|\Delta H|>T|\Delta S|$。有些聚合物从非晶态到晶态，$|\Delta S|$ 很大，而结晶的热效应 ΔH 很小，若使 $|\Delta H|>T|\Delta S|$ 只有两种方法：①降低 T；②降低 $|\Delta S|$。温度过低使分子运动困难，直接进入玻璃态而不结晶，所以应降低 $|\Delta S|$。在结晶前对聚合物进行拉伸，导致高分子在非晶态中已经具有一定的有序性，结晶时相应的 $|\Delta S|$ 也就小了，使结晶容易进行。图中由于结晶度是由密度梯度法测量的密度换算得到的，所以密度与结晶度呈现同一趋势，拉伸倍数越高，二者越高，当初生纤维拉伸 45 倍时，聚乙烯醇密度与结晶度达到最大，分别为 1.325g/cm^3 和 75%。相应不同拉伸倍数纤维的广角 X 射线衍射（WAXD）谱图如图 4－24 所示，未拉伸的初生纤维整体呈现弥散环，无论赤道线方向还是子午线方向强度分布都较均匀，说明纤维晶区取向程度不高。当纤维拉伸至 40 倍时，在不同的 2θ 角都出现了相应的衍射短弧，说明此时纤维晶区内部分子取向已经很高，45 倍时各个衍射弧基本向斑点发展，晶区取向度进一步增加。

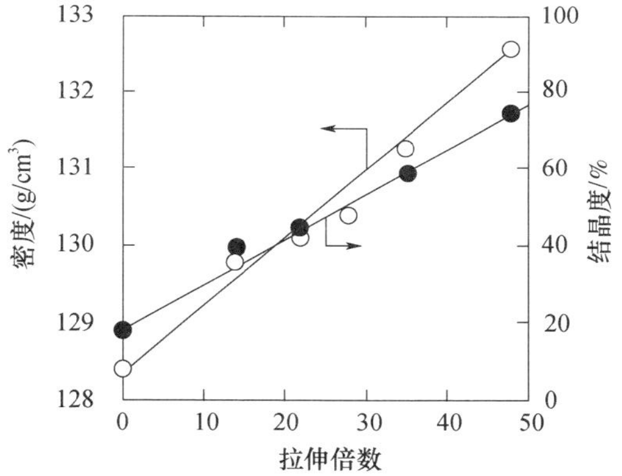

图 4－23　由 DMSO/H_2O 质量比 8∶2 为溶剂，6%（质量分数）PVA5099 固含量的纺丝原液在 －20℃ 所得纤维的密度与结晶度和拉伸倍数的关系

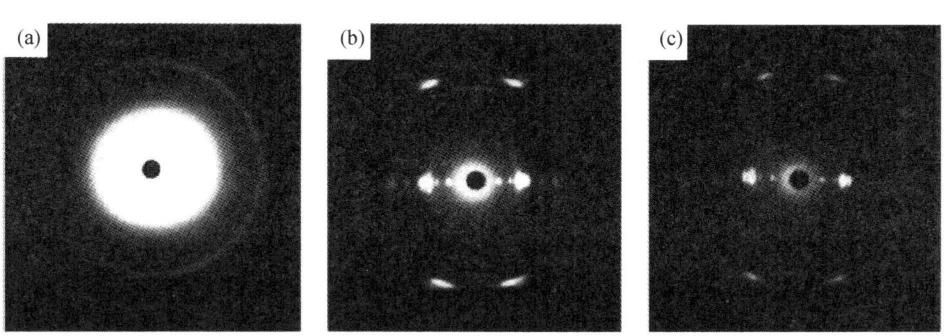

图 4－24　由 DMSO/H_2O 质量比 8∶2 为溶剂，6%（质量分数）PVA5099 固含量的纺丝原液在 －20℃ 所得纤维的 WXAD 图谱

（a）初生纤维；（b）40 倍；（c）45 倍。

另外，W. I Cha 等[9]还对冻胶纺丝中凝固浴温度对初生纤维结构和可拉伸性以及拉伸后纤维的结构与性能进行了详细的研究。众所周知，聚乙烯醇纺丝原液进入凝固浴后发生凝胶化过程，此过程受原液组成以及凝固浴组成和温度的影响，而且凝胶化是决定初生纤维以及后拉伸纤维结构的重要因素。图 4 – 25 是不同凝固浴温度下所得初生纤维的应力—应变曲线，初生纤维的应力和应变都随凝固浴温度的降低而增大，如 18℃时断裂伸长为 650%，– 20℃时断裂伸长增加为 950%。这与纺丝原液进入不同温度凝固浴中所发生的温度和物质双交换不同，凝固浴温度越高，DMSO 与凝固浴之间的交换比例就越高，初生纤维则越多的是靠不良溶剂进行凝固成形，而低温凝固浴可减少溶剂与凝固剂之间的交换，原液更多的是靠与凝固浴之间的温度交换而凝固成形，即发生更多的凝胶化。

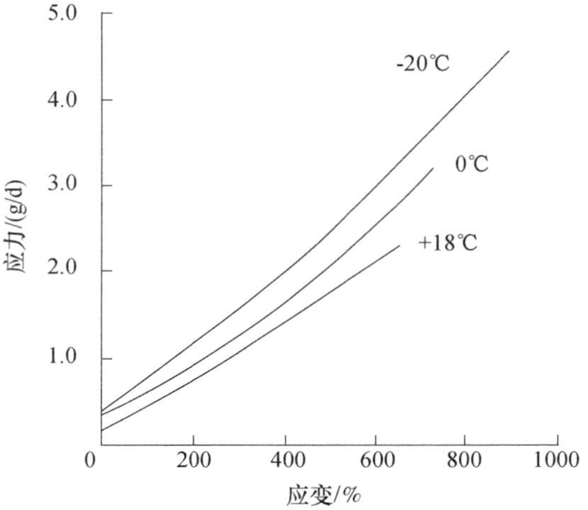

图 4 – 25　由 DMSO/H_2O 质量比 8∶2 为溶剂，6%（质量分数）PVA5099 固含量的纺丝原液在不同凝固浴温度所得纤维的应力—应变曲线

图 4 – 26 为不同凝固浴温度所得纤维不同拉伸倍数下的差示扫描量热法（DSC）曲线，可以发现，凝固浴温度越高，初生纤维的最大拉伸倍数越低，18℃下的初生纤维只能拉到 30 倍。所有聚乙烯醇纤维的熔点与换算出的结晶度都随拉伸倍数的增大而增大，与密度梯度法的结果相吻合，且随着拉伸倍数的升高，熔融时于曲线中出现双峰，可能是拉伸导致不同晶型的生成，出峰位置较低的峰可能是由于非晶区的分子链随着拉伸作用逐渐排入晶格而形成新的晶型。值得注意的是，三种温度凝固浴温度下所得的初生纤维的熔点有很大差距，随着凝固浴温度增加，初生纤维的熔点更低。

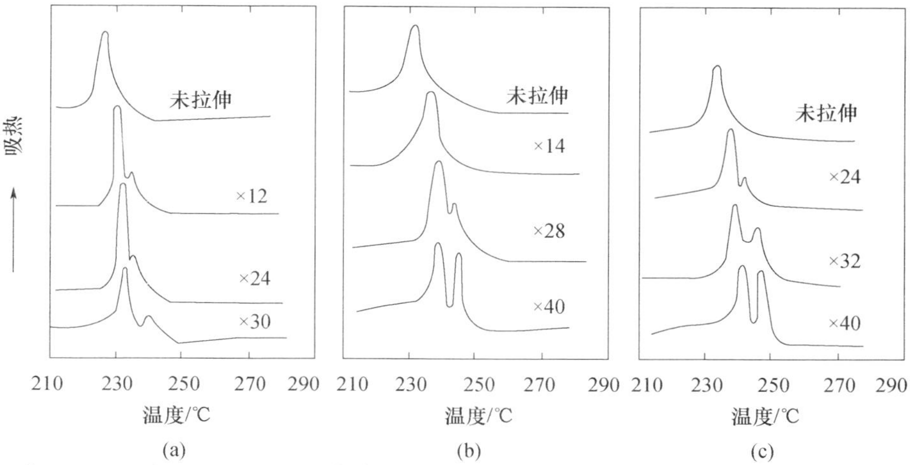

图 4－26　由 DMSO/H_2O 质量比 8：2 为溶剂，6%（质量分数）PVA5099 固含量的纺丝原液在不同凝固浴温度所得纤维不同拉伸倍数下的 DSC 谱图
（a）+18℃；（b）0℃；（c）－20℃。

杨屏玉、戴礼兴等[10]分别对拉伸过程中纤维整体取向、晶区取向与晶区结构的变化进行了详细的研究。图 4－27 为声速取向法测得初生纤维在不同拉伸倍数下的取向因子，此法测出的为纤维中晶区和非晶区中整体分子链的取向水平。随着拉伸倍数增大，纤维的取向因子不断增加，且增加幅度较大。而经过 WAXD 测试后计算得到聚乙烯醇纤维的晶区取向因子如表 4－13 所列，在拉伸至 4.5 倍时已经高达 95.7%，且晶区取向因子再随拉伸倍数的增大基本不变，最终稳定在 97% 左右，这说明在之后的拉伸倍数下，非晶的高分子链不断在取向，导致纤维的结晶度、熔点、强度以及模量不断提高[11]。

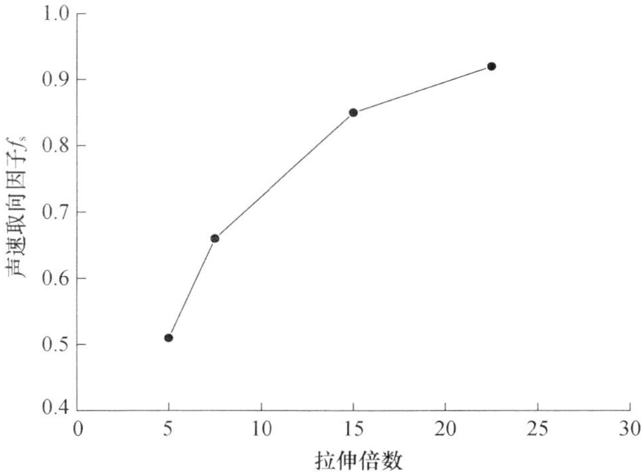

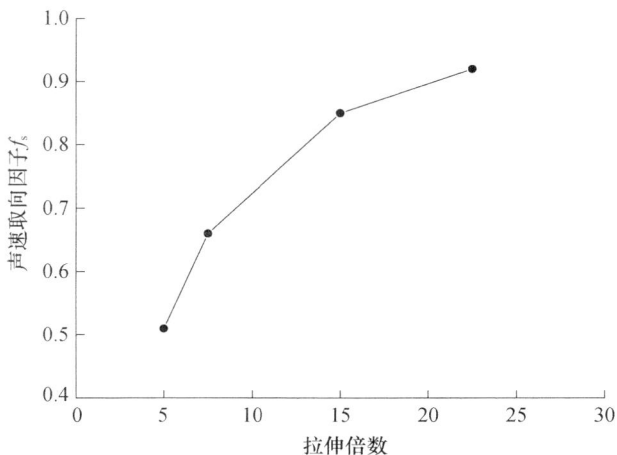

图 4－27　不同拉伸倍数聚乙烯醇纤维的声速取向因子

表 4 – 13　不同拉伸倍数聚乙烯醇纤维的晶区取向因子

拉伸倍数		4.5	7.0	10	14	22
R/%	试样 A	95.7	97.0	97.0	97.1	—
	试样 B	—	94.1	—	97.2	97.3

表 4 – 14 为聚乙烯醇拉伸纤维在(100)晶面方向上的微晶大小 $D(100)$ 的测定数据。聚乙烯醇是单斜晶系,b 轴是纤维轴。由表可见,拉伸倍数增加后,(100)晶面的半高宽增加,计算后的 $D(100)$ 变小,因此纵向微晶尺寸(纤维轴方向)是逐渐增大的。

表 4 – 14　聚乙烯醇纤维经不同倍数拉伸后的微晶大小

拉伸倍数	4.5	7	14	22
2θ/(°)	11.19	11.37	11.23	11.20
$\beta_{(100)}$/(°)	0.70	0.73	0.78	0.80
$D_{(100)}$/(10^{-1}nm)	123.9	121.7	113.9	108.3

2. 高间规度聚乙烯醇

以上介绍的是关于用乙酸乙烯酯均聚得到的低间规度 a – PVA 的冻胶纺丝结构,下面详细探讨高间规度 s – PVA(一般大于或等于 58%)的冻胶纺丝。

s – PVA 由于更多的羟基处于聚乙烯醇两侧,其分子间的氢键更容易形成,所以水和 DMSO 等常规溶剂对 s – PVA 的溶解效果并不理想。据学者研究,盐酸可较好地溶解 s – PVA,但是由于其强烈的腐蚀性,并没有受到广大学者将其作为纺丝溶剂的青睐。氮甲基氧化吗啉(NMMO)水溶液是一种强烈的氢键破坏剂,是纤维的良溶剂,其对 s – PVA 的溶解性也非常好,N. Nagashima 等[12]对间规度为 55% ~64% 的聚乙烯醇进行了干喷湿纺冻胶纺丝。图 4 – 28 为间规度 64% 的聚乙烯醇固含量为 8% ,溶剂为 70% NMMO/H_2O 溶液,凝固浴为 5℃水所制得冻胶纤维熔点,从图中可以发现,与低间规度聚乙烯醇纤维相同,s – PVA 纤维的熔点也随拉伸倍数的增加而增加,不同的是 s – PVA 纤维的熔点最高,可达 267℃ ,这远远超过 a – PVA 的熔点,这与 s – PVA 的自身结构有关,s – PVA 分子间作用力以及氢键作用更强。对 s – PVA 而言,220℃ 可以让其拉伸更大倍数,最终的熔点也更高。

F. Suzuki 等[13]也对 s – PVA 进行了研究,其溶剂为乙二醇,但其间规度最高仅 59% ,图 4 – 29 为间规度分别为 52% 和 59% 的聚乙烯醇纤维的结晶度随拉伸倍数的关系示意图,此处结晶度仍为密度法换算得来,即相同倍数下,s – PVA 的密度和结晶度都比 a – PVA 高,学者认为,这是因为 a – PVA 在拉伸过程中会存在很多细小的孔洞,导致纤维的结构不够致密,以致纤维的密度下降,因此推测 a – PVA 纤维的最终强度没有 s – PVA 的高。

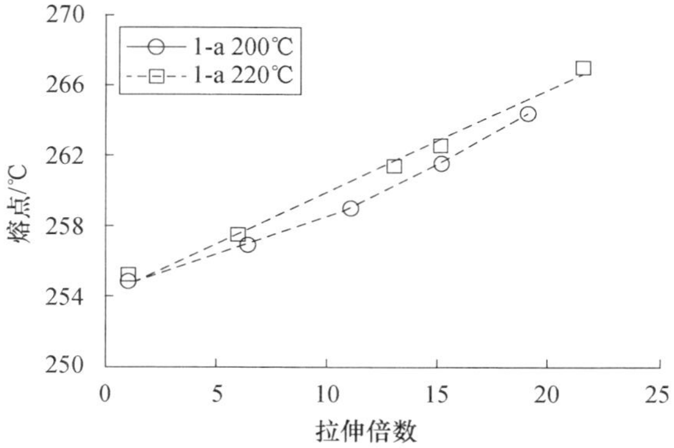

图 4-28　高间规度聚乙烯醇纤维熔点与拉伸倍数的关系

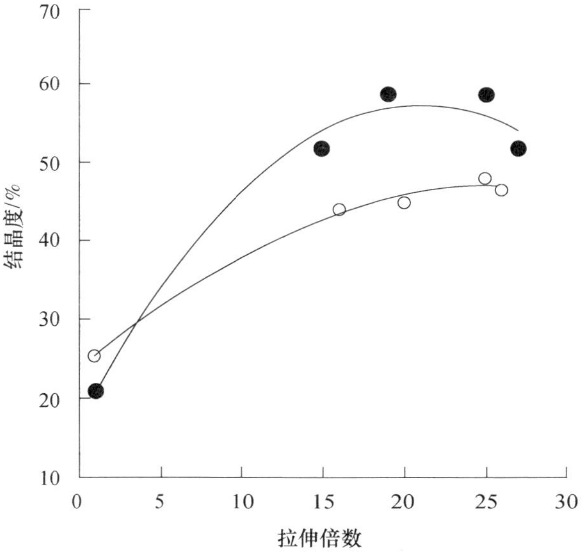

图 4-29　间规度分别为 52% 和 59% 聚乙烯醇纤维结晶度与拉伸倍数的关系

●—59%；○—52%。

当聚乙烯醇纤维更进一步拉伸时，会出现横纹结构，这种横纹结构可在光学显微镜下观察得到，关于横纹的研究，主要集中在日本以及国内四川大学，聚乙烯醇的横纹是在制备高强高模聚乙烯醇纤维的拉伸过程中出现的，国内外认为的理论差别主要在聚乙烯醇横纹是高强高模纤维出现的标志还是其强度进一步发展的阻碍。

图 4-30 即为聚乙烯醇纤维横纹产生的过程，当拉伸倍数足够高时就会产生规则排列的带状结构，国外学者认为这些带状结构是纤维内部缺陷，由一系列

的黑色斑点组成，由应力松弛导致的收缩而形成。而且他们所制备的横纹纤维在扫描电镜下依然可以观察得到（图4－31），纤维表面布满了与纤维轴看似垂直的凹槽，横纹形成的机理如图4－32所示，首先在纤维表面形成微颈，然后这些沟槽处发生应力集中，在微纤中处于非晶区的缠结分子链逐渐被应力破坏。非晶区的分子链末端，闭合分子链以及断裂的缠结分子链中间存在间隙，由于拉伸作用生成微孔，这些微孔称为银纹。这些银纹有规律地排列是周期性排列的微纤结构所致。作者还认为断裂强度与缠结分子链相关，而弹性模量取决于非晶区分子量的取向程度，由于非晶区的结构与间规度无关，所以聚乙烯醇原料中间规度的大小并不直接影响纤维的力学性能。

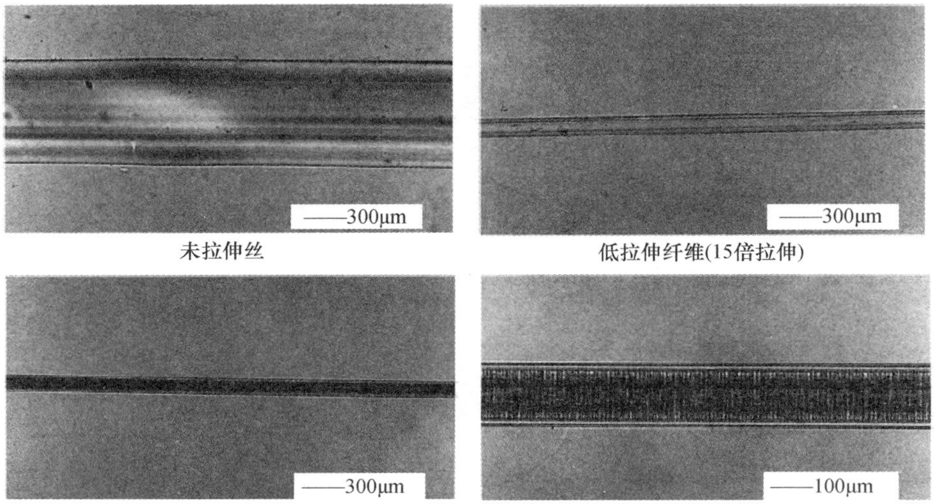

低拉伸纤维(21.5倍拉伸)

图4－30　间规度64%聚乙烯醇冻胶纤维不同拉伸倍数的光学显微镜透视图

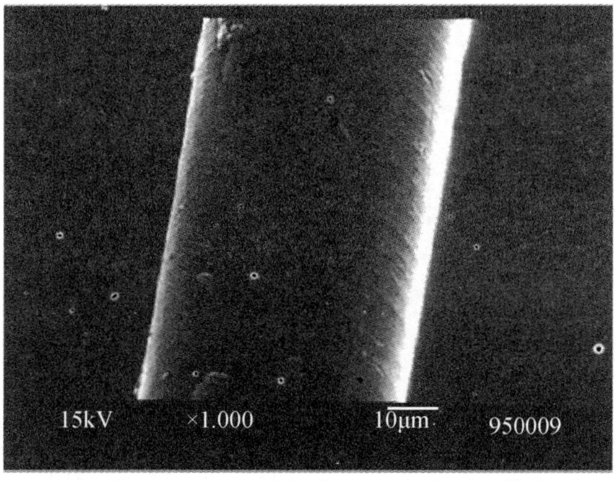

图4－31　间规度64%聚乙烯醇冻胶纤维断裂前的SEM谱图

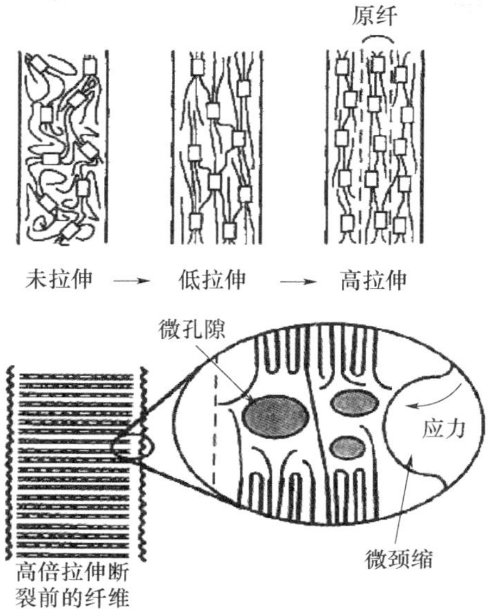

图 4-32 横纹形成机理

另外,F. Suzuki[13]也在拉伸过程中发现了聚乙烯醇纤维横纹的存在(图 4-33),横纹不仅仅在高间规度聚乙烯醇纺丝中可获得,对常规聚乙烯醇进行纺丝,高倍拉伸后也可获得横纹结构,但是作者在光镜中观察到的带状结构之间的间隙为 15~20μm,而在电镜中观察到带状沟槽间距约为 1μm,这认为是纤维的收缩形变所导致,横纹结构也是平行于纤维轴的微纤断裂引起的。

M. Takahashi[14]则对聚乙烯醇的横纹结构做了较详细的研究,在拉伸后的冻胶丝中出现了间隔大约 1μm 且与纤维轴成 75°~90°的带状结构,此角度是与拉伸温度密切相关。作者认为在相同拉伸倍数下,纤维受热情况严重影响带状结构的产生,若在热空气中拉伸,多半会产生间隔的横纹,若在热硅油中拉伸则不会产生横纹,这与纤维在热拉伸时所受热的均匀与否有关。

国内学者[15]对聚乙烯醇的研究大多认为横纹只是单纯的一种光学现象,每次伴随横纹的出现时,聚乙烯醇的强度都要略高于无横纹的纤维,而且在相应横纹丝的 SEM 图谱中并无发现沟槽的存在,而且表面较光滑,所以可能横纹不是单纯的由于应力集中引起的孔洞和缺陷,可能在横纹出现的前期与后期结构有较大区别,具体的研究有待进一步进行。

4.3.3 共混干喷湿法

由于聚乙烯醇分子结构中存在大量的羟基,其纺丝过程所牵涉到的结构变化远比制备高强高模 PE 纤维要复杂得多。首先聚乙烯醇分子间较强的范德瓦

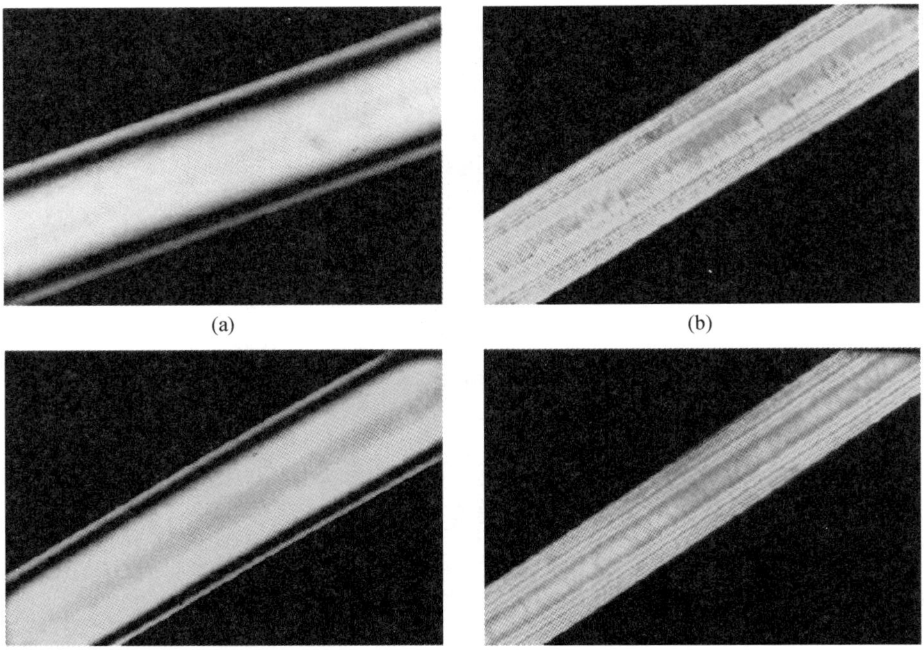

(a)　(b)　(c)　(d)

图 4-33　拉伸 25 倍后的 a-PVA 与 s-PVA 的偏光显微镜图

(a) a-PVA，未拉伸；(b) a-PVA，拉伸；(c) s-PVA，未拉伸；(d) s-PVA，拉伸。

尔斯力以及氢键影响聚乙烯醇在纺丝原液中的分散状态；其次不同的溶剂对聚乙烯醇的溶剂以及在凝固于冷冻成形时所涉及的冻胶转变有着不同的影响，这些都使最终形成的聚乙烯醇纤维结构与性能有所不同。在对聚乙烯醇进行不同溶剂冻胶纺丝的研究后，许多学者将重点放到在纺丝原液中加入第三种物质以破坏氢键或者降低分子链之间的缠结又或是降低初生纤维的结晶程度，制备可拉伸更高倍数的高强高模纤维。

4.3.3.1　加碘

Uddin 等[16]以 PVA1599 为原料，将聚乙烯醇水溶液与 I_2：KI 为 1：2 的水溶液共混后进行冻胶纺丝，获得了模量为 47GPa、拉伸强度为 2.2GPa 的高强高模聚乙烯醇。

表 4-15 为 Uddin 进行的几种冻胶纺丝的原液的组成比例，其中纺丝温度为 75℃，最终所得纺丝原液的固含量为 17%。热拉伸采用二级拉伸，温度分别为 160℃和 220℃。按表中所制备的几种纤维随着碘含量的减少而增大，所以对 I-PVA(4) 进行着重研究。

图 4-34 是加碘前后所纺得的纤维的照片，在纺丝之前，原液中加入碘后颜

色已有所变化，呈红色，进入冰甲醇凝固浴后，颜色变为暗紫色，推测是在凝固过程中形成了 PVA－I 复合物，I_2与 KI 通过与聚乙烯醇的相互作用最终形成了多碘化合物离子。

表4－15 聚乙烯醇和加碘聚乙烯醇纺丝原液组成

样品	质量/g				浓度	
	PVA	H_2O	I_2	KI	PVA：(I_2＋KI)/mol	PVA/(质量分数)在纺丝原液中
PVA	6.0	29.3	—	—	—	17
I－PVA(1)	6.0	29.3	0.24	0.32	$1:6.8\times10^{-3}$	17
I－PVA(2)	6.0	29.3	0.12	0.16	$1:3.5\times10^{-3}$	17
I－PVA(3)	6.0	29.3	0.08	0.11	$1:2.3\times10^{-3}$	17
I－PVA(4)	6.0	29.3	0.06	0.08	$1:1.7\times10^{-3}$	17

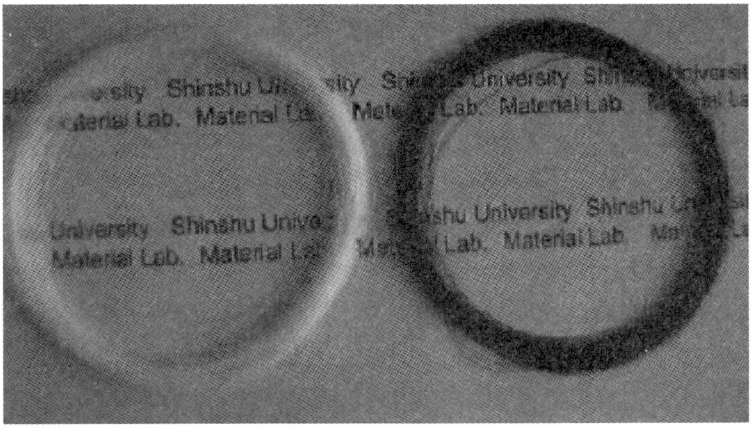

(a) (b)

图4－34 加碘前后所纺得的纤维照片

(a)PVA 纤维的照片；(b)I－PVA 纤维的照片。

将制得的纤维进行拉曼光谱测试，发现图4－35中聚乙烯醇纤维并无任何峰的出现，而 I－PVA 纤维中则出现了多碘化合物的峰，例如，109cm^{-1}处的I_3^-，161cm^{-1}处的I_5^-，270(106＋161)cm^{-1}处的I_3^-与I_5^-的组频峰，322(166×2)cm^{-1}处的I_5^-倍频峰。从图中可以推测与聚乙烯醇形成了两种多碘化合物，其中I_5^-形式的多碘化合物多存在于聚乙烯醇的非晶区，而I_3^-则存在于聚乙烯醇的晶区(图4－36)。拉曼图谱中并无I_2的187cm^{-1}或者173cm^{-1}出现，说明配置原液时所加入的碘单质在纺丝成形过程中已全部转变为多碘化合物形式。

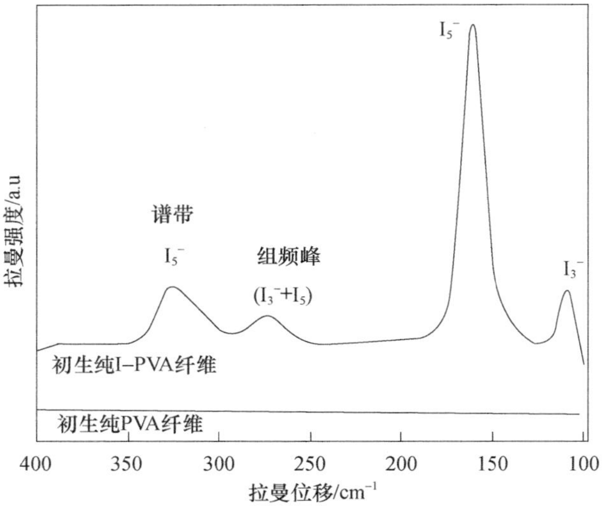

图 4－35　PVA 与 I－PVA 纤维的拉曼光谱图

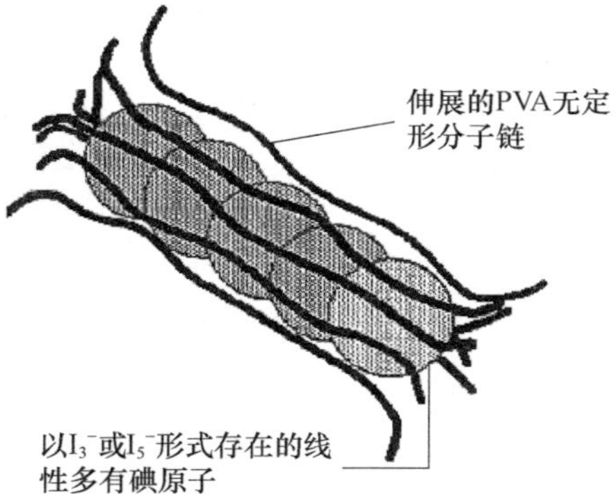

图 4－36　多碘化合物的聚集模型示意图

对纤维进行 WAXD 测试(图 4－37),发现 I－PVA 的衍射环更加弥散,说明初生纤维 I－PVA 相比聚乙烯醇具有较低的结晶度,多碘化合物的存在抑制了聚乙烯醇分子的结晶。对比二者的应力应变曲线(图 4－38)可以发现,I－PVA 具有更大的断裂伸长率和较低的断裂强度,说明 I－PVA 具有更好的拉伸性能。

图 4－39 是两种纤维在不同温度下的最大拉伸倍数。聚乙烯醇与 I－PVA(4) 都在聚乙烯醇熔融前(230℃)达到各自的最大拉伸倍数,而其他碘含量更高的纤维不能在如此高温下进行拉伸,原因可能是在拉伸过程中虽然降低缠结有利于拉伸,但是必要的最低程度的缠结是必需的,此时更高含量的多碘化合物可能作为聚乙烯醇的增塑剂会较多地降低聚乙烯醇的耐热性,使其在降低温度下就有熔融的趋势。

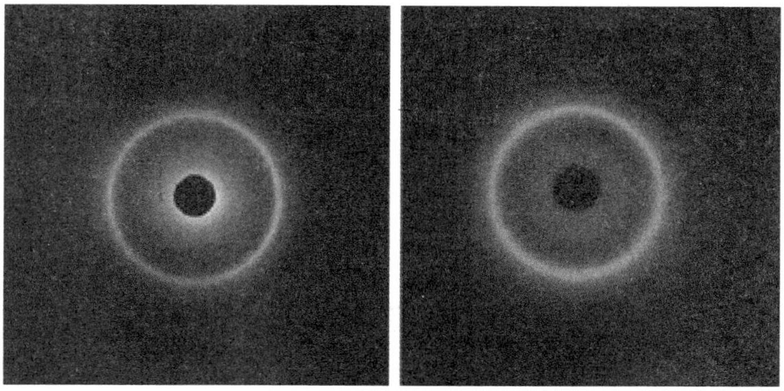

(a) (b)

图4－37 PVA与I－PVA初生纤维的WAXD图谱

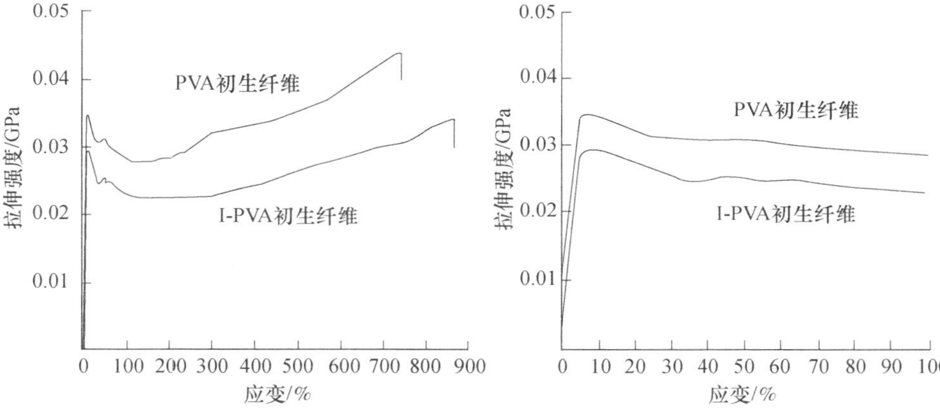

(a) (b)

图4－38 二者的应力应变曲线与局部放大图

(a)PVA与I－PVA的应力应变曲线;(b)局部放大图。

对最大拉伸倍数下的两种纤维进行强度测试(图4－40),发现I－PVA在断裂伸长率与聚乙烯醇基本保持一致的情况下具有更高的断裂强度、初始模量以及韧性。具体数据见表4－16,I－PVA可获得更高的拉伸倍数,断裂强度为2.2GPa,比纯聚乙烯醇的1.6GPa高37%,初始模量为47GPa比纯聚乙烯醇的34GPa高38%,韧性相应地提高了35%,即加入碘后所形成的聚乙烯醇纤维柔韧性不变,却拥有更高的力学性能。

而通过对两种拉伸纤维的结构进行分析,可发现二者在WAXD图谱中并无较大区别,表4－17为纤维的各项结构参数,其中结晶度是通过密度法测量,双折射通过显微镜测试,晶区以及非晶区取向分别通过以下公式计算。

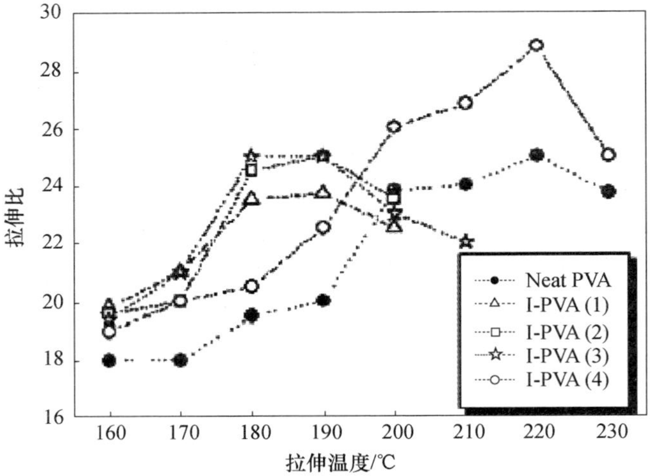

图 4－39　PVA 与 I－PVA 在不同温度下的最大拉伸倍数

$$\langle \cos^2\phi \rangle = \frac{\int_0^{\pi/2} I_{(\phi)} \cos^2\phi \sin\phi \mathrm{d}\phi}{\int_0^{\pi/2} I_{(\phi)} \sin\phi \mathrm{d}\phi}$$

$$\Delta n = x_c \Delta n_c^0 f_c + (1 - x_c) \Delta n_a^0 f_{am} + \Delta n_f$$

从表 4－17 中可发现，两种纤维在晶区的取向度很接近且较高都在 97% 以上，不同点就在结晶度、双折射以及所计算出的非晶区取向度，I－PVA 具有更高的结晶度与更高的非晶区取向度，说明 I－PVA 在力学性能上的提高很大程度是因为多碘化物与聚乙烯醇分子的相互作用在纤维成形过程中提高了非晶区的取向度。

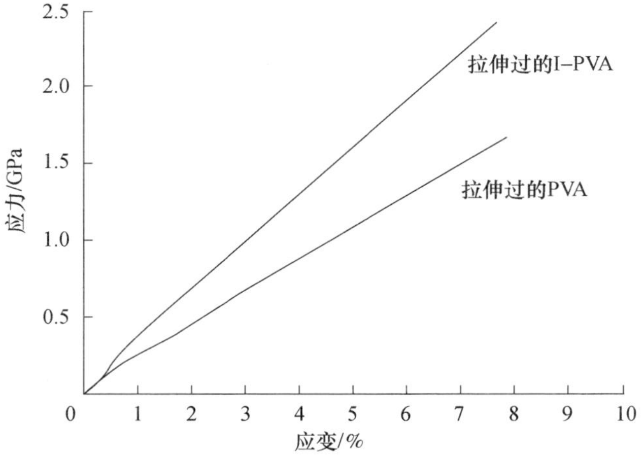

图 4－40　拉伸后纤维的应力应变曲线

表 4 - 16 两种纤维的力学性能

样品	最大可拉伸比	断裂强度/GPa	初始模量/GPa	冲击强度/MPa	断裂伸长率/%
PVA	24.75(15 × 1.65)	1.6	34	62	7.4
I - PVA(4)	27.50(15 × 1.83)	2.2	47	84	7.4

表 4 - 17 纤维的结构参数

样品	线密度/(g/cm^3)	结晶度 X_c/%	双折射 $\Delta n \times 10^3$	结晶取向因子/%	非晶取向因子/%
PVA	1.3184	65	49	97.8	73
I - PVA(4)	1.3214	69	52	97.7	90

4.3.3.2 加碳纳米管

学者们除了加入可以溶解到聚乙烯醇纺丝原液形成均相体系的一些无机盐，还进行了对聚乙烯醇的冻胶纺丝原液进行碳纳米管的分散。Zhang 等[17]将聚乙烯醇的 DMSO/H_2O 溶液逐渐加入分散有单壁碳纳米管(SWNT)的 DMSO 溶液中进行了冻胶纺丝，制备了在相同拉伸条件下强度和模量更高的聚乙烯醇纤维。

图 4 - 41 是 SWNT 的各种分散液的光镜照片，可以看出在未加聚乙烯醇的情况下，DMSO 和 H_2O 对未经处理的 SWNT 的分散性都不很理想，但相比之下，DMSO 对 SWNT 的分散性较 H_2O 稍好。加入聚乙烯醇后，光镜中基本上观察不到团聚的 SWNT，说明聚乙烯醇本身作为一种分散剂对 SWNT 有较好的分散性。

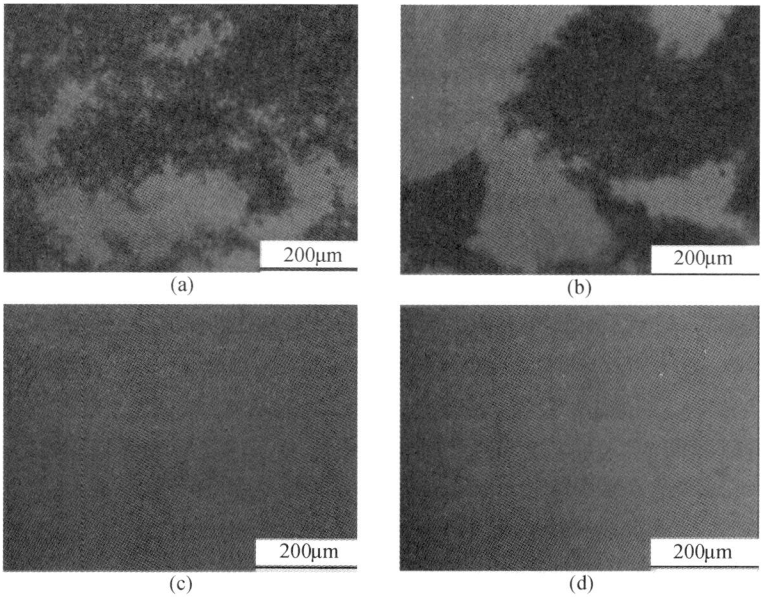

(e)

图 4-41 各种 SWNT 的分散液光镜图

(a) DMSO/SWNT; (b) H_2O/SWNT; (c) DMSO/SWNT/PVA;

(d) DMSO/SWNT/H_2O/PVA; (e) H_2O/SWNT/PVA。

在相同的纺丝工艺和拉伸工艺参数下，得到的两种纤维的力学性能如表 4-18 所列，在同时拉伸了 6 倍后加了 SWNT 的聚乙烯醇纤维具有更高的拉伸强度与模量，且伸长也更长。推测为纤维在承受拉伸时，加了碳管的聚乙烯醇纤维中应力可部分分散在碳管之上，导致力学性能的提高。

表 4-18 PVA 与 PVA/SWNT 纤维的力学性能

纤维	直径/μm	拉伸强度/GPa	模量/GPa	断裂伸长率/%
PVA	26.5 ±1.6	0.9 ±0.1	25.6 ±2.6	7.5 ±1.6
PVA/SWNT(3%(质量分数))	27.0 ±2.0	1.1 ±0.2	35.8 ±3.5	8.8 ±1.7

分析其结构，首先通过计算得到 SWNT 在纤维中的 Herman 取向因子为 0.8，可见 SWNT 在纤维拉伸的同时也进行了取向。表 4-19 是二者的结构参数，可以看出加入碳管后，取向的碳管对聚乙烯醇晶区结构的影响，其中(002)晶面的晶粒尺寸明显减小，且结晶度从 60% 降低到了 53%，晶区取向并无明显变化，说明在拉伸过程中，碳管的加入并没有促进聚乙烯醇纤维的结晶。作者认为这点并不是增强聚乙烯醇纤维强度的原因，原因在非晶区的结构，因为纤维的缺陷总存在于分子链排列不规整的非晶区。于是对纤维进行了 DMA 测试(图 4-42)，发现加入碳管后，纤维的玻璃化温度有明显的提高(从 62℃增加至 75℃)，说明非晶区碳管与聚乙烯醇之间有相互作用。170℃附近的峰为聚乙烯醇的亚微晶结构的转变，这种转变是来自于晶区的，说明晶区聚乙烯醇与碳管之间也有较强的相互作用。

表 4-19 PVA 与 PVA/SWNT 纤维的结构参数

	结晶尺寸/nm	
	PVA	PVA/SWNT
(100)	8.4	7.9
(002)	8.5	6.8

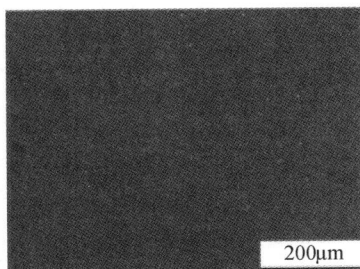

（续）

	结晶尺寸/nm	
	PVA	PVA/SWNT
(010)	6.9	7.3
结晶度(WAXD)/%	60	53
PVA 晶区取向因子 r	0.65	0.65

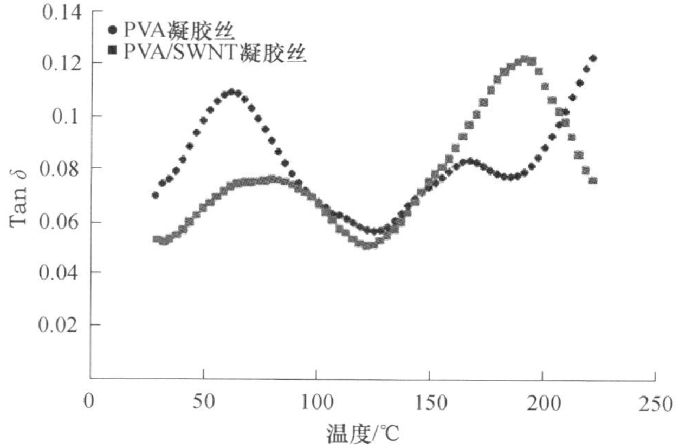

图 4-42　PVA 和 PVA/SWNT 纤维的动态损耗值 tan δ

通过 SEM 的测试(图 4-43),发现加了碳管后的聚乙烯醇纤维的断面有大量的微纤,说明碳管在纤维中有原纤化作用,促进微纤的形成,这也是增强纤维强度的一个原因,将两种纤维置于开水中,纯聚乙烯醇纤维在数小时后溶解,而加了碳管的聚乙烯醇纤维保持了原有的形状,仅有少许的溶胀。

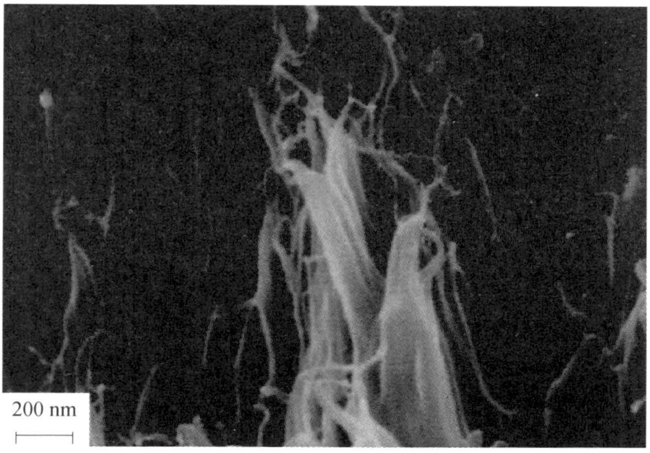

图 4-43　PVA/SWNT 纤维断面的 SEM 图

4.3.4 工艺条件与初生纤维

前面主要介绍了从不同结构的聚乙烯醇出发获得的纤维以及拉伸性能，现着重介绍干喷湿纺冻胶纺丝中工艺参数对初生纤维结构的影响，四川大学对此进行了详细的研究。

表 4-20 为在不同初拉伸比（第一辊速与喷丝速度的比值）条件下聚乙烯醇的声速取向因子。从表中可以看出，随着初拉伸比的增加，初生纤维的取向是逐渐增大的，这充分说明拉伸流动对纤维结构的影响，在对喷丝孔挤出的纺丝流体进行适当拉伸可使溶液内部的聚乙烯醇分子链取向。表 4-21 为不同剪切率对初生纤维取向因子的影响。随着剪切率的增加，聚乙烯醇初生纤维的取向反而逐渐降低，这是因为干喷湿纺中空气层的存在，众所周知，高分子熔体和浓溶液具有黏弹性，不论是在塑料制品的熔融基础加工还是纤维样品的制备中都会出现出口胀大现象，而纺丝中对高分子流体的剪切率较高，一般认为胀大是由分子链的解取向引起的。干喷湿纺冻胶纺丝过程中纺丝原液在出喷丝孔后并不是马上进入凝固浴，空气层使分子链有足够的时间解取向，又因为高分子的出口胀大现象会随着剪切速率的增加而变得明显，即分子链解取向更为严重，所以聚乙烯醇初生纤维的取向反而随着剪切率的增加而减小。图 4-44 为相应条件下的 WAXD 与 DSC 曲线，WAXD 图像中处于 $2\theta=20°$ 附近的衍射峰强度随着剪切率的增加而降低，说明结晶性能在降低，这与取向因子的数据相吻合，因为分子链的取向可诱导结晶。DSC 曲线中聚乙烯醇初生纤维的熔点也随剪切率的增加而降低，即一定程度的分子链取向可使结晶变得完善。

表 4-20 聚乙烯醇初生纤维取向因子与初拉伸比的关系

初拉伸比	取向因子
0.75	0.52
1	0.55
1.25	0.63

表 4-21 聚乙烯醇初生纤维取向因子与剪切率关系

样品	剪切率	取向因子
1	1263.7	0.51
2	1895.5	0.36
3	3159.2	0.31

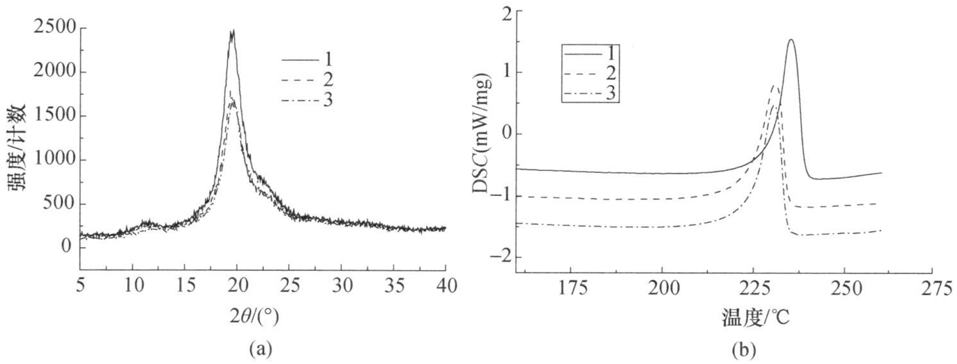

图4－44 PVA初生纤维的DSC与WAXD谱图

空气层是干湿法特有的工艺流程，国内外关于聚乙烯醇冻胶纺丝的专利中一般都采用0.5～1cm的空气层，这样可使初生纤维具有较高的拉伸倍数，从而获得较高的力学性能。然而在冻胶纺丝过程中，纺丝原液在经过喷丝孔后进入凝固浴之前一方面由于黏弹性发生出口膨胀而使分子链解取向；另一方面又受到自身重力作用以及拉伸流动而不断地进行分子链取向。两方面同时作用使在不同的空气层高度所获得的纤维结构有所区别。表4－22是不同空气层高度下高固含量原液所得聚乙烯醇初生纤维的声速取向因子，从表中发现，在出喷丝孔后1cm处所得纤维的取向度是最高的，随着空气层高度增加，纤维的取向逐渐降低，到5cm处降至最低，随后又逐渐增加，即开始阶段在剪切中储存的弹性在出喷丝孔后得以释放，占据主导作用，分子链解取向，取向度逐渐降低，在某个高度解取向到一定程度后又逐渐随重力以及拉伸流动进行取向。同时，表中的线密度则随空气层高度先增大后减小，这是出口胀大与解取向的影响，也可印证纺丝细流中分子链的状态。从国内外选取的纺丝条件来看，1cm附近的纺丝原液正处于一个释放弹性能的状态，且有一定的取向，这种取向是通过孔壁作用的，可对纺丝原液中的分子链有一定的解缠作用，空气层过高，分子链会逐渐解取向或者恢复原液中的缠结状态，这样对后拉伸是不利的。

表4－22 不同空气层高度下的聚乙烯醇初生纤维取向因子与线密度

空气层高度/cm	取向因子	线密度/dtex
1	0.522	170.31
3	0.438	190.62
5	0.379	192.12
7	0.394	182.81
9	0.419	167.19

图4－45是不同空气层高度下初生纤维的XRD曲线，其中高度为1cm处所得纤维$2\theta=20°$附近的弥散峰强度最低，说明在此处的纤维结晶度最低，随着空气层高度的增加，所得纤维的WAXD曲线强度逐渐增加。这是因为随着内应力的释放、分子链的择优排列，纤维的结晶性能逐渐增加，结晶逐渐变得完善。图4－46是相应的二维XRD的积分曲线，通过积分公式对其进行计算得出如表4－23所列的晶区取向因子。可以看出整体的取向都不高，但随着空气层高度的增加，晶区取向因子逐渐增大，这与声速取向因子的变化趋势是不同的，因为声速取向因子反映的是纤维整个晶区与非晶区的取向，而从两者的变化趋势来看，可以得出在纺丝原液出喷丝孔后，原液中一部分分子链解取向，一部分分子链继续随着重力以及拉伸流动取向，取向的分子链易于排入晶格逐渐生成晶体，解取向的那部分在凝固后形成非晶区，而在空气层高度增加后，解取向的分子链逐渐再进一步取向也进入晶区。

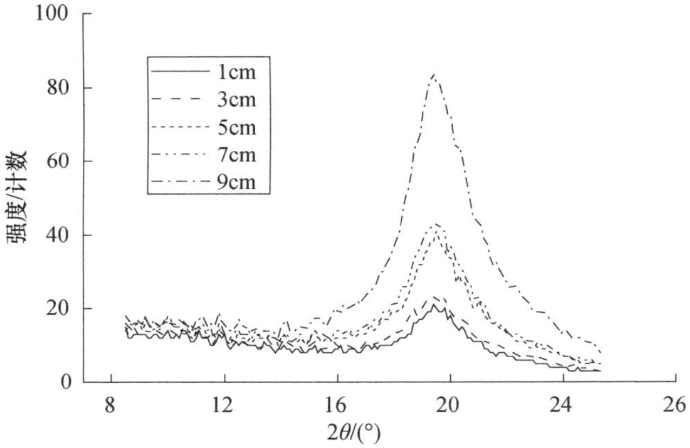

图4－45　不同空气层高度下所得聚乙烯醇初生纤维的一维XRD曲线

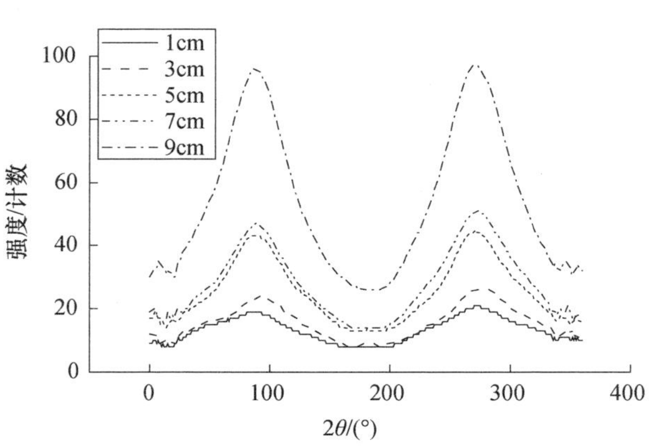

图4－46　不同空气层高度下所得聚乙烯醇初生纤维的二维XRD曲线

图4－47是对应的初生纤维的DSC曲线，纤维熔点与WAXD曲线的趋势相同，说明随着空气层高度的增加，纤维的结晶逐渐变得完善，这样是不利于拉伸的，也充分说明了在低空气层高度进行凝固的必要与优势。

表4－23 不同空气层高度下所得聚乙烯醇初生纤维的晶区取向因子

空气层高度/cm	晶区取向因子
1	0.100
3	0.132
5	0.150
7	0.148
9	0.161

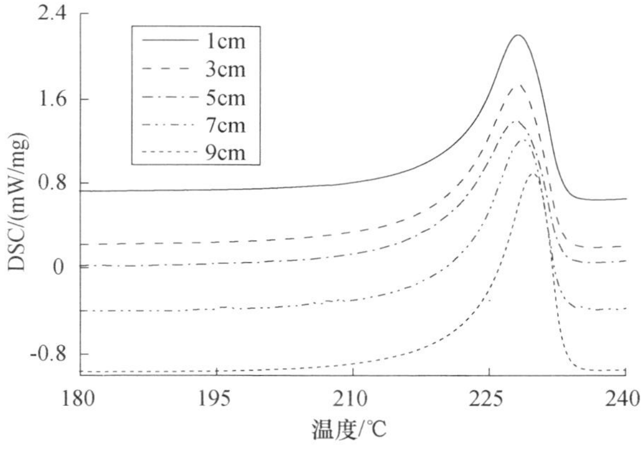

图4－47 不同空气层高度所得聚乙烯醇初生纤维的DSC曲线

如果对溶液条件进行调整，通过控制聚乙烯醇的固含量与温度使溶液的黏度仍具有可纺性，空气层将对所获得的初生纤维有着不同的影响。表4－24为低固含量低温下的PVA－DMSO原液在不同空气层高度下制备的初生纤维的声速取向因子，从表中可以看出，取向因子的变化趋势与高固含量聚乙烯醇溶液所得纤维一样，都是先降低后增加，说明原液细流在空气层所经历的过程相似，都是伴随着出口膨胀与重力和拉伸流动的共同作用。不同的是表4－24中的取向因子在空气层高度为7cm处达到最低，这与溶液的状态密不可分，不过可以确定的是，在刚出喷丝孔时的原液基本保留剪切后的状态，取向度较高。

表 4-24　低固含量低温聚乙烯醇纺丝原液制备初生纤维的取向因子

h/cm	f
1	0.626
3	0.597
5	0.577
7	0.571
9	0.616

4.3.5　溶液状态与初生纤维

大部分学者只是针对不同结构(分子量、醇解度、间规度等)的聚乙烯醇原料,通过控制纺丝工艺和后拉伸条件来探索纤维的结构与性能,或者是仅仅限于相应条件下冻胶化的研究,至于冻胶化过程与纤维成形过程的联系鲜有人报道。前面也提到不同的溶液在空气层中发生的取向与解取向的程度将有所不同,在高分子溶液受剪切的过程中,分子链在取向的同时也伴随着分子链解缠。另外,由于冻胶纺丝中聚乙烯醇的溶剂一般为 DMSO、EG 等极性溶剂,低温凝固浴一般为甲醇、乙醇或者水,溶剂和凝固浴是互溶的,即使凝固浴温度再低,在溶液经过喷丝孔成为细流时,由于比表面积大,溶剂和凝固浴不可避免地有所扩散,这与 PE 的体系(溶剂是非极性,凝固浴是极性)是不同的。无论是初生纤维的取向度还是萃取前初生丝条所含溶剂的多少都是在凝固浴组成以及温度确定的条件下,是与溶液的状态密不可分的。

众所周知,高分子熔体以及浓溶液都是非牛顿流体,在剪切的作用下,黏度随剪切应力或剪切率的增加而降低,称为切力变稀现象。在纺丝过程中,剪切率较高,分子链的构象会因此改变,溶液中的预制结构将影响纤维成形过程以及初生纤维的结构,因此有必要先明确聚乙烯醇纺丝原液随剪切的变化情况。图 4-48 是 95℃ 固含量 23% 聚乙烯醇溶液的动态流变曲线。选择这个浓度和这个温度,是因为此条件下,纺丝原液具有较好的流动性以及可纺性。从图中可看出,在频率很低时,溶液的黏度为 120Pa · s,当频率稍微增加时,黏度剧烈降低。根据 Cox-Merz 规则,在频率与剪切率相等时,复数黏度与表观黏度的数值也是相同的,所以可将复数黏度随频率的变化近似地看作表观黏度随剪切率的变化。可以看出,柔性链的聚乙烯醇的浓溶液黏度随剪切非常敏感。当频率增加至 0.5Hz 时,黏度的降低速度逐渐放缓,频率高于 50Hz 时黏度基本上不变,曲线基本上与 x 轴平行。这是因为浓溶液中缠结的聚乙烯醇分子链逐渐被打开、进而取向的结果,而纺丝正处于这样一个过程中。

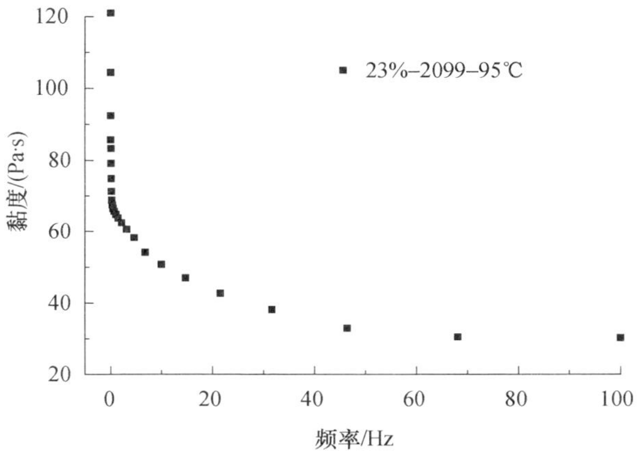

图 4－48　聚乙烯醇溶液复数黏度随频率变化谱图

当降低溶液的固含量后，同一温度下溶液的黏度会有所降低，若要使溶液仍具有一定的可纺性，需降低原液的温度。图 4－49 为不同固含量的聚乙烯醇溶液在频率为 68Hz（黏度基本保持不变的频率），所有的黏度都随温度的降低而增加，这是因为低温下溶剂对聚乙烯醇的溶解能力下降，以及伴随着氢键的形成。且浓度越低，黏度增加得越慢。浓度分别为 18%、20.5% 和 23% 的聚乙烯醇原液在黏度为 30Pa·s 时的温度分别为 35℃、55℃ 和 95℃，不同的是三种溶液中的分子链缠结程度、氢键数量以及分子链的取向，具体的温度与固含量见表 4－25。

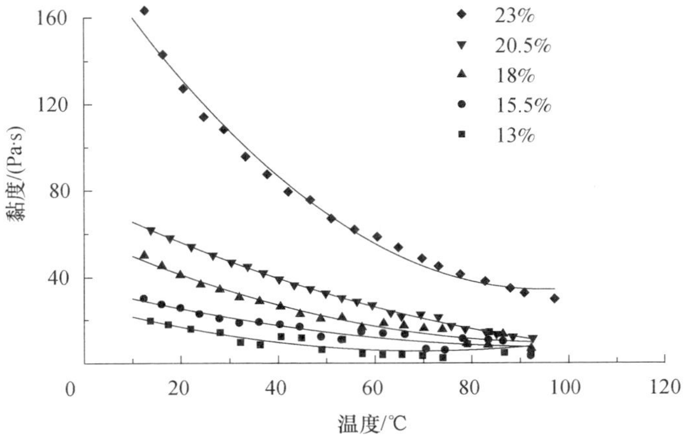

图 4－49　不同固含量聚乙烯醇溶液黏度
在 68Hz 下随温度变化谱图

表 4-25　68Hz 30Pa·s 下不同溶液的组成与温度

溶液	浓度/%（质量分数）	温度/℃
Sol-1	23	95
Sol-2	20.5	55
Sol-3	18	35
注：从 Sol-1、Sol-2 和 Sol-3 制备的纤维命名为 Fib-1、Fib-2 和 Fib-3		

将以上三种溶液进行干喷湿纺冻胶纺丝，得到的聚乙烯醇初生纤维的声速取向因子如表 4-26 所列，Fib-1 的声速取向因子最高且随着溶液浓度的降低而降低。由于三种纤维制备时的工艺条件都一致，所以影响三者大小的只有相应的三种溶液的状态不同。图 4-50 是三种溶液的弹性模量 G'以及内耗 Tanσ，首先 G'反映的是溶液的弹性，即抵抗形变的能力，伴随着解取向的出口胀大效应与此参数密切相关，在相同剪切条件下，G'越大出口胀大效应越明显。其次，Tanσ 显示了在形变条件下分子链随之反应的速度，反应速度越慢，Tanσ 值越大。这两个参数共同决定了纺丝原液经过剪切以及空气层过程中所形成初生纤维的取向度。在图 4-50(a)中，三个溶液的 G'都随着频率的增大而增大，在高频下都表现得更类似于固体。不同的是高固含量高温的溶液 Sol-1 其 G'值最低，也就是说 Sol-1 相对于其他两种溶液有一个较弱的出口胀大与分子链的解取向。在图 4-50(b)中，所有 Tanσ 都随频率的增大而降低，但是 Sol-1 此时拥有最高的 Tanσ，即溶液中的聚乙烯醇分子链随剪切作用响应（取向解缠最慢）。在两个因素综合作用下，导致了 Fib-的取向度最高，因此可推测，即使在溶液中分子链取向的速度较快，但在空气层的膨胀解取向作用更能影响最终分子链的排列情况。

表 4-26　初生纤维的声速取向因子 f

纤维	f
Fib-1	0.35
Fib-2	0.31
Fib-3	0.25

缠结对纤维来讲是另一个重要的结构参数，它受溶液的状态以及纺丝过程的影响，一般来讲，浓溶液中分子链缠结更多，但是在剪切场的作用下，分子链会随着取向而逐渐解缠。图 4-51 为三种初生纤维的溶胀 DSC 曲线，曲线中都有一个宽峰，对其进行分峰处理，Peak 1 是纤维中晶区溶胀或者溶解峰，Peak 2 即为分子的解缠峰。Peak 2 随着溶液中聚乙烯醇的固含量降低而逐渐变小，这与理论上溶液中的缠结规律保持一致。可以看到经过干喷湿纺后，纤维中的缠结程度随固含量的趋势并没有发生改变，可能改变的仅仅是分子链缠结在溶液状

态与纤维状态中的多少。

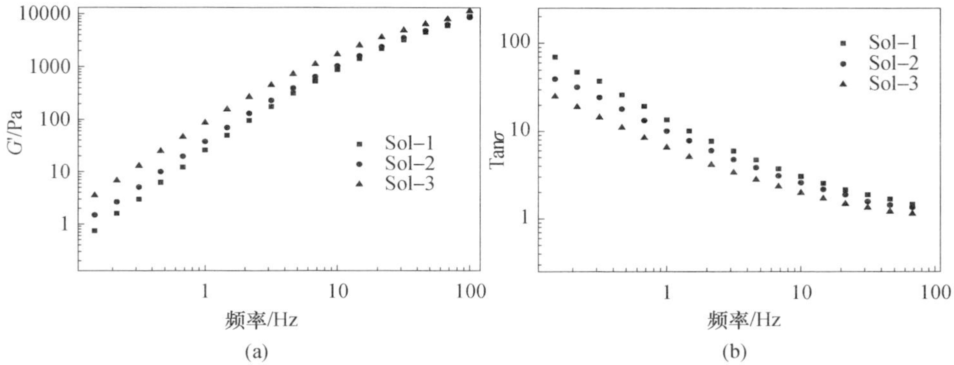

图 4 - 50 三种溶液的 G' 与 Tanσ 的谱图

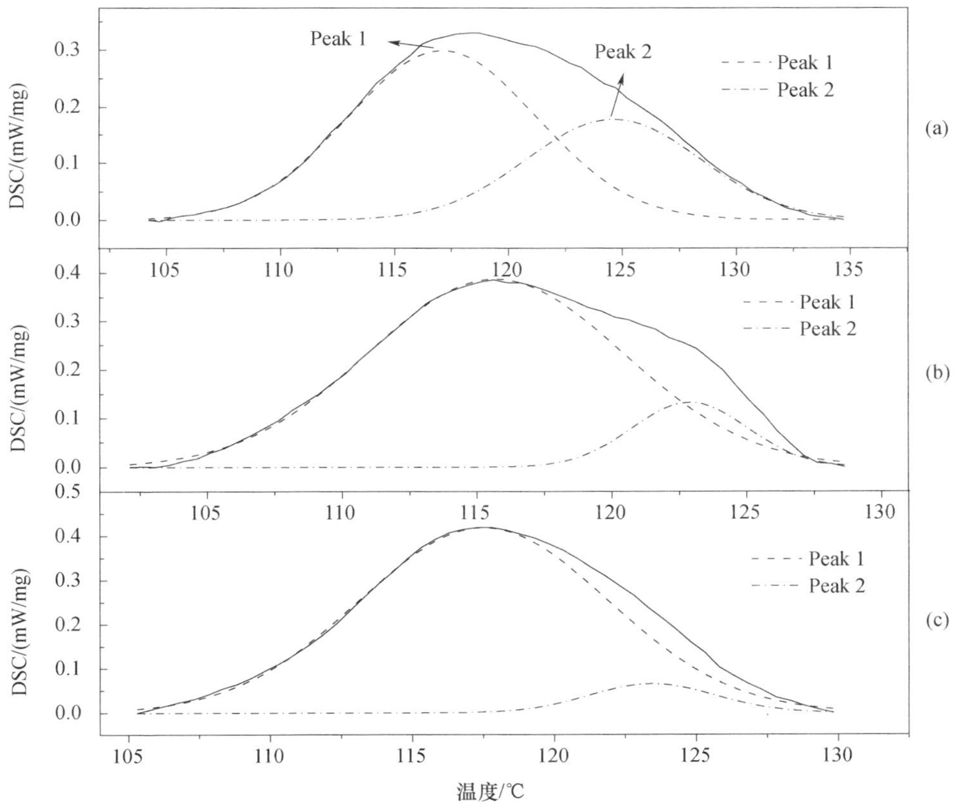

图 4 - 51 三种初生纤维的溶胀 DSC 曲线

(a):Sol - 1;(b)Sol - 2;(c)Sol - 3。

冷冻凝固是冻胶纺丝的另一个特点,传统理论认为冻胶纺丝的过程中只有温度交换而没有物质的扩散,但是凝固浴中溶剂的含量会随着纺丝时间和次数的增加而增加,说明冻胶纺丝过程中还存在一定的双物质扩散,只是相对传统的湿法纺丝工艺来说较少。表4-27是三种纤维在萃取前后的直径以及经过计算后的溶剂交换,在萃取前 Fib-3 的直径最大,经过萃取干燥后 Fib-3 的直径反而最小,经过计算后 Fib-3 在成形过程中的溶剂扩散比最低,这与最开始的理论推测(高固含量的溶液容易形成冻胶,在纺丝中物质扩散较少,而低固含量不溶也形成冻胶所以在纺丝过程中更多的是依赖物质扩散来实现凝固的)是相反的。所以推测冻胶纺丝过程中的溶剂交换可能与其他因素(溶液状态)相关。

表4-27　萃取前后聚乙烯醇初生纤维的直径与溶剂体积交换

纤维	萃取前直径/μm	萃取后直径/μm	体积交换/%
Fib-1	345.1	225.7	28.3
Fib-2	358.4	194.3	14.0
Fib-3	386.1	173.3	5.2

表4-28为三种溶液的松弛指数,松弛指数可从上文中的流变曲线中进行计算。从表中可以看出,其随着溶液固含量的降低而降低,但是 n' 要比 n'' 降低得快。如果在一个溶液中降温或者加入不良溶剂,n' 与 n'' 最终会降低至同一数值 n,此时为凝胶点。通过文献报道,在凝胶点的 n 值并不会随溶液固含量的改变而改变,所以从表中数据可以认定,Sol-1、Sol-2 和 Sol-3 是依次逐渐接近冻胶态的,这意味着溶剂分子将会在溶液中被冻胶网络束缚得更紧。

表4-28　三种溶液的松弛指数 n' 与 n''

溶液	n'	n''
Sol-1	1.52	0.91
Sol-2	1.34	0.90
Sol-3	1.30	0.84

另外,在实验过程中出现了一个引人注意的现象,在低固含量的溶液冷却到稍低于溶剂凝固点的温度后,整个溶液呈现白色不透明的状态,说明溶液出现了分相,而 Sol-1 则还是均一透明的状态。二者的区别仅在于浓度,低浓度的溶液容易在冻胶的过程中分相(PVA-rich 和 PVA-poor)。在冻胶纺丝过程中,凝固浴的温度远远低于溶剂的凝固点,所以有可能 Sol-3 在凝固过程中会发生分相,其中 PVA-poor 相中的固态溶剂将会延缓与凝固浴的交换速率。综合以上两点的分析,可以在一定程度上解释为何低固含量、低温的纺丝原液物质双扩散进行得更少。

参考文献

[1] 管宝琼. 芳香族聚酰胺液晶的特性及纺丝[J]. 合成纤维,1979(1):28-39.

[2] 崔福兴,赵兴波,党婧. 高性能纤维加工技术——凝胶纺丝[J]. 玻璃钢/复合材料,2012(4):32-35.

[3] 董纪震,罗鸿烈,王庆瑞,等. 合成纤维生产工艺学:上册[M]. 北京:纺织工业出版社,1993.

[4] 肖长发. 高强度聚乙烯醇纤维结构与性能研究[J]. 高科技纤维与应用,2005(2):11-16.

[5] 王成东,祁玉冬,叶光斗,等. 拉伸条件对高强 PVA 纤维结构和性能的影响[J]. 合成纤维工业,2008,31(1):22-25.

[6] Wu Tse C(Morristown,N J),West;James C. (Dover,NJ). High molecular weight poly(vinyl acetate) and processes for their production:US4463138,[P]. 1984.

[7] 祁玉冬,徐建军,叶光斗. 制备高强高模 PVA 纤维的影响因素[J]. 合成纤维工业,2006,10(5):54-57.

[8] 祁玉冬. 高分子量聚乙烯醇的合成及其高强高模纤维的制备[D]. 成都:四川大学,2007.

[9] Cha W I,Hyon S H,Ikada Y. Transparent poly(vinyl alcohol) hydrogel with high water content and high strength[J]. Makromol. Chem. ,1992,193:1913-1925.

[10] 杨屏玉,章斐,王依民,等. 冻胶纺 PVA 纤维的超拉伸研究[J]. 中国纺织大学学报 1992,18(4):1-6.

[11] 章斐,杨屏玉,吴宗铨. 聚乙烯醇冻胶纺丝的初步研究(I)-纺丝参数与初生纤维的结构[J]. 合成纤维工业,1990,6(3):38-42.

[12] Nagashima N,Mastsuzawa S,Okazaki M,et al. Syndiotacticty-rich poly(vinyl alcohol) fibers spun from n-methylmorpholine-n-oxide/water mixture[J]. J. Appl. Polm. Sci. ,1996,62:1551-1559.

[13] Suzuki F,Onozato K. A Formation of compatible poly(vinyl alcohol)/alumina gel composite and Its propersities[J]. J. Appl. Polm. Sci. ,1990,39:371-381.

[14] Shimao M,Tsuda T,Takahashi M. Purification of membrane-bound polyvinyl alcohol oxidase in Pseudomonas sp. VM15C[J]. FEMS. Microbio. Lett. ,1983,20:429-433.

[15] 王斌,祁玉冬,姜猛进,等. 高强高模 PVA 纤维的横纹结构[J]. 高分子材料科学与工程,2010,26(3):89-92.

[16] Uddin A J,Narusawa T,Gotoh Y. Enhancing mechanical properties of gel-spun polyvinyl alcohol fibers by Iodine doping[J]. Polym. Eng. Sci. ,2011,DOI 10. 1002:647-653.

[17] Zhang X F,Liu T,Sreekumar T V,et al. Gel spinning of PVA/SWNT composite fiber[J]. Polymer,2004,45:8801-8807.

第5章

熔融纺丝制备高强高模聚乙烯醇纤维

5.1 聚乙烯醇熔融纺丝的主要方法及原理

熔融纺丝是将成纤高聚物在高于其熔点的熔融状态下形成较稳定的纺丝熔体，然后通过喷丝孔挤出成形，熔体射流在空气或液体介质中冷却固化，形成半成品纤维，再经过拉伸、热定型等后处理工序，即成为成品纤维。熔融纺丝纤维成形过程中，只发生熔体细流与周围介质的热交换，而没有传质过程，因此纤维成形时收缩小，截面均匀性高，可施以高倍拉伸而提高纤维性能，且熔融纺丝工艺流程短、纺速高、无三废污染，是合成纤维纺丝成形中最重要的方法[1,2]。目前熔融纺丝多用于聚酯、聚酰胺、聚丙烯等纤维的制备。但聚乙烯醇多羟基强氢键的结构特点使其熔点与分解温度十分接近，难以熔融加工[3]，无法采用常规熔融纺丝方法进行纺丝。针对上述问题，国内外研究者进行了大量研究，发展了聚乙烯醇的外增塑熔融纺丝、共聚改性熔融纺丝、高聚物共混熔融纺丝和分子复合熔融纺丝等，其关键是破坏聚乙烯醇分子内、分子间氢键，降低聚乙烯醇熔点。

5.1.1 聚乙烯醇熔融纺丝主要方法

1. *外增塑熔融纺丝*

外增塑是将低分子量的化合物或聚合物，在一定条件下，添加到需要增塑的聚合物中，以增加聚合物的塑性的方法，其中溶液增塑是降低聚乙烯醇熔点、改善其流动性最常用的改性方法之一。加入增塑剂可以使聚乙烯醇发生溶胀（良溶剂时）或稀释（不良溶剂时），从而改变聚乙烯醇分子间作用力，削弱其氢键，降低其熔点。增塑剂的加入还可降低聚乙烯醇的熔体黏度，改善聚乙烯醇熔体的流动性。

水是聚乙烯醇理想的增塑剂[4]，但水的沸点较低，在聚乙烯醇的熔融温度下会急剧蒸发，使丝条含有气泡，甚至发生暴沸，使纺丝难以连续。为减少增塑剂在熔融加工过程中的挥发，一些高沸点化合物如甘油、乙二醇、低分子量聚乙二醇（PEG）、醇胺类改性剂等被广泛使用。

Sakellariou[5]通过聚合物和增塑剂的溶解度参数分析了甘油和不同分子量PEG对聚乙烯醇的增塑效率，认为甘油的增塑效率最高，其次为 PEG200 > PEG400 > PEG6000。聚乙烯醇的熔点随甘油含量增加而降低，但当改性体系发生相分离时，甘油的增塑作用迅速降低，且甘油主要影响聚乙烯醇的非晶区，对其晶型没有显著影响。Lin[6-8]以甘油为增塑剂制备了热塑性聚乙烯醇（聚合度 $\overline{DP}=300\sim800$，醇解度 $\overline{DS}=86\%$（摩尔分数）），研究了改性聚乙烯醇的剪切、拉伸流动行为及可纺性，结果表明，当甘油含量为 20% ~40%（质量分数）时，改性体系在 190℃均具有好的可纺性，喷丝头最大拉伸比达 139。而 $\overline{DP}$ 为 1700 的聚乙烯醇（$\overline{DS}=88\%$（摩尔分数））只有当甘油含量达 40%（质量分数）才有较好的热稳定性，此时适宜的纺丝温度为 238 ~248℃。朱本松详细研究了甘油增塑聚乙烯醇（$\overline{DP}=1772$，$\overline{DS}=99.9\%$（摩尔分数））的可纺性，并通过增塑熔融纺丝制得强度约 1.3GPa 的纤维[9]。

Masuo[10]采用乙二醇为增塑剂，通过增塑熔融纺丝制得强度 0.9GPa 的聚乙烯醇纤维。苑会林[11]利用多元醇低聚物和低分子醇组成的复配增塑剂改性聚乙烯醇，可明显改善其加工流动性，当复合增塑剂用量为 25g/100g 时，聚乙烯醇熔融温度趋于定值（190℃）。项爱民等[12]通过 FTIR 分析得出醇胺类改性剂也可与聚乙烯醇分子间发生强相互作用，形成强的分子复合键，使聚乙烯醇塑化温度降低。俞昊等[13]采用多元醇和酰胺类试剂组成复配增塑剂，与 PVA1799 共混，当复配增塑剂的质量分数在 43.6% 时，改性聚乙烯醇具有很好的可纺性，初生纤维的强度达 2cN/dtex 左右，所得纤维在 80℃的去离子水中，具有很好的水溶性，也可溶于水温为 25℃的去离子水中。

王琪等[14,15]通过分子复合和增塑，选择与聚乙烯醇有互补结构的含氮化合物和水组成复合改性剂，抑制聚乙烯醇结晶，降低其熔点，提高其热分解温度，获得热塑加工窗口，同时控制聚乙烯醇中的水状态，避免加工中水剧烈蒸发产生气泡，实现了聚乙烯醇的热塑加工和熔融纺丝，制备了高强高模聚乙烯醇纤维、粗旦纤维和功能复合纤维等。

2. *共聚改性熔融纺丝*

通过共聚、接枝等在聚乙烯醇分子中引入其他作用力较弱的分子单元可改变聚乙烯醇分子链化学结构和规整度，减弱聚乙烯醇分子内、分子间的氢键作用，降低其熔点，改善其熔融加工性能，其中以无规共聚的增塑效果最佳。

共聚单体的分子链柔顺性越高，规整性越差，增塑效果越好。试验证明乙烯基单体是聚乙烯醇最理想的共聚单体之一。Ohhashi[16]将乙烯基含量为 20% ~50%（摩尔分数）的乙烯—乙烯醇共聚物（EVOH）于 210 ~260℃熔融纺丝，所得初生纤维在 110 ~ 170℃拉伸 3 ~ 8 倍，再在 150 ~ 180℃进行松弛热处理，得到强度为 0.8GPa 的改性聚乙烯醇纤维。日本住友化学采用乙烯醇单元含量 43%（质量分数）的 EVOH 在 210℃熔融纺丝，所得初生纤维经 3 倍以上拉伸后即可用于制备绳索、绷带等。Tsujimoto[17] 将 100 份乙烯含量 8%（摩尔分数）的改性聚乙烯醇与 5 份山梨醇混合，经挤出造粒后在 220℃熔融纺丝，得到圆形截面、结构均匀的纤维。Okazaki[18] 在乙烯含量为 10%（摩尔分数）的 EVA 中加入脂肪酸酯、甘油三硬脂酸酯和山梨醇乙烯氧化物等混合，经塑化、造粒后得到具有优异可纺性的组合物。片山隆[19] 合成了可热塑加工的聚乙烯醇，该聚乙烯醇含有 0.1 ~ 25%（摩尔分数）的碳原子数小于 4 的 α－烯烃单元，0.02 ~ 0.15%（摩尔分数）的羧酸及内酯，熔点为 160 ~ 230℃，该聚乙烯醇可在其 $T_m \sim T_m + 80$℃范围内进行熔融纺丝。Katayam[20] 也采用 α－烯烃改性 PVA，并通过熔融纺丝得到耐热水性优良的聚乙烯醇纤维。

此外，还可利用聚乙烯醇羟基的化学活性，改变侧链基团，降低分子间氢键作用，改善其热性能。Hiroshi[21] 利用正丁基硼酸和苯基硼酸与聚乙烯醇羟基的反应制备聚乙烯醇—硼酸络合物，硼酸的加入使聚乙烯醇的熔融温度从 226℃降到 192℃，而分解温度提高到 300℃，熔融纺丝所得聚乙烯醇—硼酸复合纤维经热水洗后可得聚乙烯醇纤维。Haralabakopoulos[22] 通过反应性共混以长链脂肪族、脂环族、芳香族环氧化物或长链脂肪族羧酸改性聚乙烯醇，可显著提高聚乙烯醇热稳定性，降低其熔点。Spinu[23] 利用乳酸与聚乙烯醇的酯化反应接枝改性聚乙烯醇，其产物也可用于熔融纺丝。

3. 与其他聚合物共混熔融纺丝

聚合物共混已成为高分子材料高性能化、精细化、功能化的重要途径，也是合成纤维改性的重要方法之一，它可以使聚合物的特性相互补充、扬长避短，但必须解决相容性问题。实验证明，如果共混体系具有相容性，且其中至少一种组分是有结晶性的，则根据相平衡原理，会产生低共熔现象，从而使共混体系的熔点降低。因此，为实现聚乙烯醇熔融纺丝，一般采用与聚乙烯醇相容性好的聚合物与聚乙烯醇共混，以达到降低聚乙烯醇熔点的目的，如淀粉、糖类衍生物、木质素等天然高分子和聚酰胺、聚交酯、聚乙二醇（PEG）等合成高分子，它们的分子中均含有能与聚乙烯醇羟基生成氢键的基团，从而可减弱聚乙烯醇分子间作用力，降低其熔点。

Mao[24] 将聚乙烯醇、淀粉和甘油在密炼机共混得到可生物降解的热塑性共混物。Simmons[25] 则研究了淀粉—聚乙烯醇共混物的流变性能和可纺性，并在此基础上通过熔融纺丝制备了淀粉－聚乙烯醇复合纤维。聚乙烯醇（$\overline{DP} = 1800$，$\overline{DS} = 99\%$（摩尔分数））与聚（2－葡糖氧基异丁烯酸乙酯）共混后，其分解温度显著上升，比其熔点高约 100℃，可满足热塑加工的要求。Kubo 通过熔融挤出制备了 PVA—木质素共混纤维,TA 和 FTIR 结果表明,PVA—木质素间存在很强的分子间氢键。Koulouri[26]深入研究了聚乙烯醇与尼龙6 的相容性,将 70%(质量分数)PVA($\overline{DP}=1400$,$\overline{DS}=99\%$(摩尔分数))和 30%(质量分数)尼龙6 共混后经熔融纺丝得到强度为 0.46GPa 的复合纤维,此外,经十四碳烯改性的聚乙烯醇也可与尼龙 6 共混熔融纺丝。Wang[27]将聚乙烯醇与改性聚交酯共混,通过熔融纺丝制备出可生物降解纤维。低聚合度低醇解度聚乙烯醇($\overline{DP}=500$,$\overline{DS}=61\%$(摩尔分数))与分子量大于 8000g/mol 的 PEG 共混后,也可得到具有很好热塑性的共混物。

为实现聚乙烯醇熔融纺丝,也有研究者采用与聚乙烯醇相容性并不好的聚烯烃与聚乙烯醇进行共混。如 Tsebrenko[28]研究了聚烯烃(PP、PE)与聚乙烯醇共混物的熔融纺丝流变行为,当聚烯烃含量≤50%(质量分数)时,可形成聚烯烃为壳的复合纤维。采用甘油增塑 PVA－PP 共混物,聚乙烯醇含量 60%(质量分数)时,共混体系具有最大的非牛顿指数和流动活化能,通过熔融纺丝可制备纤度 13dtex 的 PP－PVA($\overline{DP}=110$,$\overline{DS}=68\%$(摩尔分数))复合纤维。采用相同的方法也可得到甘油增塑 PVA－PE 复合纤维。且通过熔融纺丝制备的聚烯烃—PVA 复合纤维经 10 倍左右拉伸后可用于制备渔网等。Meyer[29]公开了两种可用于熔融纺丝的聚乙烯醇共混物,一种是由聚乙烯醇、马来酸酐接枝氢化苯乙烯－丁二烯嵌段共聚物和聚乙烯蜡组成,另一种则是 PVA、ABS 和聚乙烯蜡组成的共混物。Ramaraj[30]则进一步研究了熔融挤出 PVA－ABS 的力学性能和热性能。

4. 其他熔融纺丝法

聚乙烯醇熔点随醇解度、聚合度减小而降低。因此,有研究者通过控制聚乙烯醇醇解度和聚合度来实现其熔融纺丝。Tanigami[31]采用醇解度、分子量和残存乙酸钠量各不相同的聚乙烯醇作纺丝原料,用岛津熔点测定仪作纺丝机以缩短熔融纺丝过程中聚乙烯醇的高温滞留时间,减少热降解,并在确保初生纤维不着色的条件下进行拉伸。结果表明$\overline{DS}=98.6\%$(摩尔分数)、$\overline{DP}=750$ 的聚乙烯醇和$\overline{DS}=99.97\%$(摩尔分数)、$\overline{DP}=1270$ 的聚乙烯醇经熔纺得到的纤维具有较高的强度(0.9～1.1GPa),低醇解度试样虽然熔点低,但拉伸后纤维的结晶度低,纤维力学性能差。$\overline{DS}<90\%$(摩尔分数)、分子量小于 60000 的聚乙烯醇也可在 200℃进行熔融纺丝。Kawakami 等[32]采用$\overline{DP}=540$,$\overline{DS}=88\%$(摩尔分数)的聚乙烯醇于 180℃熔融纺丝,初生纤维在 150℃经 8 倍拉伸得到纤度 17dtex,强度 0.4GPa,伸长率 8%的纤维。

虽然通过共聚改性、高聚物共混等可在一定程度上改善聚乙烯醇的热塑加工性,实现其熔融纺丝,但共聚改性中,共聚工艺复杂,技术难度大,生产成本高;而高聚物共混熔融纺丝中,一般采用低聚合度低醇解度聚乙烯醇进行共混熔融纺丝,且共混物存在相容性问题,无法制备高强度纤维。其中增塑熔融纺丝工艺简单、易实施,所得纤维性能佳,是聚乙烯醇熔融纺丝的首选工艺路线,本章重点介绍分子复合和增塑实现聚乙烯醇熔融纺丝和高倍拉伸制备高性能聚乙烯醇纤维的原理和工艺。

5.1.2 分子复合改性聚乙烯醇体系的热塑加工机理

超分子化学研究分子与分子由分子间作用力联结形成的分子聚集体(超分子),自 1987 年由诺贝尔奖获得者 Lehn 建立以来,发展十分迅速,为制备可规模应用的新型高分子材料提供了新理论、新思路、新方法。因为高分子材料的特征是结构的多层次性,每一结构层次的调控都为高分子材料的改性和研制提供新途径。通过超分子科学方法可以设计和调控聚合物超分子结构和聚集态结构,从而提高其性能,开发新型高分子材料[15,33]。

分子复合是指结构互补的分子通过库仑力、氢键、范德华力、电荷转移相互作用等次价键力而缔合,形成独特的超分子结构,赋予材料新性能。高分子间分子复合可以降低组分高分子链的自由度,形成独特的超分子结构和聚集体结构,改变高分子的构象、流体力学半径、黏度、结晶行为,影响材料对温度、应力等的响应,赋予材料新性能,是高分子材料制备和高性能化的超分子方法[33]。

5.1.2.1 改性剂的选择

聚乙烯醇分子链上含有大量羟基,形成大量分子内和分子间氢键,使其熔点与分解温度十分接近,无热塑加工窗口。实现聚乙烯醇热塑加工,关键是抑制聚乙烯醇结晶,降低其熔点,提高其热分解温度,获得热塑加工窗口。其中分子复合和增塑可降低聚乙烯醇熔点,改善其流动性,但选择合适的改性剂是关键。

实验研究结果对比表明,水是聚乙烯醇理想的增塑剂,但其沸点较低,易在加工温度蒸发,不利于聚乙烯醇的稳定热塑加工,需与其他改性剂复合使用;在所选高沸点改性剂如多元醇、低分子量聚乙二醇、含酰胺基团化合物等中,含酰胺基团的 Ac 对聚乙烯醇的改性效果最佳。图 5 - 1 是用高压不锈钢坩埚测试的相对密封条件下改性聚乙烯醇的熔融行为。可见,聚乙烯醇的熔点由 226℃ 降至 130℃ 左右,远低于其起始分解温度 242℃,为聚乙烯醇热塑加工提供了较宽的加工窗口[33]。

5.1.2.2 改性剂与聚乙烯醇间相互作用

表 5 - 1 是聚乙烯醇与改性聚乙烯醇红外光谱羟基伸缩振动吸收峰频率。复合改性剂 Ac 中的 C ═O 和 N—H 等基团与聚乙烯醇的羟基形成新的比聚乙烯醇自身更强的小分子与大分子间氢键(图 5 - 2)[15],使体系羟基伸缩振动吸收峰向低波数移动 $11cm^{-1}$。以—CH_2 的 C—H 伸缩振动吸收峰为内标峰,计算

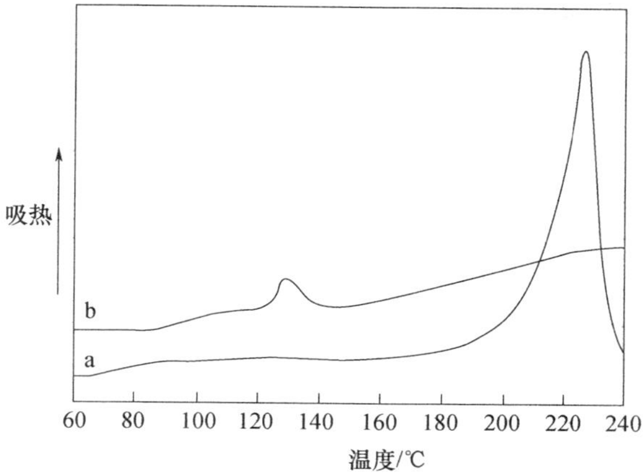

图5-1　PVA和改性PVA的DSC曲线

O—H峰与C—H峰的吸光度之比,发现,复合改性剂加入后,A_{OH}/A_{CH}明显增大,表明氢键强度增加,使聚乙烯醇可进行热塑加工[33]。

表5-1　聚乙烯醇和改性聚乙烯醇羟基伸缩振动吸收峰频率

样品	羟基伸缩振动峰值/cm^{-1}	A_{OH}/A_{CH}
PVA	3422.5	1.17
PVA/水/Ac	3411.9	1.55

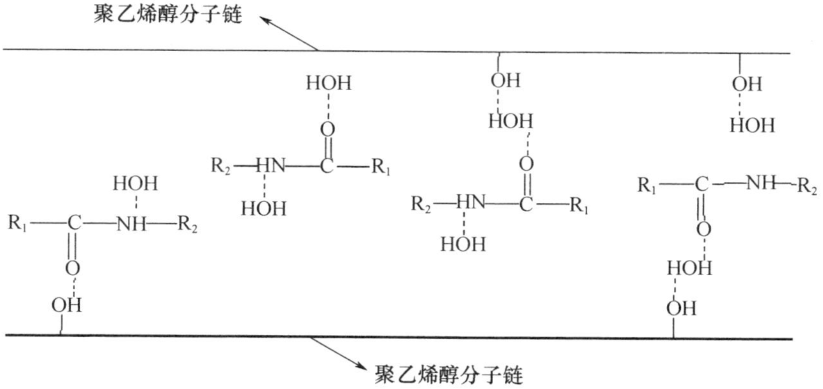

图5-2　改性聚乙烯醇体系中聚乙烯醇、水和Ac中的氢键示意图

5.1.2.3　聚乙烯醇改性剂体系中水的状态和蒸发行为

实现改性聚乙烯醇的稳定熔融纺丝,其关键之一是避免水在聚乙烯醇熔融过程中剧烈蒸发产生气泡,而水的蒸发行为与其在聚乙烯醇中的状态密切相关。聚乙烯醇分子中的羟基可与水分子发生强烈的氢键作用,从而显著影响水和聚

乙烯醇的物理性质,如熔点等。亲水性聚合物中水状态的研究表明,水在亲水性聚合物中以三种不同的状态存在,即自由水、可冻结合水和非冻结合水。其中:自由水是指在亲水性聚合物中具有与纯水相同的相转变温度的水;可冻结合水是指与亲水性聚合物分子链间存在弱相互作用,相转变温度低于0℃的水;非冻结合水是指与亲水性聚合物分子链的极性基团间存在强相互作用,在0~-70℃不发生相转变的水。可冻结合水和非冻结合水统称为结合水;自由水和可冻结合水则称为可冻水[34]。

图5-3为PVA(a)、水(b),PVA-水(c)和PVA-水-Ac(d)体系中水的熔融(a)和蒸发行为(b)。改性聚乙烯醇中,组分间的氢键作用进一步束缚了体系中的水,使其状态和性质改变:0℃左右的自由水熔融峰消失,可冻结合水熔融峰向低温偏移,并且分裂为两个峰(图5-3(a),曲线(d)),结合水含量增加,使水需吸收更多能量才能蒸发,水的沸点由本体水的96℃升高至139.8℃(图5-3(b),曲线(d)),沸程变宽,蒸发速率降低,避免了聚乙烯醇熔融加工过程中水剧烈蒸发形成气泡[33]。这也是实现聚乙烯醇稳定热塑加工的关键之一。

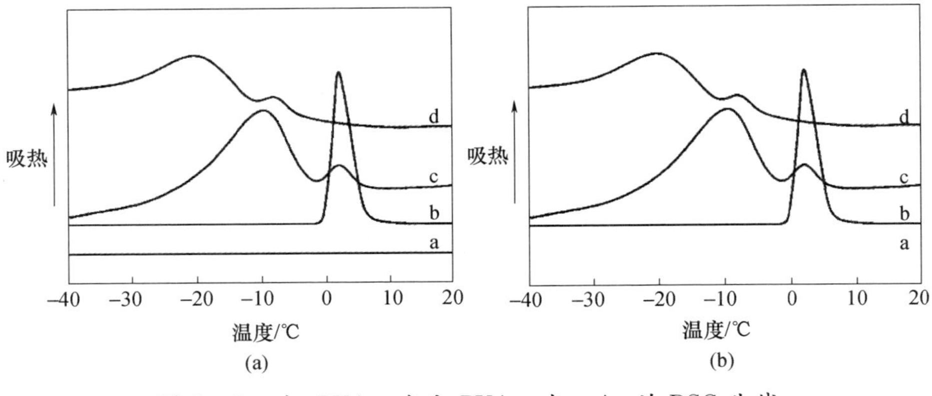

图5-3 水、PVA-水和PVA-水-Ac的DSC曲线

a—水;b-PVA-水;b—PVA-水-Ac。

5.1.2.4 聚乙烯醇改性体系的结晶结构

聚乙烯醇熔点的降低与其结晶结构有密切联系,图5-4是纯PVA、PVA-水改性体系和PVA-水-Ac改性体系的WXRD图。聚乙烯醇为部分结晶聚合物,在$2\theta=10°\sim45°$范围内出现六个较为明显的结晶峰,即$2\theta\approx11.5°$的100晶面衍射峰,$2\theta\approx16.1°$的001晶面衍射峰,$2\theta\approx19.5°$的$10\bar{1}$晶面衍射峰,$2\theta\approx20.1°$的101晶面衍射峰,$2\theta\approx22.7°$的200晶面衍射峰,$2\theta\approx40.5°$的峰是$1\bar{1}\bar{1}$、111、$2\bar{1}0$与210的晶面衍射的复合峰。对各体系最强结晶峰分峰,由衍射角和半峰宽计算出各体系的晶面间距、微晶尺寸及结晶度,列于表5-2。

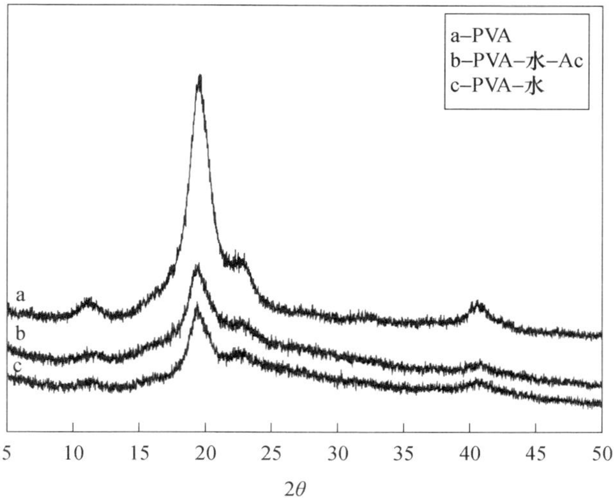

图5-4 PVA、PVA-水和PVA-水-Ac的WXRD曲线

表5-2 PVA和PVA-水-Ac的结晶结构参数

样品		PVA	PVA-水	PVA-水-Ac
晶面间距/Å	$10\bar{1}$	4.57	4.59	4.60
	101	4.48	4.39	4.44
	200	3.89	3.87	3.87
微晶尺寸/Å	$10\bar{1}$	9.51	12.60	12.14
	101	8.14	10.91	8.21
	200	7.07	7.44	7.25
结晶度/%		66.30	51.58	44.10

聚乙烯醇晶体在101晶面衍射峰与聚乙烯醇沿分子间氢键方向的分子链间界面密切相关。从图5-4看出,改性聚乙烯醇的101晶面衍射峰强度减弱,表明堆砌在一起的聚乙烯醇分子链数目减少。PVA-水改性体系,由于改性剂水具有较小的分子体积,不仅可以进入聚乙烯醇无定形区,而且可进入其结晶区,破坏聚乙烯醇自身分子间和分子内氢键,形成新的小分子与大分子间的氢键复合,从而使晶区内单位体积的聚乙烯醇分子链数目减小,晶体结构变疏松,微晶尺寸增大,结晶度降低。PVA-水改性体系中加入Ac后,聚乙烯醇微晶尺寸较PVA-水体系略有减小。这是因为Ac分子体积较大,不能或仅小部分进入聚乙烯醇晶区,但其酰胺基易与水形成氢键,束缚水分子,使进入晶区的水分子量减小,晶区不像PVA-水体系那样溶胀充分,结构稍致密,微晶尺寸略有减小。虽然Ac不易进入聚乙烯醇晶区,但可与晶区边界的分子作用,使晶区边界结构模

糊，结晶被破坏，并且 Ac 较大的分子体积能够进一步增大无定形区分子链间距离，使无定形区结构更加疏松，整体结构更大程度被破坏，结晶度进一步降低，有利于聚乙烯醇的热塑加工[35]。

5.1.2.5 改性聚乙烯醇的熔融行为

采用螺杆挤出机熔融挤出改性聚乙烯醇过程中，螺杆挤出机是一个相对密封的环境，改性体系中的水更难蒸发，图 5－5 为不同条件下改性聚乙烯醇的熔融模型，将改性聚乙烯醇加热时，在敞开体系中（无压力的条件下），聚乙烯醇中的水易受热挥发，对聚乙烯醇的结晶结构和热性能影响小。而在密闭体系中受热（有压力的条件下，如在密封高压不锈钢坩埚、螺杆挤出机中等），水和 Ac 保留在改性体系中起增塑作用，破坏聚乙烯醇结晶结构，一定温度下可形成均匀熔体，而在螺杆挤出机中，聚乙烯醇在水和 Ac 的增塑作用及强大的剪切力作用下更易形成均匀熔体[36]。

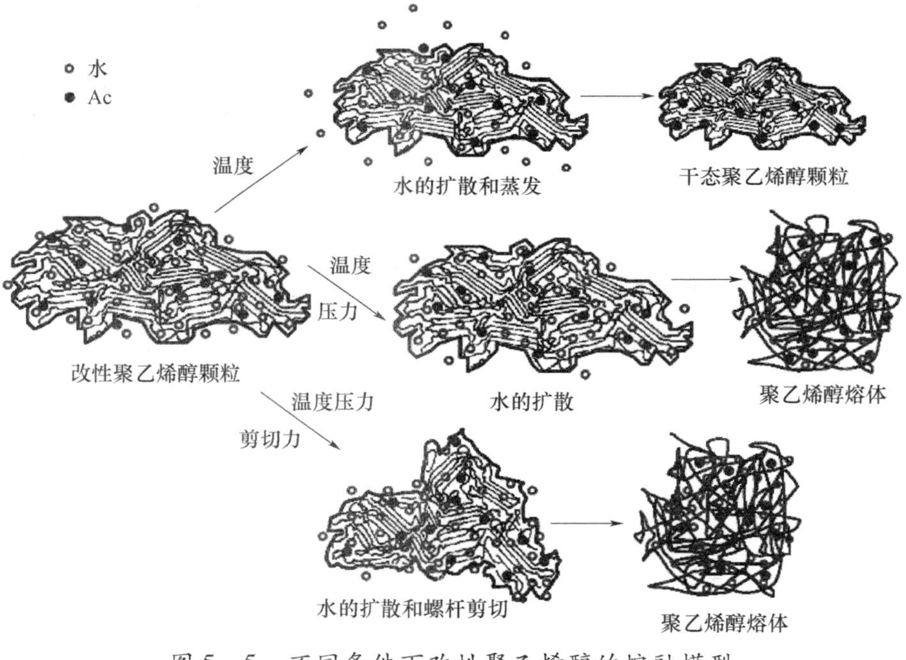

图 5－5 不同条件下改性聚乙烯醇的熔融模型

综上，仅用水改性的聚乙烯醇在加热过程中水受热蒸发，最后仅有极少量的非冻结合水残留在体系中起增塑作用，对聚乙烯醇熔点的降低作用有限；在 PVA－水体系中引入 Ac 后，由于 Ac 可与聚乙烯醇和水形成强氢键，从而改变了体系中水的状态，使改性体系中非冻结合水含量增加，有利于抑制水的挥发，改性体系中非冻结合水和 Ac 共同作用降低了聚乙烯醇的熔点，但由于水的挥发，其降低幅度有限。但当改性聚乙烯醇体系在密封系统中加热时，水和 Ac 均可保留在改性体系中起增塑作用，从而使聚乙烯醇熔点显著降低，得到热塑加工窗口 120~180℃。

5.1.3 聚乙烯醇改性体系结晶过程研究

结晶性聚合物的物理和力学性能在很大程度上取决于其结晶结构，研究聚合物结晶过程的各种参数及了解其影响条件，可为优化熔融纺丝成形条件提供基础。聚乙烯醇熔点与分解温度接近，使其非等温结晶研究十分困难。聚乙烯醇热塑加工的实现，使其熔融结晶研究成为可能，从而为确定最佳工艺条件，从工艺上控制其结晶结构，实现其高倍拉伸提供理论和实践基础。

图 5-6 是 PVA-水-Ac 改性体系在 2.5℃/min、5℃/min、7.5℃/min、10℃/min、12.5℃/min 和 15℃/min 下的非等温结晶曲线。从图 5-6 得到结晶起始温度（T_o）、结晶放热峰温度（T_c）及结晶终止温度（T_e），列于表 5-3。

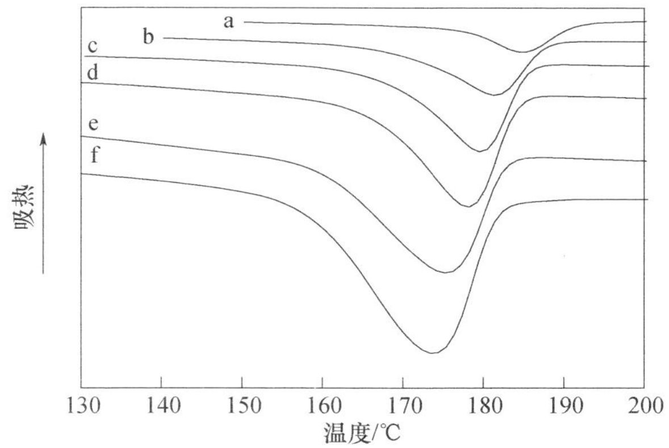

图 5-6 PVA-水-Ac 体系不同降温速率下的 DSC 曲线

a—2.5℃/min；b—5.0℃/min；c—7.5℃/min；d—10.0℃/min；
e—12.5℃/min；f—15.0℃/min。

表 5-3 PVA-水-Ac 体系的结晶性能参数

降温速率 φ/(℃/min)	T_o/℃	T_c/℃	T_e/℃	ΔH_c/(J/g)
2.5	191.4	185.0	176.8	27.2
5.0	187.7	181.4	168.6	32.8
7.5	185.5	179.6	167.4	33.8
10.0	184.3	178.0	165.0	34.7
12.5	182.3	175.4	158.7	35.1
15.0	181.7	173.8	157.5	37.2

可见，随冷却速度提高，结晶放热峰峰形增宽并向低温区偏移，结晶度增加，完全结晶所用时间缩短。

采用 Jeziorny 模型分析改性聚乙烯醇的非等温结晶动力学，方程如下：

$$\lg[-\ln(1-X_t)] = n\lg t + \lg Z_t \tag{5-1}$$

式中 X_t——t 时刻的相对结晶度，可由非等温 DSC 曲线中 t 时刻的积分面积与总结晶峰面积比得到；

n——Avrami 指数，其大小与成核方式及生长过程有关；

t——结晶时间；

Z_t——结晶速率常数，包含成核和增长参数。

由式(5-1)可得 $\lg[-\ln(1-X_t)]$—$\lg t$ 曲线(图 5-7)。结晶前期，曲线为直线，较好符合 Avrami 方程，表明聚乙烯醇的非等温结晶动力学研究可用 Jeziorny 模型描述，由直线斜率和截距可得 Z_t 和 n；结晶后期，发生明显偏离，表明聚乙烯醇的结晶分为主期结晶和后期结晶两部分，因此为防止产品在使用过程中继续结晶，性能不断变化，在生产中应对聚乙烯醇进行退火。由于非等温结晶中温度不恒定，影响对温度有依赖性的晶核的生成和球晶的增长，Z_t 和 n 具有与等温结晶中不同的物理意义，需对其进行修正：

$$\lg Z_c = \frac{\lg Z_t}{\phi} \tag{5-2}$$

式中 Z_c——非等温结晶动力学参数。

在实际的应用中，常用结晶进行 1/2 所需时间 $t_{\frac{1}{2}}$ 的倒数来表征结晶速度：

$$t_{\frac{1}{2}} = \left(\frac{\ln 2}{Z_t}\right)^{\frac{1}{n}} \tag{5-3}$$

通过对 DSC 曲线进行处理，可得 Avrami 指数(n)，动力学结晶速率常数 Z_c 和结晶进行到 1/2 所需时间($t_{\frac{1}{2}}$)，列于表 5-4。

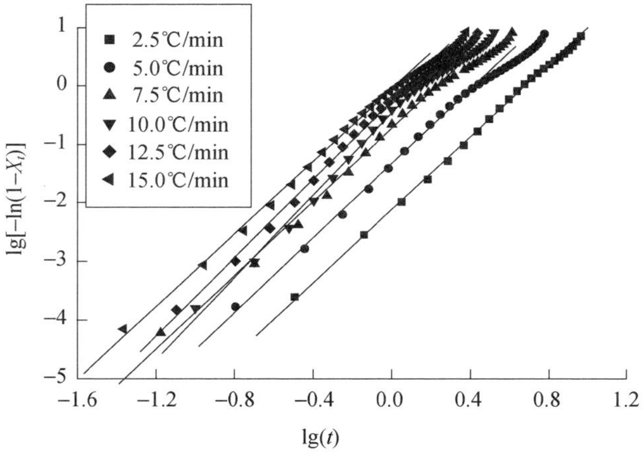

图 5-7　PVA-水-Ac 体系不同冷却速率下的 $\lg[-\ln(1-X_t)]$—$\lg t$ 曲线

表 5-4　PVA-水-Ac 体系的非等温结晶参数

冷却速率 φ/(℃/min)	n	Z_c	$t_{1/2}$
2.5	3.1	0.14	4.23
5.0	3.2	0.54	2.32
7.5	3.1	0.80	1.51
10.0	3.5	0.90	1.22
12.5	3.4	0.95	1.07
15.0	3.1	0.99	0.92

PVA-水-Ac 改性体系的 Avrami 指数 n 在 3.1～3.5 之间，表明聚乙烯醇的结晶为三维球晶生长，并且冷却速度对其成核和结晶方式没有明显影响。随冷却速度增大，Z_c 增加，而 $t_{1/2}$ 减少，表明过冷度越大，结晶生长越快，说明冷却速度对聚乙烯醇的结晶能力影响较大，可以通过在加工过程中调节其冷却速度来控制聚乙烯醇的结晶，使其熔纺初生纤维具有较好的拉伸性能[37]。

控制适宜的结晶温度，在较温和的条件下观察到聚乙烯醇熔融结晶球晶结构，如图 5-8(a)所示。图 5-8(b)是聚乙烯醇溶液结晶的偏光显微照片[36]。改性聚乙烯醇从熔体结晶或从溶液结晶均可得到球晶。由于球晶的双折射性质和对称性，聚乙烯醇球晶呈现聚合物球晶特有的黑十字消光图像。且黑十字与起偏片、检偏片振动方向平行，为正常球晶。对比聚乙烯醇熔融结晶和溶液结晶的偏光显微镜照片，实验条件下，聚乙烯醇熔融结晶所得球晶直径达 50μm，远大于溶液结晶的球晶尺寸，且熔融结晶球晶数目也远多于溶液结晶，表明从熔体结晶可提高聚乙烯醇结晶度，有利于改善产品力学性能。

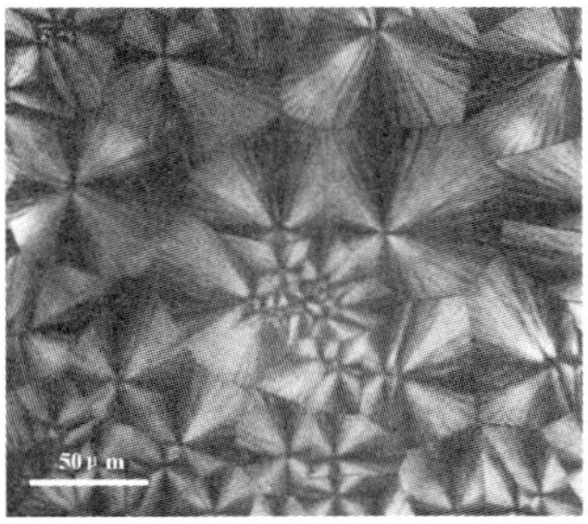

(a)

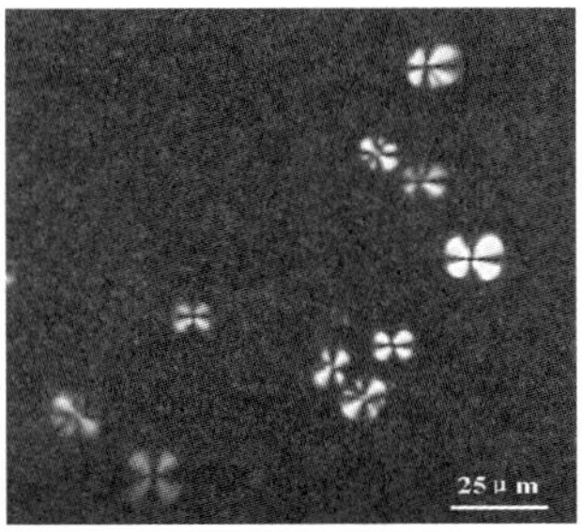

(b)

图 5-8　聚乙烯醇熔融结晶和从丙三醇溶液结晶所得偏光显微镜照片

(a)聚乙烯醇熔融结晶；(b)丙三醇溶液。

5.1.4 聚乙烯醇改性体系流变性能研究

纺丝聚合物的流变性与其加工性质密切相关。了解和掌握材料的流变行为不仅有利于改善和提高产品的加工和使用性能，优化加工条件，还是熔融纺丝机械设计的基础。

5.1.4.1 聚乙烯醇改性体系剪切流动行为

图5-9为采用不同长径比的毛细管所得改性聚乙烯醇熔体在115℃的表观剪切应力和表观剪切速率之间的关系曲线。改性聚乙烯醇熔体的表观剪切应力随剪切速率增加而增加，但在高剪切速率下，曲线的斜率明显低于低剪切速率下曲线的斜率，表明改性聚乙烯醇熔体是典型的剪切变稀流体，呈假塑性流体特性。通常情况下，表观剪切应力和表观剪切速率之间关系的流动曲线可用来判断聚合物挤出过程中是否存在熔体破裂。如果有熔体破裂现象发生，则流动曲线将发生突变。从图5-9可看出，改性聚乙烯醇熔体在实验速率范围内未出现熔体破裂现象。通过Bagley校正和Rabinowitsch校正得到聚乙烯醇熔体剪切黏度与真实剪切速率之间的关系曲线，如图5-10所示。

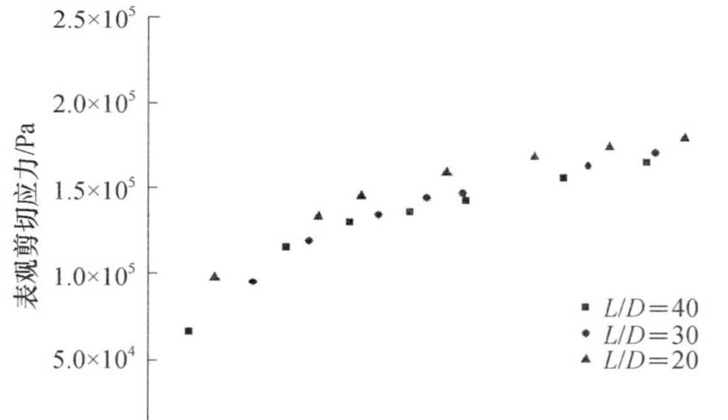

图5-9 PVA-水-Ac体系在115℃时不同长径比毛细管的表观剪切应力 τ_{aw} 与表观剪切速率 $\dot{\gamma}_{aw}$ 的关系曲线

由图5-10可知，在测试剪切速率范围（500~5000s^{-1}）内，改性聚乙烯醇熔体剪切黏度在40~200Pa·s之间，与特性黏数0.5~0.9dL/g的聚对苯二甲酸乙二酯（PET）、纤维级聚丙烯和尼龙66在各自相应纺丝温度下的黏度相当，表明改性聚乙烯醇熔体的黏度范围符合熔融纺丝的黏度要求（100~1000Pa·s）[1,38,39]，具有实现熔融纺丝的可行性。

从图5-10还可知，同一温度下，剪切速率增加，改性聚乙烯醇熔体剪切黏

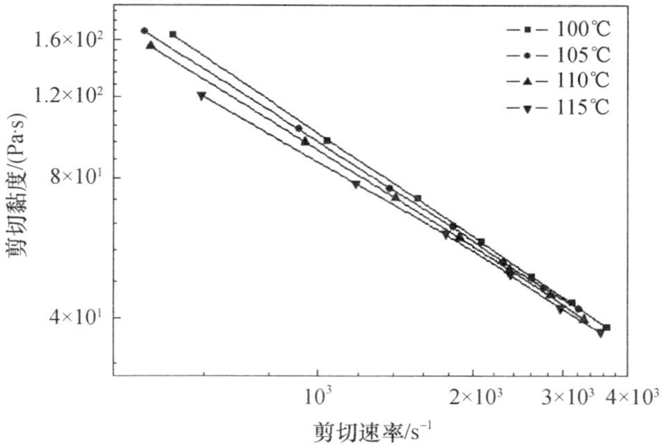

图5-10 PVA-水-Ac15体系在不同温度下
剪切黏度 η_s 与剪切速率 $\dot{\gamma}_{aw}$ 的关系曲线

度下降,表明改性聚乙烯醇熔体属假塑性流体,存在明显剪切变稀行为。这与改性聚乙烯醇体系的结构特点有关,其原因在于聚乙烯醇分子链间的缠结,聚乙烯醇分子链上含有大量羟基,能形成大量分子间氢键而构成诸多物理交联点,同时,聚乙烯醇长链分子间还可以形成大量几何学缠结点,这些物理交联点和几何学缠结点在聚乙烯醇分子热运动作用下,处于不断地拆散和重建的动态平衡中,并在一定条件下达到动态平衡,构成具有瞬变特点的网络结构。这种网络结构与所给定的条件有关,当切应力增大时,部分聚乙烯醇分子间氢键作用被破坏,改性体系中的小分子可与聚乙烯醇分子中的羟基形成新的氢键,从而阻止聚乙烯醇分子链间再次形成氢键,减少了体系中动态物理交联点的浓度,同时,随剪切应力增加,部分聚乙烯醇分子链间的几何学缠结点也被破坏,两者共同作用降低了改性聚乙烯醇熔体剪切黏度。

相同剪切速率下,改性聚乙烯醇熔体的剪切黏度随温度升高而降低。这是因为氢键是对温度敏感的分子间作用力,随温度升高,聚乙烯醇分子间氢键作用减弱,部分物理交联点被拆散,同时,随温度增加,聚乙烯醇分子链无规热运动加剧,体系中几何学缠结点的解缠结也变得更容易,从而使体系中物理交联点和几何学缠结点浓度降低,剪切黏度减小。但在高剪切速率下,同一改性体系在不同温度下的剪切黏度趋于一致,原因是在高剪切应力作用下,改性聚乙烯醇熔体中的物理交联点和几何学缠结点已大部分被拆散,其浓度已降至较低的水平,此时,继续升高温度,其浓度不会有大的改变,表现出高剪切速率下体系的剪切黏度趋于一致。这也表明高剪切速率下,改性聚乙烯醇熔体对温度敏感性降低。

由图5-10可知,改性聚乙烯醇熔体的剪切流动曲线符合幂率方程,从曲线的斜率可求得各改性体系的非牛顿指数 n，其结果列于表 5－5。改性聚乙烯醇熔体的非牛顿指数远小于 1，表明流体偏离牛顿型流体程度较大，非牛顿性强，即熔体对剪切敏感性强。因此，在熔融纺丝过程中，可通过改变计量泵流量来调节熔体在喷丝板毛细管中的剪切速率，改变熔体黏度，从而达到调整纺丝速度的目的。此外，为消除熔体剪切敏感性强给纺丝稳定性带来的不利影响，必须保证纺丝流量的稳定。从表 5－5 还可得知，同一改性体系，温度升高，非牛顿指数增加，牛顿性增强，有利于降低改性聚乙烯醇熔体的剪切敏感性，增加熔纺稳定性。

表 5－5　改性聚乙烯醇的非牛顿指数 n

样品	温度/℃			
PVA－W－Ac15	0.262	0.305	0.321	0.356

图 5－11 反映了 115℃时水和 Ac 含量对改性聚乙烯醇熔体剪切黏度的影响，可知，在同一温度及剪切速率下，改性聚乙烯醇熔体的剪切黏度随水含量或 Ac 含量增加而降低。一方面，水和 Ac 可与聚乙烯醇形成氢键复合，部分取代聚乙烯醇自身分子间氢键，降低熔体中的物理缠结点密度。另一方面，水和 Ac 加入后，熔体的自由体积增加，有利于聚乙烯醇分子几何学缠结点的解缠，两者共同作用降低了改性聚乙烯醇熔体剪切黏度。但当体系总改性剂含量相同时(曲线 b 和 c)，在试验速率范围内，两者的剪切黏度几乎相等，表明 Ac 和水对改性体系具有相似的降黏效果。

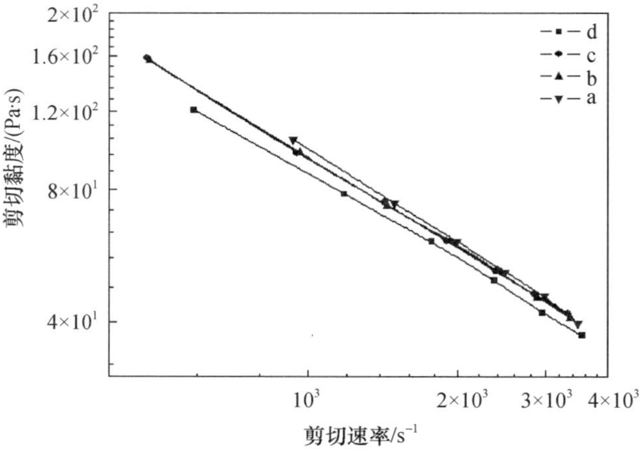

图 5－11　115℃时 PVA－W35、PVA－W40、PVA－水－Ac5 和 PVA－水－Ac15 体系的剪切黏度与剪切塑率的关系曲线

在温度变化不大的范围内,高聚物熔体的表观黏度随温度的变化规律服从阿累尼乌斯方程。根据阿累尼乌斯方程,以 $\ln\eta_s$ 对 $1/T$ 作图可得一直线,从直线斜率求得改性聚乙烯醇体系在不同剪切速率下的黏流活化能 E_η,其结果如图 5-12所示。黏流活化能是流动过程中高分子链段用于克服位垒,由原位置跃迁到附近“空穴”所需的最小能量,既反映了聚合物流动的难易程度,又反映了聚合物黏度变化的温度敏感性。黏流活化能越大,聚合物熔体黏度对温度越敏感。由图 5-12 可知,在实验剪切速率范围内,改性聚乙烯醇熔体的黏流活化能为 4~17kJ/mol,小于常见成纤聚合物如 PET、PA、PP、HDPE 等的黏流活化能(26~79kJ/mol)[40,41],表明改性聚乙烯醇熔体对温度较不敏感,有利于纺丝过程的稳定。随水含量、Ac 含量和剪切速率增加,改性聚乙烯醇体系黏流活化能降低,即改性体系黏度对温度的敏感性降低。原因在于随水含量和 Ac 含量增加,聚乙烯醇分子间的氢键更多地被聚乙烯醇与水或 Ac 间的氢键所取代,熔体中物理交联点浓度降低,水和 Ac 的加入还可以增加熔体中的自由体积,使分子链更容易克服位垒而发生跃迁,从而降低了改性聚乙烯醇的黏流活化能。剪切速率增加同样可以破坏聚乙烯醇熔体中的物理交联点和几何学缠结,使熔体的黏流活化降低。

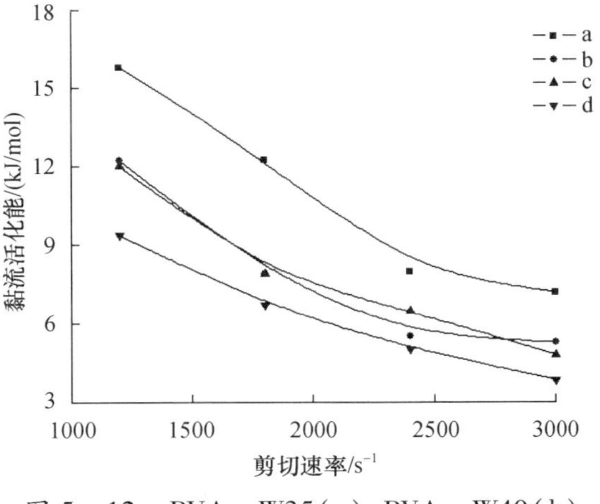

图 5-12 PVA-W35(a)、PVA-W40(b)、PVA-水-Ac5(c)和 PVA-水-Ac15(d)体系的黏流活化能与剪切速率的关系曲线

5.1.4.2 拉伸流动行为

在熔纺工艺中,剪切黏度主要描述聚合物熔体出喷丝板之前在管道及毛细管中的流动,但熔体出喷丝孔后的纺丝成形基本属于单轴拉伸流动,拉伸黏度与聚合物熔体的可纺性、熔纺纤维所能得到的最小线密度等密切相关。采用 Cogswell 方法通过 HAAKE 挤出式毛细管流变仪得到改性聚乙烯醇熔体的表观拉伸黏度与平均拉伸应变速率的关系曲线，如图 5－13 所示。可见，随拉伸应变速率提高，改性聚乙烯醇熔体的表观拉伸黏度减小，呈现拉伸稀化现象，这与剪切速率对其剪切黏度的影响规律相似。通常认为，聚合物拉伸黏度随拉伸应变速率变化的规律与成形稳定性有关。当拉伸黏度随拉伸应变速率增加而增大时，纺丝细流内如有局部缺陷存在，则纤维成形拉伸过程中，形变将趋于均匀化，这有利于提高成形稳定性；但当拉伸黏度随拉伸应变速率增加而减小时，纺丝细流存在的局部缺陷易引起拉伸共振，导致细流断裂，不利于成形稳定。由于改性聚乙烯醇熔体是拉伸稀化型流体，为提高纺丝过程的稳定性，必须提高熔体的过滤精度，保证改性聚乙烯醇熔体的均匀性，减少熔体细流中的缺陷。除了聚合物拉伸黏度随拉伸应变速率变化的规律与成形稳定性有关，拉伸黏度值本身大小也与可纺性有关，拉伸黏度大，允许的最大喷丝头拉伸比小，聚合物流体的可纺性降低，因此，拉伸黏度大小可作为判断聚合物可纺性的量度。改性聚乙烯醇熔体的表观拉伸黏度范围为 $10^4 \sim 5 \times 10^5$Pa·s，高于常见成纤聚合物如聚丙烯、聚对苯二甲酸乙二酯等在相应拉伸应变速率范围内的拉伸黏度（$4 \times 10^3 \sim 10^4$Pa·s）[42,43]。因此，改性聚乙烯醇可达到的喷丝头最大拉伸比小于常规成纤聚合物，如聚酯、聚丙烯等，但可通过适当提高熔体挤出速度来弥补低喷丝头拉伸比对聚乙烯醇熔融纺丝速度的影响。从图 5－13 还可知，随水和 Ac 含量增加，改性聚乙烯醇熔体表观拉伸黏度降低，由于在实验拉伸应变速率范围内，改性聚乙烯醇熔体单轴拉伸以大分子链缠结点的解缠为主，加入水和 Ac 可与聚乙烯醇形成氢键，减少聚乙烯醇自身分子间氢键形成的物理交联点，同时可增加聚乙烯醇熔体的自由体积，减少熔体中的几何学缠结，从而降低改性聚乙烯醇熔体表观拉伸黏度。当改性剂总含量相同时，以 Ac 取代部分水的改性体系具有较低的拉伸黏度，这与切变速率对其剪切黏度的影响规律不同，在剪切作用下，两者剪切黏度几乎相等，表明 Ac 对聚乙烯醇熔体的拉伸黏度影响大于对剪切黏度的影响。聚合物熔体的单轴拉伸黏度由于大分子链沿拉伸流动方向取向而远大于其剪切黏度。由前面的分析可知，改性聚乙烯醇熔体拉伸黏度的变化是大分子链沿拉伸流动方向取向与大分子链的缠结点解缠竞争的结果，加入分子复合改性剂 Ac 后，由于 Ac 的大体积效应，将使熔体具有更大的自由体积，在拉伸流动方向的解取向程度增加，使熔体拉伸黏度降低，提高了改性聚乙烯醇体系的可纺性。

图 5－14 反映了温度对改性聚乙烯醇熔体表观拉伸黏度的影响。相同拉伸应变速率下，改性聚乙烯醇熔体的拉伸黏度随温度升高而降低，这与温度对剪切黏度的影响规律相似。因此，适当提高喷丝板纺丝温度有利于提高改性聚乙烯醇的可纺性。

综上所述，在试验表观拉伸应变速率范围内，改性聚乙烯醇熔体属于拉伸变稀型流体，熔体的拉伸黏度随拉伸应变速率、水含量、Ac 含量和纺丝温度提高而降低。由于改性聚乙烯醇具有较大的拉伸黏度，且为拉伸变稀型流体，因此，纺丝挤出成形时应该严格控制熔体拉伸比，为提高生产效率，可适当提高纺丝挤出速率，以此降低熔体拉伸比和防止拉伸共振现象。提高纺丝温度和复合改性剂含量也有利于提高拉伸稳定性。

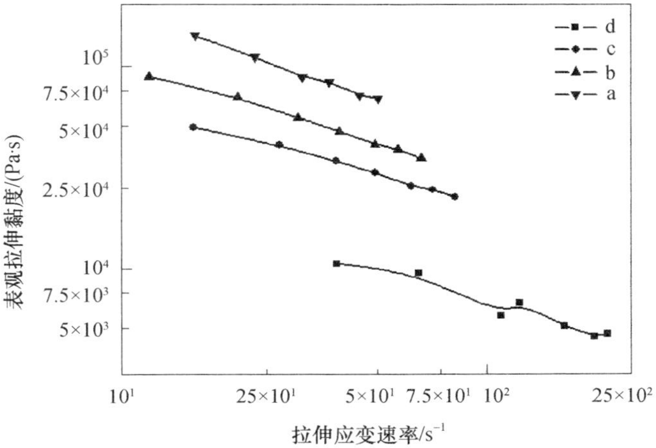

图 5-13　115℃时 PVA-W35(a)、PVA-W40(b)、PVA-水-Ac5(c)和 PVA-水-Ac15(d)体系的拉伸黏度与拉伸应变速率的关系曲线

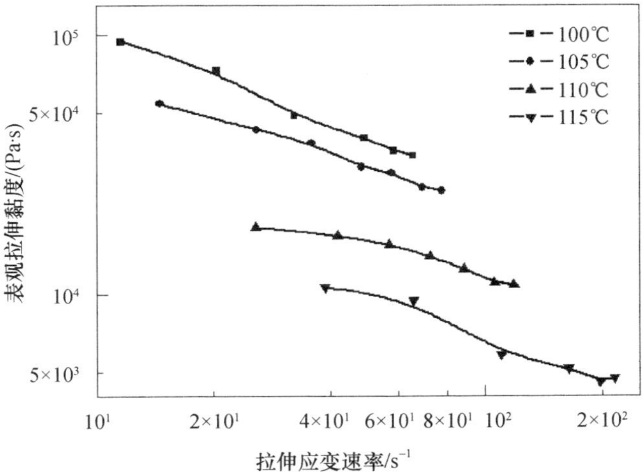

图 5-14　不同温度下 PVA-水-Ac15 体系的拉伸黏度与拉伸应变速率的关系曲线

5.1.4.3 改性聚乙烯醇体系挤出胀大

聚合物熔体经口模挤出后，挤出物的横截面通常会大于口模的横截面，称为挤出胀大或口模膨胀。挤出胀大对于纺丝是一个不利的现象，过高的挤出胀大比使纤维在塑性状态下的拉伸受到限制，影响纤维的细化，当直径膨胀很严重时，甚至造成纺丝断头，影响正常纺丝。通常用挤出物的最大直径与口模直径的比值来表征胀大比：$B = D_{max}/D_0$。

图 5－15 反映了 115℃ 改性聚乙烯醇熔体挤出胀大比与剪切速率的关系，可知，随剪切速率增大挤出胀大比增加，而 Ac 含量增加有利于降低改性聚乙烯醇熔体的挤出胀大比。原因在于剪切速率增加，改性聚乙烯醇分子链在毛细管剪切流动场中受到的剪切作用加强，分子取向增加，输入熔体中的可恢复弹性形变增加，在离开口模后恢复，挤出胀大比增加；剪切速率增加，也减少了改性聚乙烯醇熔体在毛细管中的停留时间，聚乙烯醇分子链在毛细管中来不及松弛，出口时弹性形变较大，挤出胀大比增大。Ac 含量增加，可弱化聚乙烯醇分子间氢键作用，利用 Ac 的大体积效应提高聚乙烯醇熔体的自由体积，使分子链段运动能力增大，聚乙烯醇分子链在毛细管中的松弛时间减小，挤出胀大比减小。但总体上聚乙烯醇的挤出胀大比较小，在 1.35～1.5 之间，与常见成纤聚合物如 PA、PET 等的挤出胀大比相似（1～1.5）。因此，可通过适当的喷丝头拉伸缓解和减轻聚乙烯醇熔体的挤出胀大，稳定纺丝过程。

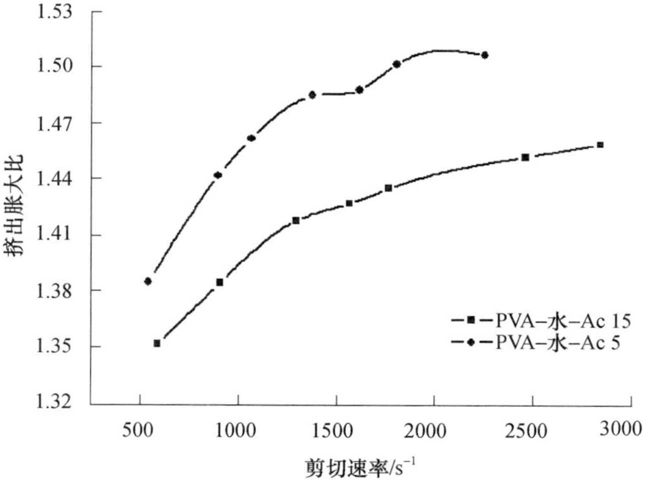

图 5－15 115℃时改性聚乙烯醇体系的挤出胀大比与剪切速率的关系曲线

图 5－16 反映了温度对改性聚乙烯醇熔体挤出胀大比的影响。相同剪切速率下，温度增加，聚乙烯醇熔体的挤出胀大比减小。原因在于温度增加，分子间作用力减小，自由体积增加，使聚乙烯醇分子链段运动能力增加，分子链松弛时间缩短，从而使可恢复弹性形变在较短时间内较快恢复，口模处挤出胀大比降低。表明温度的增加有利于降低聚乙烯醇熔体的挤出胀大比，提高纺丝的稳定性。

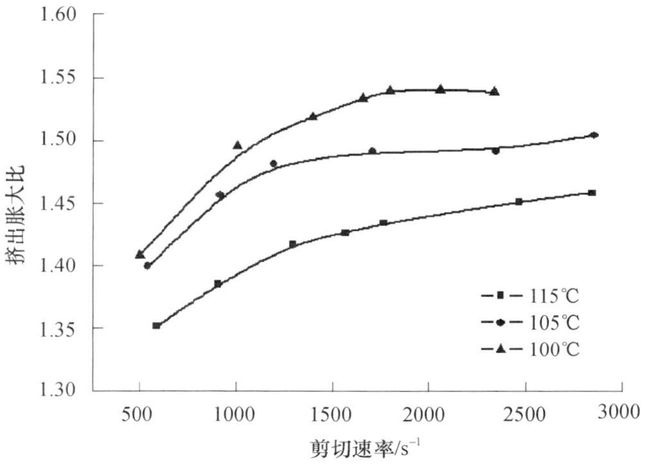

图 5－16　不同温度下 PVA－水－Ac 改性体系的挤出胀大比与剪切速率的关系曲线

因此，通过调整 Ac 含量、纺丝温度及拉伸速率等把挤出胀大比限制在尽可能小的程度和适当的距离内，才有利于纺丝过程的顺利进行和确保得到高度均匀的卷绕丝。

5.2　聚乙烯醇熔融纺丝基本工艺过程

熔纺聚乙烯醇纤维生产可采用两步法：第一步为聚乙烯醇纺丝工段，包括聚乙烯醇增塑改性、熔融挤出、预过滤、熔体计量、喷丝、固化、上油、一级拉伸和卷绕；第二步为后处理工段，包括初生纤维干燥、热拉伸、热处理、冷却和卷绕。辅助生产过程包括纺丝箱体保温系统，侧吹风系统。其中聚乙烯醇增塑改性为间歇操作过程，其余为连续操作过程。工艺流程图如图 5－17、图 5－18 所示。

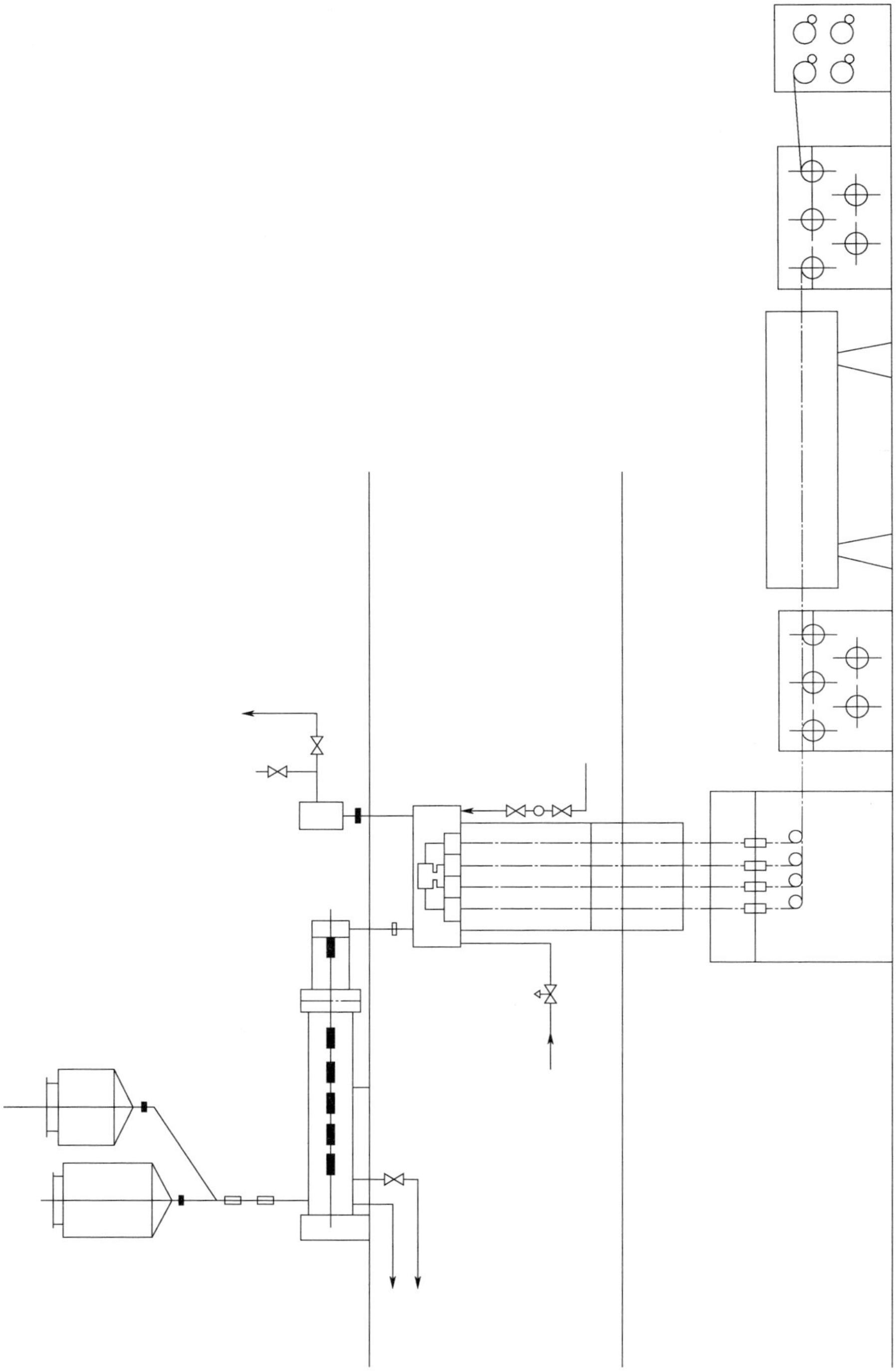

图5-17 熔纺聚乙烯醇纤维纺丝工段工艺流程简图

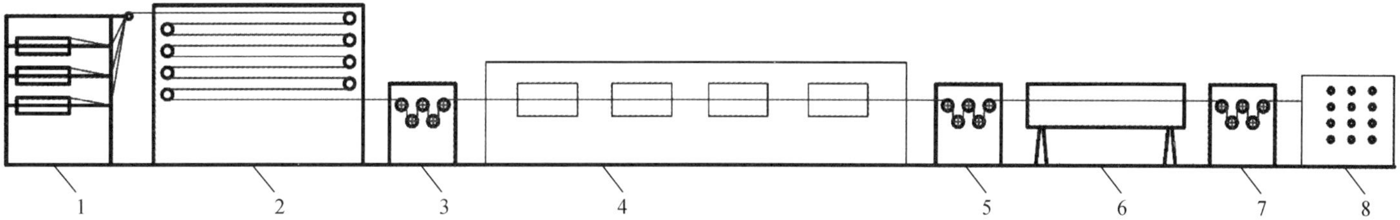

图5-18 熔纺聚乙烯醇纤维中试后处理工段工艺流程简图

1—集丝架，导丝架；2—折叠式烘干机；3—第一五辊拉伸机；4—干热拉伸箱；5—第二五辊拉伸机；6—热处理烘箱；7—冷却机；8—收丝导丝架，卷绕机组。

5.2.1 纺丝工段

1. 聚乙烯醇增塑改性

将计量的聚乙烯醇与增塑剂通过一定周期的改性增塑后,存放于恒温恒湿的增塑槽内,备用。

2. 改性聚乙烯醇熔融挤出

用电动葫芦将改性聚乙烯醇提升并投入到单螺杆挤出机料仓中,开启挤出机主机,使主螺杆转速达到10~30r/min,开启加料螺杆,改性聚乙烯醇经加料螺杆计量后加入到单螺杆挤出机,于140~155℃熔融挤出。

3. 预过滤

为提高熔体质量,减少凝胶粒子含量,延长组件使用寿命,在螺杆挤出机之后设置熔体过滤器。采用多根烛形金属纤维过滤芯作为过滤介质。在过滤达到一定周期后,更换过滤芯,过滤芯用沸水煮洗后于煅烧炉中煅烧,再放入超声波清洗器进行充分洗涤。

4. 熔体计量

计量泵可保证熔体在纺丝组件入口处压力稳定、流量均匀,以确保初生纤维线密度均匀。

5. 纺丝

由计量泵输送来的熔体在保温状态下进入纺丝组件,经过滤、分配后从喷丝头喷入纺丝甬道中,经侧吹风干燥固化形成初生纤维。采用上装式纺丝组件,采用48~72孔喷丝板,喷丝孔径可调。喷丝速度30~60m/min;喷丝头拉伸比为100%~300%,初生纤维水含量控制在10%以下,初生纤维单纤为200~300dtex。

6. 上油

上油可增加初生纤维的抱合性,减少纤维电阻值,防止静电产生,增加纤维的柔软性、平滑性,同时,经上油后的纤维表面附着一层油膜,在后工序可以防止纤维间的粘连。

7. 一级拉伸

初生纤维经上油罗拉后,由四个不同角度的导丝盘分别牵引到第一道五辊拉伸机,第一道五辊拉伸机速度控制在30~60m/min,第二道五辊拉伸机速度控制在100~240m/min。纤维的拉伸比通过两辊间速度差来控制,在两道五辊拉伸机间进行2~4倍的湿热拉伸。

8. 卷绕

经一级拉伸后的熔纺聚乙烯醇纤维经导丝杆分别引出进行卷绕。

5.2.2 后处理工段

1. 干燥

干燥的目的是除去一级拉伸纤维的水分,以利于纤维后拉伸。将24个卷绕头(纤维总旦数在 15 万 ~25 万 dtex)置于集丝架上，经导丝杆平铺进入烘干机，烘干机温度控制在 160 ~230℃，经罗拉往复干燥 11 次后从烘房中牵出至第一道五辊拉伸机，干燥速度为 3 ~10m/min。每束丝宽 5mm，丝束间距 10mm。

2. 干热拉伸

干燥后纤维经第一道五辊拉伸机牵引进入干热伸箱，干热拉伸箱分二区加热，分段控温，温度由低到高，分别为 160 ~200℃和 210 ~230℃，第一道五辊拉伸机速度控制在 3 ~10m/min。纤维拉伸比控制在 2 ~5 倍。在试验过程中，可根据需要调整试验工艺参数，从而更加稳定地控制试验过程。烘干机采用热风循环加热，其中风向与丝束垂直，有利于提高热效率。

3. 热定型

纤维经高倍拉伸后，进行一定时间和温度的热处理，以消除纤维内部的内应力，巩固纤维拉伸效果，提高纤维结晶度，使纤维结构紧密，提高纤维的耐热水性。本工艺采用适当降低拉伸速度进行松弛热定型，以达到消除纤维内应力的作用。

4. 冷却和卷绕

从热处理烘箱出来的丝束温度较高，使其通过冷却机快速冷却。冷却后的丝束分别引向每个对应的卷绕机，自动卷绕，卷绕完成后手动切换到另一个卷绕辊。

5.2.3　其他辅助工段

1. 纺丝箱体保温

箱体采用夹套蒸汽保温，计量泵及熔体分配管、纺丝组件位于纺丝箱体内，纺丝箱体做成分体结构，方便在设备发生故障时拆换。来自工厂的蒸汽经自动薄膜阀调节到指定工作温度。每次开车前，须排掉系统内的冷凝水，保证保温系统的温度均匀性。

2. 侧吹风系统

纺丝甬道由上下二段甬道组成，上甬道吹干热空气，下甬道自然风冷却。自然风经过滤除尘后，由风机泵强制送到一级加热器，再经二级加热器加热到指定工作温度，经分配、整流后以恒定温度和速度与纤维进行热交换，在侧吹风出口窗排掉。侧吹风温度 60 ~120℃，侧吹风风速 0.3 ~0.6m/s，风湿度 65%。

5.3 熔融纺丝聚乙烯醇纤维的结构与性能

5.3.1　聚乙烯醇熔纺初生纤维

5.3.1.1　聚乙烯醇熔纺初生纤维形貌

传统湿法纺丝和熔融纺丝制备的聚乙烯醇初生纤维横截面 SEM 照片比较

(图 5－19)可知:传统湿法纺丝凝固浴双向传质过程所得纤维横截面为腰子形,具有明显皮芯层结构,皮层致密,分子取向较高、芯层疏松,无法承受高倍拉伸,难以制得品质优良的成品纤维;聚乙烯醇熔融纺丝主要涉及聚合物熔体细流与冷却介质间的传热过程,纺丝体系组成变化不大,熔纺纤维成形时收缩小,纤维截面均匀性高,可制备具有圆形截面、结构均匀、表面光滑(图 5－20)的聚乙烯醇初生纤维,从而能施以高倍拉伸,提高纤维性能,为获得高强高模聚乙烯醇纤维提供结构基础。

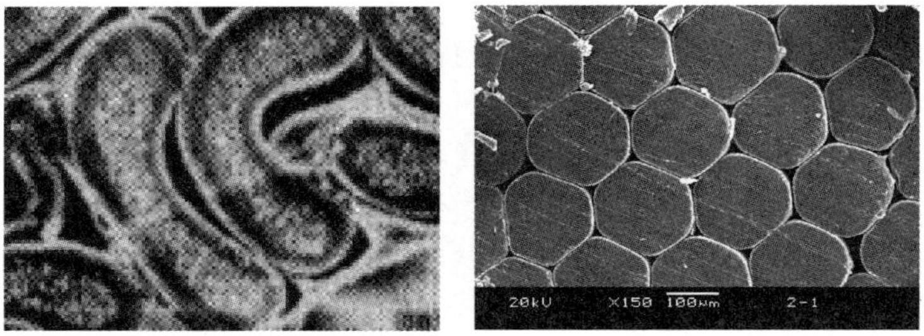

(a) (b)

图 5－19 聚乙烯醇纤维截面照片

(a)传统湿法纺丝;(b)增塑熔融纺丝。

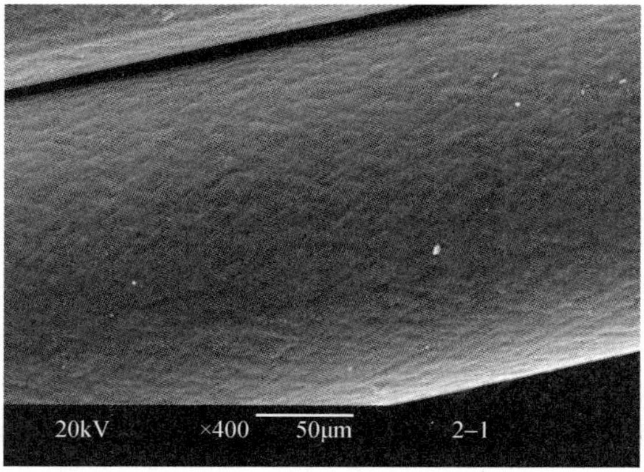

图 5－20 聚乙烯醇熔法纺初生纤维 SEM 照片

5.3.1.2 聚乙烯醇熔纺初生纤维的结晶结构

聚乙烯醇熔纺初生纤维和改性 PVA 原料的 WXRD 曲线如图 5－21 所示。改性聚乙烯醇经熔融挤出后所得初生纤维具有更低的结晶度,其 X 射线衍射峰强度明显降低,在 $2\theta \approx 11.5°$ 的(100)晶面衍射峰、$2\theta \approx 16.1°$ 的(001)晶面衍射峰和 $2\theta \approx 22.7°$ 的(200)晶面衍射峰均消失,表明经挤出机熔融塑化后,聚乙烯醇的结晶结构进一步被破坏。改性聚乙烯醇由改性剂溶胀制得,改性剂 Ac 受分子体积限制,只能进入聚乙烯醇无定形区,另一改性剂水可进入聚乙烯醇晶区,使晶区结构松散。当聚乙烯醇在挤出机内塑化时,Ac 和水能够均匀分散在聚乙烯醇无定形区和晶区内,冷却时,可极大阻碍聚乙烯醇分子链的有序排列,在更大程度上破坏聚乙烯醇的结晶。聚乙烯醇结晶结构的破坏为其后拉伸提供了良好基础。

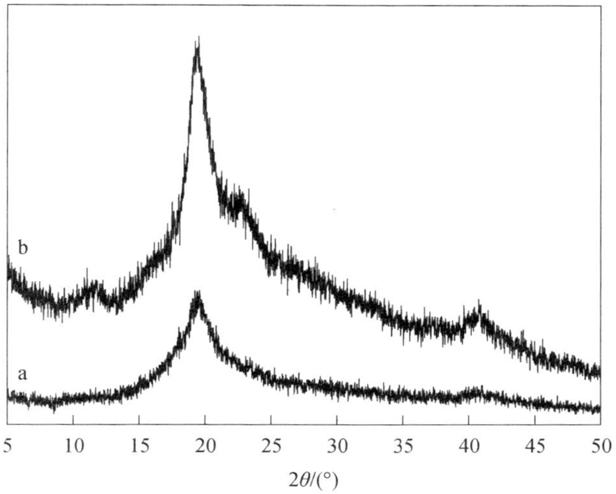

图 5-21　聚乙烯醇熔纺初生纤维和改性 PVA 原料 WXRD 曲线

a—PVA 熔纺初生纤维;b—改性 PVA 原料。

5.3.1.3　聚乙烯醇熔纺初生纤维的热性能

聚乙烯醇熔纺初生纤维,更多改性剂进入聚乙烯醇晶区,与聚乙烯醇分子作用更强,可在更大程度上破坏聚乙烯醇的结晶结构,使纤维熔点和结晶度均较改性聚乙烯醇低。这种强相互作用使水需较高热能才能脱离聚乙烯醇分子的束缚蒸发除去,其蒸发峰向高温偏移,开始蒸发温度由改性聚乙烯醇的 100℃ 升高至 128℃,最大蒸发峰温度由 119℃ 升高至 132℃,蒸发峰延续到 180℃ 以上,表明水可在更高温度存在,增塑聚乙烯醇纤维,使纤维具有较好拉伸性能。图 5-22 为聚乙烯醇熔纺初生纤维和改性 PVA 纤维 DSC 曲线。

5.3.2　水含量对聚乙烯醇纤维性能的影响

水是实现聚乙烯醇熔融纺丝重要改性剂之一,它对聚乙烯醇纤维的可拉伸性同样具有非常重要的影响。图 5-23 为不同水含量的聚乙烯醇纤维室温冷拉伸的应力应变曲线。聚乙烯醇纤维中水含量多,水分子与聚乙烯醇形成强的氢键作用,弱化聚乙烯醇自身分子内、分子间氢键,聚乙烯醇分子间相互作用力减弱,松弛活化能降低,分子链段容易运动,聚乙烯醇纤维易拉伸。当聚乙烯醇纤

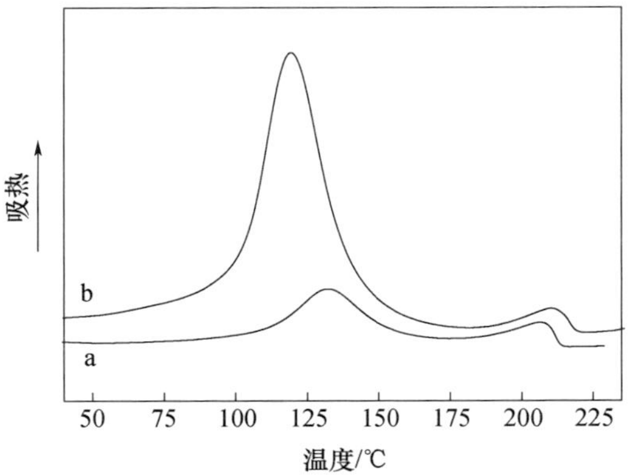

图 5-22　聚乙烯醇熔纺初生纤维和改性聚乙烯醇 DSC 曲线

a—PVA 熔纺初生纤维；b—改性 PVA。

维的水含量由 35% 降低至 2% 时，聚乙烯醇纤维的屈服强度由 17MPa 增加至 109MPa。这是由于随水含量减少，聚乙烯醇分子间氢键作用增加，分子间相互作用力增强，分子间滑移困难，从而使聚乙烯醇纤维塑性形变困难，拉伸应力迅速增加，断裂伸长率降低。

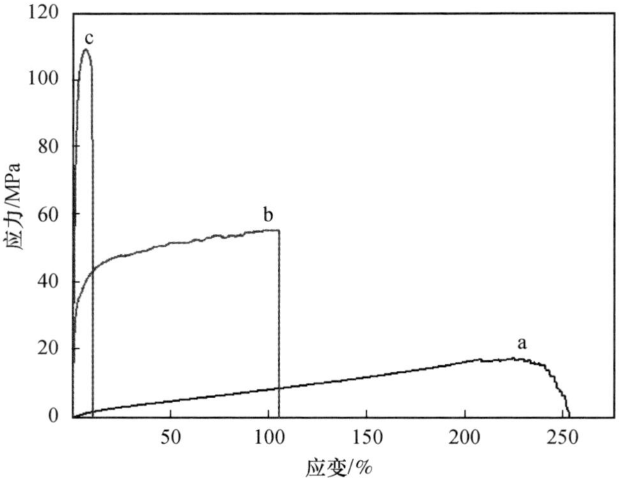

图 5-23　不同水含量聚乙烯醇初生纤维的应力应变曲线

a—35%；b—10%；c—2%。

图 5-24 为不同水含量的聚乙烯醇纤维在室温下冷拉伸的最大拉伸倍数。当水含量为 35% 时，聚乙烯醇纤维在室温下即可获得 4.5 倍的最大拉伸倍数。随水含量减少，聚乙烯醇纤维最大拉伸倍数降低。当水含量为 2% 时，聚乙烯醇纤维在室温下的拉伸倍数仅为 1.3 倍，难以进行有效拉伸。由此可见，水是聚乙

烯醇纤维室温拉伸良好的增塑剂。

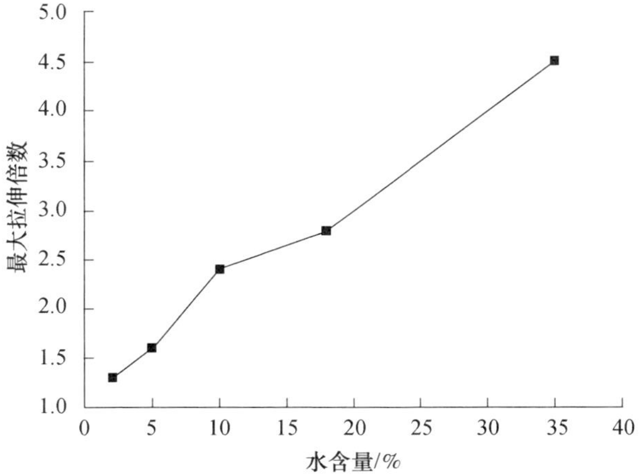

图 5－24　室温时水含量与聚乙烯醇初生纤维最大拉伸倍数的关系曲线

为提高纤维的拉伸倍数，通常需对纤维进行高温拉伸。图 5－25 反映了不同水含量的聚乙烯醇纤维在高温 200℃拉伸的最大拉伸倍数。由图可知，随水含量增加，聚乙烯醇纤维最大拉伸倍数降低。这主要是由于聚乙烯醇初生纤维中自由水含量过多，聚乙烯醇纤维在拉伸过程中水易蒸发形成气泡，造成纤维内部缺陷，可拉伸性降低，聚乙烯醇纤维高温拉伸倍数小。因此，当聚乙烯醇纤维进行高温拉伸时，需进行干燥处理。

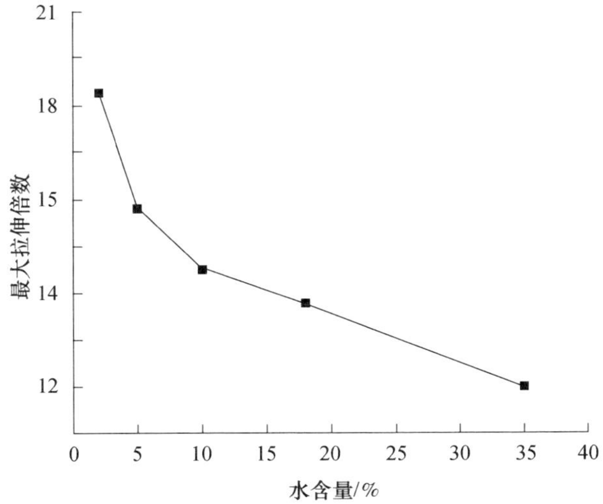

图 5－25　200℃热拉伸时水含量与聚乙烯醇初生纤维最大拉伸倍数的关系曲线

图5-26为聚乙烯醇初生纤维在高温200℃干燥的失水率曲线。由图5-26可知,聚乙烯醇初生纤维中的水含量随干燥时间的增加,先迅速减少,随后失水速率减慢,之后趋于一定值。在高温干燥条件下,聚乙烯醇初生纤维迅速失水,这一现象必然会在高温拉伸下加剧。因此,高温拉伸时需控制聚乙烯醇纤维拉伸前的水含量,以获得拉伸性能优异的聚乙烯醇纤维。

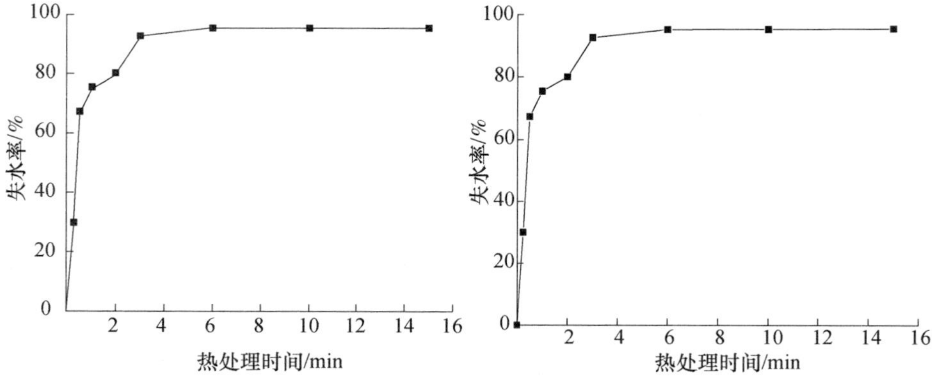

图5-26 热处理时间与聚乙烯醇初生纤维失水率的关系曲线

图5-27为聚乙烯醇纤维在200℃干燥不同时间后于高温200℃拉伸10倍的力学性能测试结果。由图可知,随干燥时间增加,聚乙烯醇纤维水含量减少,聚乙烯醇纤维拉伸强度增加,但聚乙烯醇初生纤维干燥时间不宜过长,当聚乙烯醇纤维于200℃干燥超过3min后再进行拉伸,聚乙烯醇纤维拉伸强度急剧下降。这是由于干燥时间过长,聚乙烯醇纤维高温降解严重,远远超出水分干燥对聚乙烯醇纤维带来的有利影响。聚乙烯醇初生纤维于200℃干燥3min,聚乙烯醇纤维拉伸性能佳。

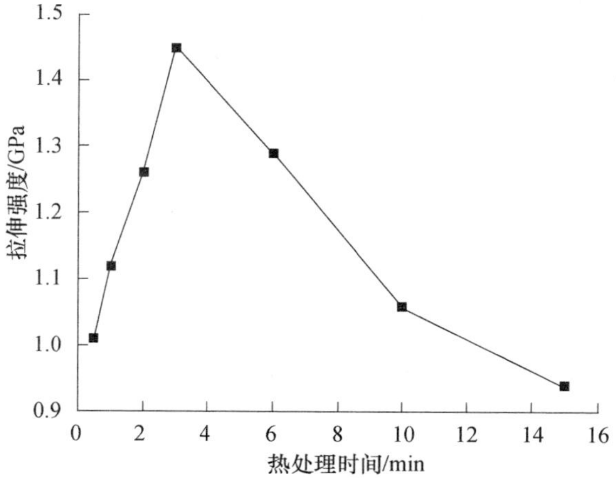

图5-27 热处理时间与聚乙烯醇纤维拉伸强度的关系曲线

5.3.3 拉伸工艺对聚乙烯醇纤维拉伸性能的影响[44]

拉伸是纤维最重要的后处理工序之一，拉伸过程中，纤维非晶区的大分子链沿纤维轴向的取向度大大提高，同时伴有密度、结晶度等其他结构的变化。纤维内大分子链沿纤维轴取向，形成并增加了氢键、偶极矩以及其他类型的分子间力，纤维承受外加张力的分子链数目增加，分子间距离缩小，结构变紧密，从而使纤维的断裂强度显者提高，拉伸率下降，耐磨性和对各种不同类型形变的疲劳强度亦明显提高。

图 5－28 为聚乙烯醇纤维的最大拉伸倍数随拉伸温度的变化曲线。随拉伸温度增加，聚乙烯醇纤维最大拉伸倍数增加。当聚乙烯醇纤维拉伸温度为 90℃时，聚乙烯醇纤维最大拉伸倍数仅为 5 倍。在此温度下，聚乙烯醇纤维产生强迫高弹形变达到一定的取向效果，但此时纤维内应力大，丝条容易断裂，因此最大拉伸倍数低。随着温度的升高，聚乙烯醇纤维结构单元的热运动能量增加，活动性增加，聚乙烯醇纤维最大拉伸倍数增加。当拉伸温度为 200℃时，聚乙烯醇纤维最大拉伸倍数为 18.5 倍。随着拉伸温度继续增加至 210℃，聚乙烯醇纤维最大拉伸倍数反而降低，这是由于拉伸温度过高，聚乙烯醇纤维拉伸过程中易出现熔断，影响纤维的顺利拉伸。

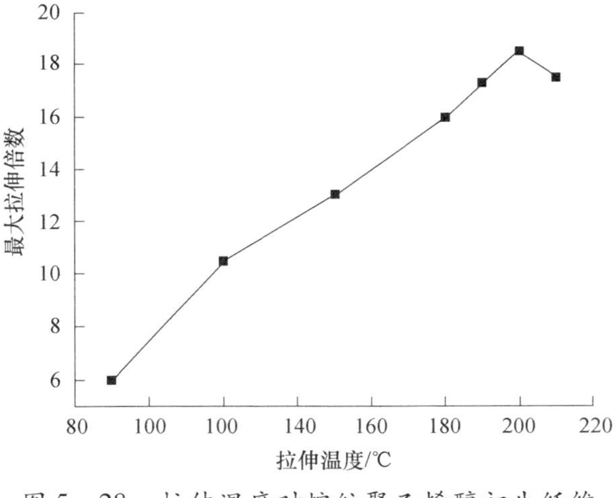

图 5－28 拉伸温度对熔纺聚乙烯醇初生纤维最大拉伸倍数的影响

图 5－29 为聚乙烯醇纤维以 100mm/min 速率在不同温度下拉伸至 10 倍的力学性能测试结果。由图 5－29 可知，一定拉伸温度内，聚乙烯醇纤维在拉伸至相同倍数后，拉伸强度增加。当拉伸温度为 200℃时，聚乙烯醇拉伸纤维力学性能好。当拉伸温度增加至 210℃时，聚乙烯醇纤维在相同拉伸倍数下，拉伸强度

反而降低。这是由于拉伸时的取向作用和分子热运动的解取向作用是对立统一的。因此,聚乙烯醇纤维拉伸温度不可过高,高温 200℃ 为其适宜的拉伸温度。

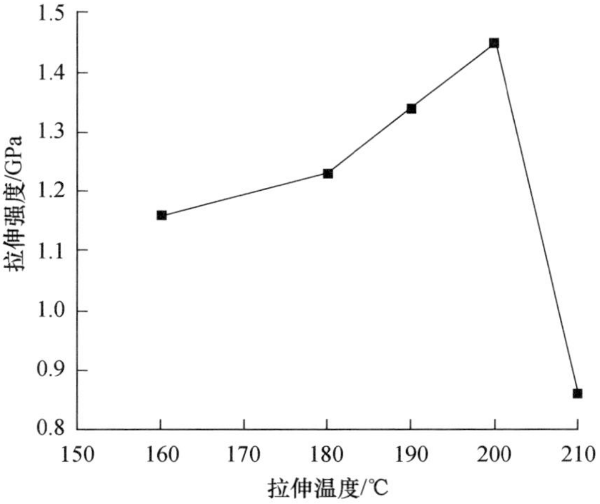

图 5－29　拉伸温度对聚乙烯醇纤维拉伸强度的影响

图 5－30 为不同拉伸温度下聚乙烯醇纤维在低拉伸速率时的最大拉伸倍数。当聚乙烯醇纤维在低速率 10mm/min 拉伸时,聚乙烯醇纤维在 120℃、150℃和 200℃的最大拉伸倍数分别为 15 倍、18 倍和 24 倍,其中,拉伸倍数 15 倍和 18 倍分别相当于聚乙烯醇纤维在 150℃、200℃以 100mm/min 拉伸时的最大倍数。降低拉伸速率与提高拉伸温度具有相似的效果,温度较高,分子松弛速率较高,

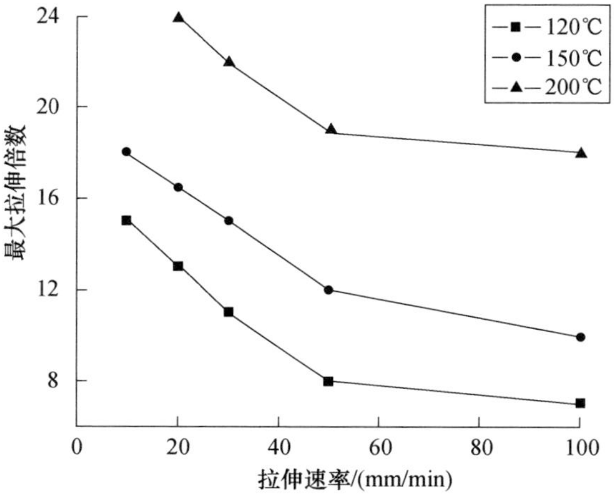

图 5－30　拉伸速率对聚乙烯醇纤维最大拉伸倍数的影响

分子链段重排较充分;拉伸速率低,分子链可松弛时间长,分子链段也可进行充分重排,因此,拉伸速率对聚乙烯醇纤维拉伸性能具有极其重要的影响。当拉伸速率足够慢,聚乙烯醇分子链可松弛时间长,具有充足的时间形成完善的超分子结构,消除内部应力,从而使纤维最大拉伸倍数增加。

图 5 - 31 反映了在拉伸温度 200℃ 下,聚乙烯醇纤维以不同拉伸速率拉伸所能达到的最大拉伸倍数。拉伸速率越小,聚乙烯醇纤维最大拉伸倍数越大。这是由于随拉伸速率降低,聚乙烯醇纤维的分子链段运动可松弛时间增加,有更多的时间在拉伸应力的作用下进行分子重排,减少内应力,使聚乙烯醇纤维最大拉伸倍数提高。

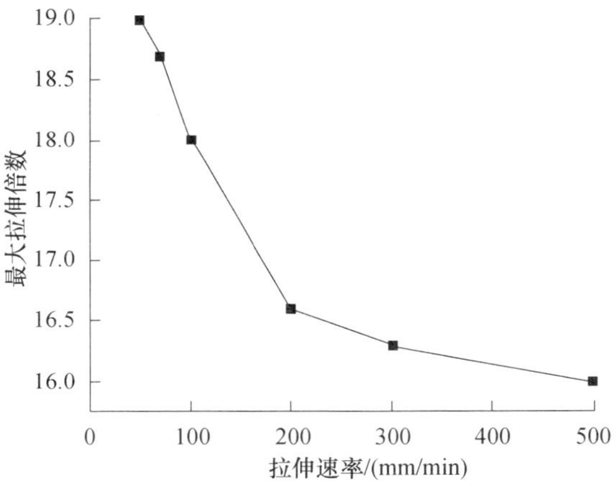

图 5 - 31　200℃时拉伸速率对聚乙烯醇纤维最大拉伸倍数的影响

图 5 - 32 为聚乙烯醇纤维在拉伸温度 200℃ 下以不同拉伸速率拉伸至 16 倍的力学性能测试结果。随拉伸速率增加,聚乙烯醇纤维拉伸强度先增加后降低。拉伸速率过低,虽然聚乙烯醇分子链段可松弛时间增加,但也相应地增加了聚乙烯醇纤维热降解,导致聚乙烯醇纤维力学性能下降;拉伸速率过高,聚乙烯醇分子链段松弛时间减少,聚乙烯醇分子链段进行分子重排的时间减少,内应力增加,聚乙烯醇纤维力学性能下降。

图 5 - 33 为聚乙烯醇纤维在拉伸温度 200℃、拉伸速率 100mm/min 拉伸 16 倍后进行力学性能测试所获得的应力应变曲线。在此拉伸条件下,聚乙烯醇纤维直径平均 40μm,平均强度 1.83GPa,最高强度 2.06GPa。

为提高熔纺聚乙烯醇拉伸纤维的力学性能,在熔点以下选择若干温度进行不同时间的定长热处理,实验结果表明:210℃ 下处理纤维,处理温度相对较低,纤维强度随处理时间增加而增加;215 ~ 220℃ 处理纤维,热处理结果有大致相同的变化趋势，即随热处理时间增加，纤维断裂强度先上升，达极大值后下降；220℃处理纤维，处理温度较高，纤维表面氧化降解，且降解程度随时间增加而增大，纤维强度持续下降。说明在定长下对拉伸纤维进行热处理可提高纤维力学性能，但与温度和热处理时间有关。熔融温度以下对纤维进行定长热处理可使纤维中较不稳定微晶熔化，链段从束缚中解脱出来，在强应力下和热处理温度下重新取向、结晶，使纤维取向增加。较高热处理温度下纤维能以较快速度达最大强度值，说明较高温度下纤维链段松弛和结晶速度加快，但同时氧化降解速度也加快，反而得不到强度最佳的纤维。215℃下处理纤维 1.5min 最好，纤维强度比未处理纤维有较大幅度提高。

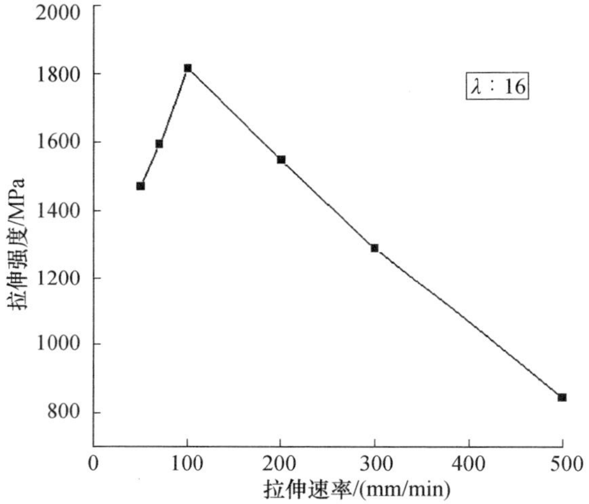

图 5－32　200℃时拉伸速率对聚乙烯醇纤维拉伸强度的影响

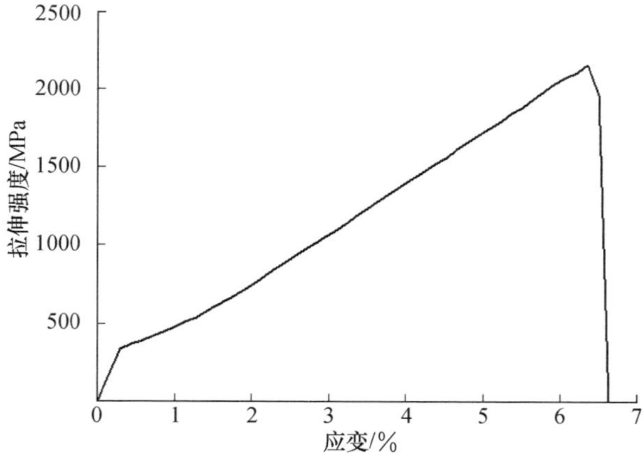

图 5－33　拉伸倍率为 16 的聚乙烯醇纤维拉伸应力应变曲线

5.3.4　聚乙烯醇熔纺纤维的结构与性能

5.3.4.1　聚乙烯醇纤维拉伸过程中的结晶行为[45]

结晶性聚合物纤维拉伸过程中结晶度的增加通常由两种不同的因素诱发：一种因素为动力学因素，纤维与周围介质的热交换和形变能量的转换，增加分子的活动性，导致纤维温度提高，并使纤维结晶速度增大，为热诱导结晶；另一种因素是分子取向和应力作用，拉伸过程中，聚合物分子链在应力作用下沿纤维轴取向，使大分子链有序排列，促进其结晶，这种在应力作用下结晶加速的现象称为应力诱导结晶。应力诱导结晶能提高聚合物的结晶速率和结晶度，从而提高纤维的物理力学性能。

图 5－34 为在 100mm/min 的拉伸速率下，拉伸温度分别为 120℃、150℃、180℃时所得聚乙烯醇纤维结晶度与拉伸倍数的关系曲线。可知，随着拉伸温度的升高，在相同拉伸倍数下聚乙烯醇纤维结晶度增加。这是因为温度升高，热能增加，降低了聚乙烯醇纤维抗变形能力，引起分子流动性的变化，即较高的温度产生较高的分子松弛速率，分子链活动能力增强，聚乙烯醇大分子链易在拉伸应力作用下取向排列，使聚乙烯醇结晶速率增加，结晶度增加。

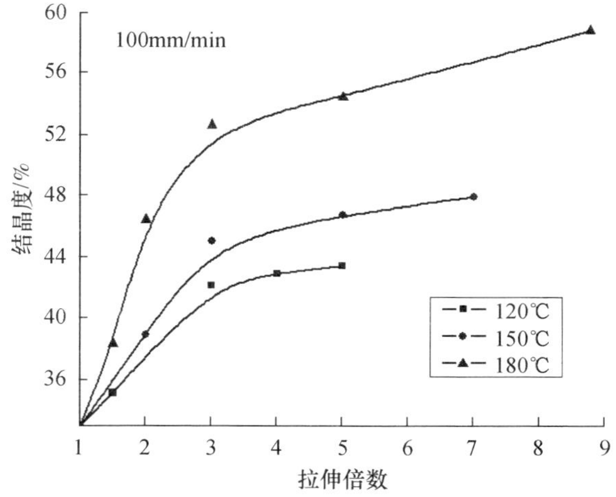

图 5－34　100mm/min 拉伸速率下拉伸温度对聚乙烯醇纤维结晶度的影响

图 5－35 为拉伸温度为 180℃时，以不同拉伸速率所得聚乙烯醇纤维结晶度与拉伸倍数的关系曲线。可知，聚乙烯醇纤维在相同拉伸倍数时，纤维结晶度随拉伸速率增加先升高后有所降低，当拉伸速率为 100mm/min 时，纤维结晶度最高。其原因在于纤维拉伸过程中存在分子链取向与解取向，当 180℃以低拉

伸速率 50mm/min 拉伸时，其拉伸类似于“流动拉伸”，聚乙烯醇分子链可用的松弛时间长、取向程度小、纤维结晶速率慢、结晶度低；拉伸速率较高时，由于聚乙烯醇熔纺纤维中分子链缠结点密度较大，链缠结程度较高，要使连接相邻折叠链晶区的缚结分子解开缠结，在拉伸应力下取向，需要足够的能量（高温提供）和时间，拉伸速率过高，分子取向及重排进行得不完全，从而使纤维结晶速率及结晶度降低，只有在合适的拉伸速率下才能使聚乙烯醇分子链取向超过解取向，有利于结晶。当拉伸速率为 100mm/min 时，聚乙烯醇纤维结晶速率快、结晶度高。

纤维拉伸过程中的结晶包括应力诱导结晶和热诱导结晶两部分。由图 5－36 熔纺聚乙烯醇纤维在给定拉伸速率下拉伸一定时间所得纤维结晶度与不进行拉伸只在相同温度下热处理同样时间所得纤维结晶度对比发现，拉伸后，聚乙烯醇纤维结晶度明显提高，表明拉伸应力对聚乙烯醇纤维的诱导结晶作用显著。为进一步说明应力诱导结晶与热诱导结晶对纤维结晶的贡献，将聚乙烯醇纤维拉伸过程中的应力诱导所得结晶部分 X_s 定义为：$X_s = X_c - X_t$，其中，X_c 为聚乙烯醇纤维在温度为 T 时拉伸 $t$min 所得结晶度；X_t 为聚乙烯醇纤维不进行拉伸，只在温度 T 下热处理 $t$min 所得结晶度。热诱导结晶则是聚乙烯醇纤维在温度 T 下热处理 $t$min 后所增加的结晶度。应力诱导结晶与热诱导结晶在不同拉伸条件下的比值列于表 5－6。

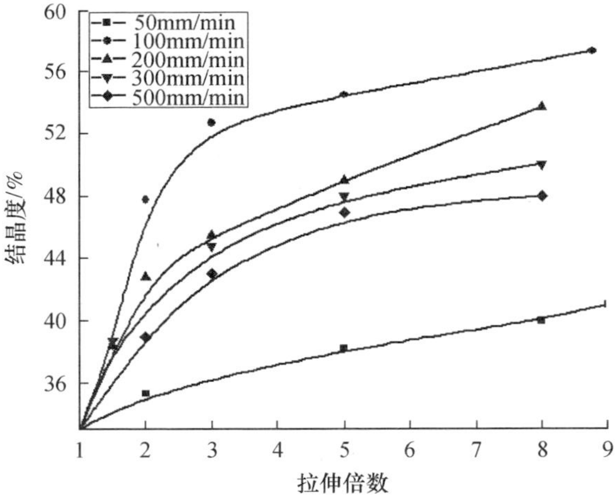

图 5－35　180℃时拉伸速率对聚乙烯醇纤维结晶度的影响

拉伸速率较低时（50mm/min），随拉伸温度升高，聚乙烯醇纤维拉伸过程中应力诱导结晶所占比例下降，即应力诱导结晶作用减弱。这是因为在较低温度下拉伸，聚乙烯醇分子链热运动能力较弱，取向松弛时间长，解取向程度小，应力

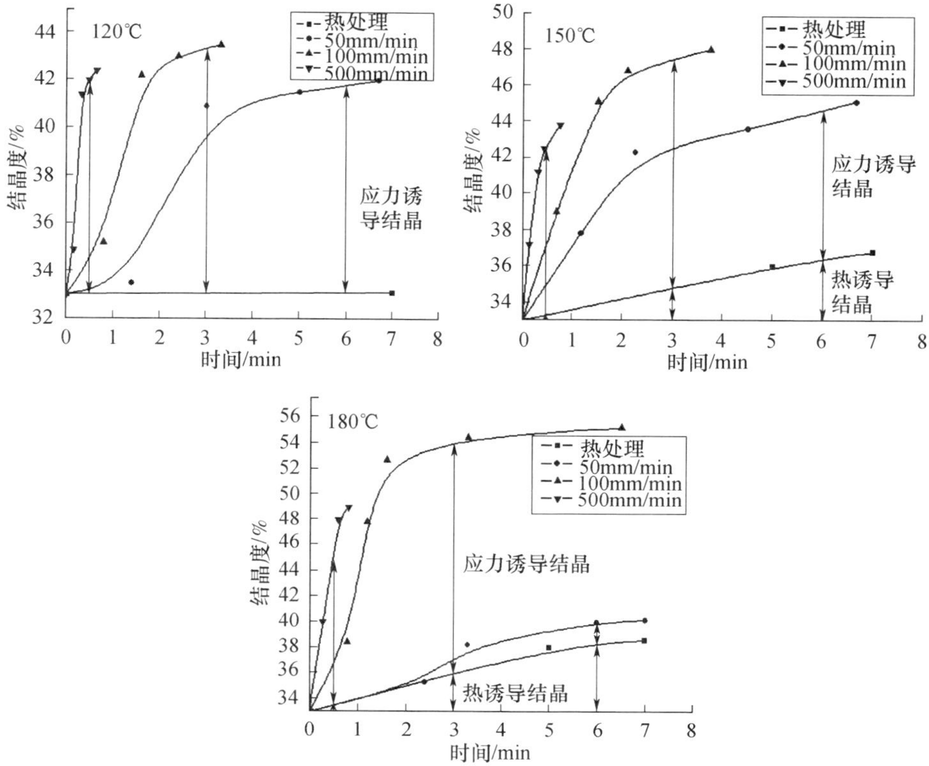

图 5－36 不同温度和拉伸速率下聚乙烯醇纤维的热诱导结晶和应力诱导结晶

诱导结晶作用强，而随温度升高，如 180℃，聚乙烯醇分子热运动能力增加，分子链易解取向，低拉伸速率下的分子有效取向程度降低，应力诱导结晶作用减弱。而随拉伸速率增加（100mm/min），聚乙烯醇大分子链取向松弛所用时间减少，取向程度大，应力诱导结晶效应增强，聚乙烯醇纤维结晶过程中的应力诱导结晶占主导作用，随拉伸速率进一步增加（500mm/min），由于纤维拉伸时间短，基本上是应力诱导结晶使纤维结晶度增加。

表 5－6 不同拉伸条件下聚乙烯醇纤维的热诱导结晶度和应力诱导结晶度的比值

聚乙烯醇纤维	应力诱导结晶：热诱导结晶		
	120℃	150℃	180℃
50mm/min（6min）	8.7%：0%	8.3%：3.3%	1.7%：5%
100mm/min（3min）	10.3%：0%	12.5%：1.7%	8%：2.9%
500mm/min（0.5min）	9%：0%	9.2%：0.3%	10.2%：0.5%

上述结果也可从聚乙烯醇熔纺纤维在各拉伸条件下拉伸5倍的XRD数据得到证实。通过在一定温度下拉伸的聚乙烯醇纤维与未拉伸而只在同样温度热处理相同时间的聚乙烯醇纤维101晶面衍射峰强度之比I_{101}/I'_{101}(表5-7和表5-8),可反映聚乙烯醇拉伸纤维的取向程度。可见,拉伸速率为50mm/min时,随拉伸温度升高,I_{101}/I'_{101}减小,表明纤维中分子链取向程度减弱,当拉伸温度为180℃时,I_{101}/I'_{101}仅为1.50,拉伸过程中起主导作用的是热诱导结晶。提高拉伸速率,当拉伸条件为180℃、100mm/min和180℃、500mm/min时,I_{101}/I'_{101}分别为7.41和4.50,聚乙烯醇纤维取向程度增加,应力诱导结晶作用增强。

表5-7 聚乙烯醇纤维在拉伸速率50mm/min拉伸5倍时的XRD数据

拉伸温度/℃	I_{101}		I_{101}/I'_{101}
	拉伸	热处理	
120	2436	322	7.57
150	2304	736	3.13
180	630	419	1.50

表5-8 聚乙烯醇纤维在180℃拉伸5倍时的XRD数据

拉伸速率/(mm/min)	I_{101}		I_{101}/I'_{101}
	拉伸	热处理	
50	630	419	1.50
100	3106	419	7.41
500	1886	419	4.50

图5-37为在200℃下拉伸不同倍数的聚乙烯醇纤维DSC曲线,其相关热

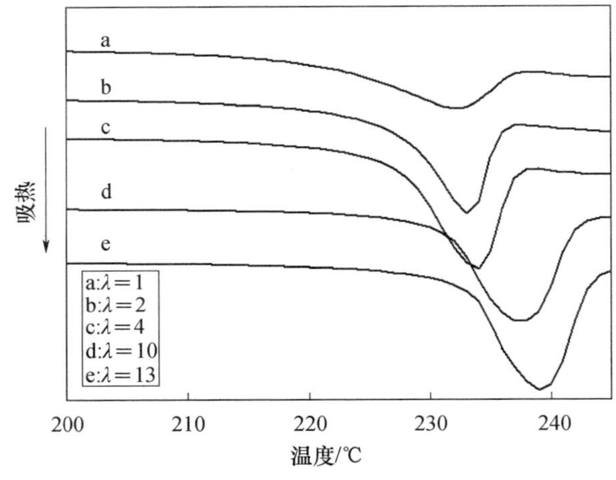

图5-37 不同拉伸倍数聚乙烯醇纤维的DSC曲线

性能数据列于表5－9。聚乙烯醇初生纤维结晶度较低，随拉伸倍数增加，聚乙烯醇纤维结晶度迅速增加，当拉伸倍数为13时，聚乙烯醇纤维的结晶度由33.1%增加至66.8%。这主要是拉伸应力诱导结晶和热诱导结晶共同作用的结果。此外，随拉伸倍数增加，聚乙烯醇纤维熔点由232.2℃增加至239.3℃，表明聚乙烯醇纤维晶体不规整堆砌的区域减少。晶片厚度与熔点密切相关，拉伸倍数增加，聚乙烯醇纤维熔点增加，晶片厚度增加，结晶趋于完善。

表5－9 不同拉伸倍数聚乙烯醇纤维的DSC分析

拉伸倍数	熔点/℃	结晶度/%
1	232.2	33.1
2	233.0	47.1
4	233.7	55.0
10	237.4	61.8
13	239.3	66.8

通过计算机控制拉伸机所得到的应力—应变曲线与结晶度对拉伸倍数曲线对比分析熔纺聚乙烯醇纤维的结晶过程，如图5－38所示。在聚乙烯醇纤维拉伸过程中，结晶呈现出三个阶段：第一阶段，拉伸应力迅速增加，结晶度随拉伸比有所增加。在该阶段拉伸时，需首先克服分子内部应力，使分子链开始运动，故而拉伸应力迅速增加。达到屈服点后，进入拉伸的第二阶段，拉伸应力基本保持不变，为“细颈”的发展阶段，形变增加，应力却基本保持不变，成为平台区。根据拉伸理论，纤维发生细颈拉伸的物质基础是结构中折叠链结晶的重排，在该阶段，松散缠结的非晶部分逐渐被拉长，连接片晶的一部分缠结较少的缚结分子先后被拉直张紧，并且在拉伸应力和拉伸温度的双重作用下，与部分张紧缚结分子相连的折叠链片晶逐渐发生解折叠，转化为各向异性的纤维结构，此阶段结晶度迅速增加，发生应力诱导结晶。该阶段一般发生在拉伸比为1.5～3倍，这与应力应变曲线上的“冷拉”过程基本对应。在拉伸的第三阶段，随拉伸倍数的进一步增加，部分与张紧缚结分子相连的折叠链分子继续获得能量而解折叠，参与到缚结分子的排列，并且其中一部分也可能与相邻的张紧缚结分子一起形成新的伸直链晶区，由于纤维结构逐渐致密，该过程拉伸应力逐渐增加，发生应力硬化，结晶增长较慢。

5.3.4.2 熔纺聚乙烯醇纤维的取向结构[44]

图5－39为拉伸温度和拉伸速率分别为200℃和100mm/min、不同拉伸倍数的聚乙烯醇熔纺纤维的二维广角X射线衍射图。由聚乙烯醇纤维二维X射

线衍射图的变化，可分析聚乙烯醇纤维各晶面在热拉伸过程中的变化。

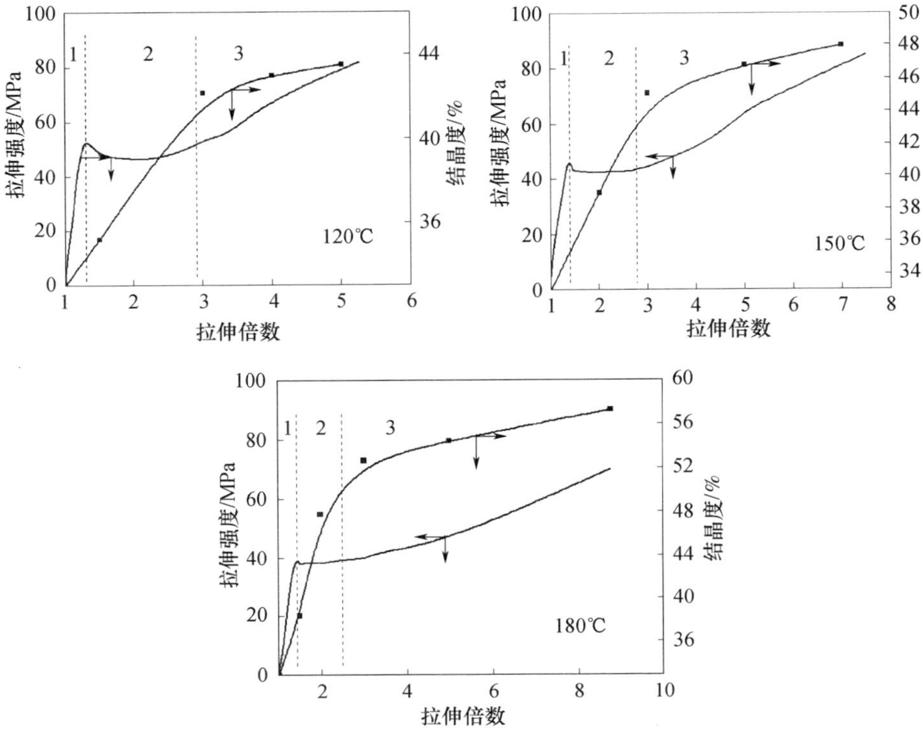

图 5－38 聚乙烯醇纤维拉伸强度、结晶度与拉伸比的关系曲线

熔纺聚乙烯醇初生纤维 X 射线衍射图为均匀对称的圆环，表明聚乙烯醇初生纤维为无规取向。随拉伸倍数增加，聚乙烯醇纤维的 X 射线衍射图在赤道线方向某些特定区域有强烈的且非常集中的衍射弧线，表明经拉伸的聚乙烯醇纤维聚集态结构中存在一定的轴向有序结构。这一方面是由于拉伸形成不同运动单元的分子取向；另一方面是由于聚乙烯醇分子中存在极性基团——羟基，在拉伸过程中不仅有利于分子链段的规整排列，而且有利于分子取向结构的稳定。

当聚乙烯醇纤维拉伸至 5 倍时，二维 X 射线衍射图中可清晰分辨出聚乙烯醇纤维各晶面的衍射弧，分别为 $2\theta\approx11.5°$的(100)晶面衍射弧，19.5°的(101)晶面衍射弧，20.1°的($1\bar{0}1$)晶面衍射弧。其中(101)和(101)晶面衍射弧部分重叠，在 $2\theta\approx\bar{2}0°$形成衍射弧。各晶面在赤道线方向存在长度不同的衍射弧，这一现象反映了聚乙烯醇纤维内部不同晶面的择优取向。(100)晶面衍射弧集中在赤道线上，表明聚乙烯醇纤维(100)晶面沿拉伸方向择优取向，(101)和(101)晶

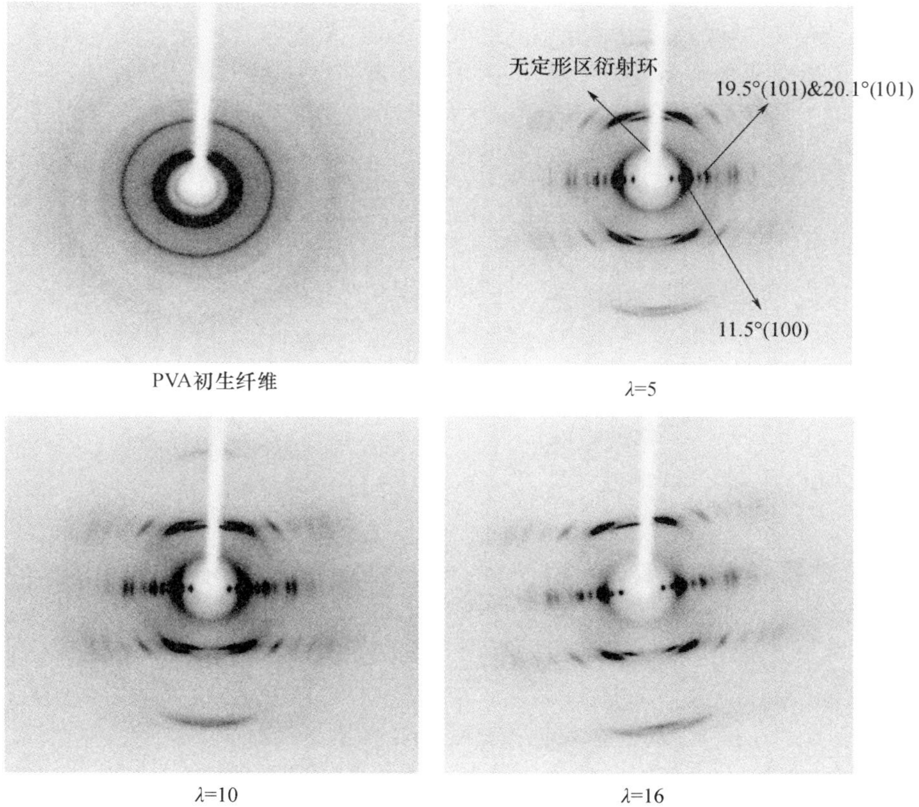

图 5－39　不同拉伸倍数的 PVA 熔纺纤维的二维广角 X 射线衍射图

面衍射弧稍长，说明(101)和(101)晶面择优取向弱于 100 晶面，这是由于(101)晶面与聚乙烯醇沿分子间氢键方向的分子链间界面密切相关，拉伸过程中，由于分子链间羟基的相互作用，该晶面上的聚乙烯醇分子链活动能力较低，从而使该晶面沿拉伸方向的择优取向较小。在 $2\theta\approx20°$ 存在圆环背景，为非晶弥散环。

随拉伸倍数进一步增加，赤道线上各衍射弧继续变短，当拉伸倍数达到 16 倍时，二维衍射图中可看到各晶面的衍射斑点，表明纤维具有高取向度。在此状态下，片晶解折叠占主导，分子链沿拉伸方向平行排列而结晶。此外，由聚乙烯醇纤维的二维广角衍射图还可看出，在 $2\theta\approx20°$ 的非晶弥散环逐渐减弱，说明随拉伸倍数增加，聚乙烯醇纤维无定形区含量减少。

图 5－40 为相应的不同拉伸倍数的聚乙烯醇熔纺纤维的一维 X 射线衍射图。与聚乙烯醇纤维的二维衍射图相对应，聚乙烯醇原纤仅在 16°～22°出现一弱峰。随着拉伸倍数的增加，聚乙烯醇纤维各结晶衍射峰出现并增强，强衍射表

明晶面上电子密度较大,有更多原子在这些晶面上。因此,随着拉伸倍数的增加,由于热诱导结晶及应力诱导结晶的双重作用,更多的分子链段有序排列,参与到聚乙烯醇纤维结晶,这一结果可由聚乙烯醇各晶面的晶粒尺寸变化进一步得到证实。表 5 - 10 为聚乙烯醇纤维 X 射线衍射测试相应的处理结果,随拉伸倍数增加,聚乙烯醇各晶面的晶粒尺寸增大。

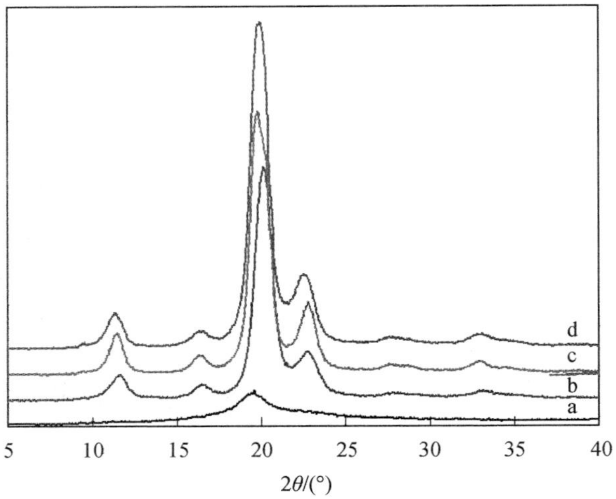

图 5 - 40　不同拉伸倍数(a:1;b:5;c:10;d:16)聚乙烯醇纤维的广角 X 射线衍射曲线

表 5 - 10　不同拉伸倍数 PVA 纤维的广角 X 射线衍射数据

拉伸倍数	晶粒尺寸/Å			
	100	001	$10\bar{1}$	101
1	—	—	58	62
5	67	75	92	84
10	89	90	114	76
16	91	99	104	161

图 5 - 41 为熔纺聚乙烯醇纤维采用声速法测得的取向因子与拉伸倍数的关系曲线。取向因子反映的是纤维晶区及非晶区的整体取向。由图可知,当拉伸倍数较低时,聚乙烯醇纤维取向因子迅速增加,随拉伸进一步进行,拉伸倍数继续增加,取向因子缓慢增加。

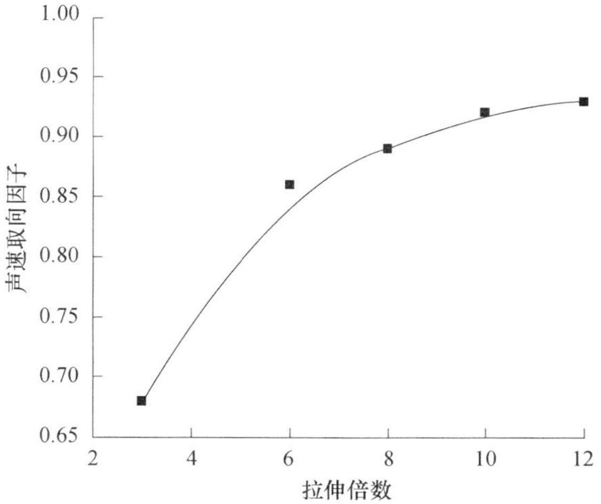

图 5－41　不同拉伸倍数聚乙烯醇纤维的声速取向因子

5.4　熔融纺丝与其他纺丝方法所制备的高强高模聚乙烯醇纤维的比较

通过分子复合和增塑改性聚乙烯醇，实现其熔融纺丝，由于纤维成形过程主要涉及聚合物熔体的冷却，组分变化不大，初生纤维结构均匀，截面呈圆形，具有进行高倍拉伸的结构基础；在喷丝头喷出后即可进行 2 倍左右预拉伸，形成预取向结构，为高倍拉伸奠定基础。控制纤维中改性剂含量，适当调整拉伸工艺，可实现 16 倍以上拉伸，得到高取向高结晶结构，纤维拉伸强度最高达 14.6cN/dtex，高出传统湿法纺丝纤维 2～3 倍（表 5－11）。此外，与传统湿法纺丝、含硼交联湿法纺丝、干湿法纺丝、凝胶纺丝等方法比较，具有无须凝固浴，不存在脱除溶剂等工序，工艺流程短；可根据需要，生产纤度不同，尤其是湿法纺丝所不能生产的粗旦纤维等特点，是一种简单、高效、经济、环保的聚乙烯醇纤维生产方式。

表 5－11　分子复合增塑熔融纺丝方法与其他纺丝方法所制备高强高模聚乙烯醇纤维力学性能比较[35]

聚合度	纺丝工艺	拉伸倍数	断裂伸长率/%	强度/（cN/dtex）	模量/（cN/dtex）
1750	湿法纺丝	6～7		5～8	150～250
1750	含硼交联湿法纺丝			11	250
1750	干湿法纺丝	15	5.2	11.4	363
1750	凝胶纺丝	60		11.3	323
1750	PVAc 醇解纺丝	＞24	5～8	13.3	350
1750	分子复合熔融纺丝	＞14	＞5	14.6	304

参考文献

[1] 肖长发,尹翠玉,张华,等．化学纤维概论[M]．北京:中国纺织出版社,1997.

[2] 高绪珊,吴大诚,等．纤维应用物理学[M]．北京:中国纺织出版社,2001.

[3] James E M. Polymer data handbook[M]. New York&Oxford:Oxford University Press,1999.

[4] Kroschwitz. Jacqueline I. Encyclopedia of polymer science and technology: Vol. 8[M]. New Jersey: John Wiley& Sons,Inc. ,2003.

[5] Sakellariou P,Hassan A,Rowe R C. Plasticization of aqueous poly(vinyl alcohol) and hydroxypropyl methylcellulose with polyethylene glycols and glycerol[J]. European Polymer Journal,1993,29(7):937 – 943.

[6] Ku Tesing,Lin Chinn. Shear flow properties and melt spinning of thermoplastic polyvinyl alcohol melts[J]. Textile Research Journal,2005,75(9):681 – 688.

[7] Lin Chinn,Tsai Hsiaohi,Ku Tesing. Manufacturing process and application of pseudo – thermoplastic polyvinyl alcohol[J]. Polymer Plastics Technology and Engineering,2007,46(7):689 – 693.

[8] Lin C A,Ku T H. Shear and elongational flow properties of thermoplastic polyvinyl alcohol melts with different plasticizer contents and degrees of polymerization[J]. Journal of Materials Processing Technology,2008,200: 331 – 338.

[9] 朱本松,王晓南,王强．增塑聚乙烯醇熔融纺丝[J]．维纶通讯,1994,14(1):20 – 24.

[10] Masuo F,Yamaoka K,Kawakami H,et al. Jpn. Patent JP 37 – 9768(1962)

[11] 苑会林,马沛岚,李军．聚乙烯醇吹膜加工性能研究[J]．塑料工业,2003,31(9):23 – 25.

[12] 项爱民,刘万蝉,赵启辉,等．聚乙烯醇改性及吹膜技术研究[J]．中国塑料,2003,17(2):60 – 62.

[13] 俞昊,周腾飞,黄涛,等．水溶性聚乙烯醇的熔融纺丝[J]．合成纤维,2013,42(8):17 – 20.

[14] Chen Ning,Li Li,Wang Qi. New technology for thermal processing of poly(vinyl alcohol)[J]. Plastics, Rubber and Composites,2007,36(7 – 8):283 – 290.

[15] 王琪,李莉,陈宁,等．聚乙烯醇热塑加工的研究[J]．高分子材料科学与工程,2014,30(2):192 – 197.

[16] Ohhashi Sadao,Yasumura Kiyoshi,Hayashi Asaji,et al. Jpn. Patent,JP 50035426,1975

[17] Tsujimoto Takuya,Fujiwara Naoki. Jpn. Patent,JP 2001302868,2001

[18] Okazaki M,Tsujimoto T,Fujiwara N. Jpn. Patent,JP 2005306901,2005

[19] 片山隆,田中和彦,藤原直树,等．热塑性聚乙烯醇纤维及其制造方法．中国专利,ZL 99126427. 4,2004

[20] Katayama T,Tanaka K,Fujiwara N,et al. Thermoplastic polyvinyl alcohol fibers and method forproducing them EP 1010783,2000

[21] Hiroshi N,Nobuo D,Takeaki M. Preparation and thermal properties of thermoplastic poly(vinyl alcohol) complexes with boronic acids[J]. Journal of Polymer Science:Part A:Polymer Chemistry,1998,36(17): 3045 – 3050.

[22] Haralabakopoulos A A,Tsiourvas D,Paleos C M. Modification of poly(vinyl alcohol) polymers by aliphatic carboxylic acids via reactive blending[J]. Journal of Applied Polymer Science,1998,69(9):1885 – 1890.

[23] Spinu Maria. Polyvinyl alcohol es ter ified lactic acid and process thereofor EP 0683794B1.

[24] Mao Lijun,Imam Syed,Gordon Sherald,et al. Extruded cornstarch – glycerol – polyvinyl alcohol blends: mechanical properties,morphology,and biodegradability[J]. Journal of Polymers and the Environment,2003,8(4):205 – 211.

[25] Simmons S,Weigand C E,Albalak R J,et al. Biodegradable polymer packaging[C]//Conference Proceedings. Publisher:Technomic,Lancaster. 1993:171 – 207.

[26] Koulouri E G, Kallitsis J K. Miscibility behavior of poly(vinyl alcohol)/nylon 6 blends and their reactive blending with poly(ethylene - co - ethyl acrylate)[J]. Polymer, 1998, 39(11): 2373 - 2379.

[27] Wang J H, Schertz D M, Soerens D A, et al. USPatent, US 5945480, 1999

[28] Tsebrenko M V, Rezanova N M, Tsebrenko I A. Fiber - forming properties of polymer mixture melts and properties of fibers on their basis[J]. Polymer Engineering and Science, 1999, 39(12): 2395 - 2402.

[29] Diaz T C C, Meyer J G, Cruz C A. US Patent, US 5753752 A, 1998

[30] Mechanical. Ramaraj B. Mechanical, thermal and morphological properties of environmentally degradable ABS and poly(vinyl alcohol) blends[J]. Journal of Applied Polymer Science, 2007, 106(2): 1048 - 1052.

[31] Tanigami T, Zh L H, Yamaura K, et al. Melt Spinning of Poly(vinyl alcohol)[J]. Sení Gakkaishi, 1994, 50(2): 53 - 61.

[32] Kawakami H, Fujii A, Takaji H. Jpn. Patent, JP 47022099, 1972

[33] 王琪,李莉,陈宁,等. 通过分子复合超分子方法制备高性能高分子材料[J]. 高分子学报,2011(9):932 - 938.

[34] Li W, Xue F, Cheng R. States of water in partially swollen poly(vinyl alcohol) hydrogels[J]. Polymer, 2005, 46: 12026 - 12031.

[35] 李莉. 熔法纺高强高模聚乙烯醇纤维结构与性能的研究[D]. 成都:四川大学,2006.

[36] 陈宁. 聚乙烯醇熔融纺丝机理及高性能聚乙烯醇纤维制备的研究[D]. 成都:四川大学,2008.

[37] Li Li, Chen Ning, Wang Qi. Effect of poly(ethylene oxide) on the structure and properties of poly(vinyl alcohol)[J]. Journal of Polymer Science: Part B: Polymer Physics, 2010, 48: 1946 - 1954.

[38] 董纪震,赵耀明,陈学英,等. 合成纤维生产工艺学:下册[M]. 北京:织工业出版社,1994.

[39] 高辉,郭英,赵式英. 纺丝聚合物熔体流变性得实验研究[J]. 北京服装学院院报,1992,12(1): 26 - 33.

[40] 吴其晔,巫静安. 高分子材料流变学[M]. 北京:高等教育出版社,2002.

[41] 何曼君,陈维孝,董西侠. 高分子物理[M]. 上海:复旦大学出版社,2002.

[42] Kiang T C, Cuculo A J. Influence of polymer characteristics and melt - spinning conditions on the production of fine denier poly(ethylene terephtalate) fibers. Part I. Rheological characterization of PET polymer melt [J]. Journal of Applied Polymer Science, 1992, 46: 55 - 65.

[43] Hung J C, Leong K S. Shear viscosity, extensional viscosity, and die swell of polypropylene in capillary flow with pressure dependency[J]. Journal of Applied Polymer Science, 2002, 84: 1269 - 1276.

[44] Wu Qian, Chen Ning, Li Li, et al. Structure evolution of melt - spun poly(vinyl alcohol) fibers during hot - drawing[J]. Journal of Applied Polymer Science, 2012, 124: 421 - 428.

[45] Wu Qian, Chen Ning, Wang Qi. Crystallization behavior of melt - spun poly(vinyl alcohol) fibers during drawing process[J]. Journal of Polymer Research, 2010, 17: 903 - 909.

第6章

高强高模聚乙烯醇的应用

6.1 聚乙烯醇纤维应用概述

聚乙烯醇纤维具有强度高、耐磨、吸湿性好等优点，其性能与棉花接近，称为人造棉花[1]。聚乙烯醇纤维工业经历了繁荣、萧条、再发展的历程。1950年，日本仓敷人造丝公司(现可乐丽公司)首先实现了聚乙烯醇纤维工业化。20世纪60年代，我国为解决当时众多人口的穿衣问题，从日本引进了一套10kt/年聚乙烯醇纤维生产线，随后陆续在全国多地翻版建设了9家聚乙烯醇及其纤维生产企业，使得聚乙烯醇纤维总产能达160kt，至此，聚乙烯醇纤维在我国纺织服用领域一度得到广泛应用[2]。进入80年代，随着其他服用性能更好的合成纤维如涤纶、锦纶以及腈纶等纤维品种的迅速发展，普通聚乙烯醇纤维由于其在耐热水性能、染色性能和耐蠕变性能等方面存在一定缺陷，逐步被替代而退出服用领域，市场大幅萎缩[3,4]。自此以后，我国聚乙烯醇纤维行业开始加大调整产品结构，压缩常规服用纤维生产量，并努力寻求在其他领域的应用研究与开发。国际上，日本相关行业率先发起了将聚乙烯醇纤维的应用从着眼于民用衣料转向产业用途的研究，以日本可乐丽公司为代表的生产企业着手研究新工艺，利用新技术开发出了具有更高强度的聚乙烯醇高强高模纤维、低温水溶纤维等新产品，用于开发生产各类工业用纺织品，如渔网绳索、紫菜网、帆布、水管、工业缝纫线、草垫线、防寒纱、涂层用基布、运输带、轮胎帘子线、包布、聚乙烯醇纤维橡胶制品等，以及用于替代石棉作为水泥制品的增强材料，拓展了聚乙烯醇纤维在产业领域的应用，使聚乙烯醇纤维产业迎来了新的发展。

聚乙烯醇纤维理论强度和模量高、耐化学性好、耐侯性佳，还具有环保性，符合新材料的特性和环保要求，因此近年来聚乙烯醇纤维作为新材料在产业用途和功能性材料领域得到较快发展。当今，除了朝鲜依然主要将聚乙烯醇纤维用作纺织原料，其他国家的聚乙烯醇纤维产业的发展均已从单一的大宗纺织原料向新型高性能绿色环保材料演变，广泛用于纺织、造纸、建筑、复合材料以及多种产业用纤维等领域，呈现出了良好的发展前景[5,6]。

6.2 高强高模聚乙烯醇纤维在建筑领域的应用

水泥是制备水泥砂浆、混凝土及各种水泥制品的重要原材料，是土木工程不可缺少的重要建筑材料，自1824年水泥问世及随之诞生的混凝土与钢筋混凝土以来，至今已有近200年的历史，是当今社会最主要的土木工程材料之一，广泛应用于城市建设、交通运输、能源开采和国防工程等领域[7,8]。水泥虽然具有良好的强度和可施工性，但是水泥材料（水泥砂浆、混凝土及其制品）的低拉伸（或弯曲）强度、低柔韧性、低抗冲性、低抗裂性以及易产生干缩裂纹和温度裂纹的缺点日益暴露出来，这些裂纹随时间的推移是不断变化与发展的，细微的裂纹不断扩展，最终发展为较大的裂缝。基于上述原因造成的砂浆、混凝土结构和水泥制品的开裂问题近年来日趋严重和增多，严重影响到砂浆、混凝土及其制品的耐久性，成为困扰广大工程技术人员的难题。大量的建筑、桥梁、隧道、高速公路等，仅使用了10~20年就出现了裂缝甚至是较为严重的破坏，导致防水失效，使得混凝土的性能变差，基体劣化直至破坏。据统计资料显示，每年全球因混凝土开裂而造成的损失高达数千亿美元。我国的情况也是如此，许多新建工程都出现了严重的开裂现象，尤其是建筑物墙体和楼面的开裂问题，已被列为建筑质量通病之首，每年给国家造成巨大的经济损失，因此进行抗裂改性水泥的性能与应用研究对提高工程结构的使用性能和耐久性、节能减排、走可持续发展的道路具有重大的技术经济效益和社会效益。因此，近年来，为了较好地解决混凝土的开裂问题，工程界较为有效的方法是在搅拌混凝土时掺入一定数量的纤维，经过振捣和凝固构成一种宏观匀质的混合材料——纤维混凝土，可以很好地增强混凝土的抗裂性。

研究表明，把少量纤维加入到水泥基体中，可以有效地改善水泥材料的力学性能。与未改性水泥材料相比，纤维增强水泥材料不仅具有更广阔的应用领域和更高的性能价格比，而且具有更长久的使用寿命。在抗冲击、抗震工程中，纤维增强水泥材料的优越性表现得更为充分。因此，纤维增强水泥材料是一种极具发展前途的新型复合材料，近年来，纤维增强水泥材料已经成为新材料发展的重要方向。图6-1为聚乙烯醇纤维用于建筑增强抗裂材料的实例。几种主要纤维的物理力学性能、耐酸碱对比、耐光性比较见表6-1~表6-3。

图 6-1　聚乙烯醇纤维用于建筑增强抗裂材料

表 6-1　几种主要纤维的物理力学性能

纤维名称	ρ	P/MPa	E/(10^4MPa)	ξ/%	z	k	s
低碳钢纤维	7.8	1000~2000	20.0~21.0	3.5~4.0	优	优,但易生锈	差
抗碱玻璃纤维	2.7	1400~2500	7.0~8.0	2.0~3.5	一般	差	一般
聚丙烯单丝	0.91	400~650	0.5~0.7	18	一般	优	一般
聚乙烯单丝	0.96	200~260	0.22~0.2	10.0	一般	优	一般
聚乙烯醇高强高模纤维	1.3	1200~1700	2.8~3.2	4.5~8	差	优	优
改性聚丙烯腈纤维	1.18	830~940	1.6~1.9	9.0~11	差	优	差

注:ρ 为相对密度;P 为抗拉强度;E 为弹性模量;ξ 为极限拉伸率;z 为自分散性;k 为抗碱性;s 为与水泥结合性

表 6-2　纤维耐酸碱性对比

测试条件			强度损失率/%			
浓度/%	温度/℃	时间/h	聚乙烯醇高强高模纤维	黏胶	聚酰胺纤维	聚酯纤维
1	20	10	0	12	0	1
1	100	100	7	29	25	7
40	20	10	0	100	18	4

表 6-3　纤维耐光性比较

时间/h	强度损失率/%			
	聚乙烯醇高强高模纤维	黏胶	聚酰胺纤维	聚酯纤维
100	2.05	6.26	19.60	15.70
300	4.93	7.45	41.20	38.60
500	6.98	25.00	65.09	53.20
700	7.12	63.30	74.51	61.90

从几种主要纤维的物理力学性能表中对比分析，聚乙烯醇高强高模纤维优于一般合成纤维，是一种理想的环保型水泥增强材料，主要是由于：

(1) 其独特的分子结构，与水泥具有良好的亲和性能，能均一地分散在水泥基质中，使建筑材料表面可长时间保持光滑，且无剥落现象发生。

(2) 非环形和不规则的纤维截面有助于扩大纤维与水泥基质的成键面，从而使纤维与水泥基质间具有良好的界面结合力。

(3) 力学性能良好，抗拉强度和模量高，可提高建筑材料的韧性和抗冲击强度及抗震能力。建筑材料的挠曲强度可提高约 200%，弯曲强度可从 19MPa 提高到 22MPa，抗弹性疲劳也有一定程度的提高。

(4) 耐碱性能好，适用于各种等级的水泥，可以抵挡住水泥水化所生成的强碱性物质的侵蚀。

(5) 耐气候性能良好，能有效控制砂浆和混凝土因塑性收缩及温度变化等因素引起的裂纹，防止及抑制裂缝的形成及发展。

(6) 能有效改善混凝土的透气性，阻止补强钢筋的腐蚀，使混凝土不易风化、不易受气候影响。

(7) 聚乙烯醇高强高模纤维添加量一般为石棉的 1/5，同时制品的单位重量可有效减小，操作条件明显得到改善。

6.2.1　聚乙烯醇纤维在水泥制品领域的应用

根据国际最大的水泥制品厂与日本可乐丽公司合作筛选认为，聚乙烯醇纤维是最好的可替代石棉的纤维，尤其以用聚乙烯醇高强高模纤维效果更好[9,10]。据统计，2011 年我国水泥制品中石棉的消费量超过 600kt，占国内石棉消费量的 75% 左右。目前每千克纤维可替代石棉 5～7kg，仅国内市场的替代空间就在 100kt 左右，因此将聚乙烯醇纤维用于替代石棉纤维生产水泥瓦、水泥板、隔墙板以及水泥纤维管等聚乙烯醇纤维水泥制品具有很大的技术经济价值。

6.2.1.1　聚乙烯醇纤维替代石棉作为水泥制品增强材料

长期以来，由于石棉纤维相对价格低廉，人们习惯用其作为增强材料制作水泥制品，以改善制品的抗张、抗弯和耐冲击性，这些制品因轻巧、安装方便而用作各种建筑的临时覆盖材料广泛地用于诸多领域。石棉是一种非常细小、肉眼几乎看不见的纤维，当这些细小的纤维被吸入人体内时，就会附着并沉积在肺部，造成肺部疾病，如石棉肺、胸膜和腹膜的皮间瘤等疾病，这些肺部疾病往往会有很长的潜伏期。因此，近年来，随着人们逐渐认识到石棉对人类的健康存在的危害，人们开始限制其应用，许多发达国家甚至已完全禁止石棉的使用。

聚乙烯醇纤维具有优良的耐碱性和耐候性，完全能忍受水泥本身的碱性环境，其与水泥结合牢固性佳，增强效果非常明显。例如，用聚乙烯醇纤维代替部分中长石棉生产混合纤维波瓦或加压板，可提高湿料坯的拉力及过滤速度，操作方便、生产效率高。这种制品的物理力学性能优于石棉水泥制品，其弯曲变形大于石棉水泥平板，抗冲击强度比石棉水泥平板高出 50% 以上；水泥小波瓦的落锤冲击破坏次数是石棉水泥小波瓦的 9 倍。因此可以认为高韧性是聚乙烯醇纤维水泥制品的特征，较高的抗冲击强度是其特征的具体表现。聚乙烯醇纤维水泥制品与石棉水泥制品相比，不仅早期韧性大，长期韧性的绝对值也高，这有利于延长制品的使用期限及提高使用安全度。

聚乙烯醇纤维在建筑领域替代石棉（图 6－2），现已广泛用于波纹瓦、墙板、水泥管道等水泥制品的抗裂，如各种屋顶、彩瓦、装饰墙板、轻质隔墙板、地板、地砖、室内吊顶、大口径下水管道、水管及水管接头、城市雕塑、大棚支架、防火板、通风道、井圈井盖等。随着社会的发展，水泥制品中石棉被逐步替代是大势所趋。

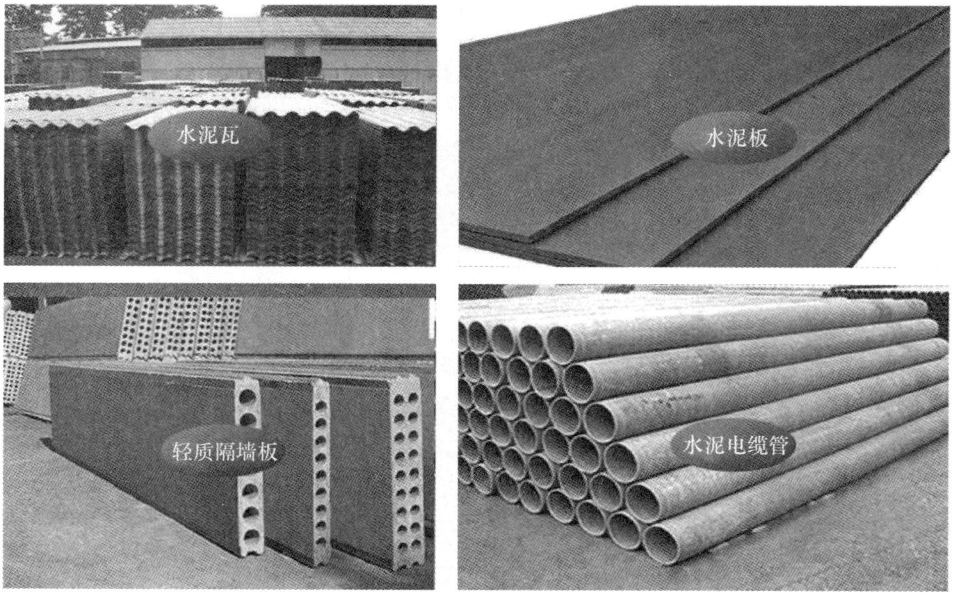

图 6－2　聚乙烯醇纤维替代石棉应用于水泥制品

6.2.1.2 聚乙烯醇纤维用于增强水泥粉煤灰发泡空心隔墙条板

20 世纪 90 年代,轻质空心隔墙条板作为新型墙体材料的主要品种之一开始迅速发展,这类空心隔墙条板按胶凝材料可分为石膏、镁质水泥和水泥(普通、快硬)等。石膏条板耐水性差,需进行防水处理,并且利废量不高;镁质水泥条板的生产对原材料质量和生产工艺控制要求严格,且还需采取改性措施;而水泥基轻质空心隔墙条板的原料质量和产品质量相对稳定,产品的耐水性佳,现已成为隔墙条板发展的主流。经过多年的发展和完善,产品质量不断提高,生产效率也不断提升,并形成规模化生产。

采用聚乙烯醇纤维生产增强水泥粉煤灰发泡空心隔墙条板在材质上更具优势,因为聚乙烯醇高强高模短纤耐碱性远远高于玻璃纤维,其代替玻璃纤维网格布,制品的耐久性能可以很好地得到保证,而且也无须预设玻璃纤维网格布,简化了生产工序,产品具有轻质、高强、保温、防火、耐水、耐久等优良性能,是较为理想的空心隔墙条板。

6.2.1.3 聚乙烯醇纤维用于水泥聚乙烯醇纤维管

水泥聚乙烯醇纤维管是将水泥和聚乙烯醇纤维经水调和、混匀、成形、养护后,水泥硬化将纤维胶凝在一起而形成的人工石材。其生产过程采用快速成形工艺,效率高、成本低,较易形成流水线作业和批量生产。水泥聚乙烯醇纤维管具有很高的抗拉、抗压强度,良好的耐热性和化学稳定性,并具有绝缘、隔声、隔热、防震、防腐等特点,由于它主要原料为水泥,所以吸水性好,制成管材后,可以钻孔、磨光,大大地提高了其使用价值。制成的压力管可广泛应用于工业、民用、消防等高低压供水管道,以及淡水、矿泉水、海水、石油和煤气的输送管道;制成的外压力管可替代金属管用作下水道管、地下通信线路和地下电缆保护管、排烟管、垃圾管道、排风门和落水管口等,可大量节约钢铁的用量。

6.2.1.4 聚乙烯醇纤维替代玻璃纤维应用于建材

玻璃纤维具有较高的强度和模量,因此建筑轻质材料一般采用玻璃纤维作为增强材料,但是由于其耐碱性不够理想,且其弯曲强度会随使用时间的延长而下降。此外,在施工中玻璃纤维会刺激工作人员的皮肤并影响环保。聚乙烯醇高强高模纤维就因具有强度和模量高、耐碱性好的优异特性,顺理成章地成为玻璃纤维在建材应用中的一个较为理想的替代材料。

6.2.2 聚乙烯醇纤维在混凝土领域的应用

聚乙烯醇高强高模纤维在建筑领域除了替代石棉应用,还可进一步扩大到非石棉系水泥建材的增强上,即作为混凝土/砂浆的增强材料,适用于工程中有抗裂、抗渗、抗冻、抗冲磨要求的一切部位。

6.2.2.1 聚乙烯醇高强高模纤维在水泥砂浆中的应用

水泥砂浆由于取材方便、价格适中以及强度较高等优点广泛运用于工程中，但其抗裂性较低，黏结性不很理想，容易受到环境温度变化或收缩的影响而产生裂缝。常用的防止水泥砂浆裂缝的方法有调整水灰比和养护方式等，近年来，工程技术人员将聚乙烯醇纤维掺入砂浆中以达到防止或减少初期塑性裂缝的目的，其作用相当于在水泥砂浆中加入了次加强筋。其作用机理是：在水泥砂浆中加入聚乙烯醇高强高模纤维后，纤维在水泥砂浆内部形成三维立体乱向支撑体系，可有效阻止水泥砂浆的离析现象和内部毛细裂缝的产生，从而提高水泥砂浆的抗渗性能。由于聚乙烯醇高强高模纤维具有抗拉强度大、模量高、韧性好等特点，在水泥砂浆内部均匀分布的纤维形成的网状结构能在很大程度上承受水泥砂浆失水干缩后产生的拉应力，同时提高水泥砂浆墙体受冲击时所吸收的动能，从而减少砂浆的干裂收缩，减少并防止内部裂缝的形成。

聚乙烯醇纤维抹面砂浆是一种新型的合成纤维砂浆，掺入少量聚乙烯醇纤维不仅可以显著地提高抹面砂浆的抗渗性和抗裂性，同时还能使砂浆的和易性、力学性能等均得到不同程度的提高。对于那些对面层开裂有较高要求的建筑部位，如体育场的看台、地下室外墙、高级宾馆的内外墙面、天篷找平层等部位，采用聚乙烯醇纤维抹面砂浆，投入较小的成本即可取得显著的抗渗、防裂效果。图6－3为未掺入及掺入聚乙烯醇纤维的水泥砂浆对比。

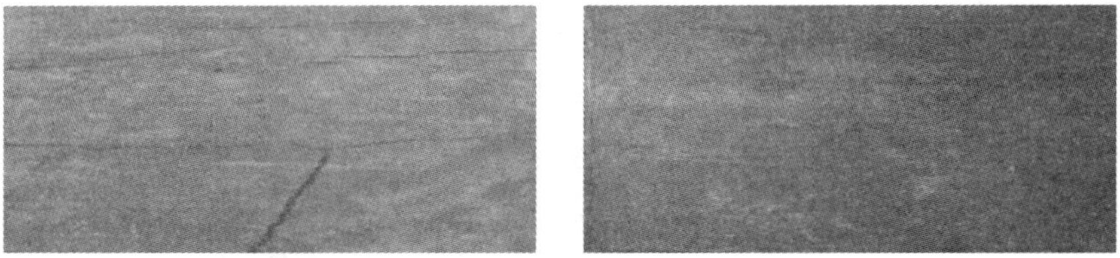

(a) (b)

图6－3　未掺入及掺入聚乙烯醇纤维的水泥砂浆对比照片

(a)未掺纤维的素砂浆；(b)聚乙烯醇纤维砂浆。

6.2.2.2 聚乙烯醇纤维在混凝土中的应用

目前常用的几种纤维混凝土有钢纤维混凝土(SFRC)、玻璃纤维混凝土(GFRC)、碳纤维混凝土(CFRC)以及合成纤维混凝土(SNRC)。虽然聚乙烯醇高强高模纤维的模量不及钢纤维、玻璃纤维、碳纤维和超高分子量聚乙烯纤维，但因其价格低、密度小、黏结力高、分散性好、易于搅拌，与其他合成纤维相比，亲水性好、模量高、比表面积大、与水泥的相容性好、耐光性和耐碱性也好，且具有优良的化学稳定性。目前，国内外学者对聚乙烯醇高强高模纤维混凝土的研究及应用成果，为聚乙烯醇纤维在混凝土领域的应用提供了良好的契机。在搅拌混凝土时掺入一定数量的聚乙烯醇纤维，制成一种宏观匀质的聚乙烯醇纤维混凝土混合材料，可以很好地增强混凝土的抗裂性，这种聚乙烯醇纤维混凝土的优势在于：

（1）提高基材的延性和韧性，提高其抵抗裂缝的能力；

（2）产生微缝后纤维能够继续抵抗外力的拉拔作用，增强材料的韧性；

（3）显著提高混凝土的抗拉强度、弯曲强度以及剪切强度；

（4）提高混凝土的抗冲击、抗冲磨以及耐疲劳性能；

（5）增强混凝土材料对冻融作用的抵抗性能；

（6）提高混凝土的和易性，减少泌水通道的形成，大大提高混凝土的抗渗能力；

（7）提高混凝土抵制氯离子侵蚀的能力等。

经过多年的研究和发展，聚乙烯醇纤维混凝土现已经大量用于修建高标准机场跑道，高等级公路，停机坪，大跨度桥梁，曲形屋顶屋面，高层建筑的转换大梁、柱、楼板，江河堤坝，港口码头，矿井隧道，涵洞，储水池，游泳池等大体积混凝土的浇筑，在建筑领域发挥着越来越重要的作用。

例如，用环氧树脂将聚乙烯醇高强高模长丝合成杠状物代替混凝土的钢筋，这种杠状物可以单独用做土木工程材料，大大降低了建筑物的自重。

6.3 聚乙烯醇纤维在纺织领域的应用

由于聚乙烯醇纤维的弹性差、尺寸稳定性欠佳、染色性不好，单独用于服装的服用性能不甚理想，20 世纪 80 年代后逐步退出了纺织原料市场。但随着科学技术的不断进步和人们环保意识的不断增强，聚乙烯醇纤维所具有的可生物降解性能越来越受到人们的重视。近年来，人们根据聚乙烯醇水溶纤维独特的水溶性，以及其强度高、耐磨性佳的特点，将聚乙烯醇纤维同其他纤维品种进行混纺或伴纺，全面打开并拓展了聚乙烯醇纤维在纺织领域应用的新局面。

6.3.1 聚乙烯醇纤维在服装领域的应用

6.3.1.1 与涤/棉纤维混纺制高强耐磨面料

对位芳纶、超高分子量聚乙烯和聚芳酯等高强纤维因价格、加工性能以及服用舒适性等问题，不适合生产普通高强耐磨面料。而普通锦/棉和涤/棉织物面料牢固度不高，对人体的劳动保护效果受到限制[11,12]。根据聚乙烯醇高强高模纤维具有优异的耐腐蚀性、耐气候性、耐磨性和与基材界面良好的黏接性能，且价格相对较低的特点，通过将其部分添加与涤/棉纤维混纺制得的纺织面料，不仅强度大幅度提高，而且耐平磨次数也提高了数倍甚至10倍左右，并保持了良好的吸湿性、通透性和舒适性，可作为性价比较高的耐磨面料，如图6-4所示。

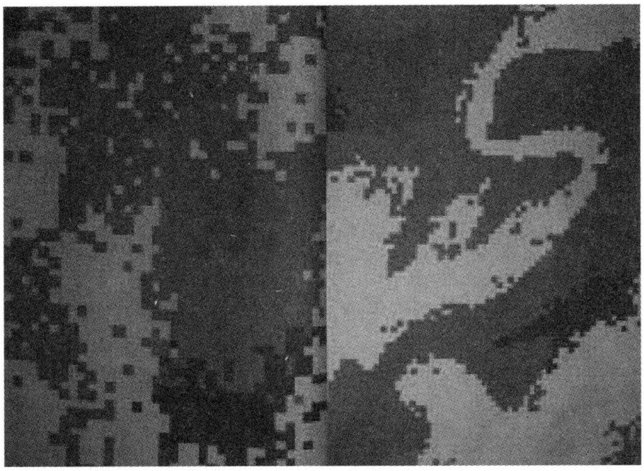

图6-4　棉/涤/聚乙烯醇纤维混纺耐磨面料

图6-4所示混纺耐磨面料适合于制作钢铁、石油、水泥、化工、船舶、勘探、采掘、建筑、交通、运输、伐木等劳动强度较大的产业工人的工作服，以及在制造业中从事车、钳、刨、焊等作业的就业者的工作服，并可根据具体工作场所的环境条件赋予其抗油拒水、吸湿排汗、单向导湿、昆虫驱避、静电防护等功能。目前，又将含聚乙烯醇高强高模纤维的耐磨面料应用于制作军队和武警的作训服，耐磨效果十分显著[13,14]。

6.3.1.2　与Tencel纤维混纺制高强织物

Tencel纤维是一种高湿模量纤维素纤维，具有湿度管理功能、卓越的亲肤特性和抑制细菌滋生三大功能特性，特别适用于服装和家纺领域。将Tencel纤维与聚乙烯醇高强高模纤维混纺，可充分运用聚乙烯醇纤维强力高、耐磨性好、耐腐蚀性强、耐候性佳的优良性能，可较好地改善纯纺Tencel面料强度和耐磨性方面的一些缺陷，其成品面料与一般服装面料相比，在拉伸断裂强力、撕破强力以及耐磨性等特殊指标方面都得以提高，可作为生产高档登山服、冬季户外服装等高档户外系列产品的面料。

6.3.2　聚乙烯醇纤维在非织造布领域的应用

造纸和纺织是聚乙烯醇纤维的两大主要应用领域，而非织造布的出现则打破了纸和布的界线，使之共融于纤维行业。聚乙烯醇纤维非织造布可用作衣、帽、鞋等的衬里，富有较好的弹性及保暖性。经过印染加工后可作装饰贴墙布，还可作地毯、滤布、毛巾及人造革底布等。利用聚乙烯醇纤维吸水性好的特点，可用作妇女卫生巾、婴儿尿布等。用聚乙烯醇纤维代替纸制成的油毡基布，不仅可以提高油毡的强度和耐用性,而且防水性能更佳。聚乙烯醇纤维土工布用于铁路、公路、水坝等工程建设能起到排水、过滤、加筋及分隔等作用,使用土工布修建工程有质量高、效率高等许多优点。聚乙烯醇水溶纤维非织造布轻而柔软,除了可作刺绣基布,还可作农药等的复合包装材料、一次性床单、一次性手术衣、核电站工作人员工作服等。除此之外,聚乙烯醇水溶纤维还可用作膨体纱、花式纱等。聚乙烯醇纤维用于非织造布的潜力巨大。

1. 用于土工布

土工布是用于岩土工程和土木工程的可渗透聚合物材料,可起到防护、隔离、过滤、加强和排水的作用,它可以用机织、针织或非织造工艺制造。合成纤维非织造土工布,也是非织布的一部分。聚乙烯醇高强高模纤维除了拥有一般合成纤维的特点,还具有更好的抗老化、耐腐蚀等性能,其耐候性也优于其他合成纤维,既可与丙纶或涤纶共混制作土工布,也可单独制作土工布。

用聚乙烯醇高强高模纤维开发的非织造土工布抗拉强度高、抗蠕变性能强、耐磨、耐化学腐蚀、耐微生物侵蚀,具有优异的导水性,在工程中可起到加筋、隔离、保护、排水及防漏作用。而其耐老化、耐水压、抗拉破、防冲刷侵蚀的特性,适于公路、铁路、桥梁、隧道、淤浆、沙地工程、水利工程的压沙挡土、隔水、加固、铺垫、稳固基础以及防水隔离等工程,可大大提高工程质量,延长工程寿命,减少维修费用,降低工程成本,有广阔的市场前景。

2. 替代玻璃纤维用于制造汽车保险杠

目前,国外一些厂家已开发利用聚乙烯醇高强高模纤维研制开发高强非织造布,用于替代玻璃纤维与环氧树脂合成制造汽车保险杠。我国2011年汽车总产量已经超过1800万辆,如按每辆汽车需用聚乙烯醇高强高模纤维0.5kg计,则年需求量可达9000t。随着我国汽车工业的快速发展,汽车用相关材料市场前景看好。

6.3.3 聚乙烯醇纤维在其他纺织领域的应用

聚乙烯醇纤维除了广泛用于服装和非织造布的生产,还可用于以下类别的纺织领域。

6.3.3.1 聚乙烯醇纤维在篷布上的应用

在仓储、船舶、临时建筑、农林业、体育、娱乐活动等许多方面,需使用大量的防雨覆盖材料,即通常所说的帐篷布。帐篷布是由基布经防水整理而成,基布是帐篷布的骨架,其性能在很大程度上影响着最终的产品性能。传统的覆盖材料都是由棉纤维织成帆布再经涂层防水处理后充当,但由于棉纤维的强度较低、耐光性能相对较弱,故老化比较快。随着耐候性佳的聚乙烯醇高强高模纤维的成功开发,并将其应用于涂层帆布后,强度可提高1倍以上,加之由于聚乙烯醇高强高模纤维密度比棉纤维小，在保持同样的布面强度情况下，可将重量减至原来的1/2左右，使得沉重的帆布变薄、变轻巧，这点对于用作帐篷的材料是至关重要的。另外，由于聚乙烯醇纤维篷布可大幅度延长使用周期，对于在野外使用的帐篷（图6－5），携带的方便性也是决定其是否受欢迎的重要依据，若用在军事用途上，则对于部队机动性的提高也是极为有利。

图6－5　聚乙烯醇纤维帐篷

6.3.3.2　聚乙烯醇强力纤维在工业缝纫线上的应用

由于聚乙烯醇短纤纱缝纫线具有良好的耐酸碱、耐化学药品腐蚀性以及自然生物降解性能，非常适宜用作各种化工产品的包装缝纫线以及各种工业用线。聚乙烯醇短纤纱缝纫线在所有纤维短纤纱中具有最高的断裂强力，且具有低伸度的特性，耐热性好，更因其含有5%的水分，摩擦阻力小，故适于高速缝纫，可用于色牢度和尺寸稳定性要求不高之处的缝纫。

例如，用作对耐热性和升华牢度都有一定要求的橡胶靴等产品生产用的缝纫线，特别是对缝纫线的强力、伸长率和缝纫性能等的要求较高的橡胶制品，一般的缝纫线均不能适应橡胶制品的质量要求。用聚乙烯醇纤维线代替蜡线，由于其抗拉强力高、耐磨性能好，又具有良好的表面粗糙度，在缝纫中能减少摩擦，降低断头率，缝纫效果比蜡线好，而且缝制后的成品富有丝光感，增加了缝制物的外观美感，同时解决了长期以来鞋帮厂、胶鞋厂的爆帮、爆线等问题。

6.4　聚乙烯醇纤维在造纸领域的应用

合成纤维应用于造纸，它必须具有良好的亲水性，密度接近木浆纤维密度，电荷位极性不强，与木浆具有相似相容性，纤维在干燥之前必须保持单纤状，不能有溶解发黏现象，在干燥时不能分解，更不可产生有毒有害气体。纤维切断长度可长可短，随着造纸技术的提高，长度有偏长发展的趋势。在众多的合成纤维中，要满足如上造纸性能和要求，聚乙烯醇纤维脱颖而出，它以独特的水溶性、不溶性、耐碱性、耐气候性、自然降解性等优点，在造纸业中得以迅速崛起。

聚乙烯醇纤维用于造纸是日本京都大学1956年开始进行研究的，1958年试制成纯聚乙烯醇纤维纸，1960年成功实现工业化生产，此后经过迅速的发展，造纸已成为聚乙烯醇纤维的又一大应用领域。同时，面对近年来造纸主要原料中的麦秆矮化、芦苇退化和废纸浆的品质降低等因素造成的纸浆品质大幅下降等问题，科研人员及造纸生产厂家开始通过开发新型造纸原料、添加改性助剂、改进传统造纸工艺等措施来提高纸张的质量，以满足新的需求。大量的研究结果表明，新型造纸原料中尤以合成纤维居多。发达国家的合成纤维产品中有30%～50%用于造纸行业，而我国目前不到10%。在众多应用于造纸业的合成纤维中，聚乙烯醇纤维占据了十分重要的位置，经过多年的发展，它已为造纸行业带来了革命性的变化。表现在：由于聚乙烯醇纤维的加入，可使用普通的造纸浆料（废纸浆、稻草浆、麦草浆、芦苇浆等）生产出品质较高的纸张，大大降低了原料成本；可以做到在生产相同质量纸的情况下，较大地减少木浆的添加量，减少了木材消耗，节约了资源；由于聚乙烯醇纤维具有极好的耐气候性能，在日光、空气中长期保存变化小，能提高纸浆的保存期限。归结而言，聚乙烯醇纤维用于造纸领域具有的优良特性：①聚乙烯醇纤维的水溶性。它在合适的温度及充足水中可以发生完全溶解现象。也就是说即使拥有了充足的水环境，但是温度没有达到则溶解不会发生；反之，若达到了溶解所需的温度，但是没有充足的水环境，纤维也只会发生溶胀而不会溶解。利用这一大特性，在造纸中用它的溶解性，黏结它周围的其他纤维，从而提高纸页（干、湿）强度、耐破度和撕裂度等，达到浆内施胶意想不到的效果。②聚乙烯醇纤维的不溶性。通过缩醛化后处理的纤维，在沸水中不发生溶解现象，利用这一特性，在造纸中可提高纸页的耐折度、撕裂度、耐破度、透气度、干强度等，还可以使纸页达到透气不透水、开微孔（提高毛隙孔隙率）等特殊效果。③聚乙烯醇纤维的耐碱性。将其置于40% KOH溶液中，在100℃条件下，恒温放置24h，纤维颜色仅仅稍微发黄，不会变黑，碱损失在2%以下，长度收缩率在5%以下，能保证在碱性条件下纤维不变质情况下使用。④聚乙烯醇纤维的耐气候性。纤维在造纸时溶解，达到浆内施胶效果，由于纤维的溶解，从而填塞了周围纤维的毛细空隙，形成一层聚乙烯醇膜，且在纸页各层次都是一样的结构，阻隔了空气、水分的进入，延缓了氧化速度和时间，进而提高了纸页的储存性能和耐气候性。⑤聚乙烯醇纤维的自然降解性。它在自然界中，借助阳光空气水和微生物，能被微生物分解掉，埋在土壤里，还可以改良土壤，不会造成白色垃圾，有利于环保。

根据聚乙烯醇纤维的特性，其用于造纸大体可以分为两大类：造纸聚乙烯醇不溶纤维和造纸聚乙烯醇水溶纤维。其中造纸聚乙烯醇不溶纤维在常温下并不溶解,只有当温度超过120℃且具有充足水的前提下才会溶解。一方面纤维本身单纤强度高;另一方面纤维长度长而柔软,它与纸浆配抄,分布并埋藏、镶嵌在纸页各层次中,能够提高纸页的柔度、撕裂度、耐破度、耐折度等性能。由于纸页中的纤维不溶解,且纤维是乱向分布,能在纸页中起到骨架作用,并在其周围存在毛细孔隙,从而起到开微孔的作用,提高了纸页的透气性能。造纸聚乙烯醇不溶纤维用作抄纸主体纤维,因其仍含亲水性自由羟基,在水中的分散较其他合成纤维好,可抄出高强度、高韧性的非水溶性纯聚乙烯醇纤维纸,特别是能制高湿强度纸。而造纸聚乙烯醇水溶纤维在纸页中有浆内施胶、增强(湿强特好)、助留等三大功能,即浆内施胶是通过水溶纤维在干燥时发生溶解而填塞周围纤维的毛细孔隙并形成膜,从而提高纸页拒水拒油性,达到施胶目的。这种施胶效果最好,它是深度施胶,在纸页内部各层次的施胶效果都一致,相比表面施胶更加优越,因为表面施胶从纸页表面至中部,施胶效果依次减弱,中部最为薄弱;增强是通过水溶纤维溶解而黏结它周围纤维,黏结点随自然降温而固化,进一步控制纸页在受到外力时纤维的滑移,达到提高强度的作用。尤其它的湿强度表现最优越,当纸页遇水时,由于其中的水溶纤维黏结点牢度,在常温水中不会发生什么变化,湿强度衰减很小;而助留则是由于聚乙烯醇水溶纤维含有大量的极性羟基,能与纸浆纤维形成氢键结合力,从而把纸浆纤维牢牢吸附在它周围,减少了流失率(纤维随白水流失掉),提高了纸浆纤维留着率,达到助留作用。

聚乙烯醇水溶纤维在育苗纸、过滤纸、电池隔膜纸等特种纸张中作为黏结增强剂已有较长的历史。近年来,它在造纸中所起的作用更加明显,已成功地应用在印刷纸、包装纸、滤嘴棒纸、汽车用纸板、扬声器专用纸、包装纸板、水溶纸、果袋纸、培草纸以及地膜纸中,并且用量在日益扩大。图6-6为聚乙烯醇纤维在造纸领域的部分应用。

需要说明的是,添加聚乙烯醇水溶纤维用于造纸时,不需额外增加或改造设备,工艺调整小,甚至无须更改工艺。

6.4.1 生活用纸

生活用纸指为照顾个人居家,外出等所使用的各类卫生擦拭用纸,包括卷筒卫生纸、抽取式卫生纸、盒装面纸、袖珍面纸、纸手帕、餐巾纸、擦手纸、厨房纸巾等。聚乙烯醇纤维在生活用纸领域扮演着越来越重要的角色。高强高模聚乙烯醇纤维主要用于制作湿纸巾。

湿纸巾是由水刺无纺布浸入纯水和丙二醇制成的一种用于擦脸擦手或擦拭皮肤的纸巾,一般有香味的是添加了薄荷。

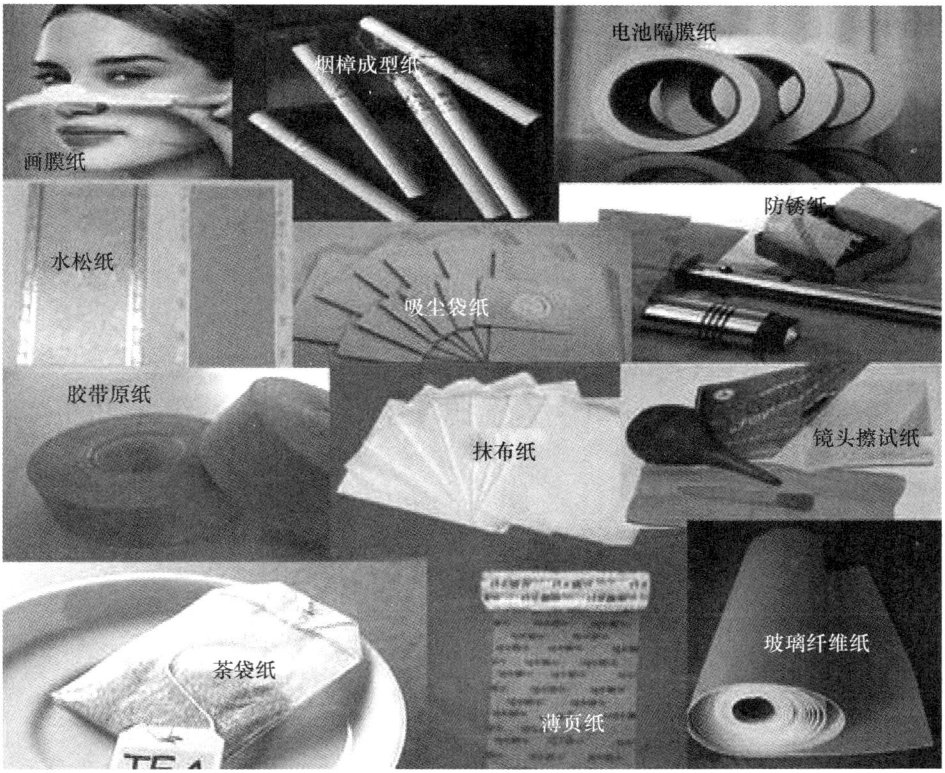

图6-6 聚乙烯醇纤维在造纸领域的应用

水刺无纺布是由水刺法又称射流喷网成布法生产的无纺布，是一种重要的非织布加工工艺，由于水刺法的独特工艺技术，它广泛应用与医疗卫生产品和合成革基布、衬衫、家庭装饰领域。其纤维原料来源广泛，可以是涤纶、锦纶、丙纶、黏胶纤维或聚乙烯醇纤维等。目前，水刺无纺布的主要用途为三大类，即医用、人造革用和擦洁用；其销售方向：人造革用水刺无纺布主要是内销，医用水刺无纺布主要是外销出口，擦洁用水刺无纺布则两者兼有。由于聚乙烯醇纤维具有吸水保水性强、手感舒适的特点，采用聚乙烯醇纤维为原料的水刺无纺布现已广泛用于湿纸巾领域的生产，为人们的生活带来舒适和便捷。

6.4.2 办公用纸

在日常工作中办公用纸分类很多，包括复印纸、彩色纸、计算机打印纸、传真纸、热敏纸、票据打印纸、便条纸和收银纸等。目前聚乙烯醇纤维在办公用纸领域已开发出具有代表性的品种有证券纸和铜版纸等。

证券纸是凹版印刷纸的一种，必须具备纸面光滑、洁白细致、纸质坚韧、耐久性强,具有优良的耐水性、耐擦性和耐折性,此外,还必须具备良好的印刷适应性。证券纸通常选用棉花、棉短绒和优质的针叶木化学浆等通过复杂的生产工序制成,并最终使所得纸张具有高品质、裂断长大、耐折耐磨,即使浸泡在水里也不易变形和损破,遇到明火也不易燃烧(只是冒烟焦化而不出现火光)等优良特性。由于聚乙烯醇纤维含有较多的极性羟基,能与纸浆纤维形成氢键结合力,其强度远高于纸浆纤维,故能大幅度提高纸张的强度。同时,它所裸露出的大量羟基在浆料脱水时所形成的强大电位使纤维间"静电斥力"加大,有效抵御了纤维的"絮聚",提高抄造匀度,相应地改善了纸张的强度性能,提高了纸的使用寿命。因此,目前国外证券纸、纸币纸的抄造除了用棉、麻等植物长纤维作为主要原料,还添加了部分水溶性或不溶性聚乙烯醇纤维等合成纤维,以提高纸张耐折性和撕裂强度。这类纸张必须具备光洁、坚韧、具有较强的耐磨力,长时间使用也不容易起毛、磨损或断裂。我国证券纸、纸币纸多采用棉、麻和纤维素纤维为主要原料,其质量指标如抗撕裂强度、抗折叠和抗张强度等同西方发达国家相比较还存在一定的差距。近年来,国内特种纸生产企业已着手研究通过添加聚乙烯醇纤维,以改善和提高证券纸等高技术含量纸张的性能。

6.4.3 产业用纸

常用的产业用纸包括滤纸、包装用纸、纸芯、纸筒、电器工业用的绝缘纸(如变压器、电容器绝缘纸)、电池隔膜纸以及砂纸等。近年来,聚乙烯醇纤维在产业用纸方面发展迅速,特别在某些领域起着无可替代的作用[15,16]。

6.4.3.1 聚乙烯醇纤维在电池隔膜纸上的应用

电池广泛运用于生产、生活的各个领域。按一般分类可分为酸性电池和碱性电池两大类。碱性电池(如锰干电池、碱性干电池、镍/镉电池、镍/氢电池、锂离子电池等)的隔膜纸板,要求必须具备良好的耐碱性、吸碱性和抗氧化性。电池无汞化对电池隔膜纸提出了新的要求,随着汞含量的减少,促进了 $Zn + H_2O \longrightarrow ZnO + H_2$ 的反应,在隔膜纸内产生的氧化锌针状结晶,既加快了锌的溶解,也缩短了电池的使用寿命,同时 ZnO 针状晶体可穿透隔膜纸而引起电池短路。镍/镉、镍/氢和锂离子电池等为可充电电池,有时这类电池在充放电时温度高达100℃,这就要求作为电池隔膜纸的纤维必须具有良好的耐热碱性、抗老化性和吸碱性。目前已广泛用于电池隔膜的合纤原料有聚酰胺纤维、聚丙烯纤维和聚乙烯醇纤维等。聚乙烯醇纤维由于具备较好的上述性能,且能保持电池隔膜的致密性,因此是目前国际上生产碱性电池隔膜纸的理想原料之一,能保证或延长电池的使用寿命,广泛应用于电池隔膜纸的制造。根据市场调研显示,目前全球每年用于碱性电池隔膜纸的聚乙烯醇纤维已超过 2000t,且呈快速发展之势。

例如,采用 5% 聚乙烯醇水溶纤维,85% 0.5dtex 聚乙烯醇细旦纤维和 10%

丝光化针叶木浆制造用于一次性碱性电池隔膜纸或超级电容器纸，以及通过与其他材料复膜也可用作碱性充电电池隔膜（如镍/镉、镍/氢电池隔膜）。这种电池隔膜纸，在40%的KOH溶液中及100℃下恒温放置24h后，纸页只出现略微的发黄，热碱损失率不超过2%，抗氧化性较好，吸碱速率快，吸碱量超过300%以上，是碱性电池的理想隔膜纸。

6.4.3.2 聚乙烯醇纤维在育苗纸上的应用

聚乙烯醇纤维与木浆混合抄纸，可用于生产农用材料如覆盖材料等用作水稻、蔬菜的纸钵，用来增产和提高农产品质量。

例如，用25%左右低温聚乙烯醇水溶纤维混入木浆制作的育秧纸筒，可实现机械化播种，这类纸筒可自然降解，不影响土地的品质，同时，还可缩短甜菜等作物的生长期，使产量提高2~3倍，这给北方农业带来很大好处，具有相当大的经济效益和社会效益。

又如，采用15%聚乙烯醇水溶纤维、30%聚乙烯醇难溶纤维、45%针叶木浆和10%松香复配可制造用于培养蔬菜、花草和水果等秧苗的育苗纸。这类纸最大的特点就是用它做成的蜂窝状纸册用于育苗，纸册在育秧时不能腐烂垮塌，在移栽后15~20天内腐烂垮塌掉，便于秧苗的根系自然进入土壤，保证秧苗的成活率，提高水果的糖分，缩短蔬菜生长周期。目前，国内育苗纸册市场容量为400万册，一册质量约1kg，因此产品总质量达到4000t，纸册用聚乙烯醇纤维超过1800t，随着应用的深入，市场将会进一步拓展。

6.4.3.3 聚乙烯醇纤维在双胶纸上的应用

双胶纸又称胶版纸，系双面胶版印刷纸的简称，是文化、印刷用纸典型代表纸种之一。双胶纸的生产过程是把胶料涂敷在纸的两面以改善其表面物性，使纸张伸缩性小，对油墨的吸收性均匀、平滑度好，质地紧密不透明，抗水性能强。在双胶纸的生产原料中，加入一定量的聚乙烯醇纤维，可大幅度提高纸的强度和韧性。

双胶纸用途广泛，主要供平板（胶印）印刷机或其他印刷机印刷较高级的单色或彩色印刷品时使用，各类书籍及教科书是其首选，其次可用于杂志、彩页、产品目录、地图、挂历、日历、封面、插页、插图、产品说明书、手册、漫画、卡通书、广告海报、企业画册、宣传单、信封、簿本、笔记本、染色压纹、表单、办公/公文用纸、名片、彩色商标和各种包装品等的印刷。

6.4.3.4 聚乙烯醇纤维在过滤用纸上的应用

过滤纸作为一种有效的过滤介质，已广泛地用于各个领域。根据组成滤纸的纤维种类不同，过滤纸的性能、用途也各异，如有用于一般过滤的普通滤纸，也有用于高温或超净状态的滤纸等。

高效过滤纸是以玻璃纤维为主要原材料，通过添加部分聚乙烯醇纤维，采用湿法成形工艺制成，具有纤维分布均匀、容尘量大、阻力小、强度大等特点，是理想的空气过滤材料。高效过滤器用玻璃纤维滤纸（HEPA），主要用于1万级～10万级洁净室或工作台、核电站排风、高档家用吸尘器、空气净化器、防毒面具等；而超高效空气过滤器用玻璃纤维滤纸（ULPA）主要用于芯片厂及100级、10级、1级洁净厂房等。美国开发生产的玻璃纤维过滤纸，是当今世界最为领先的高性能产品之一，主要用于电子、仪表和医用卫生，特别适用于超大规模集成电路的超净工作室的空气过滤。

6.4.3.5 聚乙烯醇纤维在高强包装纸上的应用

目前，在国内的生产技术条件下，普通增强剂很难将纸张裂断长增加到8km以上。通过试验发现，仅仅加入聚乙烯醇水溶纤维提高纸张强度是有限的。但是将聚乙烯醇水溶纤维及不溶纤维按2∶1的比例混合后加入到纸浆中能较大幅度地提高纸张强度，高强包装纸就是由这样的复配工艺开发生产的。其纸张性能见表6－4。

表6－4 加入70℃聚乙烯醇水溶纤维和聚乙烯醇不溶纤维的高强包装纸性能

聚乙烯醇水溶纤维加入量/%	聚乙烯醇不溶纤维加入量/%	定量/(g/m^2)	耐破指数/(($kPa \cdot$)m^2/g)	撕裂指数/(($mN \cdot m^2$)/g)	裂断长/km	
					横向	纵向
0	0	40.0	3.95	9.8	6.690	4.220
6	3	40.5	4.58	12.3	7.380	5.024
10	5	40.3	5.43	15.8	8.495	5.406
16	8	40.6	6.18	16.9	9.846	5.980
20	10	40.4	8.61	18.2	10.36	6.820

6.4.3.6 聚乙烯醇纤维在复合包装袋上的应用

包装行业是拥有巨大市场容量的行业之一。目前，国内外市场流通使用的重型软包装基本可以分为三类：塑编袋、多层牛皮纸袋和复合包装袋。其中，复合包装袋又分为纸塑复合袋和新型材料复合袋。

新型聚乙烯醇纤维水溶纱复合包装袋是由复合制袋机工艺技术制成的纬纱连续环绕无中缝的新型包装袋。水溶纱复合包装袋的结构为内外二层国标纸袋纸，中间黏结网状聚乙烯醇水溶纱，三位一体复合而成。这种方式增强了复合包装袋的各项技术指标，使包装袋具有强度高、抗老化、耐高温、防潮、透气、无毒无害、防滑便于码垛运输装载等特点，尤其是便于码垛的特点强于塑编袋多层、传统多层纸袋和纸塑复合袋，达到了包装食品、危险化学品等产品的要求，能广泛用于矿产、建材、化工、农副、饲料、食品等行业各种粉粒状物料的包装。聚乙烯醇纤维水溶纱复合包装袋整个工艺和产品同时具备了现代包装材料选用的原则，相比塑编袋、多层牛皮纸袋和纸塑袋更具优势。其无缝设计也彻底解决了传统包装袋易开膛、不牢固的难题。该包装袋具备了现代包装材料的选用原则，且使用过的废袋避免了回收、分离的困难，经水解后可以再回收利用，技术含量高，不污染环境，解决了重型包装长期以来难以解决的问题，更符合国家环保产业政策要求，凭其高效、低耗、节能、环保及制造成本较低等特点，是替代一、二类传统包装袋的理想产品，具有较强的市场竞争力。

6.4.3.7　聚乙烯醇纤维在吸尘袋纸上的应用

吸尘袋纸主要用于家用吸尘器作一次性吸尘袋，分为内纸（指标为 $25g/m^2$）和外纸（指标为 $45 \sim 50g/m^2$），对纸张的耐破度、撕裂度、抗张强度、透气度以及积尘率要求高，但湿强度衰减要少，采用常规造纸方法和生产工艺抄造的纸张难以满足上述要求，因此原材料的筛选必须兼顾考虑家用产品对人体安全的特殊要求。

聚乙烯醇纤维的特性正好能满足上述要求：一方面该纤维不含有害物质；另一方面它可自然降解，满足了环保要求，是理想的造纸添加材料。聚乙烯醇水溶纤维的加入可以大幅度提高纸张的干强和湿强，而聚乙烯醇难溶纤维在纸张中呈网状起骨架和开微孔作用，从而提高纸张的耐破度、撕裂度、透气度。二者按一定比例混合添加进行抄纸，可以很好地达到吸尘袋纸的要求。

应用实例：外纸添加比例为易溶纤维 20%，难溶纤维 20%，针叶木浆 60%；内纸添加比例为易溶纤维 10%，难溶纤维 30%，针叶木浆 60%。

6.4.3.8　聚乙烯醇纤维在玻璃纤维纸或玻璃纤维织物上的应用

聚乙烯醇纤维用于玻璃纤维纸的制造是一个全新的应用领域，在国内尚处于试验和起步阶段。传统的玻璃纤维抗弯抗折性能差，纤维间的摩擦系数低，致使所生产的玻璃纤维纸强度低，耐折性差，因此玻璃纤维纸的改性是近年来研究的热点。在当今玻璃纤维纸制造处于世界领先地位的美国，他们长期致力于高性能玻璃纤维纸的生产及应用开发，采用特种聚乙烯醇纤维作为黏结材料与玻璃纤维混合抄纸，开发出了新型玻璃纤维纸，显著地改善了玻璃纤维纸的耐磨性和柔韧性，得到市场的广泛关注和认可。

目前，全球改性玻璃纤维纸或玻璃纤维织物年均发展速度超过 10%。在国防建设中，战略、战术导弹的发动机壳体，弹头放热材料，透波材料，飞机雷达罩，核能开发以及水中兵器等都离不开高性能玻璃纤维织物。有资料统计，美国玻璃纤维纸的年需求量超过 250kt，中国市场也达数千吨，全球需求量会更大。高性能玻璃纤维纸或玻璃纤维织物所需专用聚乙烯醇纤维的添加比例为 10%，因此用于玻璃纤维纸或织物生产的聚乙烯醇纤维的需求量保守估计每年也超过 30kt。如今，高性能玻璃纤维纸或玻璃纤维织物由于具有难燃、耐高温、电绝缘、拉伸强度高、化学稳定性好、吸声、绝热等一系列综合性能优异的无机非金属材料特性，使其成为在国民经济、国防建设和高新技术领域不可缺少的配套基础材料，其应用领域不仅广泛涉及石油、化工、建筑、交通运输、医药卫生、农业等传统产业部门，而且广泛涉及航空、航天、舰船、电子、核能、兵器、通信等国防及高技术部门的电绝缘材料、工业及环境保护用高温耐腐蚀过滤材料、保温吸声材料、光学及其他功能材料等。聚乙烯醇纤维用于玻璃纤维纸的改性具有广阔的市场前景。

6.4.4 聚乙烯醇纤维在其他特种纸上的应用

聚乙烯醇纤维除了广泛用于生活用纸、办公用纸和产业用纸的生产，还可用于以下类别的特种纸生产：

（1）合成纤维中的涤纶、锦纶和丙纶，均是疏水性纤维，在水中分散性差，不发生水化和皂化，用作抄纸主体纤维，必须添加聚乙烯醇水溶纤维等作为黏结剂，且最理想的是再加入部分聚乙烯醇不溶纤维进行混抄。尽管所抄纸品的强度不及纯聚乙烯醇纤维纸和造纸聚乙烯醇水溶纤维与纤维素纤维的混抄纸，但其疏松性、柔软性却比后两种纸好，宜作特殊用纸。

（2）石棉、陶瓷纤维等不燃无机纤维，也由于其疏水性而难于抄纸，采用添加造纸聚乙烯醇水溶纤维作黏结剂，即可实现抄纸工艺，制造难燃或不燃纸类。

（3）其他合成纤维，如腈纶等，单独抄纸比较困难，但是采取添加聚乙烯醇水溶纤维作黏结剂，或同时按比例添加聚乙烯醇不溶纤维进行混抄，同样可以制作出各具特色的混抄特种纸。

6.5 聚乙烯醇纤维在复合材料领域的应用

复合材料使用的历史可以追溯到古代。从古至今沿用的稻草增强黏土和已使用上百年的钢筋混凝土均由两种材料复合而成。20 世纪 40 年代，因航空工业的需要，发展了玻璃纤维增强塑料（俗称玻璃钢），从此出现了复合材料这一新名称。50 年代以后，陆续发展了碳纤维、石墨纤维和硼纤维等高强度及高模量纤维。70 年代又出现了芳纶纤维和碳化硅纤维。这些高强高模纤维能与合成树脂、碳、石墨、陶瓷、橡胶等非金属基体或铝、镁、钛等金属基体复合，构成各具特色的复合材料。

复合材料是一种混合物，目前已替代了很多传统材料在各个领域发挥着极其重要的作用。复合材料按其组成分为金属与金属复合材料、非金属与金属复合材料、非金属与非金属复合材料。按复合材料结构特点又分为：①纤维增强复合材料。将各种纤维增强体置于基体材料内复合而成，如纤维增强塑料、纤维增强金属等。②夹层复合材料。由性质不同的表面材料和芯材组合而成。通常面材强度高、薄，芯材质轻、强度低，但具有一定刚度和厚度。分为实心夹层和蜂窝夹层两种。③细粒复合材料。将硬质细粒均匀分布于基体中，如弥散强化合金、金属陶瓷等。④混杂复合材料。由两种或两种以上增强相材料混杂于一种基体相材料中构成。与普通单增强相复合材料比，其冲击强度、疲劳强度和断裂韧性显著提高，并具有特殊的热膨胀性能。分为层内混杂、层间混杂、夹芯混杂、层内/层间混杂和超混杂复合材料。

复合材料的主要应用领域有：①航空航天领域。由于复合材料热稳定性好，比强度、比刚度高，可用于制造飞机机翼和前机身、卫星天线及其支撑结构、太阳能电池翼和外壳、大型运载火箭的壳体、发动机壳体、航天飞机结构件等。②汽车工业。由于复合材料具有特殊的振动阻尼特性，可减振和降低噪声，抗疲劳性能好，损伤后易修理，便于整体成形，故可用于制造汽车车身、受力构件、传动轴、发动机架及其内部构件。③化工、纺织和机械制造领域。有良好耐蚀性的碳纤维与树脂基体复合而成的材料，可用于制造化工设备、纺织机、造纸机、复印机、高速机床、精密仪器等。④医学领域。碳纤维复合材料具有优异的力学性能和不吸收 X 射线特性，可用于制造医用 X 光机和矫形支架等。碳纤维复合材料还具有生物组织相容性和血液相容性，生物环境下稳定性好，也用作生物医学材料。此外，复合材料还用于制造体育运动器件和用作建筑材料等。

本书重点就聚乙烯醇纤维在合成革、抛磨工具、塑料增强、电池极板以及结构材料等复合材料领域的应用进行介绍。

6.5.1　聚乙烯醇纤维在合成革上的应用

天然皮革由于具有优良的天然特性而广泛用于生产日用品和工业品，但随着世界人口的增长和物质生活水平的提高，人类对皮革的需求量成倍剧增，数量有限的天然皮革早已不能满足人们这种需求。为解决这一矛盾，科学家们几十年前即开始研究开发人造革、合成革，以弥补天然皮革的不足。我国自 1958 年开始研制生产人造革，它在中国塑料工业中是发展较早的行业。如今人造革、合成革在国民经济各行业广泛使用。在我国，通常将用 PVC 树脂为原料生产的人造革称为 PVC 人造革（简称人造革）；用 PU 树脂为原料生产的人造革称为 PU 人造革（简称 PU 革）；用 PU 树脂与无纺布为原料生产的人造革称为 PU 合成革（简称合成革）。对 PVC 人造革、PU 人造革和 PU 合成革来说，目前行业还没有准确的命名，但人们现已习惯上把上述三种革统称为合成革。

科学家们从研究分析天然皮革的化学成分和组织结构开始，从硝化纤维漆布着手，进入到 PVC 人造革，这是人工皮革的第一代产品。随着基材和涂层树脂的改性和改进，到 20 世纪 70 年代，合成纤维无纺布出现了针刺成网、黏结成网等工艺，使基材具有藕状断面、空心纤维状，达到了多孔结构，而符合天然革的网状结构要求。当时的合成革表层已能做到微细孔结构聚氨酯层，相当于天然革的粒面，从而使 PU 合成革的外观和内在结构与天然革逐步接近，其他物理特性都接近于天然革的指标，而色泽比天然革更为鲜艳，其常温耐折达到 100 万次以上，低温耐折也能达到天然革的水平，这是人工皮革的第二代产品。超细纤维 PU 合成革的出现是第三代人工皮革，其三维结构网络的无纺布为合成革在基材方面创造了赶超天然皮革的条件。该产品结合新研制的具有开孔结构的 PU 浆料浸渍、复合面层的加工技术，发挥了超细纤维巨大表面积和强烈的吸水性作用，使得超细级 PU 合成革具有了束状超细胶原纤维的天然革所固有的吸湿特性，因而不论从内部微观结构，还是外观质感及物理特性和人们穿着舒适性等方面，都能与高级天然皮革相媲美。此外，超细纤维合成革在耐化学性、质量均一性、大生产加工适应性以及防水、防霉变性等方面更超过了天然皮革。

超细纤维合成革基布的深度开发已引起业界重视。随着非织造布基材的迅速发展，开发出手感柔软、丰满有弹性且技术性能追求天然皮革的效果、生态绿色环保，以高品质扩大超细纤维革基布是大势所趋。我国的超细纤维合成革发展总量比、结构比、性价比与我国的人造革合成革生产与消费大国的地位及市场需求极不相称，急待调整发展。超细纤维合成革结构独特、性能优异，引领了世界合成革的发展潮流。我国也是较早开发生产超细纤维合成革并拥有独立自主知识产权的国家之一。

当今，日本是最大的合成革生产国，基本代表着目前的国际发展水平。其纤维及无纺布制造向着超细化、高密度化和高无纺效果方向发展；其 PU 制造向着 PU 分散液、PU 水乳液方向发展，产品应用领域不断拓宽，从开始的运动鞋、球类、手套以及箱包领域发展到服装、车辆和家具的装饰等其他特殊应用领域，遍及人们日常生活的方方面面，日益得到市场的肯定，其应用范围之广、数量之大、品种之多，是传统的天然皮革无法满足的，而且随着技术的不断进步，人造皮革完全可以替代真皮，并在性能上超越真皮。

皮革基布加工工艺：无纺布工程—PU 涂层—碱溶—染色—水洗。将聚乙烯醇纤维在碱溶、水洗等工序溶解洗除，使皮革基布达到透气、柔软的效果，从而大幅提高附加值。

例如：一种超细合成革基布的原料组成为涤纶、尼龙和聚乙烯醇超细纤维，其中聚乙烯醇超细纤维占 20%。

6.5.2 聚乙烯醇纤维在抛磨工具上的应用

孕砂聚乙烯醇纤维是一种含有磨料的纤维状研磨材料，1964 年首先由日本开发成功，并获得专利权。1980 年，吉林省化学纤维研究所试纺成功，并由郑州磨料磨具磨削研究所制成纱筋抛磨轮（简称纱筋轮），它是一种由含磨料的聚乙烯醇纤维制成的抛磨工具。孕砂聚乙烯醇纤维采用湿法纺丝制成,以平均聚合度 1700 的聚乙烯醇为原料,原液中要求控制聚乙烯醇的含量不低于 18%,加砂比视产品规格不同而异,一般控制在 2.5 ~ 5.0,所制备的纺丝原液,经湿法纺丝成形、干燥、拉伸热处理工序即制得孕砂聚乙烯醇纤维。

我国自主开发的孕砂聚乙烯醇纤维是一种纤维状磨料,其主要指标接近或赶上了日本同类产品。它既保持磨料的磨削性能,又具有纤维的良好弹性。用它制成的各种抛磨器具砂毡、纱筋轮等,有弹性佳、散热性好、软硬度可调、贴面性优良、噪声小等优点,适用于用于抛磨铝、铜、不锈钢等各种材质制品的表面抛磨或丝纹处理。

6.5.3　聚乙烯醇纤维在塑料制品上的应用

有机纤维增强塑料可以分为长纤维(连续纤维)增强塑料和短纤维增强塑料两类。到目前为止,实际使用的有机长纤维增强塑料主要是芳纶增强环氧复合材料。由于价格昂贵,主要用于航空航天及国防工业等领域。

作为短纤维增强塑料用的有机纤维则大多采用价格便宜、来源广泛的柔性链合成纤维,如聚乙烯醇纤维、涤纶和锦纶等。由于聚乙烯醇纤维的强度和模量比其他柔性链合成纤维高,且与树脂的黏附性好,选用聚乙烯醇纤维作为酚醛树脂的增强剂增强酚醛塑料,其制品的冲击强度和电性能尤佳,且其工艺性较好、污染小,这为聚乙烯醇纤维在塑料产品的增强应用打开了一个新领域。

近几年,日本利用高分子量的聚乙烯醇开发出聚乙烯醇高强高模纤维,产品强度和模量可与芳纶接近。据市场调查,在一些领域使用的芳纶若改用聚乙烯醇高强高模纤维每吨成本约可降低 1/2。因此,开发聚乙烯醇高强高模纤维在塑料制品中的应用具有广阔的市场前景。

6.5.4　聚乙烯醇纤维在电池极板上的应用

目前,镍镉、镍氢类二次电池极板制造工艺有发泡拉浆法和烧结法两类。采用发泡拉浆法生产的电池称为发拉电池,采用烧结法生产的电池称为烧结电池。现在两种方法生产的二次镍镉、镍氢电池极板都希望向金属离子含量少、不与化工原料发生反应的超细纤维电池极板方向发展。

过去电池原材料生产企业通常是通过在电池极板材料中加入羧甲基纤维素来改善极板的性能,其缺点:一是在生产中它会同化工原料发生反应,产生部分恶臭气体,对人体及生产环境不利;二是对极板的拉浆稳定性、抗龟裂性和开孔性不好,原因是羧甲基纤维素在水中要溶解成浆糊状,填充了毛细孔空隙,造成电池内阻大,氧化还原离子流通不畅,电池寿命短。这就要求作为电池极板的材料必须具有良好的耐碱性、吸碱性和抗氧化能力,并具备一定的刚度即纤维的模量。聚乙烯醇纤维具备了较好的上述性能，且能保持电池极板生产过程中的环保性，因此聚乙烯醇纤维是目前市场上电池极板的理想原料之一，已广泛用于电池极板的制造。

电池厂家使用聚乙烯醇纤维生产电池极板采用发泡拉浆法和烧结法两种工艺。其中发泡拉浆法是将3mm电池极板专用聚乙烯醇超短纤维在水中按1∶10比例投放搅拌5min，待分散均匀后，再投放其他化工原料，经搅拌均匀成浆糊状，用筛网状电池钢带板进行拉浆，拉浆厚度为2mm，然后经过烘干工序，便制成了发拉电池极板。由于纤维在浆中呈网状，在拉浆时能提高拉浆张力，可稳定持续均匀拉浆，提高极板的厚度均匀度；另外，纤维分布在极板各层次，相互镶嵌，达到抗龟裂和开微孔目的，使极板各方向的氧化还原反应更彻底、更充分，可提高极板寿命和放电倍率。烧结法工艺生产极板大体同此，只不过化工原料组分不一样，经烘干定型后，进行高温明火燃烧，去掉电池极板纤维，形成无数毛细孔隙，从而极板进一步固化，便形成烧结极板。

近年来，镍镉、镍氢电池市场几乎被日本、美国和法国等少数西方发达国家垄断，它们掌握着行业的核心技术，垄断着高端产品的市场。国内电池生产企业使用聚乙烯醇纤维作为电池极板的原料已经起步，发展的空间很大。

6.5.5 聚乙烯醇纤维在橡胶增强材料或轮胎帘子线上的应用

聚乙烯醉纤维由于大分子上具有大量极性的羟基存在，它作为复合材料的增强部分，一般和基质的界面性能比较好，但在聚乙烯醇纤维传统应用领域中，作为橡胶增强材料只是其一个很小的方面。这是由于聚乙烯醇纤维耐热性略差，因此一直被认为只能用于发热量不太大的轮胎帘子线，它在这方面的应用拓展受到限制。目前被大量用作轮胎帘子线的是高强涤纶，但由于涤纶分子结构的限制，它和橡胶间的黏合问题始终没有得到很好的解决。因此人们开始设法提高聚乙烯醇纤维的耐热水性，期望它代替或部分代替目前的高强涤纶，进一步开发其在橡胶增强领域的用途。日本东丽公司在这方面做了大量的研究，他们用聚合度不低于1500的聚乙烯醇纺制出规格为1000～2000dtex/100～200f，干断裂强度大于9cN/dtex的强力聚乙烯醇纤维长丝，经处理使其分子间的羟基形成交联结构。这样就使得：一方面，由于羟基的减少，耐热水性能得到提升；另一方面，由于交联的作用，其结构稳定性包括耐热水性也自然得到了很大的改善，从而使该类纤维产品可以胜任目前汽车轮胎帘子线的要求。

聚乙烯醇强力长丝如今已较为广泛地应用于橡胶工业中，这是很好地利用了其与橡胶具有黏合性好，不带电荷、强度高等特性，作为轮胎帘子线、帆布、过滤布、安全带、运输带、传送带、三角皮带、水龙带等产业用布和汽车刹车管、高(低)压橡胶管、汽车空调管等可承受高温、高压或低温的橡胶管的骨架材料制造各种橡胶管道制品。聚乙烯醇强力长丝用于橡胶制品的增强,可减少骨架层次,提高产品质量,降低成本。由于目前国内尚未掌握聚乙烯醇强力长丝的核心生产技术,市场所需完全依赖从国外进口。我国相关生产企业及研发机构对该类产品的的生产开发已做了大量工作。

6.5.6　聚乙烯醇纤维在防护材料上的应用

近年来,开发生产的聚乙烯醇纤维的强度显著提高,聚合度为 3000 ~ 7000 的聚乙烯醇用含硼湿法纺丝工艺可制得强度达到 15 ~ 18cN/dtex 的纤维,用干湿法纺丝工艺纺制的纤维强度也可达 16 ~ 20cN/dtex;在实验室中以凝胶纺丝法获得的聚乙烯醇纤维的强度和模量已分别达到 38.7cN/dtex 和 915cN/dtex,分别为理论极限值的 15% 和 50%。虽然目前工业化生产的聚乙烯醇纤维强度尚不及芳纶和超高分子量聚乙烯纤维,但聚乙烯醇纤维的断裂比功大、易于黏结、价格低廉,可部分取代芳纶等纤维而成为防弹复合材料中的一个组分,并且在与芳纶等其他纤维以适当的方式复合制成防弹靶板时,由于两种纤维的断裂伸长率的差异,在子弹高速冲击下两种纤维之间更易产生纤维与基质间的剥离,从而有助于消耗子弹的能量,获得良好的防弹效果。如今聚乙烯醇纤维在单兵防护材料方面已经获得很好的应用。

6.5.7　聚乙烯醇超高强高模纤维在头盔上的应用

有机纤维增强塑料可以分为长纤维(连续纤维)增强塑料和短纤维增强塑料两类。至今为止,实际使用的有机长纤维增强塑料主要是芳纶增强环氧树脂复合材料。但由于芳纶价格贵,主要用于航空航天及国防等领域。

作为短纤维增强塑料用的有机纤维则大都采用价格便宜、来源广泛的柔性链合成纤维,如聚乙烯醇纤维、聚酯纤维、聚酰胺纤维等。由于聚乙烯醇纤维的强度和模量比其他柔性链合成纤维高,而且与树脂之间具有优良的的黏附性,因此选用聚乙烯醇纤维作为酚醛树脂的增强剂,其制品的抗冲击强度尤佳,为聚乙烯醇纤维的应用打开了一个新领域。

近几年,利用高分子量的聚乙烯醇开发出超高强高模纤维,其强度和模量已接近芳纶纤维,用该纤维作为增强材料与有关树脂复合制成的头盔具有质量轻、抗冲击性能好的特性,因此,采用聚乙烯醇超高强高模纤维用作高性能头盔制造的材料已经引起人们的高度重视。

据报道,占世界头盔市场八成以上的韩国 I.J 公司用聚乙烯醇高强高模纤维作为增强材料与有关树脂复合制成的头盔就具有极其优良的性能,受到广大消费者的青睐。如改用聚乙烯醇超高强高模纤维作为增强材料使用,则性能会更佳。由此可见,聚乙烯醇高强高模纤维作为制造头盔的材料在国外的应用已不可替代,并随着原材料和加工技术的进步而不断发展。

我国人口众多,是摩托车的生产和销售大国,按照法规摩托车驾乘人员必须佩带头盔才能上路行驶,若以全国年增500万辆摩托车计,每车至少配备一个使用0.2kg聚乙烯醇高强高模纤维或超高强高模纤维的头盔,则年需求就达1000t,倘若各个特殊行业或岗位所用的安全帽也采用该纤维,则市场用量定会更大。此外,我国目前军用防爆头盔和防爆服装等均已达到采用50%聚乙烯醇超高强高模纤维来代替芳纶纤维用于制作,因此随着今后聚乙烯醇超高强高模纤维产品性能的进一步提升,替代芳纶的比例将进一步提高,直至完全替代。

聚乙烯醇超高强高模纤维除了用于生产高性能头盔(图6-7),还可在航空航天、特种服装等众多领域里用作增强材料,应用前景非常广阔。

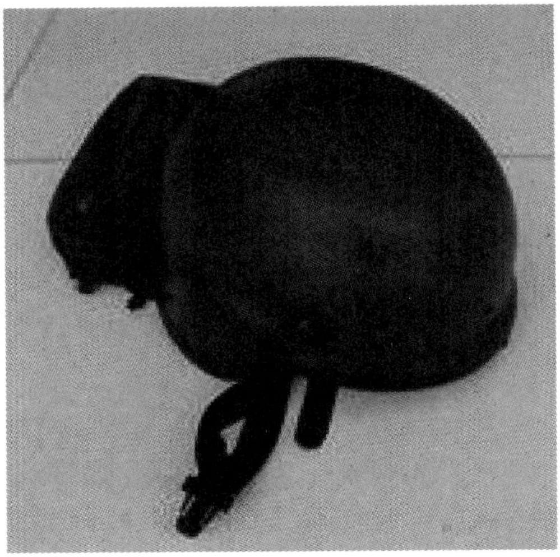

图6-7　高性能头盔

6.6 聚乙烯醇纤维在其他领域的应用

聚乙烯醇纤维自1950年成功实现工业化生产以来,除了广泛用于建筑、纺织、造纸和复合材料等领域,已经逐渐拓展到医药卫生、农业、环保、海水养殖、产业以及民用等众多领域,随着新工艺、新技术的不断应用,聚乙烯醇纤维系列产品将向着更高强度、更低水溶温度以及赋予特殊的功能性等方向发展,其应用将继续呈现出百花齐放之态,为社会的不断进步做出更大的贡献。

6.6.1 聚乙烯醇纤维在农业领域的应用

除了在前面章节中介绍的育苗纸,聚乙烯醇纤维还广泛用于地膜、网眼纱、包装箱以及防虫果袋纸等农业领域(图6－8)。

图6－8　聚乙烯醇纤维应用于部分农业领域

6.6.1.1　聚乙烯醇纤维在网眼纱上的应用

聚乙烯醇纤维网眼纱(防寒纱)主要用于农作物的遮光、防霜、防寒、防风和防虫害,还可起到保湿、透湿的目的,对育秧、育苗、蔬菜栽培、瓜果培植都极为有益。此外,还具有改善田间小气候,促进植物生长发育,提高产量,防止病虫害等多种效果。

6.6.1.2　聚乙烯醇纤维在新型农用膜上的应用

20世纪50年代后期,我国从日本引进农用棚膜技术,在水稻育秧、蔬菜花卉种植以及养殖业、林业等领域都取得了非常明显的效果。但是,由于棚膜强力较低、寿命短、功能单一,大大增加了农民的种植成本。日本可乐丽公司用经编聚乙烯醇纤维网格和聚氯乙烯薄膜两种材料加工制成的经编增强农用棚膜,其抗拉强力、顶破强力、抗撕裂强力等都有很大的提高,从而延长了棚膜的使用寿命,降低了种植成本。

近年,日本可乐丽公司开发的新型water point聚乙烯醇纤维膜是由亲水性高强力纤维和超细(极细)高密度非织造布组成的特殊层压结构,能够以铺设的形态在栽培农作物的土壤和通路中使用多年。其特点如下:

(1) 快速透过水、肥料成分的"透水性"。

(2) 抑制透过土壤水分蒸发的"保水性"。

(3) 遮挡太阳光(遮光率99%),抑制杂草生长的“防草性”。

(4) 抑制地温上升的“隔热性”。

(5) 薄膜自身适度伸缩而容易沿着土壤凹凸的“沿贴性”。

(6) 纤维的高强力性和高耐候性而难以破坏的“耐久性”。

使用这种新型 water point 聚乙烯醇纤维膜以后,可以不用撒除草剂,有利于幼小作物的早期培育,从而使农业园艺实现省力化、效率化,从基础上支援农作物的培育能力。

6.6.2 聚乙烯醇纤维在环保领域的应用

污水处理主要分为物理、化学和生化三种方式,根据污水性质不同,三种处理方式可单独或联合使用。物理处理主要通过过滤介质对污水中的无机物进行过滤和吸附;化学处理主要通过化学反应对污水所含化学物质进行分解和综合;生化处理主要是利用生物菌对污水中的有机物进行吸收和净化。生化处理就需要环保填料,而环保填料在生化处理过程中作为生物菌载体使用,也就是在环保填料上培养生物菌,称生物挂膜。环保填料主要分为弹性填料、软性填料和组合填料。弹性填料主要用聚丙烯纤维制成,软性填料全部用聚乙烯醇纤维制成,组合填料用聚乙烯环片夹持聚乙烯醇纤维组合制成。

聚乙烯醇纤维作为环保填料,其优点:首先是聚乙烯醇纤维是亲水性纤维,同时纤维单纤较细,比表面积大,具有较强的吸附性能力,在生物菌培养过程中,其表面易生长生物菌,即易生物挂膜,这一点其他任何材料都无法相比;其次聚乙烯醇纤维具有较强的耐酸碱性,在污水处理过程中可使用较长时间。但因其成本相对较高,一般在污水中有机物含量特别高的情况下使用较为经济。

6.6.3 聚乙烯醇纤维在水产养殖上的应用

利用 1000 ~ 15000dtex 聚乙烯醇强力长丝制线织网,替代以前使用的聚乙烯醇牵切纱产品,用于海产(紫菜)养殖行业生产海产养殖网。由于聚乙烯醇纤维具有易吸附、耐腐蚀和亲水等优点,人们采用其作为紫菜等海产品的养殖载体,可使紫菜的产量比使用其他养殖载体时增产 20% ~ 30%,具有较好的发展优势。

6.6.4 聚乙烯醇纤维在假发上的应用

日本此前有利用聚乙烯醇纤维制造假发的报道。这种假发在 180 ~ 200℃ 下有 10% 的收缩率,其线密度范围为 27.8 ~ 111.1dtex,纤维的两端横截面积之比为 0.75 ~ 1。与传统的合纤假发相比,它可以在更广的温度范围内卷曲而不劣化。

6.6.5 聚乙烯醇纤维在绳索上的应用

聚乙烯醇强力长丝具有断裂强度高、耐冲击强度佳和耐海水腐蚀性优良等特点,非常适合制作各种类型的渔网、渔具、渔线。采用聚乙烯醇纤维制作的绳缆质轻、耐磨、不易扭结,具有良好的耐冲击强度、耐气候性和耐海水腐蚀性,所以非常适合制作各种类型高级渔具,并在水产车辆、船舶运输等方面都具有较大的应用优势。此外,聚乙烯醇强力长丝还广泛用作通丝、球拍弦和风筝线等。高强度聚乙烯醇纤维绳索如图6-9所示。

图6-9 高强度聚乙烯醇纤维绳索

总之,本章简要介绍了聚乙烯醇纤维在建筑、纺织、造纸、复合材料以及一些特殊制品领域的广泛应用,除此以外,聚乙烯醇水溶纤维还可用于梭织织物、绒头织物和弹性皮革底布等的生产;聚乙烯醇超高强高模纤维已经开始涉足高技术领域。如今,随着聚乙烯醇纤维行业迎来空前的发展机遇,不断满足新型产业的需求和人们日益增高的物质文化生活需要,有着广阔的前景。

参考文献

[1] 肖长发,尹翠玉,张华,等. 化学纤维概论[M]. 北京:中国纺织出版社,1997.
[2] 樊华,黄关葆,薛晓丽. 聚乙烯醇熔融加工的改性方法研究进展[J]. 合成纤维,2006(5):15-17.
[3] Ichiro Sakurada. Polyvinyl alcohol fibers[M]. New York :Marcel Dekker Inc,1985:410-435.
[4] 李升基. 维尼纶:上·下册[M]. 冯宝胜,译. 北京:纺织工业出版社,1985.
[5] Robinson J S. 成纤聚合物的新进展[M]. 董纪震,等译. 北京:纺织工业出版社,1986.
[6] 成晓旭,杨浩之. 合成纤维新品种和用途[M]. 北京:纺织工业出版社,1988.
[7] 季学勇,高祖安,许献智. 混凝土改良剂—改性高强高模聚乙烯醇纤维[J]. 水土保持应用技术,2011,5:46-48.
[8] 胡康宁. 高强高模聚乙烯醇纤维在砂浆/混凝土中的应用[C]//中国国际建筑干混砂浆生产应用技术研讨会论文集,2004:141-144.
[9] 彭定超,袁勇. PVA纤维混凝土弯折试验研究[J]. 混凝土,2004,171:46-51.

[10] 周霖．聚乙烯醇纤维在混凝土中的应用[J]．四川纺织科技，2003，3：27－29.
[11] 周国泰，施楣梧，徐闻．高强高模 PVA 纤维的研究现状及在防弹复合材料中的应用[J]．纺织学报，1999，03：178－181.
[12] 戴礼兴．高强高模 PVA 纤维的研究进展[J]．产业用纺织品，1999，10：5－8.
[13] 施楣梧，任鹏飞．高强维纶的结构和性能[J]．中国纤检，2011(4)上：76－77.
[14] 杨祖民，于迎春，张燕，等．高强维纶混纺纱纺纱工艺探讨[J]．棉纺织科技，2011，06：13－16.
[15] 胡绍华，章悦庭．可乐丽公司的新产品—可乐纶 K－Ⅱ纤维[J]．国外纺织技术，1997，9：6－9.
[16] 樱木功．可乐纶 K－Ⅱ纤维的开发及其用途[J]．维纶通讯，2008，(28)4：54－56.

第 7 章

专利总体状况分析

7.1 聚乙烯醇纤维全球专利状况

7.1.1 聚乙烯醇纤维技术分布状况

涉及聚乙烯醇纤维的专利申请总共 1345 项，其中涉及应用的为 1067 项，涉及制备的为 485 项。

图 7－1 显示了聚乙烯醇纤维应用的技术分布情况。从图中可以看出，在所有的应用领域中，涉及纺织的专利申请最多，为 484 项，占应用总量的 45%；其次为建筑领域，其申请量为 257 项，占应用总量的 24%。造纸和电池隔膜相关的申请量分别为 143 项和 60 项。

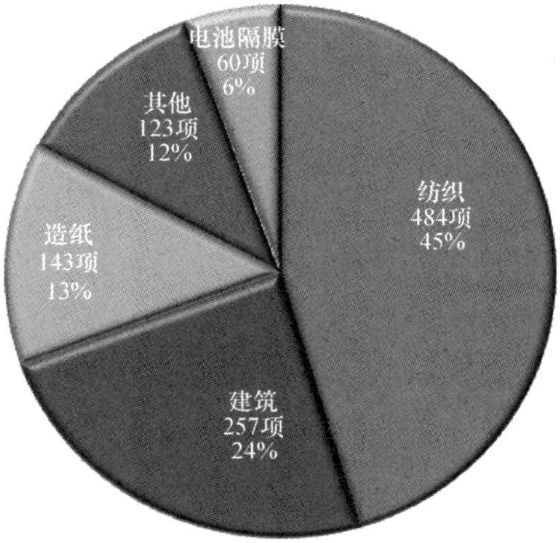

图 7－1　聚乙烯醇纤维应用技术分布状况

图 7-2 为聚乙烯醇纤维制备方法的技术分布情况。从图中可以看出,湿法纺丝的申请最多,为 215 项,占制备总量的 44%;其次为通用技术方面申请,申请量为 205 项,占制备总量的 42%。干法纺丝和熔融法纺丝的申请量相对较小,分别为 41 项和 24 项。

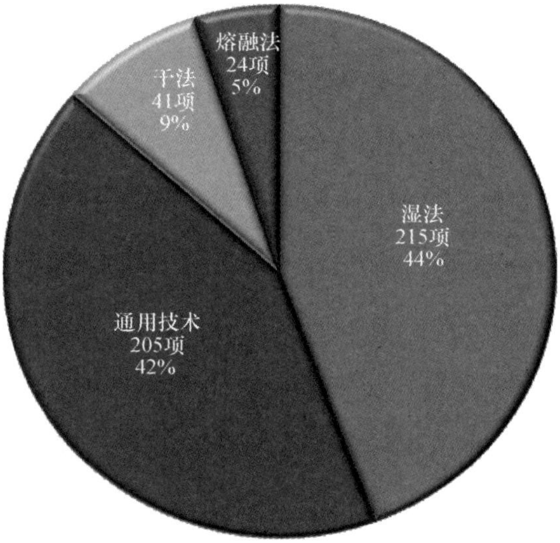

图 7-2 聚乙烯醇纤维制备技术分布状况

7.1.2 聚乙烯醇纤维专利申请态势

聚乙烯醇纤维工艺全球专利的申请态势见图 7-3。

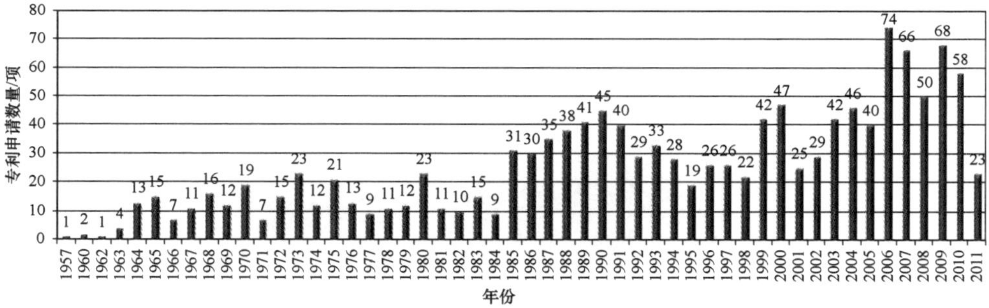

图 7-3 聚乙烯醇纤维全球专利申请量年度分布

图 7-3 显示了聚乙烯醇纤维相关专利申请的申请量年度分布情况。从整体上来看,其申请量为逐步递增的趋势。具体来说,申请量在 1985 年以前,基本

上维持在较低的水平，基本低于 20 项/年；之后申请量有所增长，并且在 1990 年前后出现一个小高峰，年度申请量达到 40 项左右；之后年度申请量小幅回落，但进入 2000 年之后，又开始逐步增长；目前年度申请量在 60 项上下浮动。在此，需要说明的是，由于专利申请公开的滞后性，因此 2010 年之后的数据并不能反映其真实的申请量。

图 7－4 显示了聚乙烯醇纤维各技术分支的年度发展趋势。首先，在 20 世纪 70 年代以前，涉及制备的申请量大于应用，但 70 年代以后，涉及应用的申请量明显多于制备。具体地，在聚乙烯醇纤维的应用方面，最早的申请出现在 60 年代，之后申请量大幅度增长，例如 60 年代的申请量不足 50 项，到 2000 年已突破 400 项；在具体的应用方面，纺织和建筑方面的应用占较大比例，且二者在申请量上也呈逐步递增的趋势。在聚乙烯醇纤维的制备方面，在 60 年代以前就有相关专利申请，但申请量较小，仅为 1 项，之后申请量逐步增加，但增加幅度小于应用方面，在 20 世纪 90 年代达到申请的峰值，进入 21 世纪，申请量有所下降。在具体的制备方法方面，湿法纺丝和通用技术的申请量较大，且二者也均呈现出先升后降的申请趋势。由图 7－4 不难看出，随着时间的推移，聚乙烯醇纤维研发重点由制备向应用转移。

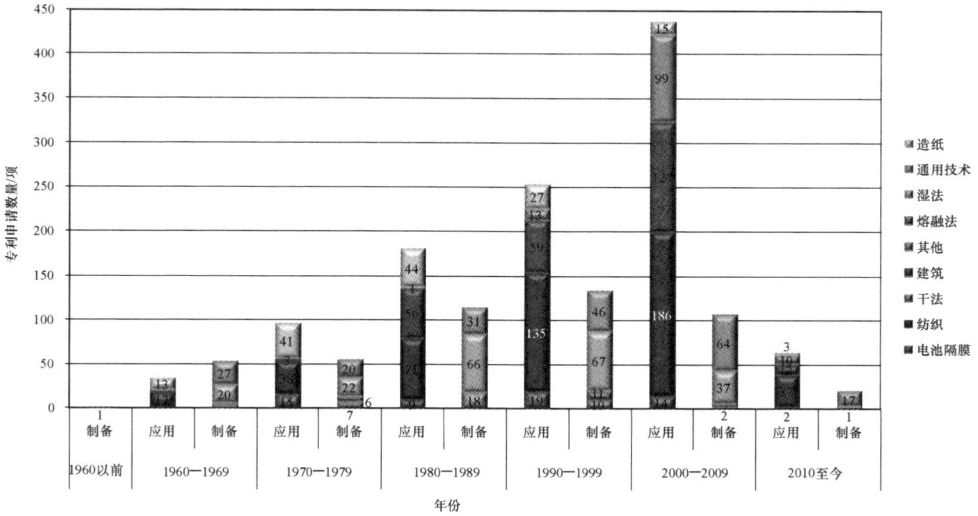

图 7－4　聚乙烯醇纤维各技术分支发展趋势

7.1.3　聚乙烯醇纤维的申请人状况分析

聚乙烯醇纤维全球专利申请人状况见图 7－5。

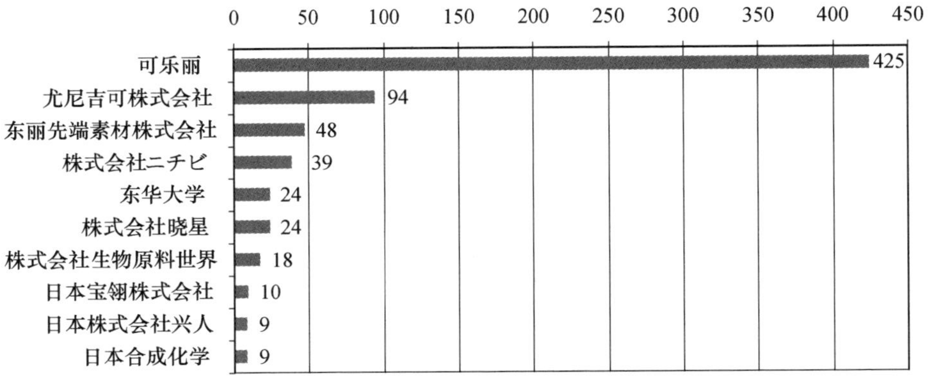

图 7-5 申请量排名前 10 位的申请人专利申请情况

图 7-5 显示了聚乙烯醇纤维全球专利中,排名前 10 位的申请人及其申请量。从图中可以看出,在所有申请人中,除了东华大学属中国,其余均为日本申请人。在申请量方面,日本可乐丽公司的申请量最大,为 425 项,远远多于其他申请人;其次为尤尼吉可株式会社,其申请量为 94 项;其余申请人的申请量均低于 50 项。

图 7-6 显示了排名前 10 位的申请人的申请方向。其中日本宝翎株式会社的所有申请均涉及应用方面;可乐丽公司、东丽先端素材株式会社、株式会社晓星、东华大学以及日本合成化学的专利申请中,应用方面的申请量大于制备方面;其余申请人在制备方面的申请量大于应用方面。

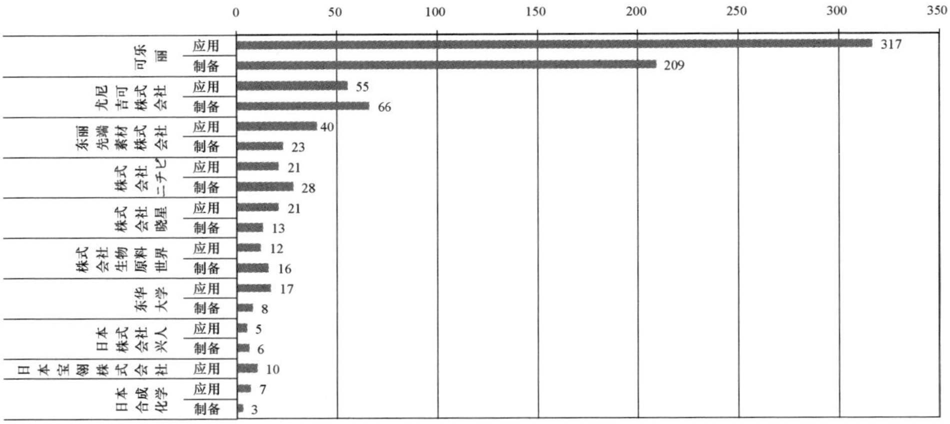

图 7-6 申请量排名前 10 位的申请人专利申请方向情况

图 7-7 为申请量排名前 10 位申请人的申请量年度分布图。从图中可以看出,日本可乐丽公司在各年度的申请量均最大;从申请趋势上来看,可乐丽公司、

尤尼吉可株式会社、东丽先端素材株式会社以及株式会社ニチビ的申请量均为先升后降趋势，所不同的是，前两者的申请量峰值出现在20世纪90年代，而后两者的峰值出现在80年代；株式会社晓星和东华大学的申请主要集中在21世纪初；株式会社生物原料世界的申请主要集中在20世纪80年代；其余申请人的申请趋势不明显。

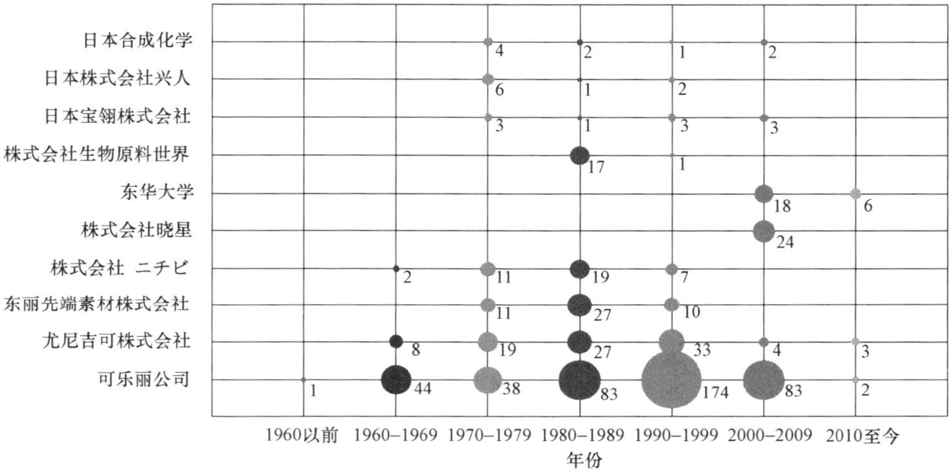

图7-7 申请量排名前10位的申请人申请年度分布

7.1.4 聚乙烯醇纤维的专利申请国家状况分析

聚乙烯醇纤维全球专利的申请国家状况见图7-8。

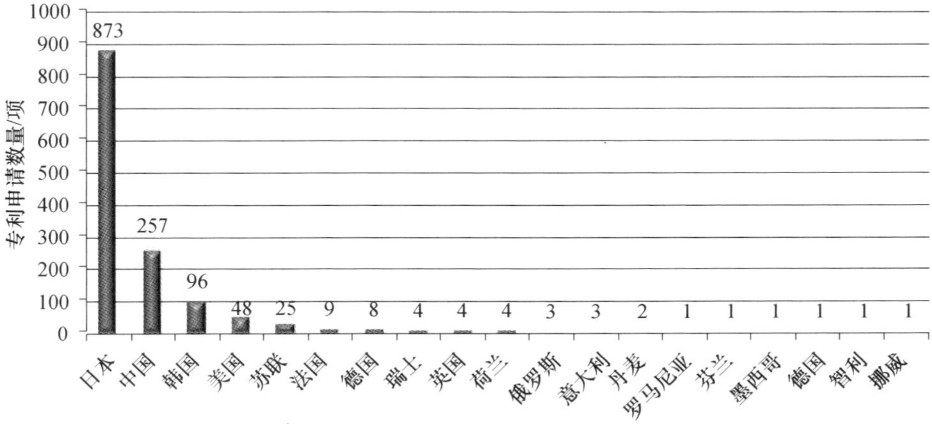

图7-8 各国家申请量分布

图7-8为各个申请国的专利申请情况。从图中不难看出，申请量最大的国家为日本，其申请量为873项，占总量的约65%；其次为中国，申请量为257项，占总量的约20%；韩国、美国和苏联的申请量分别为96项、48项和25项。其余国家的申请量均低于10项。

图7-9为申请量排名前5位的申请国各年代申请量分布图。总体上来看，在各年代中，日本的申请量均领先于其他国家，在20世纪90年代及以前尤其明显。具体到各个国家，日本自20世纪60年代以前有相关申请以来，申请量不断增长，直到90年代，申请量达到峰值，为255项，之后申请量有所下降；中国和韩国在90年代及以前申请量一直较小，均低于30项，进入21世纪以后，申请量急剧增长，中国的申请量为166项，韩国的申请量为84项，美国和苏联的申请量相对较小，且变化趋势不明显。

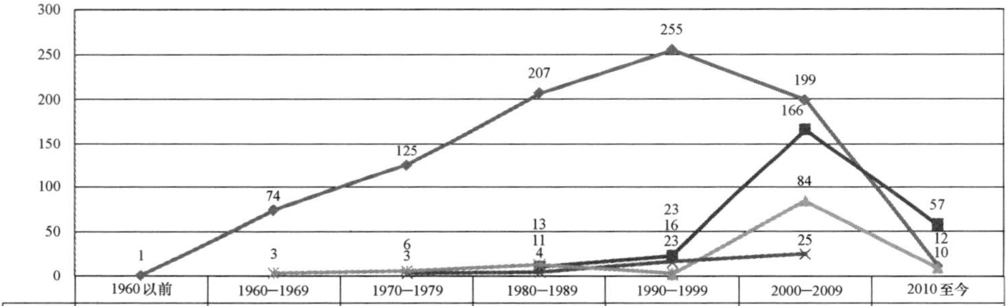

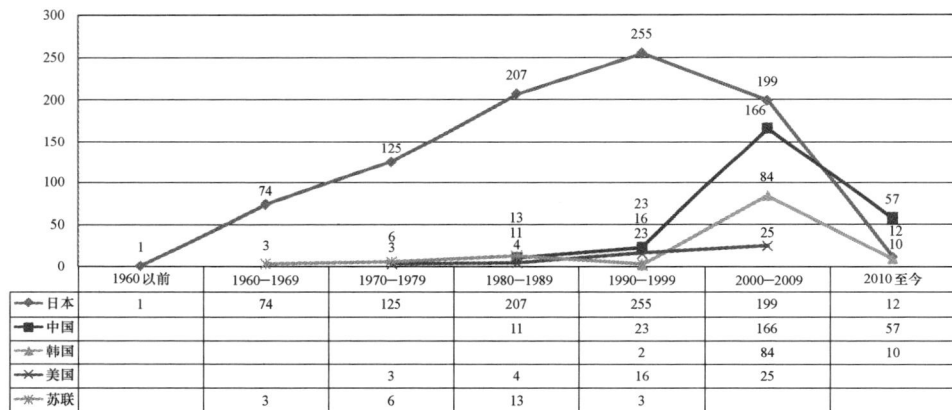

	1960以前	1960—1969	1970—1979	1980—1989	1990—1999	2000—2009	2010至今
日本	1	74	125	207	255	199	12
中国				11	23	166	57
韩国					2	84	10
美国			3	4	16	25	
苏联		3	6	13	3		

图7-9　申请量排名前5位的申请国各年代申请量分布

图7-10为申请量排名前5位申请国的申请方向分布图。首先从大的技术方向上看，在所有申请国中，涉及应用的申请量均大于制备，其中：日本在应用方面为669项，制备方面为369项；中国在应用方面为202项，制备方面为81项；韩国在应用方面为88项，制备方面为20项；美国在应用方面为45项，制备方面为6项；苏联在应用方面为23项，制备方面为3项。在具体的技术分支方面：日本在应用方面的专利申请较多的为纺织和建筑，在制备方面专利申请较多的为湿法纺丝和通用技术；中国在应用方面的专利申请较多的为纺织和建筑，在制备方面专利申请较多的为通用技术和湿法纺丝；韩国在应用方面的专利申请较多的为建筑和纺织，在制备方面专利申请较多的为通用技术；美国和苏联在各技术分支上的申请量均较小。

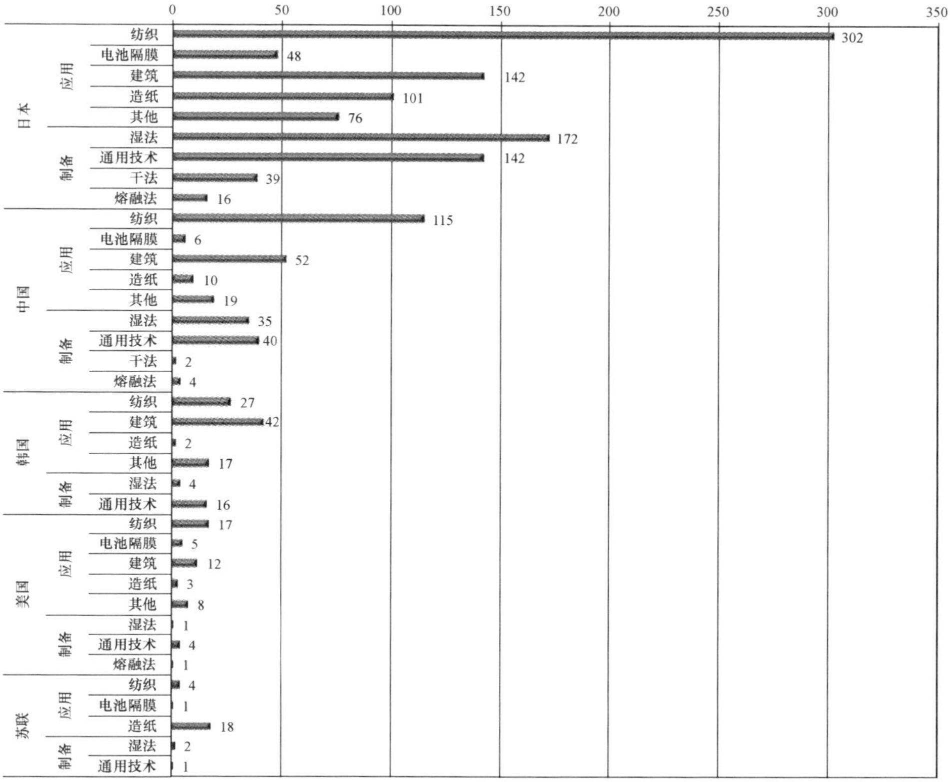

图7－10　申请量排名前5位的申请国申请方向分布

7.1.5　聚乙烯醇纤维的专利公开国及同族状况分析

表7－1统计了各申请国家(申请国)专利申请的目的国(公开国)分布情况。从上表不难看出,专利公开数量最多的国家为日本,为890件,其申请主要来自本国;其次为中国,公开件数为309件,其申请主要来自本国、日本等;韩国和美国的专利公开件数分别为136件和134件,其申请主要来自本国和日本;欧洲和德国的专利公开件数分别为97件和93件,其申请则主要来自日本。其余国家或地区的专利公开件数均小于80件。

表7－1　聚乙烯醇纤维专利申请目的国分布情况

公开国	申请国																	总计
	日本	中国	美国	韩国	法国	英国	德国	瑞士	意大利	丹麦	荷兰	墨西哥	芬兰	俄罗斯	挪威	智利	罗马尼亚	
日本	853	2	17	1	5	3	3	2	1	1	1				1			890
中国	36	257	7	3	2	2	1			1								309

（续）

公开国	申请国																	总计
	日本	中国	美国	韩国	法国	英国	德国	瑞士	意大利	丹麦	荷兰	墨西哥	芬兰	俄罗斯	挪威	智利	罗马尼亚	
韩国	35	1	1	96	1	2												136
美国	74	1	40	2	6	3	3	1	1	2	1							134
欧洲	59	1	20	3	4	2	2	1	1	2	2	1						97
德国	62	1	6		6	3	8	3	1	1	1				1			93
WO	30	1	26	3	4	2	3		1	1		1	1					73
加拿大	22	1	9	1	1	1	2	2	1				1					41
英国	24		3		4	3	2	2	1									39
法国	15		4		7	1	2	2	1									32
澳大利亚	8	1	14	1	2	2				1								29
西班牙	12	1	2		2	2	1	1		1	1							23
巴西	3		6		1	2	1	2								1		16
荷兰	6				2		1	1	1		3							14
墨西哥	2		7		1	1						1				1		13
印度	4	1	3		1	1						1						11
南非	1		3			2	1	2										9
瑞士	1				3		1	3										8
俄罗斯		1	1		1	1								3				8
挪威	3		1		1			1	1						1			8
比利时	1		1		2		1	1	1									7
意大利	1		1		1		1	1	2									7
瑞典	2		1				1	1	1									6
芬兰	2							1	1				1					5
丹麦	1				1			2	1									5
菲律宾	2					1												3
奥地利			1					1	1									3
新西兰			1			1												2
捷克						2												2
新加坡	2																	2
匈牙利	1					1												2

（续）

公开国	申请国																	总计
	日本	中国	美国	韩国	法国	英国	德国	瑞士	意大利	丹麦	荷兰	墨西哥	芬兰	俄罗斯	挪威	智利	罗马尼亚	
葡萄牙						1												1
以色列								1										1
罗马尼亚																	1	1
斯洛伐克						1												1
总计	1262	269	175	110	58	39	34	32	18	9	9	4	3	3	3	2	1	2031

另外，公开件数前5的国家或地区的专利技术分支情况见图7-11~图7-15。

图7-11为申请进入日本（公开国为日本）所有专利各技术方向的申请国家分布情况。从图中可以看出，在所有进入日本的专利中，涉及应用的申请量多于制备。在具体的技术分支方面，在应用领域，申请量最大的为纺织，其次为建筑和造纸；在制备方面，湿法纺丝和通用技术相关的申请量较大。上述专利的申请国主要为日本。

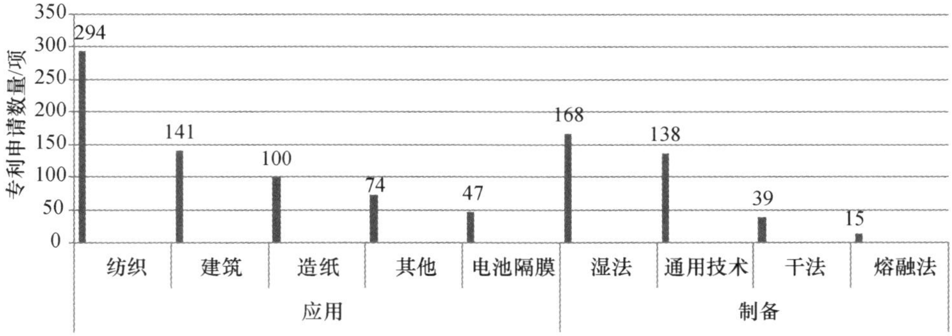

图7-11　日本市场技术分布状况

图7-12为申请进入中国（公开国为中国）所有专利各技术方向的申请国家分布情况。从图中可以看出，在所有进入中国的专利中，涉及应用的申请量多于制备。在具体的技术分支方面，在应用领域，申请量最大的为纺织，其次为建筑和造纸；而在制备方面，通用技术和湿法纺丝相关的申请量较大。上述专利的申请国主要为本国，其次为日本。

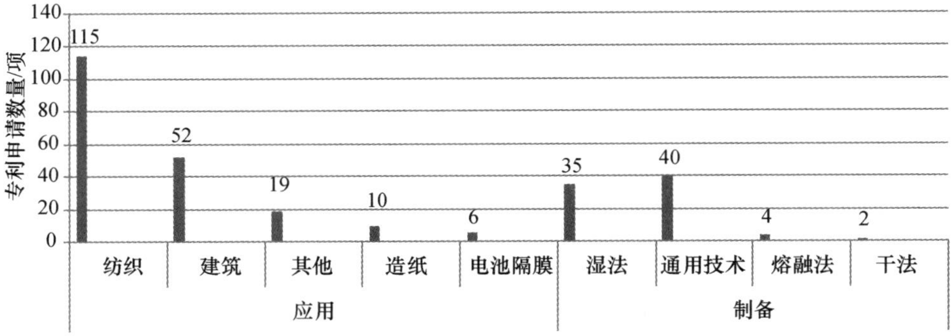

图 7－12　中国市场技术分布状况

图 7－13 为申请进入韩国（公开国为韩国）所有专利各技术方向的申请国家分布情况。从图中可以看出，在所有进入韩国的专利中，涉及应用的申请量多于制备。在具体的技术分支方面，在应用领域，申请量最大的为纺织，主要为本国和日本申请；其次为建筑，主要为本国申请；而在制备方面，通用技术和湿法纺丝相关的申请量较大，前者主要为本国申请，后者则主要为日本申请。

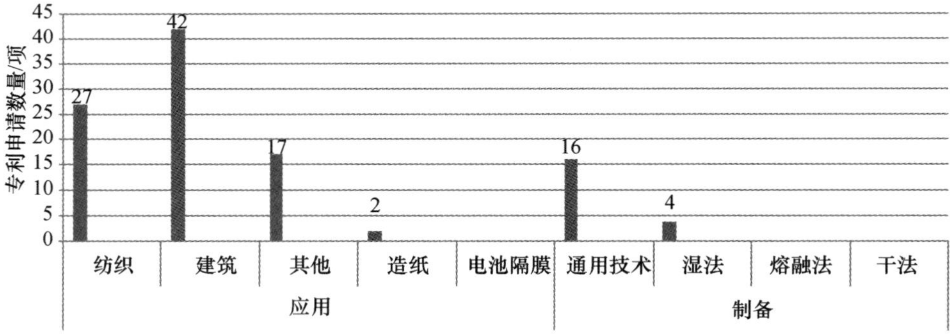

图 7－13　韩国市场技术分布状况

图 7－14 为申请进入美国（公开国为美国）所有专利各技术方向的申请国家分布情况。从图中可以看出，在所有进入美国的专利中，涉及应用的申请量多于制备。在具体的技术分支方面，在应用领域，申请量最大的为纺织，主要为日本和本国申请；其次为建筑，其同样主要为日本和本国申请；而在制备方面，申请量较大的为湿法纺丝，主要为日本申请。

图 7－15 为申请进入欧洲（公开国为欧洲）所有专利各技术方向的申请国家分布情况。从图中可以看出，在所有进入欧洲的专利中，涉及应用的申请

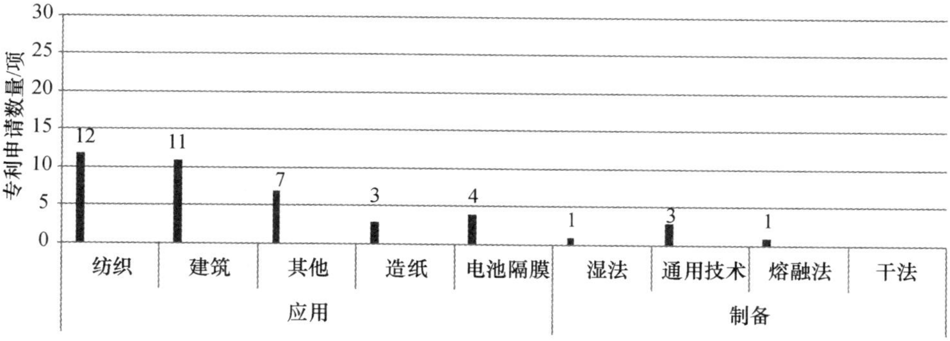

图7-14 美国市场技术分布状况

量多于制备。在具体的技术分支方面,在应用领域,纺织的申请量较大,主要为日本和美国申请;而在制备方面,申请量较大的为湿法纺丝,主要为日本申请。

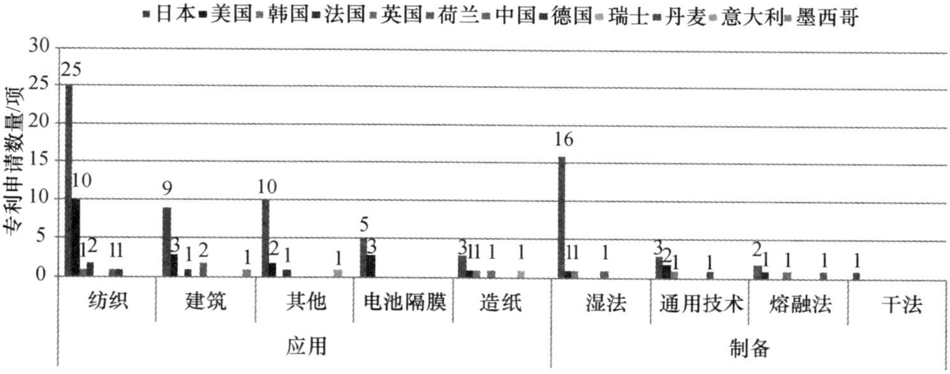

图7-15 欧洲(公开号EP)市场技术分布状况

7.2 聚乙烯醇纤维的中国专利状况分析

7.2.1 聚乙烯醇纤维技术分布状况

涉及聚乙烯醇纤维的中国专利共317项,其中涉及应用的为245项,涉及制备的为98项。

图7-16显示了聚乙烯醇纤维应用的技术分布情况。从图中可以看出,在所有的应用领域中,涉及纺织的专利申请最多,为130项,占应用总量的53%;其次为建筑领域,其申请量为49项,占应用总量的20%。其他领域的申请量相对较小。

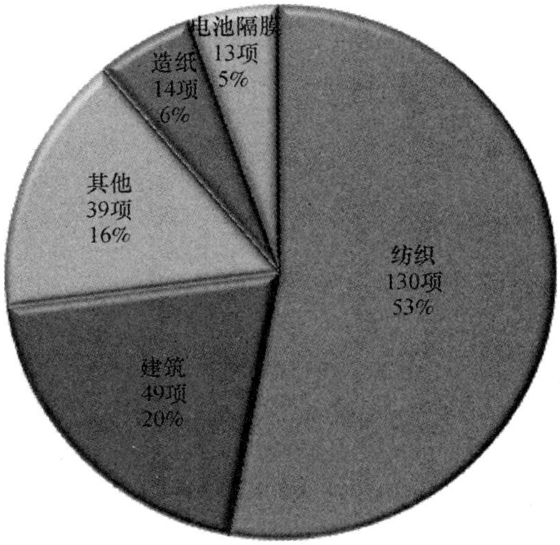

图 7－16　聚乙烯醇纤维应用技术分布状况

图 7－17 为聚乙烯醇纤维制备方法的技术分布情况。从图中可以看出，湿法纺丝的申请最多，为 45 项，占制备总量的 46%；其次为通用技术方面申请，申请量为 43 项，占制备总量的 44%。熔融纺丝和干法纺丝的申请量相对较小，分别为 8 项和 2 项。

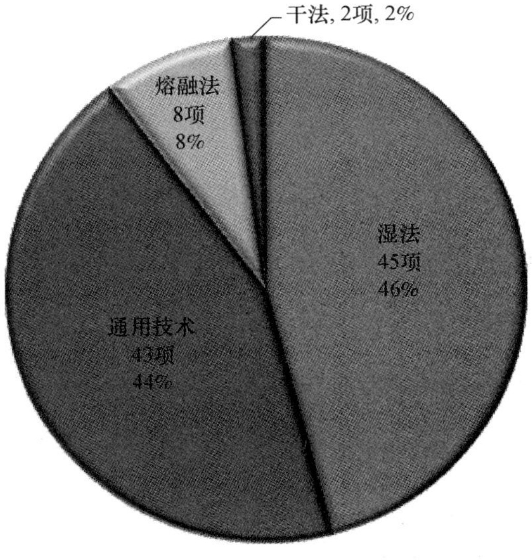

图 7－17　聚乙烯醇纤维制备技术分布状况

7.2.2　聚乙烯醇纤维专利申请量态势

图 7－18 显示了聚乙烯醇纤维中国专利申请量的年度变化趋势。

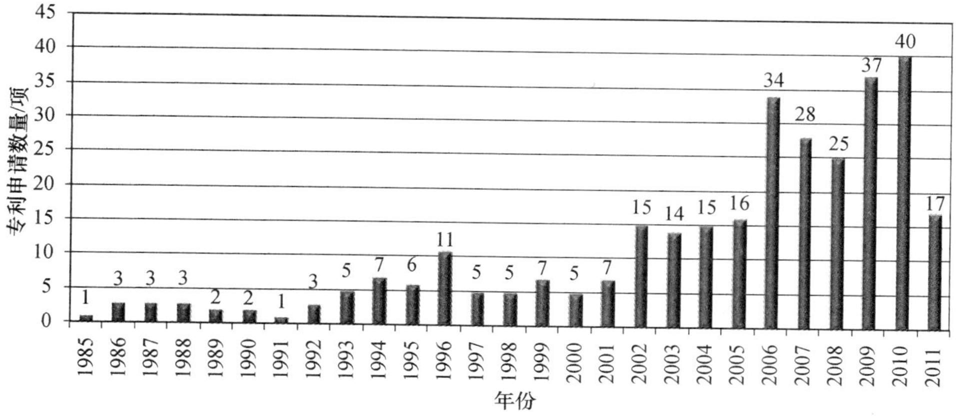

图 7－18　中国市场各年度的专利申请状况

图 7－18 显示了中国市场各年度的专利申请量变化趋势。从图中可以看出，涉及乙酸乙烯的最早申请出现在 1985 年（我国专利法实施之时），之后申请量总体上呈逐步递增的趋势，目前年度申请量约为 40 项。

7.2.3　聚乙烯醇纤维的申请国及其技术分布状况分析

图 7－19 为在中国市场申请 PVA 纤维相关专利国家的申请量及其技术分布情况。

图 7－19 为中国市场专利的申请国以及申请方向情况。首先，从申请量上来看，在中国市场申请量最大的为中国，其次为日本、美国等。其次，在大的技术分支方面，大多数国家在应用方面的申请量多于制备方面；例如，中国在应用方面的申请量为 189 项，在制备方面为 77 项；日本在应用方面的申请量为 35 项，在制备方面为 13 项；美国在应用方面的申请量为 12 项，在制备方面为 4 项。再次，在具体的技术分支方面，中国在应用方面申请量最大的为纺织领域，其次为建筑领域，在制备方面申请量最大的为通用技术，其次为湿法纺丝；日本在应用方面申请量最大的同样为纺织领域，在制备方面申请量最大的为湿法纺丝。

7.2.4　聚乙烯醇纤维的申请人状况分析

图 7－20 为在中国市场申请聚乙烯醇纤维相关专利的申请人及其技术分布情况。

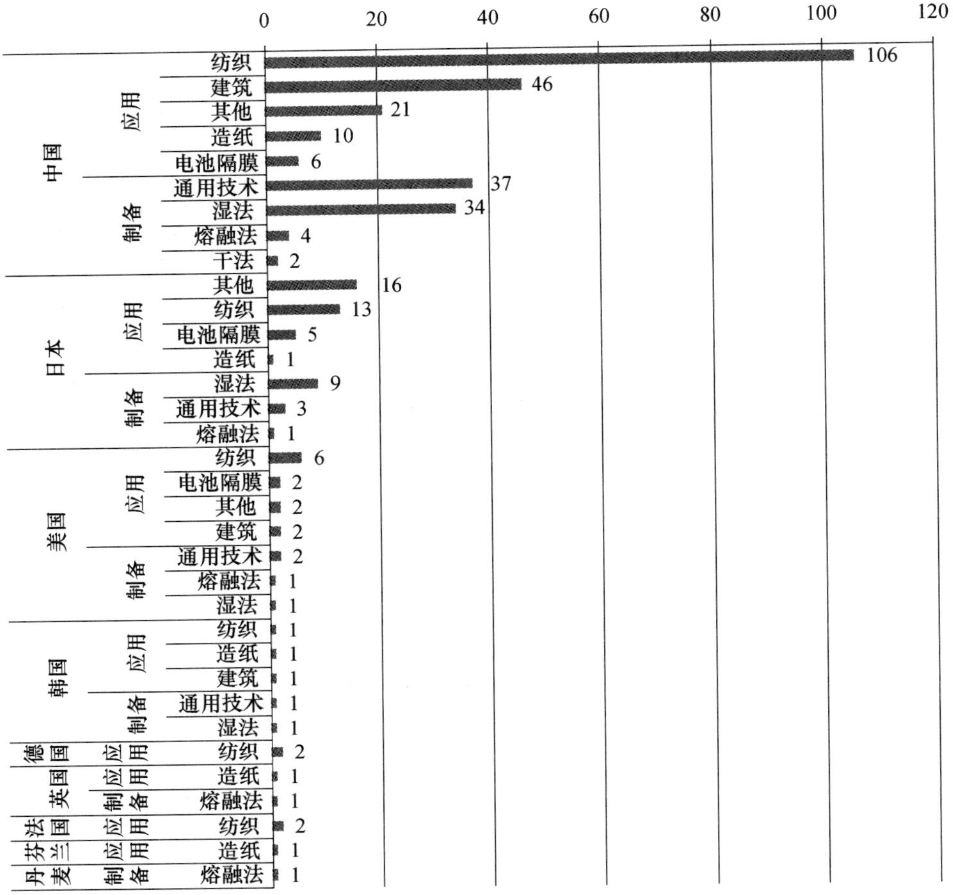

图 7－19　中国市场的申请国专利状况

图 7－20 为中国市场申请人状况。首先，从申请量上来看，日本可乐丽公司的申请量最大，其次为东华大学和四川大学。其次，从大的技术分支上来看，鲁泰纺织股份有限公司和胡康宁的专利申请均涉及应用；四川维尼纶厂和中国石油化工集团公司的申请均涉及制备；日本可乐丽公司、东华大学、深圳市海川实业股份有限公司、深圳海川工程科技有限公司、北京服装学院在应用方面的专利申请大于制备；而四川大学、苏州大学在制备方面的专利申请大于应用；同济大学在两方面的申请均为 2 项。再次，在具体的技术分支方面，可乐丽在应用方面主要涉及纺织，而在制备方面主要涉及湿法纺丝；东华大学在应用方面主要涉及纺织，而在制备方面主要涉及通用技术等。

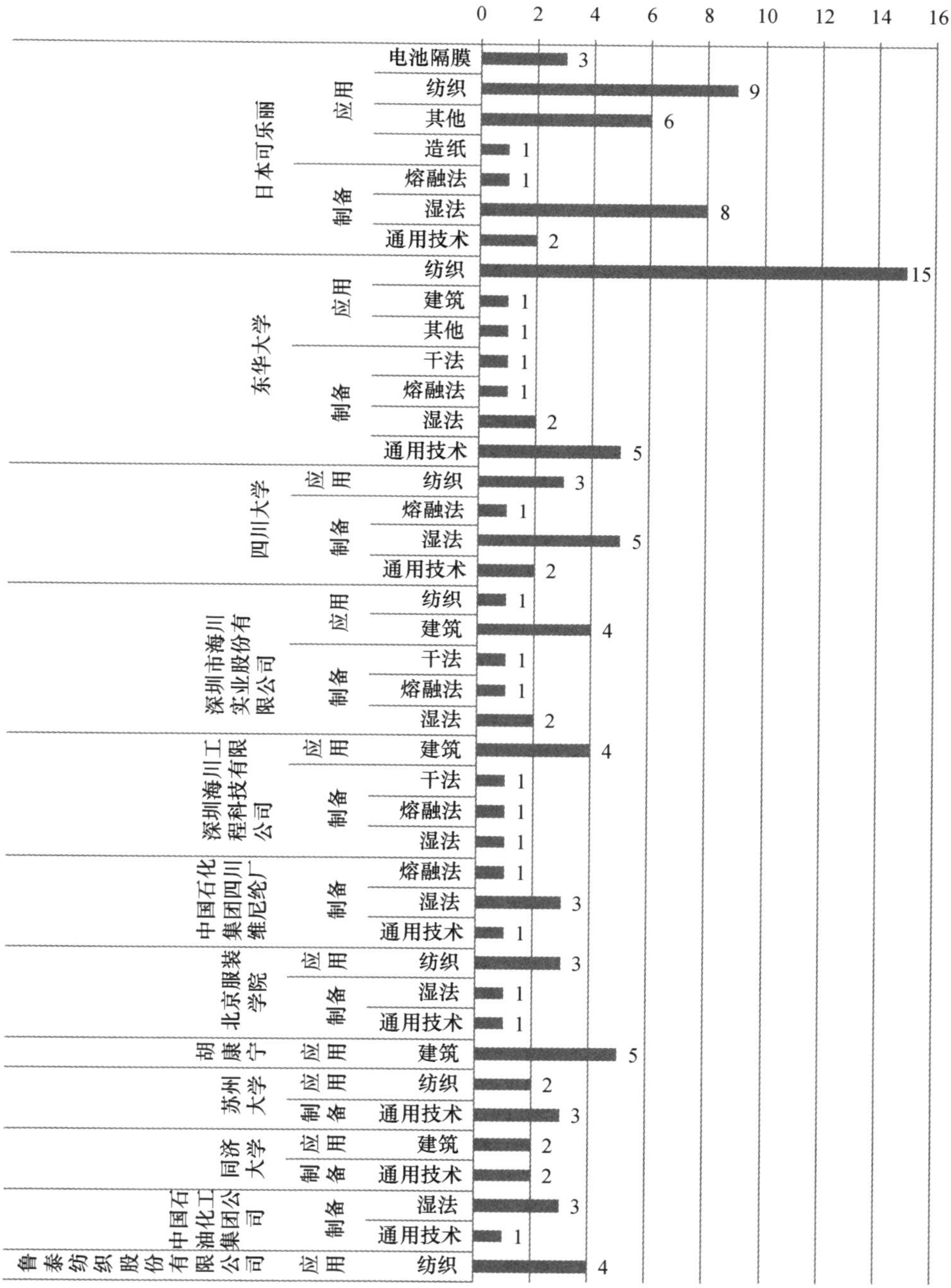

图7－20　中国市场的申请人专利状况

7.2.5 聚乙烯醇纤维专利申请的法律状况

所有涉及聚乙烯醇纤维的中国专利的法律状态整体状况见图 7－21。

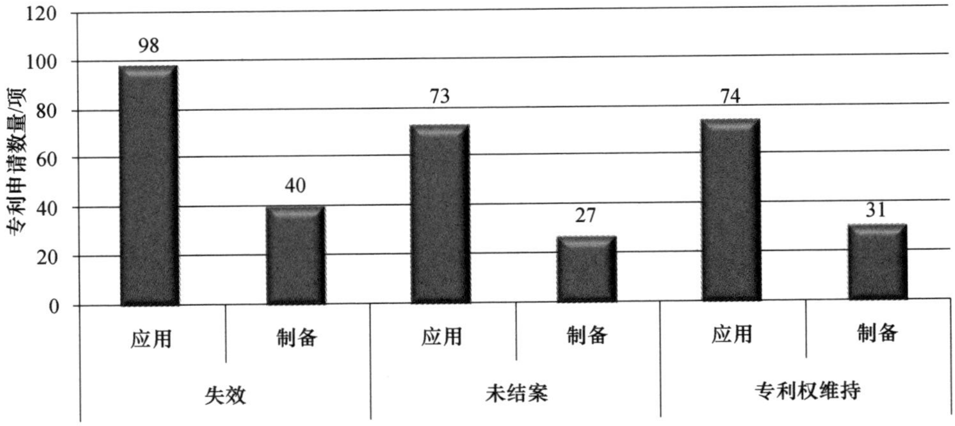

图 7－21 中国市场的专利法律状态状况

图 7－21 为中国市场聚乙烯醇纤维专利申请的法律状态分布状况。可以看出，目前专利权维持专利中，涉及应用的为 74 项，制备为 31 项；专利权失效的专利申请中，涉及应用的为 98 项，制备为 40 项；未结案专利申请中，涉及应用的为 73 项，制备为 27 项。

7.3 聚乙烯醇纤维工艺全球竞争分析

国内外竞争较激烈的专利申请人为日本可乐丽、尤尼吉可、安徽皖维高新、湖南湘维以及四川维尼纶厂。下面对上述公司所申请专利的目的国（公开国）以及其在中国申请的专利等进行分析。

7.3.1 日本可乐丽

7.3.1.1 专利申请的目的国（公开国）情况

表 7－2 为日本可乐丽专利申请的目的国（公开国）分布情况。其向各个国家申请的应用相关的专利 498 件，其中申请的目的国主要为本国，为 304 件，其次为美国、德国等；申请最多的领域为纺织，为 215 件，其次为建筑，为 117 件。其向各个国家申请的制备相关的专利 327 件，申请的目的国同样为本国；申请最多的领域为湿法纺丝，其次为通用技术。

表 7－2 专利申请的目的国分布情况

公开国	技术分支										
	应用					应用汇总	制备				制备汇总
	电池隔膜	纺织	建筑	其他	造纸		干法	熔融法	湿法	通用技术	
日本	19	127	82	24	52	304	9	6	90	96	201
美国	4	11	7	6	5	33	1	1	13	4	19
德国	3	9	7	1	4	24	1	2	15	7	25
欧洲	5	13	6	4	2	30	1	1	10	2	14
中国	3	12	1	6	1	23	1	1	8	2	12
韩国	2	13	1	3	2	21	1	1	8	2	12
加拿大	1	4	2	1	1	9		1	6	3	10
WO	3	8		4		15			2		2
英国		2	2		2	6			6	3	9
西班牙		4	2		1	7	1	1	4		6
法国		1	2		2	5			4	1	5
澳大利亚	3	1	1			5			1		1
荷兰		1			1	2			3		3
印度		1	1	1		3	1				1
墨西哥		1	1			2	1		1		2
巴西		2				2			1		1
比利时		1				1			1		1
南非		1				1			1		1
匈牙利		1				1			1		1
菲律宾		1				1					
瑞士			1			1					
挪威		1				1					
丹麦			1			1					
新加坡										1	1
总计	43	215	117	50	73	498	17	14	175	121	327

7.3.1.2 中国专利信息

表 7－3 为日本可乐丽在中国的具体的专利申请。其总共申请了 25 项专利，目前 12 项专利权有效，6 项待审，其余专利权失效。

表 7-3 在中国的专利申请列表

申请号	发明名称	申请人	申请日	公开号	法律状态
CN93108281	碱性电池的隔板	可乐丽股份有限公司 松下电器产业 株式会社	1993 年 6 月 1 日	CN1083973	专利权维持
CN94108628	基于聚乙烯醇的水溶性纤维	可乐丽股份有限公司	1994 年 7 月 29 日	CN1109114	专利权维持
CN96108988	以聚乙烯醇为基础的纤维和其制备方法	可乐丽股份有限公司	1996 年 5 月 22 日	CN1138112	专利权维持
CN96110094	聚乙烯醇中空纤维膜的制备方法	可乐丽股份有限公司	1996 年 6 月 5 日	CN1141233	失效
CN96191020	耐热水性优良的聚乙烯醇系纤维及其制法	可乐丽股份有限公司	1996 年 8 月 14 日	CN1164876	失效
CN96121085	海岛结构的可原纤化纤维、其制备方法及其应用	可乐丽股份有限公司	1996 年 10 月 18 日	CN1156768	失效
CN96195692	易原纤化的纤维及其生产方法和原纤维及生产方法以及含原纤维的无纺织物的生产方法	可乐丽股份有限公司 松下电器产业 株式会社	1996 年 5 月 20 日	CN1191581	失效
CN97111657	乙烯-乙烯醇系共聚物纤维及其制造方法	可乐丽股份有限公司	1997 年 3 月 27 日	CN1163952	失效
CN98801482	聚乙烯醇类阻燃纤维	可乐丽股份有限公司	1998 年 10 月 1 日	CN1241226	失效
CN99126427	热塑性聚乙烯醇纤维及其制造方法、使用该纤维的产品以及该产品的制造方法	可乐丽股份有限公司	1999 年 12 月 16 日	CN1259594	专利权维持
CN00120108	聚乙烯醇系纤维	可乐丽股份有限公司	2000 年 7 月 17 日	CN1281064	失效
CN00118330	聚乙烯醇聚合物生产方法和聚乙烯醇聚合物	可乐丽股份有限公司	2000 年 6 月 9 日	CN1277215	专利权维持

（续）

申请号	发明名称	申请人	申请日	公开号	法律状态
CN00107066	聚乙烯醇基纤维、其制备方法以及含其的水硬材料增强体	可乐丽股份有限公司	2000 年 4 月 27 日	CN1320730	专利权维持
CN01800550	不起毛的抹布	可乐丽股份有限公司	2001 年 3 月 13 日	CN1364064	专利权维持
CN03158691	高吸收性聚乙烯醇纤维以及包含它们的无纺布	可乐丽股份有限公司	2003 年 8 月 30 日	CN1495297	失效
CN03811423	碱性电池隔膜用无纺布及其制造方法	三菱制纸株式会社 可乐丽股份有限公司	2003 年 5 月 22 日	CN1656630	专利权维持
CN200410033004	聚乙烯醇黏合纤维，以及包含该纤维的纸或非织造织物	可乐丽股份有限公司	2004 年 3 月 10 日	CN1570227	专利权维持
CN200410096382	人造革片材基质及其生产方法	可乐丽股份有限公司	2004 年 11 月 25 日	CN1621607	专利权维持
CN200410031459	聚乙烯醇纤维以及包含它的无纺布	可乐丽股份有限公司	2004 年 3 月 10 日	CN1530474	专利权维持
CN200510003804	水溶性聚乙烯醇系纤维及包含该纤维的无纺布	可乐丽股份有限公司	2005 年 1 月 10 日	CN1637177	失效
CN200510009330	导电聚乙烯醇纤维	可乐丽股份有限公司	2005 年 2 月 18 日	CN1657662	专利权维持
CN200580022616	特应性皮炎患者用布帛及衣物	可乐丽股份有限公司	2005 年 6 月 27 日	CN1981078	失效
CN200780038206	刺绣用底布及其制造方法	可乐丽股份有限公司	2007 年 10 月 11 日	CN101522976	失效
CN200880119165	含有聚乙烯醇纤维的聚烯烃树脂组合物及其成形体	可乐丽股份有限公司 住友化学株式会社	2008 年 12 月 5 日	CN101889052	未结案
CN200980152531	发泡成形体和发泡成形体的制造方法	住友化学株式会社 可乐丽股份有限公司	2009 年 12 月 18 日	CN102264523	未结案

7.3.2 尤尼吉可

7.3.2.1 专利申请的目的国(公开国)情况

表 7 -4 为尤尼吉可专利申请的目的国(公开国)分布情况。其向各个国家

申请的应用相关的专利69件,其中申请的目的国主要为本国,为55件;申请最多的领域为纺织,为48件。其向各个国家申请的制备相关的专利74件,申请的目的国同样为本国;申请最多的领域为湿法纺丝,其次为通用技术。

表7-4　专利申请的目的国分布情况

公开国	技术分支								
	应用			应用汇总	制备				制备汇总
	纺织	建筑	造纸		干法	熔融法	湿法	通用技术	
日本	35	11	9	55	1	4	43	18	66
欧洲	4			4			1	1	2
德国	2			2			2		2
美国	3			3			1		1
西班牙	2			2			1		1
英国							1		1
韩国	1			1					
法国							1		1
加拿大	1			1					
总计	48	11	9	68	1	4	50	19	74

7.3.2.2　中国专利信息

该公司在中国没有相关专利申请。

7.3.3　皖维高新

皖维高新总共申请了2项专利,目的国均为中国,目前1项专利权维持,另1项未结案(表7-5)。

表7-5　专利申请列表

申请号	发明名称	申请人	申请日	公开号	法律状态
CN201010508521	PVA纤维的热风干燥法及干燥烘箱	安徽皖维高新材料股份有限公司	2010年10月15日	CN101982576	专利权维持
CN201110238175	一种高强度、高模量、高熔点PVA纤维及其制造方法	安徽皖维高新材料股份有限公司	2011年8月18日	CN102337605	未结案

7.3.4　湘维

湖南湘维总共申请了2件专利,目的国均为中国。目前1项专利权维持,另1项未结案(表7-6)。

表7-6 专利申请列表

申请号	发明名称	申请人	申请日	公开号	法律状态
CN200610032535	水溶性聚乙烯醇纤维及其制备工	湖南省湘维有限公司	2006年11月6日	CN101177800	专利权维持
CN200810143542	高强维纶及其制备方法	湖南省湘维有限公司	2008年11月7日	CN101392412	未结案

7.4 核心技术领域的竞争态势分析

1. 该项技术领域主要参与者和主要竞争对手研发动态分析

聚乙烯醇纤维全球专利中,申请量较大的公司为日本可乐丽和尤尼吉可株式会社,其次为日本的东丽先端素材株式会社等。另外,值得注意的是,在申请量排名前10的申请人中,除了东华大学属中国,其余均属日本申请。在申请的技术方向方面,多数公司在应用方面的申请量大于制备方面。

2. 该项技术的热点技术领域以及发展趋势

在聚乙烯醇纤维的专利申请中,涉及应用的申请量明显大于制备。涉及到具体的领域,在应用方面主要涉及纺织领域和建筑领域,而在制备方面主要是湿法纺丝和通用技术方面。

3. 重点保护的地域

由上述公开国的分析可以看出,日本市场的专利拥有量最大,可见日本是该领域的重点保护地域;其次为中国、韩国以及美国等。

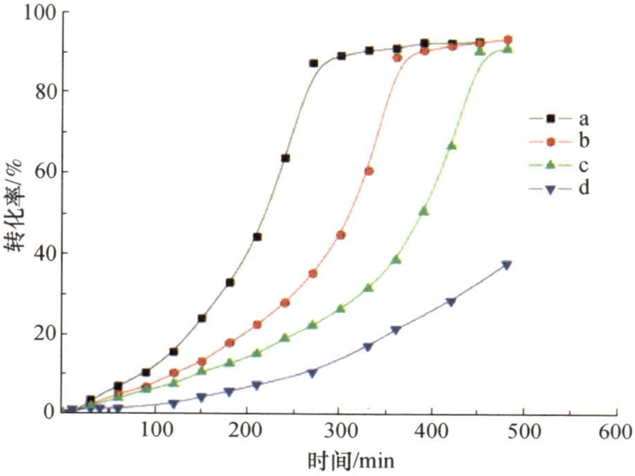

图 2-15　不同引发剂浓度下聚合转化率与反应时间的关系

a—1/1200;b—1/1600;c—1/2000;
d—1/2400(KPS 与单体的摩尔比)。

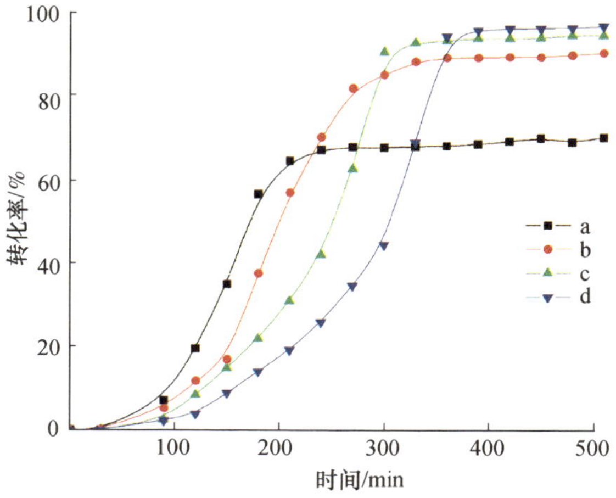

图 2-16　不同单体添加量下聚合转化率与反应时间的关系

a—20%(质量分数);b—25%(质量分数);
c—30%(质量分数);d—35%(质量分数)。

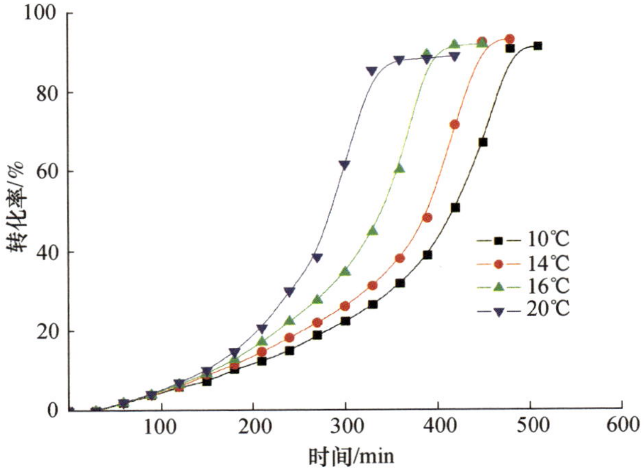

图 2－18　不同温度下单体转化率与反应时间的关系

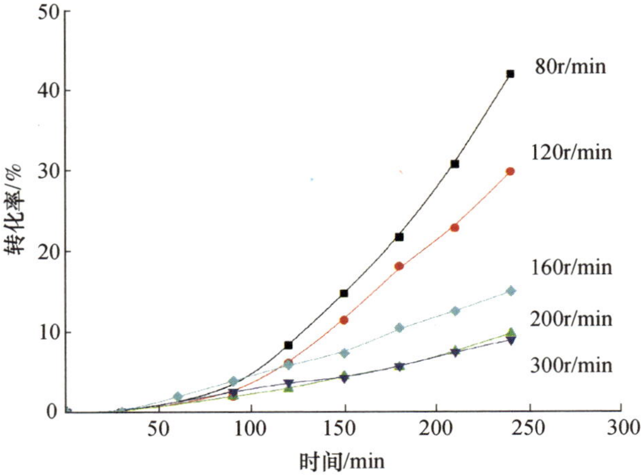

图 2－19　不同搅拌速率下聚合转化率和反应时间的关系

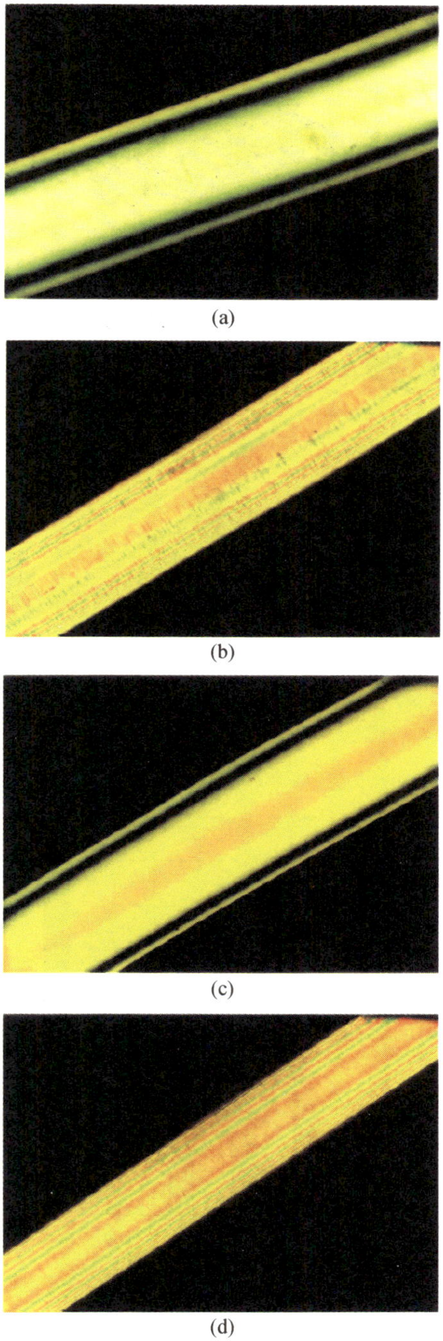

图 4-33　拉伸 25 倍后的 a-PVA 与 s-PVA 的偏光显微镜图

(a)a-PVA,未拉伸;(b)a-PVA,拉伸;(c)s-PVA,未拉伸;(d)s-PVA,拉伸。

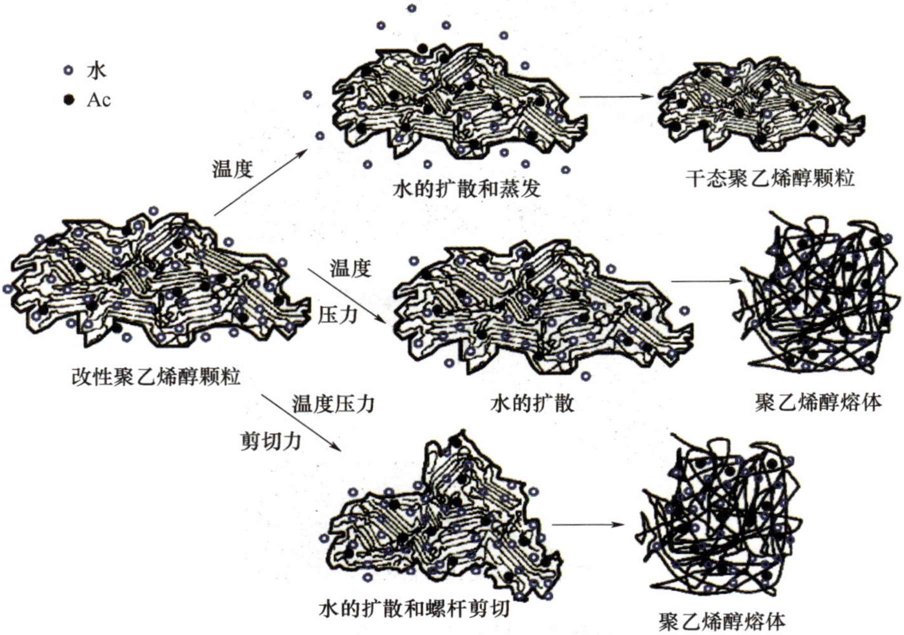

图 5-5　不同条件下改性聚乙烯醇的熔融模型

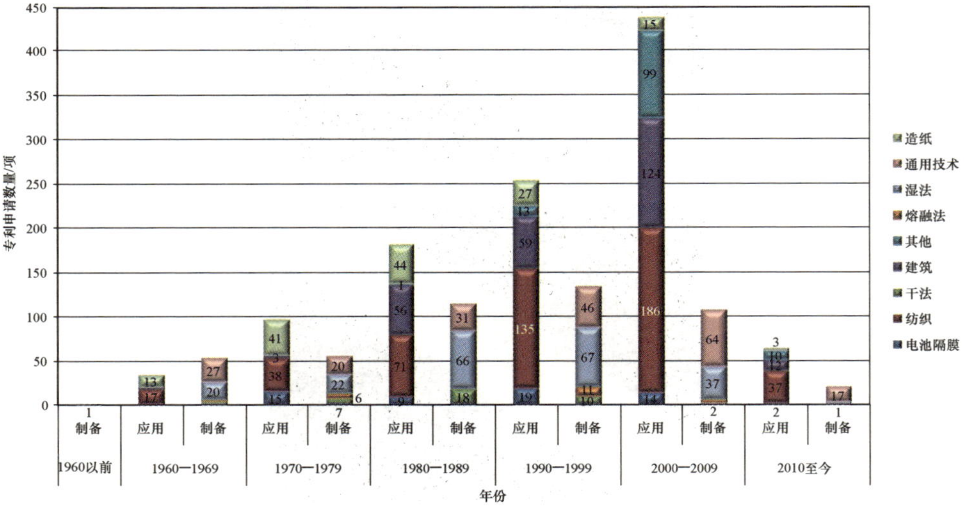

图 7-4　聚乙烯醇纤维各技术分支发展趋势

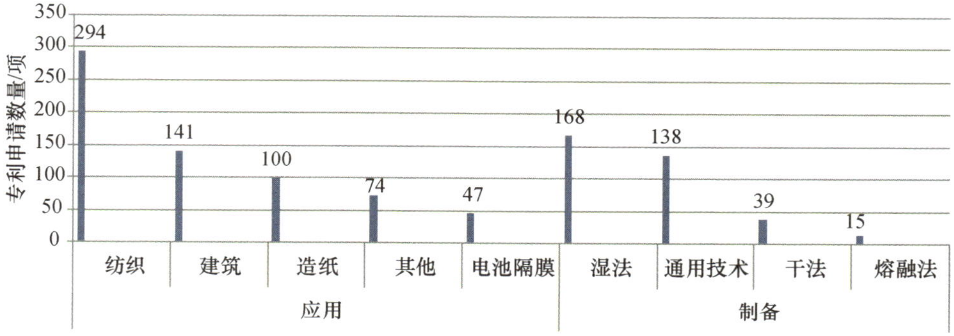

图 7－11　日本市场技术分布状况

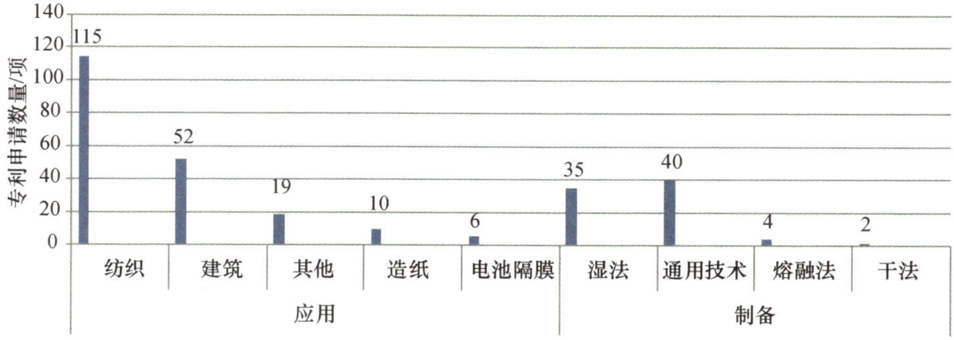

图 7－12　中国市场技术分布状况

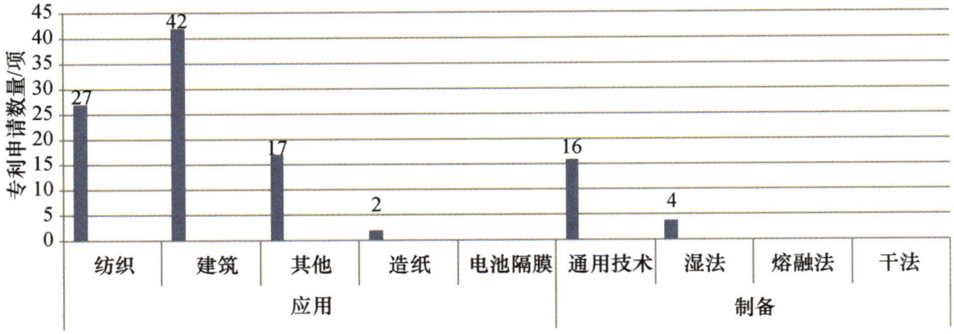

图 7－13　韩国市场技术分布状况

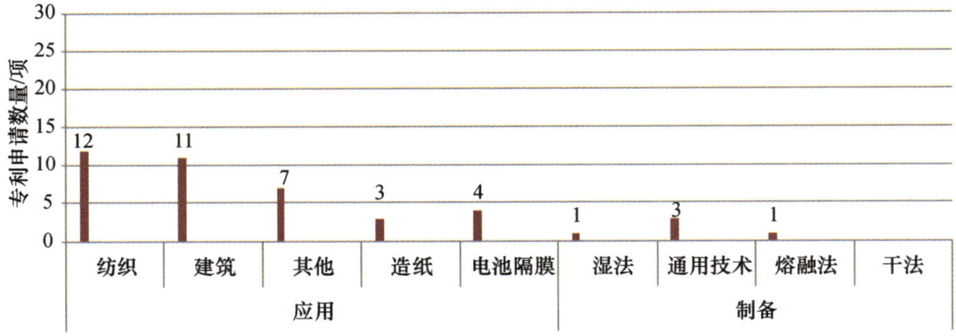

图 7－14　美国市场技术分布状况

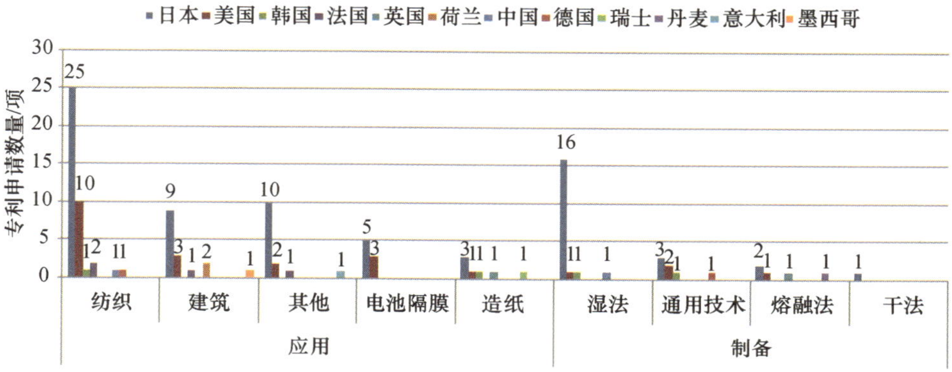

图 7-15 欧洲(公开号 EP)市场技术分布状况

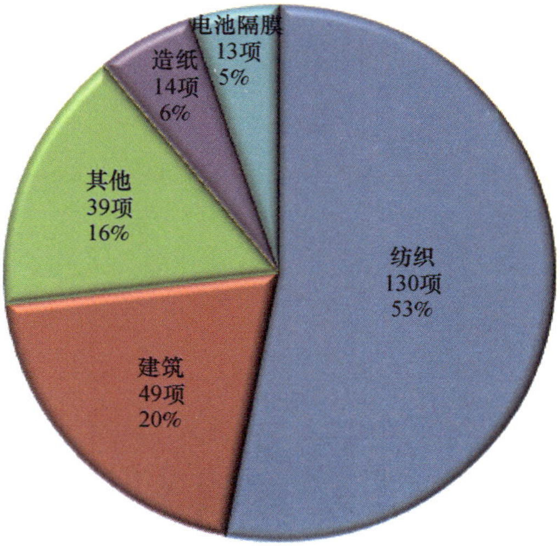

图 7-16 聚乙烯醇纤维应用技术分布状况

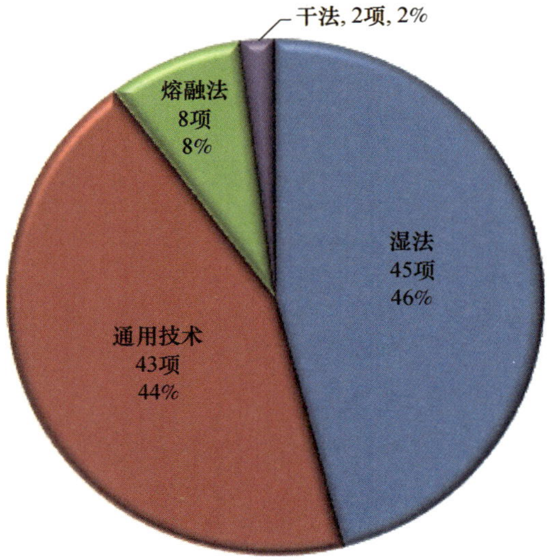

图 7-17　聚乙烯醇纤维制备技术分布状况

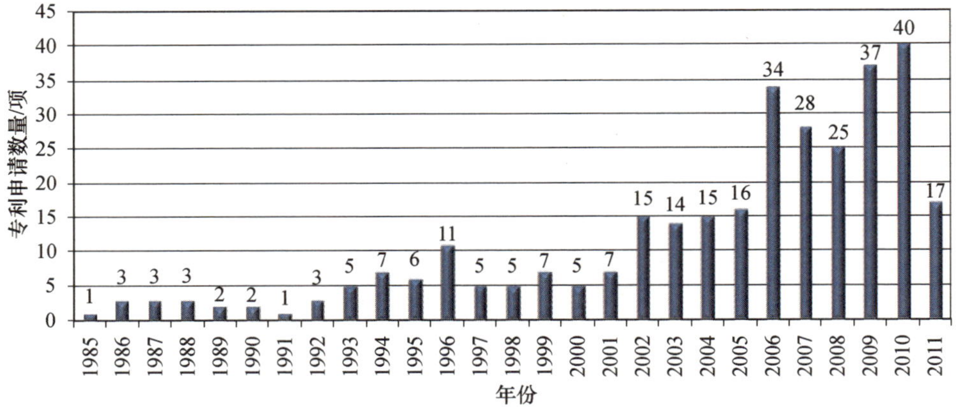

图 7-18　中国市场各年度的专利申请状况